21世纪高等学校计算机
应用技术规划教材

PHP Web程序设计与Ajax技术（第2版）

◎ 唐四薪 唐琼 郑光勇 编著

U0378009

清华大学出版社

北京

内 容 简 介

PHP 与 Ajax 是目前 Web 应用程序开发领域的流行技术。本书由浅入深、系统地介绍了 PHP 的相关知识以及基于 jQuery 的 Ajax 技术,显著降低了 Ajax 的入门难度。书中在叙述有关原理时安排了大量的相关实例。全书分为 10 章,内容包括 Web 应用程序基础知识、PHP 语言基础、Web 交互编程、PHP 访问数据库、JavaScript 和 jQuery 客户端编程、Ajax 技术基本原理、Ajax 方式访问数据库等。附录中安排了 PHP 的相关实验。

本书适合作为高等院校相关专业"Web 编程技术"或"动态网站开发"等课程的教材,也可作为 Web 编程的培训教材,还可供网站设计与开发人员参考使用。

图书在版编目(CIP)数据

PHP Web 程序设计与 Ajax 技术/唐四薪,唐琼,郑光勇编著. —2 版. —北京:清华大学出版社,2019 (2022.1重印)

(21 世纪高等学校计算机应用技术规划教材)

ISBN 978-7-302-53216-3

Ⅰ. ①P… Ⅱ. ①唐… ②唐… ③郑… Ⅲ. ①PHP 语言－程序设计－高等学校－教材 ②网页制作工具－程序设计－高等学校－教材 Ⅳ. ①TP312.8 ②TP393.092

中国版本图书馆 CIP 数据核字(2019)第 129389 号

责任编辑:黄　芝
封面设计:刘　键
责任校对:焦丽丽
责任印制:朱雨萌

出版发行:清华大学出版社
　　　　网　　址:http://www.tup.com.cn,http://www.wqbook.com
　　　　地　　址:北京清华大学学研大厦 A 座　　　　邮　　编:100084
　　　　社 总 机:010-62770175　　　　邮　　购:010-83470235
　　　　投稿与读者服务:010-62776969,c-service@tup.tsinghua.edu.cn
　　　　质量反馈:010-62772015,zhiliang@tup.tsinghua.edu.cn
　　　　课件下载:http://www.tup.com.cn,010-83470236
印 装 者:三河市铭诚印务有限公司
经　　销:全国新华书店
开　　本:185mm×260mm　　印　　张:24.5　　字　　数:594 千字
版　　次:2014 年 1 月第 1 版　　2019 年 9 月第 2 版　　印　　次:2022 年 1 月第 3 次印刷
印　　数:11801~12600
定　　价:59.50 元

产品编号:083410-01

出版说明

随着我国改革开放的进一步深化,高等教育也得到了快速发展,各地高校紧密结合地方经济建设发展需要,科学运用市场调节机制,加大了使用信息科学等现代科学技术提升、改造传统学科专业的投入力度,通过教育改革合理调整和配置了教育资源,优化了传统学科专业,积极为地方经济建设输送人才,为我国经济社会的快速、健康和可持续发展以及高等教育自身的改革发展做出了巨大贡献。但是,高等教育质量还需要进一步提高以适应经济社会发展的需要,不少高校的专业设置和结构不尽合理,教师队伍整体素质亟待提高,人才培养模式、教学内容和方法需要进一步转变,学生的实践能力和创新精神亟待加强。

教育部一直十分重视高等教育质量工作。2007年1月,教育部下发了《关于实施高等学校本科教学质量与教学改革工程的意见》,计划实施"高等学校本科教学质量与教学改革工程(简称'质量工程')",通过专业结构调整、课程教材建设、实践教学改革、教学团队建设等多项内容,进一步深化高等学校教学改革,提高人才培养的能力和水平,更好地满足经济社会发展对高素质人才的需要。在贯彻和落实教育部"质量工程"的过程中,各地高校发挥师资力量强、办学经验丰富、教学资源充裕等优势,对其特色专业及特色课程(群)加以规划、整理和总结,更新教学内容、改革课程体系,建设了一大批内容新、体系新、方法新、手段新的特色课程。在此基础上,经教育部相关教学指导委员会专家的指导和建议,清华大学出版社在多个领域精选各高校的特色课程,分别规划出版系列教材,以配合"质量工程"的实施,满足各高校教学质量和教学改革的需要。

本系列教材立足于计算机公共课程领域,以公共基础课为主、专业基础课为辅,横向满足高校多层次教学的需要。在规划过程中体现了如下一些基本原则和特点。

(1) 面向多层次、多学科专业,强调计算机在各专业中的应用。教材内容坚持基本理论适度,反映各层次对基本理论和原理的需求,同时加强实践和应用环节。

(2) 反映教学需要,促进教学发展。教材要适应多样化的教学需要,正确把握教学内容和课程体系的改革方向,在选择教材内容和编写体系时注意体现素质教育、创新能力与实践能力的培养,为学生的知识、能力、素质协调发展创造条件。

(3) 实施精品战略,突出重点,保证质量。规划教材把重点放在公共基础课和专业基础课的教材建设上;特别注意选择并安排一部分原来基础比较好的优秀教材或讲义修订再版,逐步形成精品教材;提倡并鼓励编写体现教学质量和教学改革成果的教材。

(4) 主张一纲多本,合理配套。基础课和专业基础课教材配套,同一门课程可以有针对不同层次、面向不同专业的多本具有各自内容特点的教材。处理好教材统一性与多样化,基本教材与辅助教材、教学参考书,文字教材与软件教材的关系,实现教材系列资源配套。

(5) 依靠专家,择优选用。在制定教材规划时依靠各课程专家在调查研究本课程教材建设现状的基础上提出规划选题。在落实主编人选时,要引入竞争机制,通过申报、评审确定主题。书稿完成后要认真实行审稿程序,确保出书质量。

繁荣教材出版事业,提高教材质量的关键是教师。建立一支高水平教材编写梯队才能保证教材的编写质量和建设力度,希望有志于教材建设的教师能够加入到我们的编写队伍中来。

21世纪高等学校计算机应用技术规划教材

联系人:黄芝 huangz@tup.tsinghua.edu.cn

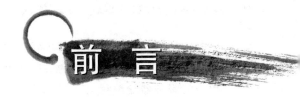

前 言

    PHP 是开发 Web 应用程序最理想的语言之一。相比其他 Web 编程语言,PHP 具有简单易学、功能强大、成本低廉、安全性较高和运行环境易于配置等优点,是初学者学习 Web 应用程序设计的理想入门语言,且能够用来制作企业级的 Web 应用程序及动态网站。

    近几年来,PHP 在国内外的发展非常迅速,许多大型的电子商务网站(例如淘宝网等)都采用 PHP 作为网站开发的语言;同时,通过对众多互联网企业的调查发现,各种企业对于 PHP 开发人才的需求缺口很大。但与此不相称的是,PHP 在我国高校教学中并不普遍。我国高校中很多专业都已开设了 Web 编程方面的课程,但是该门课程的内容以讲述 ASP、ASP. NET 或 JSP 语言为主,可见 PHP 尚未在高校教学中获得足够的重视,但 PHP 的培训课程却在大量培训机构中广泛开设。

    为了能编写一本适合于高校教学的 PHP 教材,也为了能方便读者自学,本书在写作时注重解决以下一些问题。

    (1) 对于讲解 PHP 的运行环境来说,本书主要介绍安装 AppServ 集成运行环境,而没有单独介绍 PHP 运行环境中几种软件的安装方法,因为单独安装和配置各种软件对初学者来说比较难,也没有必要去学习。

    (2) 本书在体系结构上仿照一些经典的 ASP 教材进行编写,如果读者具有 ASP 编程基础,就能够很快通过比较 PHP 和 ASP 的异同,来领会 PHP 编程的思路。如果读者不具有任何 Web 编程经验,本书也能循序渐进地让读者掌握 PHP Web 开发的基本原理。

    (3) 对 PHP 访问数据库进行了重点讲解。分别介绍了 mysql 函数、mysqli 函数和 PDO 方法访问数据库,并在介绍完每种方法的原理后,都安排了一节的实例内容。

    (4) 对 PHP 的传统内容去粗取精,Web 应用程序的功能主要就是查询、添加、删除和修改记录,因此本书对这些功能的实现进行了重点叙述,在普通的 PHP 程序、生成静态网页的 PHP 程序和 Ajax 程序中分别实现了查询、添加、删除和修改等基本功能模块。

    (5) 在传统 PHP 教材的基础上,增加了新的流行内容,如分别在数据库端和 Web 服务器端实现分页程序、用 PHP 生成静态 HTML 文件的新闻系统,PHP 生成 XML 或 RSS 文件,尤其是对基于 jQuery 的 Ajax 技术进行了全面的介绍。

    (6) Ajax 技术已经成为企业开发中应用最广泛的技术之一,不管采用什么样的开发平台,只要开发 B/S 架构的应用,那么表现层就一定会使用 Ajax 技术。但对于初学者来说,常常会对原始 Ajax 程序中冗长的代码和晦涩的名称感到畏惧,因而失去了学习的信心。

    然而 Ajax 是当今 Web 编程中非常有必要学习的一种技术,这是因为:

    首先,Ajax 技术非常具有实用价值。目前,无论是大型门户网站、还是电子商务类网站,都充斥着大量 Ajax 技术应用的典型例子。另外,基于 B/S 架构的管理信息系统(如 ERP)中,也需要大量应用 Ajax 技术。

    其次,通过学习 Ajax 可以使读者对 XML、RSS、Web Service、SOAP 这些技术的用途有更深入的理解,是读者学习更高级软件开发技术的一条便捷通道。

再次,学习 Ajax 技术的难度其实并不大,一般认为,只要扎实地掌握了 JavaScript 技术和一门服务器端编程语言(如 PHP),就能在短时间内掌握 Ajax 技术,因为 Ajax 技术涉及的知识内容并不多,而且 jQuery 已大大简化了 Ajax 的开发。

本书的内容包括 PHP Web 编程和 Ajax 技术的各个方面,如果要将整本书的内容讲授完毕,大约需要 90 学时的课时。如果只有 50 学时左右的理论课课时,可主要讲授本书前 6 章的内容,后面的内容供学生自学为主。

本书为使用本书作为教材的教师提供教学用多媒体课件、实例源文件和习题参考答案,可登录清华大学出版社网站免费下载,也可和作者联系(tangsix@163.com)。

本书由唐四薪、唐琼和郑光勇担任主编,唐四薪编写了第 4~10 章的内容,唐琼编写了第 1 章的内容,郑光勇编写了第 3 章。谭晓兰、喻缘、刘燕群、唐沪湘、刘旭阳、陆彩琴、唐金娟、谢海波、尹军、唐琼、何青、唐佐芝、舒清健、高正东、唐代明等,编写了第 2 章的部分内容。本书的写作得到衡阳师范学院教学改革研究项目(JYKT201711)的资助。

由于本人水平和教学经验有限,书中不妥之处在所难免,欢迎广大读者和同行批评指正。

编　者

2019 年 3 月

目 录

第1章　Web 应用程序开发概述 ·················· 1

1.1　网络应用程序结构的演变 ·············· 1
1.1.1　B/S 结构和 C/S 结构 ············ 1
1.1.2　Web 应用程序 ·················· 2
1.1.3　Web 的有关概念 ·············· 4
1.2　网页的类型和工作原理 ·············· 5
1.2.1　静态网页和动态网页 ·········· 5
1.2.2　为什么需要动态网页 ·········· 6
1.2.3　PHP 动态网页的工作原理 ···· 6
1.3　安装 PHP 的运行环境 ·············· 7
1.3.1　AppServ 的安装 ·············· 7
1.3.2　运行第一个 PHP 程序 ········ 12
1.3.3　Apache 的配置 ·············· 14
1.3.4　配置 DW 开发 PHP 程序 ···· 16
1.4　Web 编程语言和运行环境 ·········· 19
1.4.1　Web 编程语言 ·············· 19
1.4.2　Web 服务器软件 ·············· 20
习题 ·················· 21

第2章　HTML ·················· 23

2.1　HTML 概述 ·················· 23
2.1.1　HTML 文档的结构 ·········· 23
2.1.2　Dreamweaver 的开发界面 ···· 24
2.1.3　使用 DW 新建 HTML 文件 ·· 25
2.2　用 HTML 制作网页 ·············· 25
2.2.1　创建文本和列表 ·············· 25
2.2.2　插入图像 ·················· 26
2.2.3　创建超链接 ·················· 27
2.2.4　创建表格 ·················· 28
2.3　表单标记 ·················· 29
2.3.1　< form >标记及其属性 ········ 29

2.3.2　＜input＞标记 ……………………………………………………………… 31

2.3.3　＜select＞和＜option＞标记 ……………………………………… 34

2.3.4　多行文本域标记＜textarea＞ ……………………………………… 34

2.3.5　HTML5新增的表单类型和属性 ………………………………… 35

2.3.6　表单数据的传递过程 …………………………………………………… 37

习题 ……………………………………………………………………………………… 38

第3章　PHP基础 …………………………………………………………………… 40

3.1　PHP语言基础 ……………………………………………………………… 40

3.1.1　PHP代码的基本语法 ………………………………………………… 40

3.1.2　PHP的常量和变量 …………………………………………………… 43

3.1.3　变量的作用域和生存期 …………………………………………… 44

3.1.4　可变变量和引用赋值 ………………………………………………… 46

3.1.5　运算符和表达式 ………………………………………………………… 47

3.1.6　PHP的字符串 …………………………………………………………… 49

3.1.7　PHP的数据类型和类型转换 ……………………………………… 52

3.2　PHP的语句 ………………………………………………………………… 54

3.2.1　条件控制语句 …………………………………………………………… 54

3.2.2　循环控制语句 …………………………………………………………… 56

3.2.3　文件包含语句 …………………………………………………………… 59

3.3　数组 …………………………………………………………………………… 61

3.3.1　数组的创建 ……………………………………………………………… 61

3.3.2　访问数组元素或数组 ………………………………………………… 62

3.3.3　多维数组 …………………………………………………………………… 63

3.3.4　操作数组的内置函数 ………………………………………………… 64

3.4　PHP的内置函数 …………………………………………………………… 69

3.4.1　字符串相关函数 ……………………………………………………… 69

3.4.2　日期和时间函数 ……………………………………………………… 72

3.4.3　检验函数 …………………………………………………………………… 74

3.4.4　数学函数 …………………………………………………………………… 76

3.5　自定义函数及使用 ………………………………………………………… 77

3.5.1　函数的定义和调用 …………………………………………………… 77

3.5.2　变量函数和匿名函数 ………………………………………………… 80

3.5.3　传值赋值和传地址赋值 …………………………………………… 81

3.6　面向对象编程 ……………………………………………………………… 82

3.6.1　类和对象 …………………………………………………………………… 83

3.6.2　类的继承和多态 ……………………………………………………… 86

习题 ……………………………………………………………………………………… 88

第 4 章　Web 交互编程 ································ 95

　4.1　接收表单和 URL 数据 ························· 95

　　4.1.1　使用 $_POST[]获取表单数据 ··········· 95

　　4.1.2　使用 $_GET[]获取表单数据 ············· 100

　　4.1.3　使用 $_GET[]获取 URL 字符串信息 ········ 101

　　4.1.4　发送 HTTP 请求的基本方法 ············ 103

　　4.1.5　使用 $_SERVER[]获取环境变量信息 ········ 104

　4.2　发送数据给浏览器 ························· 105

　　4.2.1　使用 echo 方法输出信息 ·············· 105

　　4.2.2　使用 header()函数重定向网页 ··········· 106

　　4.2.3　操作缓冲区 ···················· 107

　4.3　使用 $_SESSION 设置和获取 Session ············ 109

　　4.3.1　存储和读取 Session 信息 ············· 110

　　4.3.2　Session 的创建过程和有效期 ··········· 111

　　4.3.3　用 Session 限制未登录用户的访问 ········· 113

　　4.3.4　删除和销毁 Session ················ 114

　4.4　使用 $_COOKIE 读取 Cookie ··············· 115

　　4.4.1　创建和修改 Cookie ················ 115

　　4.4.2　读取 Cookie ··················· 116

　　4.4.3　Cookie 数组 ··················· 117

　　4.4.4　删除 Cookie ··················· 117

　　4.4.5　Cookie 程序设计举例 ··············· 118

　　4.4.6　Cookie 和 Session 的比较 ············· 120

　4.5　使用 $_FILES 获取上传文件信息 ············· 121

　　4.5.1　添加上传文件的表单 ··············· 121

　　4.5.2　使用 $_FILES 获取上传文件信息 ········· 122

　　4.5.3　保存上传文件到指定目录 ············· 123

　　4.5.4　同时上传多个文件 ················ 124

　习题 ······························· 125

第 5 章　PHP 访问数据库 ························ 129

　5.1　数据库的基本知识 ······················· 129

　　5.1.1　数据库的基本术语 ················ 129

　　5.1.2　使用 phpMyAdmin 管理 MySQL 数据库 ······ 130

　　5.1.3　SQL 语言简介 ·················· 134

　　5.1.4　Select 语句 ··················· 134

　　5.1.5　添加、删除、更新记录的语句 ··········· 138

　　5.1.6　SQL 字符串中含有变量的书写方法 ········ 139

5.2 访问 MySQL 数据库 ·· 140
　　5.2.1 连接 MySQL 数据库 ·· 141
　　5.2.2 创建结果集并输出记录 ··· 142
　　5.2.3 使用 mysql_query 方法操纵数据库 ····················· 146
5.3 添加、删除、修改记录的综合实例 ································· 148
　　5.3.1 管理记录主页面的设计 ··· 148
　　5.3.2 添加记录的实现 ··· 149
　　5.3.3 删除记录的实现 ··· 151
　　5.3.4 同时删除多条记录的实现 ······································ 151
　　5.3.5 修改记录的实现 ··· 153
　　5.3.6 查询记录的实现 ··· 155
5.4 分页显示数据 ··· 156
　　5.4.1 分页程序的基本实现 ·· 157
　　5.4.2 对查询结果进行分页 ·· 161
　　5.4.3 将分页程序写成函数 ·· 162
　　5.4.4 可设置每页显示记录数的分页程序 ························· 165
5.5 mysqli 扩展函数的使用 ·· 166
　　5.5.1 连接 MySQL 数据库 ·· 166
　　5.5.2 执行 SQL 语句创建结果集 ······································ 167
　　5.5.3 从结果集中获取数据 ·· 168
　　5.5.4 同时执行多条 SQL 语句 ······································· 169
5.6 新闻网站综合实例 ··· 170
　　5.6.1 为网站引用后台程序和数据库 ································· 171
　　5.6.2 在首页显示数据表中的新闻 ··································· 173
　　5.6.3 制作动态图片轮显效果 ··· 176
　　5.6.4 制作显示新闻详细页面 ··· 178
　　5.6.5 制作栏目首页 ·· 181
　　5.6.6 FCKeditor 的使用 ··· 182
5.7 数据库接口层 PDO ·· 185
　　5.7.1 PDO 的安装 ·· 186
　　5.7.2 创建 PDO 对象连接数据库 ···································· 186
　　5.7.3 使用 query()方法执行查询 ····································· 188
　　5.7.4 使用 exec()方法执行添加、删除、修改命令 ············ 189
　　5.7.5 使用 prepare()方法执行预处理语句 ······················ 189
5.8 用 PDO 制作留言板实例 ·· 191
习题 ·· 194

第 6 章 PHP 文件访问技术 ·· 196
6.1 文件访问函数 ··· 196

6.1.1 打开和关闭文件 ……………………………………… 196

6.1.2 读取文件 …………………………………………… 197

6.1.3 移动文件指针 …………………………………… 200

6.1.4 文本文件的写入和追加 ………………………… 201

6.1.5 读写文件的应用——制作计数器 ……………… 202

6.2 文件及目录的基本操作 ………………………………… 204

6.2.1 复制、移动和删除文件 ………………………… 204

6.2.2 获取文件属性 …………………………………… 205

6.2.3 目录的基本操作 ………………………………… 206

6.2.4 统计目录和磁盘大小 …………………………… 209

6.3 制作生成静态页面的新闻系统 ………………………… 210

6.3.1 数据库设计和制作模板页 ……………………… 211

6.3.2 新闻添加页面和程序的制作 …………………… 212

6.3.3 新闻后台管理页面的制作 ……………………… 215

6.3.4 新闻修改页面的制作 …………………………… 216

6.3.5 新闻删除页面的制作 …………………………… 217

6.3.6 网站首页和栏目首页的静态化 ………………… 218

6.4 cURL 技术简介 ………………………………………… 221

6.4.1 cURL 的安装和使用 …………………………… 222

6.4.2 cURL 发送请求的方式 ………………………… 223

6.4.3 cURL 的多线程函数 …………………………… 224

习题 …………………………………………………………… 226

第 7 章 JavaScript …………………………………………… 227

7.1 JavaScript 的代码结构 ………………………………… 227

7.2 JavaScript 的事件编程 ………………………………… 228

7.2.1 JavaScript 语言基础 …………………………… 228

7.2.2 常用 JavaScript 事件 …………………………… 229

7.2.3 事件监听程序 …………………………………… 230

7.3 JavaScript DOM 编程 ………………………………… 232

7.3.1 动态效果的实现 ………………………………… 232

7.3.2 获取指定元素 …………………………………… 232

7.3.3 访问元素的 CSS 属性 ………………………… 234

7.3.4 访问元素的内容 ………………………………… 235

7.4 使用浏览器对象 ………………………………………… 236

习题 …………………………………………………………… 239

第 8 章 jQuery 框架 ………………………………………… 241

8.1 jQuery 框架使用入门 ………………………………… 241

8.1.1 下载并使用 jQuery ………………………………………… 241

8.1.2 jQuery 中的 $ 及其作用 …………………………………… 242

8.1.3 jQuery 对象与 DOM 对象 ………………………………… 245

8.2 jQuery 的选择器 ………………………………………………… 246

8.2.1 支持的 CSS 选择器 ………………………………………… 247

8.2.2 过滤选择器 ………………………………………………… 247

8.3 遍历和筛选 DOM 元素 ………………………………………… 251

8.3.1 遍历 DOM 元素的方法 …………………………………… 251

8.3.2 用 slice() 方法实现表格分页 …………………………… 253

8.4 jQuery 对 DOM 文档的操作 ………………………………… 255

8.4.1 创建元素 …………………………………………………… 255

8.4.2 插入到指定元素的内部 …………………………………… 256

8.4.3 插入到指定元素的外部 …………………………………… 257

8.4.4 删除元素 …………………………………………………… 258

8.4.5 包裹元素 …………………………………………………… 259

8.4.6 替换和复制元素 …………………………………………… 260

8.5 DOM 属性操作 ………………………………………………… 261

8.5.1 获取和设置元素属性 ……………………………………… 261

8.5.2 获取和设置元素的内容 …………………………………… 262

8.5.3 获取和设置元素的 CSS 属性 …………………………… 263

8.6 事件处理 ………………………………………………………… 265

8.6.1 页面载入时执行任务 ……………………………………… 265

8.6.2 jQuery 中的常见事件 ……………………………………… 265

8.6.3 附加事件处理程序 ………………………………………… 267

习题 ………………………………………………………………………… 272

第 9 章   基于 jQuery 的 Ajax 技术 ………………………………… 273

9.1 Ajax 技术的基本原理 ………………………………………… 273

9.1.1 浏览器发送 HTTP 请求的三种方式 …………………… 273

9.1.2 基于 Ajax 技术的 Web 应用程序模型 ………………… 274

9.1.3 载入页面的传统方法 ……………………………………… 276

9.1.4 用原始的 Ajax 技术载入文档 …………………………… 276

9.1.5 解决 IE 浏览器的缓存问题 ……………………………… 279

9.1.6 载入 PHP 文档 …………………………………………… 280

9.1.7 XMLHttpRequest 对象发送数据给服务器 …………… 281

9.2 jQuery 中的 Ajax 方法与载入文档 ………………………… 284

9.2.1 使用 load() 方法载入 HTML 文档 ……………………… 284

9.2.2 JSON 数据格式 …………………………………………… 286

9.2.3 使用 $.getJSON() 方法载入 JSON 文档 ……………… 289

　　　9.2.4　使用 $.getScript()方法载入 JS 文档 ················· 291

　　　9.2.5　使用 $.get()方法载入 XML 文档 ················· 292

　　　9.2.6　各种数据格式的优缺点分析 ················· 296

　9.3　发送数据给服务器 ················· 297

　　　9.3.1　使用 $.get()方法执行 GET 请求 ················· 297

　　　9.3.2　使用 $.post()方法执行 POST 请求 ················· 300

　　　9.3.3　使用 load()方法发送请求数据 ················· 302

　　　9.3.4　使用 $.ajax()方法设置 Ajax 的细节 ················· 302

　　　9.3.5　全局设定 Ajax ················· 304

　9.4　表单的序列化方法 ················· 305

　9.5　使用 JSONP 发送跨域 Ajax 请求 ················· 307

习题 ················· 309

第 10 章　Ajax 方式访问数据库 ················· 311

　10.1　Ajax 方式显示数据 ················· 311

　　　10.1.1　以原有格式显示数据 ················· 311

　　　10.1.2　以自定义的格式显示数据 ················· 312

　10.2　Ajax 方式查询数据 ················· 315

　　　10.2.1　无刷新查询数据的实现 ················· 315

　　　10.2.2　查询数据的应用举例 ················· 317

　10.3　Ajax 方式添加记录 ················· 334

　　　10.3.1　基本的添加记录程序 ················· 334

　　　10.3.2　在服务器端和客户端分别添加记录 ················· 336

　　　10.3.3　制作无刷新评论系统 ················· 337

　　　10.3.4　制作无刷新购物车程序 ················· 339

　10.4　以 Ajax 方式修改记录 ················· 342

　　　10.4.1　基本的 Ajax 方式修改记录程序 ················· 342

　　　10.4.2　制作无刷新投票系统 ················· 346

　10.5　以 Ajax 方式删除记录 ················· 349

　　　10.5.1　基本的删除记录程序 ················· 349

　　　10.5.2　同时删除多条记录的程序 ················· 350

　10.6　以 Ajax 方式进行结果集分页 ················· 351

　　　10.6.1　基本的 Ajax 分页程序 ················· 352

　　　10.6.2　可设置每页显示记录数的分页程序 ················· 353

　　　10.6.3　添加、删除记录程序的分页显示 ················· 355

　10.7　Ajax 程序的转换与调试技巧 ················· 357

　　　10.7.1　将原始 Ajax 程序转换成 jQuery Ajax 程序 ················· 357

　　　10.7.2　调试 Ajax 程序的方法 ················· 359

习题 ················· 360

附录 A　MySQL 数据库的迁移和转换 ·· 361

　　A.1　使用 phpMyAdmin 导出导入数据 ·· 361

　　A.2　使用 Navicat for MySQL 管理数据库 ······································ 362

　　A.3　部署一个网站程序 ·· 364

附录 B　实验 ··· 366

　　B.1　实验 1：搭建 PHP 运行和开发环境 ·· 366

　　B.2　实验 2：PHP 语言基础 ··· 366

　　B.3　实验 3：函数的定义和调用 ··· 367

　　B.4　实验 4：面向对象程序设计 ··· 367

　　B.5　实验 5：获取表单及 URL 参数中的数据 ································· 368

　　B.6　实验 6：Session 和 Cookie 的使用 ··· 368

　　B.7　实验 7：MySQL 数据库的管理 ·· 369

　　B.8　实验 8：在 PHP 中访问 MySQL 数据库 ································· 369

　　B.9　实验 9：分页程序的设计 ··· 370

　　B.10　实验 10：使用 mysqli 函数访问数据库 ································· 371

　　B.11　实验 11：编写简单的 Ajax 程序 ·· 371

附录 C　PHP 与 ASP 的区别 ·· 372

第1章 Web应用程序开发概述

随着互联网技术的应用和普及,各行各业对开发 Web 应用程序的需求高涨。简单地说,Web 应用程序是一种基于 B/S 结构的网络软件。它是一种使用 HTTP 协议作为通信协议,通过网络让浏览器与服务器进行通信的计算机程序。那么什么是 B/S 结构呢?这就要从网络软件的应用模式说起。

1.1 网络应用程序结构的演变

1.1.1 B/S 结构和 C/S 结构

早期的应用程序都是运行在单机上的,称为桌面应用程序。后来由于网络的普及,出现了运行在网络上的网络应用程序(网络软件),网络应用程序有 C/S 和 B/S 两种体系结构。

1. C/S 体系结构

C/S 是 Client/Server 的缩写,即客户机/服务器,这种结构的软件包括客户端程序和服务器端程序两部分。就像我们常用的 QQ 或 MSN 等网络软件,需要下载并安装专用的客户端软件(图 1-1),并且服务器端也需要特定的软件支持才能运行。

图 1-1　C/S 结构的 QQ 客户端界面

C/S 模式最大的缺点是不易于部署,因为每台客户端计算机都要安装客户端软件。而且,如果客户端软件需要升级,则必须为每台客户端单独升级。另外,客户端软件通常对客户机的操作系统也有要求,如有些客户端软件只能运行在 Windows 平台上。

2．B/S体系结构

B/S 是 Browser/Server 的缩写，即浏览器/服务器。B/S 结构是随着 Internet 技术的兴起，对 C/S 结构的一种变化或者改进的结构。在这种结构下，客户端软件由浏览器来代替(图 1-2)，一部分事务逻辑在浏览器端(Browser)实现，但是主要事务逻辑在服务器端(Server)实现，目前流行的是三层 B/S 结构(即表现层、事务逻辑层和数据处理层)。

图 1-2　B/S结构的浏览器端界面

B/S 结构很好地解决了 C/S 结构的上述缺点。因为每台客户端计算机都自带有浏览器，就不需要额外安装客户端软件了，也就不存在客户端软件升级的问题了。另外，由于任何操作系统一般都带有浏览器，因此 B/S 结构对客户端的操作系统也没有要求了。

但是 B/S 结构与 C/S 结构相比，也有其自身的缺点，首先因为 B/S 结构的客户端软件界面就是网页，因此操作界面不可能做得很复杂、漂亮，例如很难实现树型菜单、选项卡式面板或右键快捷菜单等(或者虽然能够模拟实现，但是响应速度比 C/S 中的客户端软件要慢很多)。其次，B/S 结构下的每次操作一般都要刷新网页，响应速度明显不如 C/S 结构。再次，在网页操作界面下，操作大多以鼠标方式为主，无法定义快捷键，也就无法满足快速操作的需求。

1.1.2　Web 应用程序

Web 应用程序是 B/S 结构软件的产物。它首先是"应用程序"和标准的程序语言，与 Java、C++编写出来的程序没有本质的区别。然而 Web 应用程序又有其自身独特的地方，表现在：

(1) Web 应用程序是基于 Web 的，依赖于通用的 Web 浏览器来表现它的执行结果；

(2) 需要一台 Web 服务器，在服务器上对数据进行处理，并将处理结果生成网页，以方便客户端直接使用浏览器浏览。

1．Web 应用程序与网站

一般来说，网站的内容需要经常更新。早期的网站是静态的，更新静态网站的内容是非常繁琐的，例如要增加一个新网页，就需要手工编辑这个网页的 HTML 代码，然后再更新相关页面到这个页面的链接，最后把所有更新过的页面重新上传到服务器上。

为了提高网站内容更新的效率,可以通过构建 Web 应用程序来管理网站内容。Web 应用程序可以把网站的 HTML 页面部分和数据部分分离。要更新或添加新网页,只要在数据库中更新或添加记录就可以了,程序会自动读取数据库中的记录,生成新的页面代码发送给浏览器,从而实现了网站内容的动态更新。

可见,Web 应用程序能够动态生成网页代码,Web 应用程序可以通过各种服务器端脚本语言来编写。而服务器端脚本代码是可以嵌入到网页的 HTML 代码中的,嵌入了服务器端脚本代码的网页就称为动态网页文件。因此,如果一个网站中含有动态网页文件,这个网站就相当于是一个 Web 应用程序。

2. Web 应用程序的组成

Web 应用程序通常由 HTML 文件、服务器端脚本文件和一些资源文件组成。

HTML 文件可以提供静态的网页内容。脚本文件可以提供程序,实现客户端与服务器之间的交互以及访问数据库。资源文件可以是图片文件、多媒体文件和配置文件等。

3. 运行 Web 应用程序的要素

要运行 Web 应用程序,需要 Web 服务器、浏览器和 HTTP 通信协议三个要素。

1) Web 服务器

运行 Web 应用程序需要一个载体,即 Web 服务器。一个 Web 服务器可以放置多个 Web 应用程序。

通常 Web 服务器有两层含义,一方面它代表运行 Web 应用程序的计算机硬件设备,一台计算机只要安装了操作系统和 Web 服务器软件,就可算作一台 Web 服务器;另一方面 Web 服务器专指一种软件——Web 服务器软件,该软件的功能是响应用户通过浏览器提交的 HTTP 请求,如果用户请求的是 PHP 脚本,则 Web 服务器软件将解析并执行 PHP 脚本,生成 HTML 格式的文本,并发送到客户端,显示在浏览器中。

2) 浏览器

浏览器是用于解析 HTML 文件(可包括 CSS 代码和客户端 JavaScript 脚本)并显示的应用程序,它可以从 Web 服务器接收、解析和显示信息资源(可以是网页或图像等),信息资源一般使用统一资源定位符(URL)标识。

浏览器只能解析和显示 HTML 文件,而无法处理服务器端脚本文件(如 PHP 文件),这就是为什么可以直接用浏览器打开 HTML 网页文件,而服务器端脚本文件只有被放置在 Web 服务器上才能被正常浏览的原因。

3) HTTP 通信协议(超文本传输协议)

HTTP 是浏览器与 Web 服务器之间通信的语言。浏览器与服务器之间的会话(图 1-3),总是由浏览器向服务器发送 HTTP 请求信息开始(如用户输入网址,请求某个网页文件),Web 服务器根据请求返回相应的信息,这称为 HTTP 响应,响应中包含请求的完整状态信息,并在消息体中包含请求的内容(如用户请求的网页文件内容等)。

图 1-3　浏览器与服务器之间的会话

1.1.3 Web 的有关概念

在学习 Web 编程前,有必要明确 URL、域名、HTTP 等概念。

1. URL

当用户使用浏览器访问网站时,通常都会在浏览器的地址栏中输入网站地址,这个地址就是 URL(Uniform Resource Locator,统一资源定位器)。URL 信息会通过 HTTP 请求发送给服务器,服务器根据 URL 信息返回对应的网页文件代码给浏览器。

URL 是 Internet 上任何资源的标准地址,每个网站上的每个网页(或其他文件)在 Internet 上都有一个唯一的 URL 地址,通过网页的 URL,浏览器就能定位到目标网页或资源文件。

URL 的一般格式为:"协议名://主机名[:端口号][/目录路径/文件名][#锚点名]",图 1-4 是一个 URL 的示例。

图 1-4 URL 的结构

URL 协议名后必须接"://",其他各项之间用"/"隔开,例如图 1-4 中的 URL 表示信息存放在一台被称为 www 的服务器上,hynu.cn 是一个已被注册的域名,cn 表示中国,主机名、域名合称为主机头。web/201009/是服务器网站目录下的目录路径,而 first.html 是位于上述目录下的文件名,因此该 URL 能够让我们访问到这个文件。

在 URL 中,常见的"协议"有 http、ftp 及 https 等。

2. 域名

在 URL 中,主机名通常是域名或 IP 地址。最初,域名是为了方便人们记忆 IP 地址的,使用户在 URL 中可以输入域名而不必输入难记的 IP 地址。但现在多个域名可对应一个 IP 地址(一台主机),即在一台主机上可架设多个网站,这些网站的存放方式称为"虚拟主机"方式,此时由于一个 IP 地址(一台主机)对应多个网站,就不能采用输入 IP 地址的方式访问网站,而只能在 URL 中输入域名。Web 服务器为了区别用户请求的是这台主机上的哪个网站,通常必须为每个网站设置"主机头"来区别这些网站。

因此域名的作用有两个:一是将域名发送给 DNS 服务器解析得到域名对应的 IP 地址以进行连接;二是将域名信息发送给 Web 服务器,通过域名与 Web 服务器上设置的"主机头"进行匹配,确认客户端请求的是哪个网站。

1.2 网页的类型和工作原理

1.2.1 静态网页和动态网页

在 Internet 发展初期,Web 上的内容都是由静态网页组成的,Web 开发就是编写一些简单的 HTML 页面,页面上包含一些文本、图片等信息资源,用户可以通过超链接浏览信息。采用静态网页的网站有很明显的局限性,如不能与用户进行交互,不能实时更新网页上的内容。因此像用户留言、发表评论等功能都无法实现,只能做一些简单的展示型网站。

后来 Web 开始由静态网页向动态网页转变,这是 Web 技术经历的一次重大变革。随着动态网页的出现,用户能与网页进行交互,表现在除了能浏览网页内容外,还能改变网页内容(如发表评论)。此时用户既是网站内容的消费者(浏览者),又是网站内容的制造者。

1. 静态网页和动态网页的区别

根据 Web 服务器是否需要对网页中脚本代码进行解释(或编译)执行,网页可分为静态网页和动态网页。

(1)静态网页就是纯粹的 HTML 页面,网页的内容是固定的、不变的。用户每次访问静态网页时,其显示的内容都是一样的。

(2)动态网页是指网页中的内容会根据用户请求的不同而发生变化,同一个网页由于每次请求的不同,可显示不同的内容。动态网页中可以变化的内容称为动态内容,它是由 Web 应用程序来实现的。

2. 静态网页的工作流程

用户在浏览静态网页时,Web 服务器找到网页就直接把网页文件发送给客户端,服务器不会对网页作任何处理,如图 1-5 所示。静态网页在每次浏览时,内容都不会发生变化,网页一经编写完成,其显示效果就确定了。如果要改变静态网页的内容就必须修改网页的源代码再重新上传到服务器。

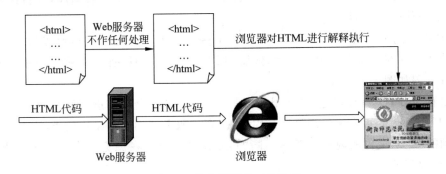

图 1-5 静态网页的工作流程

1.2.2　为什么需要动态网页

静态网页在很多时候是无法满足 Web 应用需要的。举个例子来说,假设有个电子商务网站需要展示 1000 种商品,其中每个页面显示一种商品。如果用静态网页来做的话,那么需要制作 1000 个静态网页,这带来的工作量是非常大的。而且如果以后要修改这些网页的外观风格,就需要一个一个网页地修改,工作量也很大。

而如果使用动态网页来做,只需要制作一个页面,然后把 1000 种商品的信息存储在数据库中,页面根据浏览者的请求调用数据库中的数据,即可用同一个网页显示不同商品的信息。要修改网页外观时也只需修改这一个动态网页的外观即可,工作量大为减少。

由此可见,动态网页是页面中内容会根据具体情况发生变化的网页,同一个网页根据每次请求的不同,可显示不同的内容。例如一个新闻网站中,单击不同的链接可能都是链接到同一个动态网页,只是每次该网页能显示不同的新闻。

动态网页技术还能实现诸如留言板、论坛、博客等各种交互功能,可见动态网页带来的好处是显而易见的。动态网页要显示不同的内容,往往需要数据库做支持,这也是动态网页的一个特点。从网页的源代码看,动态网页中含有服务器端代码,需要先由 Web 服务器对这些服务器端代码进行解释执行,生成 HTML 代码后再发送给客户端。

可以从文件的扩展名判断一个网页是动态网页还是静态网页。静态网页的文件扩展名是 htm、html 等;动态网页的扩展名是 php,asp,aspx,jsp,cgi 等。

提示:动态网页绝不是页面上含有动画的网页,即使在静态网页上也会有一些动画(如Flash 或 GIF 动画)或视频,但我们每次访问它时显示的内容是一样的,因此仍然属于静态网页。

1.2.3　PHP 动态网页的工作原理

PHP,即 PHP:Hypertext Preprocessor(超文本预处理器)的递归缩写,是一种服务器端的、跨平台的、开放源代码的多用途脚本语言,尤其适用于 Web 应用程序开发,并可以嵌入到 HTML 中去。它最早由 Rasmus Lerdorf 在 1995 年发明,而现在 PHP 的标准是由PHP Group 和开放源代码社区维护。PHP 语言的语法混合了 C、Java 和 Perl 语言的特点,语法非常灵活。

PHP 的特点在于跨平台,它提供的函数非常丰富,支持广泛的数据库,执行速度快,模板化,能实现代码和页面分离。

PHP 主要用来编写 Web 应用程序,一个完整 Web 应用程序的代码可以包含在服务器端运行的代码和在浏览器中运行的代码(如 HTML)。以 PHP 创建的 Web 应用程序为例,它的执行过程如图 1-6 所示。

可以看出,PHP 程序经过 Web 服务器时,Web 服务器会对它进行解释执行,生成纯客户端的 HTML 代码再发送给浏览器。因此,保存在服务器网站目录中的 PHP 文件和浏览器接收到的 PHP 文件的内容一般是不同的,因此无法通过在浏览器中查看源代码的方式获取 PHP 程序的代码。

图 1-6 中的 Web 服务器需要安装服务器软件,它具有解释执行 PHP 代码的功能,PHP

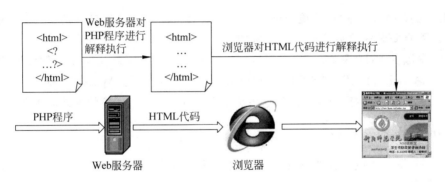

图 1-6　PHP 程序的执行过程

的 Web 服务器软件一般是 Apache。因此,要运行 PHP 程序,必须先安装 Apache,这样才能对 PHP 程序进行解释执行。安装了 Apache 的计算机就成了一台 Web 服务器。

对比一下静态网页,Web 服务器不会对它进行任何处理,直接找到客户端请求的 HTML 文件,发送给浏览器,其运行过程如图 1-5 所示。

因此,Web 服务器的作用是:对于静态网页,Web 服务器仅仅定位到网站对应的网站目录,找到客户端请求的网页就发送给浏览器;而对于动态网页,Web 服务器找到动态网页后要先对动态网页中的服务器端代码(如 PHP)进行解释执行,生成只包含静态网页的代码再发送给浏览器。

提示:PHP 文件不能通过双击文件直接用浏览器打开,因为这样 PHP 代码没有经过 Web 服务器的处理。运行 PHP 文件的具体方法将在 1.3.2 节介绍。

1.3　安装 PHP 的运行环境

要想使计算机能运行 PHP 程序,一般需要在该机上安装能运行 PHP 的 Web 服务器软件——Apache。Apache 有 Windows、Linux 等各种操作系统的版本,这使得 PHP 能运行于不同的操作系统平台上。

对于 PHP 的学习者来说,建议采用 Windows+Apache 2.2+PHP 5.1+MySQL 5 作为 PHP 的运行环境,下面介绍 PHP 的集成环境 AppServ 的安装。

1.3.1　AppServ 的安装

1. 为什么要安装 AppServ

Apache 其实只是一种通用的 Web 服务器,它本身并不能对 PHP 脚本进行解释执行。为了使 Apache 能解释执行 PHP,还必须在 Apache 上安装 PHP 的解析器:PHP 5.1。此外,由于开发 Web 应用程序通常都需要访问数据库,而 MySQL 是一种很适合与 PHP 搭配使用的数据库,因此,通常还需要安装 MySQL 5。由于 MySQL 是一种完全通过命令行方式操作的数据库管理软件,对数据库的任何操作都只能在命令提示符下输入命令来完成,这很不友好,为了使 MySQL 能像 Access 那样支持图形界面化操作,又需要安装 MySQL 的图形界面操作程序——phpMyAdmin。

因此,配置 PHP 的运行环境一般需要安装以上 4 种软件。如果分别安装,不仅安装过程很麻烦,而且安装完之后还要进行大量的设置使这几种软件能工作在一起。

为此,泰国的 PHP 爱好者制作了 AppServ,AppServ 实际上是这 4 种软件的集成安装包,包含有 Apache、PHP、MySQL、phpMyAdmin。只要安装 AppServ,就可一次性地把 PHP 的运行环境全都安装和配置好,这大大简化了 PHP 运行环境的安装和配置。

2. AppServ 的安装过程

AppServ 是一个免费软件,可以在百度上搜索并下载 AppServ 2.5.9,AppServ 的安装文件只有一个:"appserv-win32-2.5.9.exe",双击该文件,就会弹出安装向导界面,单击 Next 按钮,会出现软件许可协议界面,单击 I Agree 按钮,将提示选择软件的安装位置(图 1-7),在这一步的文本框中可直接输入安装路径,建议安装在非系统盘,如"D:\AppServ",并且安装路径中不能含有中文字符,否则会导致错误。

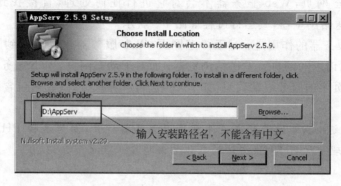

图 1-7　选择安装位置

单击 Next 按钮,选择需要安装的组件(图 1-8),因为我们需要安装 AppServ 包含的 4 种软件,所以,必须把 4 项全部勾选上。

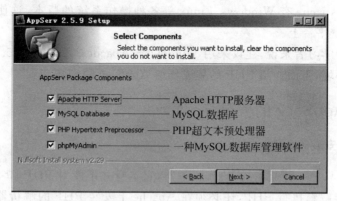

图 1-8　选择安装组件

在下一步中,需要配置 Apache 服务器的有关信息(图 1-9),包括服务器名、管理员邮箱和 HTTP 端口号。其中 Server Name 可设置为该服务器的域名,由于只是将 Apache 安装在本机上作为测试,因此可以任意输入一个名称。如果是将这台机器作为网络上真正的 Web 服务器,则应该输入一个真实的域名,以便网络上的其他主机都能通过域名访问它。

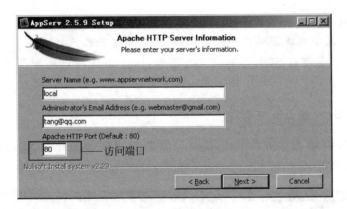

图 1-9 Apache 服务器信息的配置

在 Administrator's Email Address 中,可填入一个 Email 地址,那么当 Apache 软件运行出现错误时会把错误信息发送到这个邮箱。

在 Apache HTTP Port 中,可以设置 Apache 服务器 HTTP 服务端口号,建议使用 HTTP 服务默认的 80 端口,如果填其他端口(如 88),访问时就必须在域名后加上端口号,如 http://localhost:88。

提示:如果本机上还安装了 IIS 或 Tomcat 等其他的 Web 服务器,则应该修改这些服务器的 HTTP 端口为非 80 端口,否则,会因为端口冲突,导致 Apache 服务器无法启动。

在下一步中,需要配置 MySQL 数据库的相关信息(图 1-10),包括超级用户 root 的密码,MySQL 数据库中字符的编码方式等,本书中设置 MySQL 的 root 用户密码为"111",对于字符编码方式,建议选择默认的 UTF-8 Unicode,因为 UTF-8 编码是世界范围通用的编码方式,它可以保证在英文 IE 浏览器中也能正常显示中文。然后,把下面两项 Old Password Support 和 Enable InnoDB 勾选上,否则可能会导致 MySQL 服务器无法启动。

最后单击 Install 按钮,就会开始安装 AppServ。安装完成后,默认会自动启动 Apache 服务器和 MySQL 数据库,如果计算机上安装有 360 安全卫士或金山卫士等杀毒软件,可能会提示这些程序正在加入系统服务,这时应该选择"允许"修改。

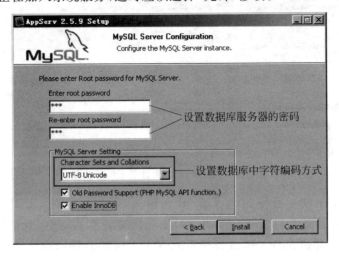

图 1-10 配置 MySQL 数据库服务器

提示：MySQL 数据库服务器 root 用户的密码必须牢记，因为以后使用 PHP 连接 MySQL 数据库必须使用该密码。如果忘记，则只能重新安装 AppServ。

如果计算机上安装有 SQL Server、IIS 等软件，应该先将这些服务停止，再开始安装 AppServ。

3．测试 AppServ 是否安装成功

在 IE 浏览器中输入 http://localhost/，如果能看到如图 1-11 所示的网页，则表明 AppServ 安装成功了。

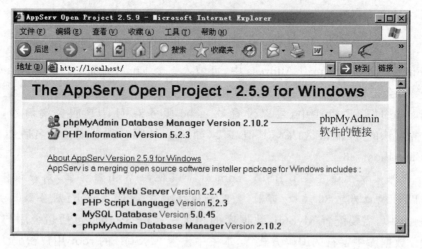

图 1-11　AppServ 的测试页

AppServ 安装完成后，在 AppServ 安装目录下，应该包含 4 个子目录，如图 1-12 所示。其中 Apache2.2 是 Apache 服务器软件的安装目录，MySQL 是 MySQL 数据库软件的目录，php5 是 PHP 解释器的目录，而 www 是网站主目录，双击 www 目录，将进入如图 1-13 所示的目录。

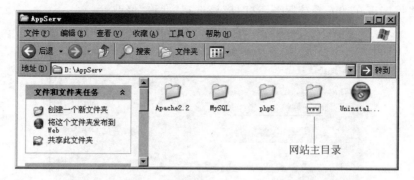

图 1-12　AppServ 安装目录下的子目录

其中，index.php 文件是网站的主页，我们输入 http://localhost/打开的图 1-11 所示 AppServ 测试页就是该文件的运行结果，可见，如果要替换 Apache 默认网站的主页，只要替换该文件即可。而 phpMyAdmin 目录是 phpMyAdmin 软件的安装目录。该软件是 B/S 架构的软件。如果要访问 phpMyAdmin，只要在图 1-11 中单击链接"phpMyAdmin

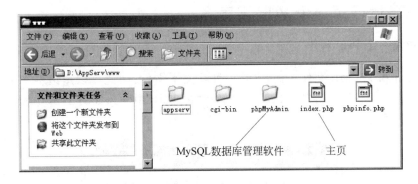

图 1-13　www 目录下的子目录

Database Manager Version 2.10.2",或直接输入网址 http://localhost/phpMyAdmin,就会弹出如图 1-14 所示的用户登录框。

在其中输入正确的用户名和密码(这里用户名是 root、密码是 111),就会进入如图 1-15 所示的 phpMyAdmin 界面。在这里我们可以用图形方式创建和管理数据库及表。

提示:如果输入正确的用户名和密码后不能看到如图 1-15 所示的 phpMyAdmin 界面,并提示错误,可能是 MySQL 数据库连接不上。此时,我们可

图 1-14　phpMyAdmin 的用户登录框

以在 Windows"运行"对话框中输入 cmd,在命令行中输入 mysql,如果 MySQL 连接不正常则会显示错误信息。

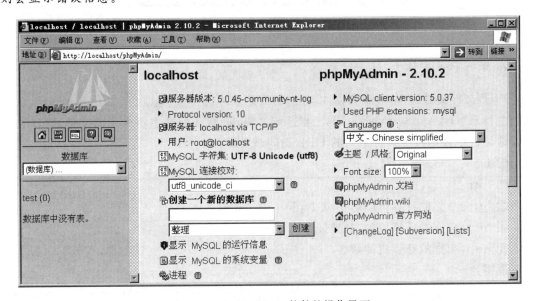

图 1-15　phpMyAdmin 软件的操作界面

1.3.2 运行第一个 PHP 程序

1. 新建第一个 PHP 程序

PHP 文件和 HTML 文件一样,也是一种纯文本文件,因此可以用记事本来编辑,只要保存成后缀名为 php 的文件就可以了。我们在"记事本"中输入如图 1-16 中所示代码(注意代码区分大小写)。

图 1-16 在记事本中新建一个 PHP 文件

输入完成后,在记事本中选择"文件"→"保存",就会弹出如图 1-17 所示的"另存为"对话框,这时首先应在"保存类型"中选择"所有文件",再在文件名中输入"1-1.php",并选择保存在"D:\AppServ\www"目录下,单击"保存"按钮即可新建一个 PHP 文件(1-1.php)。

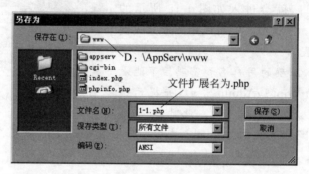

图 1-17 "另存为"对话框

2. 运行 PHP 文件

PHP 文件要通过 Web 服务器才能运行,因此刚才将 1-1.php 保存在了 Apache 默认网站的主目录"D:\AppServ\www"下。要运行 Apache 默认网站主目录下的文件,可以在浏览器地址栏中使用以下 5 种形式的 URL 访问该文件:

① http://localhost/1-1.php;

② http://127.0.0.1/1-1.php;

③ http://你的计算机的名字/1-1.php;

④ http://你的计算机的 IP 地址/1-1.php;

⑤ http://你的计算机的域名/1-1.php。

说明:

(1) http://localhost 相当于本机的域名。我们知道,当在地址栏中输入某个网站的域名后,Web 服务器就会自动到该网站对应的主目录中去找相应的文件。也就是说,域名和网站主目录是一种一一对应关系,因此 Web 服务器(这里是 Apache)会到本机默认网站的主目录(D:\AppServ\www)中去找文件 1-1.php。

提示：可以通过"http://localhost/文件名"直接访问 Apache 网站根目录下的文件。如果根目录下有子目录的话，要访问子目录下的文件用"http://localhost/子目录名/文件名"即可。例如：假设要访问"D:\AppServ\www\temp"下的"test.php"文件，则在地址栏中输入"http://localhost/temp/test.php"即可。

（2）关于服务器地址：localhost 是表示本机的域名，127.0.0.1 是表示本机的 IP 地址，这两种方式一般是在本机上运行 PHP 文件使用。第③种方式可以在本机或局域网内使用。第④、⑤种方式一般是供 Internet 上其他用户访问你的机器上的 PHP 文件使用，也就是把你的机器作为网络上一台真正的 Web 服务器。

为了简便，本书都采用第一种方式访问。打开浏览器，在地址栏中输入 http://localhost/1-1.php，按 Enter 键，就会出现如图 1-18 所示的运行结果，网页显示的是服务器端的当前日期。

图 1-18　程序 1-1.php 的运行结果

在图 1-18 中右击，选择"查看源文件"菜单命令，就会出现如图 1-19 所示的源文件，与图 1-16 中的 PHP 源程序比较，可发现 PHP 代码已经转化成纯 HTML 代码了，这验证了 Web 服务器确实先执行了 PHP 源程序，后将生成的 HTML 代码发送给浏览器。

图 1-19　在浏览器端查看源文件

3. 运行 PHP 程序的步骤总结

PHP 程序需要先经过 Web 服务器（Apache）的解释执行，生成的静态代码才能在浏览器中运行。为了让 Apache 解释执行 PHP 文件，需要通过如图 1-20 所示的以下两步。

（1）把 PHP 文件放置或保存到 Apache 的根目录（或子目录）下，这样 Apache 才能找到这个 PHP 文件。

（2）在浏览器中输入"http://localhost/文件名"，这就相当于向 Apache 服务器发送了一个 HTTP 请求，请求 Apache 执行 URL 地址中的文件，这样 Apache 就会对这个 PHP 文件进行执行。

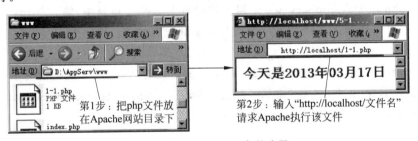

图 1-20　运行 PHP 程序的步骤

1.3.3　Apache 的配置

在 D:\AppServ\Apache2.2\conf 目录下,有一个叫 httpd.conf 的文件,它是 Apache 服务器的配置文件,对 Apache 服务器的任何设置(如设置主目录、修改首页)都是通过修改该文件的代码来实现的。

提示:Apache 没有图形化的服务器设置界面,只能通过修改 httpd.conf 文件来配置服务器。httpd.conf 是一个纯文本文件,可以用记事本或 Dreamweaver 等软件打开。也可以在开始菜单中,选择"程序"→AppServ→Configuration Server→Apache Edit the httpd.conf Configuration File 打开它。

1．主目录的设置

Apache 的网站主目录默认是 D:\AppServ\www,这使得我们要运行 PHP 文件,都必须将它保存在这个目录下,有些不方便。实际上,可以设置 Apache 的主目录为其他目录,方法如下。

要修改 Apache 的主目录,必须同时修改 httpd.conf 文件中的两个地方。例如要将 Apache 的主目录由 D:\AppServ\www 修改为 E:\Web,则首先在 E 盘新建文件夹 Web,然后找到 httpd.conf 文件的第 240 行。将:

```
#
DocumentRoot " D:/AppServ/www "
```

修改为:

```
#
DocumentRoot "E:/Web"
```

注意要将目录中的反斜杠改为斜杠。并且目录中不能含有任何中文字符。

再找到 httpd.conf 文件的第 268 行。将:

```
<Directory "D:/AppServ/www">
```

修改为:

```
<Directory "E:/Web">
```

保存文件,重新启动 Apache 服务器,就会将主目录设置成 E:\Web。设置完毕后,可以将文件 1-1.php 从 D:\AppServ\www 目录移动到 E:\Web 目录中,输入 http://localhost/1-1.php 仍然可以访问该文件,因为 http://localhost 对应 E:\Web 目录了。

提示:

(1) 对 httpd.conf 文件进行修改后,都必须重新启动 Apache 才能使设置生效。重启的方法是:在开始菜单中,选择"程序"→AppServ→Control Server by Service → Apache Restart。或者在"运行"中输入:httpd -k restart。

（2）httpd.conf文件中有很多行以"#"开头，"#"其实是注释符，表示这些行都是注释。

（3）整个httpd.conf文件中都不能出现中文或全角字符，否则Apache服务器将无法运行。

2. 默认文档的设置

所谓默认文档，就是指网站的首页（主页），它的作用是这样的，如果在浏览器中只输入"http://localhost"或"http://localhost/子目录名"，并没有输入具体某个网页文件的名称，则Apache就会自动按默认文档的顺序在相应的文件夹里查找，找到后就显示。在httpd.conf文件的第303行中，有对默认文档的设置。

```
#
<IfModule dir_module>
        DirectoryIndex index.php index.html index.htm
</IfModule>
```

可见，在这个设置下，如果不输入具体的网页文件名，则Apache首先会在目录下寻找index.php文件，如果找不到，就会再去找index.html和index.htm。

默认文档建议保持index.php即可，因此此处不用修改。

3. 虚拟目录的建立和访问

有时我们可能要在一台计算机的Apache上部署（deploy，即建立和运行）多个网站，例如在网上下载了很多个PHP网站的源代码想在本机上运行。虽然可以在网站主目录E:\Web下建立多个文件夹，每个文件夹下分别放置一个网站的文件。但这样就要把每个网站的文件都移动到网站根目录下的对应目录中，有些麻烦。

而且更重要的是，由于这些网站都放置在网站根目录下（相当于是同一个网站），如果多个网站的程序中都有修改网站公共变量（如同名的Session变量）的代码，则可能会发生这个网站修改了其他网站公共变量的情况，导致出现意想不到的问题。

设置虚拟目录就是为了解决上述问题的，如果要部署多个网站，可以将一个网站的目录设置为Apache的主目录，将其他每个网站的目录都设置为虚拟目录。这样，这些网站就都真正独立了，每个网站相当于一个独立的应用程序（Application），它们可以拥有自己的一套公共变量。设置虚拟目录的方法如下：

例如要新建一个虚拟目录eshop，指向E:\eshop目录，则首先新建E:\eshop目录，然后找到httpd.conf文件的第360行。在：

```
<IfModule alias_module>
```

后添加一段：

```
Alias "/eshop" "E:\ eshop"
<Directory "E:\ eshop">
Options - Indexes FollowSymLinks
AllowOverride None
order allow,deny
Allow from all
</Directory>
```

其中,添加的第一行表示建立了一个虚拟目录 eshop,指向 E:\eshop 目录。而后面一段表示为目录 E:\eshop 设置访问权限。因为在 Apache 中,新建的虚拟目录默认是没有任何访问权限的。重启 Apache 后,虚拟目录 eshop 就建立好了。

提示:Apache 的网站主目录默认是允许目录浏览的,即如果该目录或其子目录下找不到首页文件,而访问者又只输入了域名或目录名,则浏览器会显示该目录下的所有文件和目录列表,这是很不安全的,在 httpd.conf 文件的第 281 行: Options Indexes FollowSymLinks,其中 Indexs 就是表示目录浏览权限,要去掉该权限,可在它前面加个减号"一",或将其删除,如改成 Options-Indexes FollowSymLinks 即可。

要运行虚拟目录下的文件,可以使用"http://localhost/虚拟目录名/路径名/文件名"的方式访问。例如,在 E:\eshop(对应虚拟目录 eshop)下有一个 index.php 的文件,要运行该文件,只需在地址栏中输入:http://localhost/eshop/index.php 或 http://localhost/eshop。而要运行 E:\eshop\admin 目录下的 index.php 文件,只需在地址栏输入:http://localhost/eshop/admin/index.php,该 URL 的含义如图 1-21 所示。

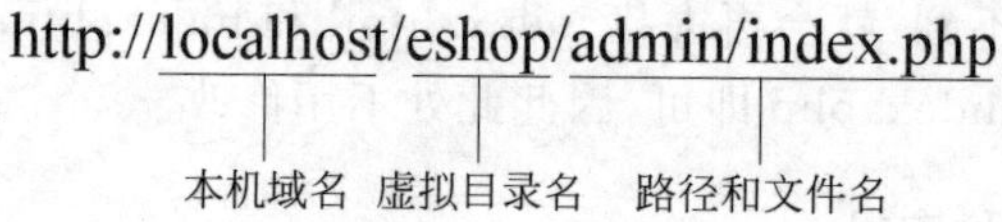

$$\text{http://localhost/eshop/admin/index.php}$$

本机域名   虚拟目录名   路径和文件名

图 1-21   访问虚拟目录下文件的 URL

由此可见,访问虚拟目录下文件的 URL 分为三部分,依次是本机域名、虚拟目录名和文件相对于虚拟目录的相对路径和文件名。从访问的 URL 形式上来看,虚拟目录就好像是网站主目录下的一个子目录。

4. 默认端口的修改

如果要修改 Apache 服务器的默认 HTTP 端口,例如将 80 修改为 88,只要找到 httpd.conf 文件的第 67 行,将 Listen 80 修改为 Listen 88 即可。以后访问网站主目录就必须使用"域名:端口"的形式(如 http://localhost:88)了。

1.3.4   配置 DW 开发 PHP 程序

Dreamweaver(以下简称 DW)对开发 PHP 程序有很好的支持,包括代码提示、自动插入 PHP 代码等,使用 DW 开发 PHP 程序的最大优势在于,使开发人员能在同一个软件环境中制作静态网页和动态程序。

开发 PHP 程序之前要先安装和配置好 PHP 的运行环境(Apache),然后就可在 DW 中新建动态站点,在 DW 中新建动态站点的作用是:①使站点内的文件能够以相对 URL 的方式进行链接;②在预览动态网页时,能够使用设置好的 URL 运行该动态网页。具体过程如下:

在 DW 中执行菜单命令"站点"→"新建站点",将弹出如图 1-22 所示的新建站点对话框,其中站点名字可以任取一个,但是访问该网站的 URL 一定要设置正确。如果该网站所在的目录是 Apache 的网站主目录,则应该用 http://localhost 方式访问,如果该网站所在的目录是 Apache 的虚拟目录,则应该用"http://localhost/虚拟目录名"的方式访问,在这里我们已经把该网站的目录（E：\Web）设置成了 Apache 的主目录，因此在"您的站点的 HTTP 地址是什么？"下输入 http://localhost。

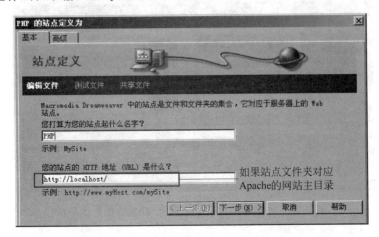

图 1-22 新建动态站点第一步（访问网站的 URL）

单击"下一步"按钮，将出现如图 1-23 所示的对话框，在"您是否打算使用服务器技术，如 ColdFusion、ASP. NET、ASP、JSP 或 PHP？"中选择"是，我想使用服务器技术。"，在"哪种服务器技术？"中选择 PHP MySQL。

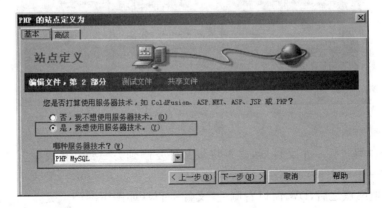

图 1-23 新建动态站点第二步（选择服务器技术）

单击"下一步"按钮，在图 1-24 所示的对话框中先选择"在本地进行编辑和测试"。"您将把文件存储在计算机上的什么位置？"就是问你的网站的主目录在哪，因此必须选择网站的主目录。需要注意的是，该网站的主目录必须和 Apache 的主目录一致，因为 DW 预览文件时是打开浏览器并在文件路径前加 http://localhost/，这样实际上是定位到了 Apache 的主目录，而不是这里设置的主目录。如果不一致，预览时就会出现"找不到文件"的错误。

单击"下一步"按钮，在图 1-25 所示的对话框中，"您应该使用什么 URL 来浏览站点的根目录？"，由于站点根目录是 Apache 的主目录，因此此处仍选择 http://localhost/来浏览根目录。

提示：如果在上一步是选择了"在本地进行编辑和测试"，则这里输入的 URL 应该和图 1-22 中输入的 URL 相同。

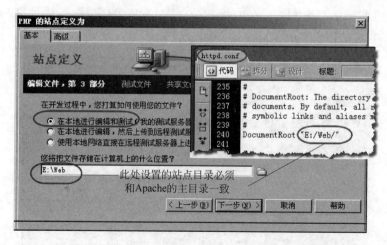

图 1-24　新建动态站点的第三步(设置站点主目录)

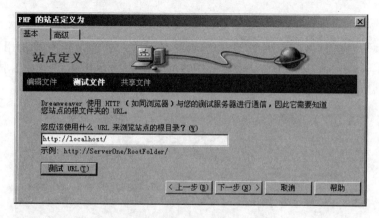

图 1-25　新建动态站点第四步

最后一步,"编辑完一个文件后,是否将该文件复制到另一台计算机中",选择"否"即可,这样就完成了一个动态站点的建立。

定义好本地站点之后,DW 窗口右侧的"文件"面板(如图 1-26 所示)就会显示刚才定义的站点的目录结构,可以在此面板中右击,在站点目录内新建文件或子目录,这与在资源管理器中在网站目录下新建文件或子目录的效果一样。

如果要修改定义好的站点,只需执行菜单命令"站点"→"管理站点",选中要修改的站点,单击"编辑"按钮,就可在站点定义对话框中对原来的设置进行修改。

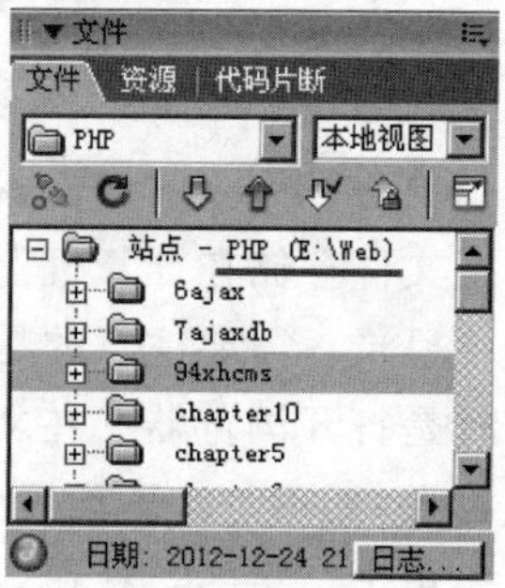

提示:如果网站目录被设置成为 Apache 的一个虚拟目录,如 E:\eshop,则在新建站点时,图 1-22 和图 1-25 中的 URL 应输入:http://localhost/eshop,在图 1-24 中网站目录应输入 E:\eshop。

图 1-26　DW 的"文件"面板

PHP 动态站点建立好后,可以在 DW 文件菜单中选择"新建"→"动态页"→PHP,就会新建一个 PHP 网页文件,保存时会自动保存为 .php 文件。并且在工具栏中会多出一个 PHP 工具栏(图 1-27),利用该工具栏可以自动插入一些常用的 PHP 代码或定界符。

插入PHP定界符 插入输出函数

图 1-27 DW 中的 PHP 工具栏

除了 DW 外,PHP 的开发工具还有 PhpStorm、PyCharm 等。如果要在 Linux 或 Mac OS 上开发 PHP,还可以选择 Zend Studio。

1.4 Web 编程语言和运行环境

1.4.1 Web 编程语言

除了 PHP 可用于 Web 应用程序开发外,目前常见的 Web 编程语言还有 CGI、ASP、ASP.NET 和 JSP 等。这几种技术的关系如图 1-28 所示。下面分别介绍。

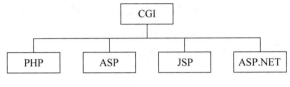

图 1-28 常见的 Web 编程环境

1. CGI

最早能够动态生成 HTML 页面的技术是 CGI(Common Gateway Interface,通用网关接口),由美国 NCSA(National Center for Supercomputing Applications)于 1993 年提出。CGI 技术允许服务器端应用程序根据客户端的请求,动态生成 HTML 页面。早期的 CGI 大多是编译后的可执行程序,其编程语言可以是 C、C++ 等任何通用的程序设计语言,也可以是 Perl、Python 等脚本语言。但是,CGI 程序的编写比较复杂而且效率低,并且每次修改程序后都必须将 CGI 的源程序重新编译成可执行文件。目前很少有人使用 CGI 技术。

2. PHP

1994 年,Rasmus Lerdorf 发明了专门用于 Web 服务器编程的 PHP 工具语言,与以往的 CGI 程序不同,PHP 语言将 HTML 代码和 PHP 指令结合成为完整的服务器端动态页面,执行效率比完全生成 HTML 标记的 CGI 要高得多。PHP 的其他优点包括:跨平台并且开放源代码,支持几乎所有流行的数据库,可以运行在 UNIX、Linux 或 Windows 操作系统下。开发 PHP 时通常搭配 Apache Web 服务器和 MySQL 数据库。

3. ASP

1996 年,Microsoft 公司推出了 ASP 1.0。ASP 是 Active Server Pages 的缩写,即动态服务器页面。它是一种服务器端脚本编程环境,可以混合使用 HTML、服务器端脚本语言(VBScript 或 JavaScript)以及服务器端组件创建动态、交互的 Web 应用程序。从 Windows

NT 4.0 开始,所有 Windows 操作系统都提供了 IIS(Internet Information Services)组件,它可以作为 ASP 的 Web 服务器软件。

提示:脚本(Script)是一种可以在 Web 服务器端或浏览器端运行的程序,目前在 Web 编程上比较流行的脚本语言有 JavaScript 和 VBScript,并且一般采用 JavaScript 作为客户端脚本语言,VBScript 作为服务器端脚本语言。

4. JSP

1997—1998 年,SUN 公司相继推出了 Servlet 技术和 JSP(Java Server Pages)技术。这两者的组合(还可以加上 Javabean 技术),让程序员可以使用 Java 语言开发 Web 应用程序。

JSP 实际上是将 Java 程序片段和 JSP 标记嵌入 HTML 文档中,当客户端访问一个 JSP 网页时,将执行其中的程序片段,然后返回给客户端标准的 HTML 文档。与 ASP 不同的是:客户端每次访问 ASP 文件时,服务器都要对该文件解释执行一遍,再将生成的 HTML 代码发送给客户端。而在 JSP 中,当第一次请求 JSP 文件时,该文件会被编译成 Servlet,再生成 HTML 文档发送给客户端,当以后再次访问该文件时,如果文件没有被修改,就直接执行已经编译生成的 Servlet,然后生成 HTML 文档发送给客户端,由于以后每次都不需要重新编译,因此在执行效率和安全性方面有明显优势。JSP 另一个优点是可以跨平台,缺点是运行环境及 Java 语言都比较复杂,导致学习难度大。

5. ASP.NET

2002 年,Microsoft 公司正式发布了.NET FrameWork 和 Visual Studio.NET,它引入了 ASP.NET 这种全新的 Web 开发技术。ASP.NET 可以使用 VB.net、C♯ 等编译型语言,支持 Web 窗体、.NET Server Control 和 ADO.NET 等高级特性。ASP.NET 应用程序最大的特点是程序与页面分离,也就是说它的程序代码可单独写在一个文件中,而不是嵌入到网页代码中。ASP.NET 需要运行在安装了.Net FrameWork 的 IIS 服务器上。

总的来说,PHP 和 ASP 属于轻量级的 Web 程序开发环境,只要安装 DW 就可进行程序的编写。而 ASP.NET 和 JSP 属于重量级的开发平台,除了安装 DW 外,还必须安装 Visual Studio 或 Eclipse 等大型开发软件。

1.4.2 Web 服务器软件

要运行 Web 应用程序,必须先安装 Web 服务器软件。Web 服务器软件是一种可以运行和管理 Web 应用程序的软件。对于不同的 Web 编程技术来说,其搭配的 Web 服务器软件是不同的。表 1-1 列出了几种 Web 编程语言的特点及其运行环境(搭配的 Web 服务器)。

表 1-1 几种 Web 编程语言的特点及其运行环境

	PHP	ASP	ASP.NET	JSP
Web 服务器	Apache	IIS	IIS	Tomcat
运行方式	解释执行	解释执行	预编译	预编译
跨平台性	任何平台	Windows 平台	Windows 平台	任何平台
文件扩展名	.php	.asp	.aspx	.jsp

Web 服务器的功能是解析 HTTP 协议,当 Web 服务器接收到一个 HTTP 请求后,会返回一个 HTTP 响应,例如返回一个 HTML 静态页面给浏览器、进行页面跳转或者调用其他程序(如 CGI 脚本、PHP 程序等),产生动态响应。而这些服务器端的程序通常会产生一个 HTML 的响应来让浏览器可以浏览。

选择 Web 服务器时,应考虑以下因素:性能、安全性、日志和统计、虚拟主机、代理服务器和集成应用程序等。下面介绍几种常用的 Web 服务器。

1. Apache

Apache 是世界上使用最广泛的 Web 服务器,市场占有率达 60% 左右,它的成功之处在于它是免费的、开放源代码的、并且具有跨平台性(可运行在各种操作系统下),因此部署在 Apache 上的 Web 应用程序具有很好的可移植性。Apache 通常作为 PHP 的 Web 服务器,但安装一些附加软件后它也能支持 JSP 或 ASP,如果要在 Linux 下运行 ASP,可考虑这种方案。

2. IIS

IIS 是 Microsoft 公司推出的 Web 服务器软件,是目前流行的 Web 服务器软件之一。IIS 的优点是提供了图形界面的管理工具,可以用来可视化地配置 IIS 服务器。

实际上,IIS 是一种 Web 服务组件,它包括了 Web 服务器、SMTP 服务器和 FTP 服务器三种软件,分别用于发布网站或 Web 应用程序、提供电子邮件服务和提供文件传输服务。它使得在网络上发布信息成了一件很容易的事。IIS 提供 ISAPI(Intranet Server API)作为扩展 Web 服务器功能的编程接口;同时,它还提供一个 Internet 数据库连接器,可以实现对数据库的访问。IIS 的缺点是只能运行在 Windows 平台下。

3. Tomcat

Tomcat 是一个开放源代码的,用于运行 Servlet 和 JSP Web 应用程序的 Web 应用软件容器。Tomcat 是基于 Java 的并根据 Servlet 和 JSP 规范进行执行的。由于有了 SUN 公司(Java 语言的创立者)的参与和支持,最新的 Servlet 和 JSP 规范总是能在 Tomcat 中得到体现。

Tomcat 是一个轻量级应用服务器,在中小型系统和并发访问用户不是很多的场合下被普遍使用,是开发和调试 JSP 程序的首选。实际上 Tomcat 是 Apache 服务器的扩展,但它是独立运行的,所以当运行 Tomcat 时,它将作为一个与 Apache 独立的进程单独运行。

提示:Apache 和 Tomcat 都没有提供可视化的界面对服务器进行配置和管理,配置 Apache 需要修改 httpd.conf 文件,配置 Tomcat 需要修改 Server.xml 文件,因此管理起来没有 IIS 方便。

习题

1. 对于采用虚拟主机方式部署的多个网站,域名和 IP 地址是( )的关系。

    A. 一对多　　　　　B. 一对一　　　　　C. 多对一　　　　　D. 多对多

2. 网页的本质是( )文件。

    A. 图像　　　　　　　　　　　　　B. 纯文本

    C. 可执行程序　　　　　　　　　　D. 图像和文本的压缩

3. 以下不是服务器端动态网页技术的是(　　)。

    A. PHP　　　　　　　B. JSP　　　　　　　C. ASP. NET　　　　D. Ajax

4. 配置 MySQL 服务器时,需要设置一个管理员账号,其名称是(　　)

    A. admin　　　　　　B. root　　　　　　　C. sa　　　　　　　D. Administrator

5. 如果 Apache 的网站主目录是 E:\eshop,并且没有建立任何虚拟目录,则在浏览器地址栏中输入 http://localhost/admin/admin. php 将打开的文件是(　　)。

    A. E:\localhost\admin\admin. php

    B. E:\eshop\admin\admin. php

    C. E:\eshop\admin. php

    D. E:\eshop\localhost\admin\admin. php

6. PHP 的配置文件是_____,Apache 的配置文件是_____。

7. 如果 Apache 的网站主目录是 E:\eshop,要运行 E:\eshop\abc\rs\123. php 文件,则应在浏览器地址栏中输入_____,如果 E:\eshop 是虚拟目录,则要运行 E:\eshop\eshop. php 文件,应在浏览器地址栏中输入_____。

8. 对于 Apache 的配置文件,请把左边的项与右边的描述联系起来。

    A. httpd. conf　　　　　(　　)用于设置默认文档;

    B. Listen　　　　　　　(　　)用于创建虚拟目录;

    C. DocumentRoot　　　(　　)用于设置网站的访问端口;

    D. Alias　　　　　　　(　　)用于设置网站文档的根目录;

    E. DirectoryIndex　　　(　　)用于配置 Apache 服务器;

9. Apache 服务器只能支持 PHP 语言吗?

10. 开发 PHP 程序前,使用 Dreamweaver 建立 PHP 动态站点有何作用?

11. 有一个 PHP 文件,存放在 D:\AppServ\www 目录下,请问如果在"我的电脑"中双击该 PHP 文件,该文件可以运行吗?

12. 简述动态网站和 Web 应用程序的联系和区别。

13. 列举常见的 Web 服务器软件及动态网页设计语言。

14. 将 Apache 服务器的主目录设置为 D:\wgzx,并运行一个该目录中的 PHP 文件。

15. 假设已在 Apache 服务器上建立了一个虚拟目录 D:\wgzx,请使用 DW 新建一个 PHP 动态站点,站点名称叫 wgzx,该站点目录对应 D:\wgzx 文件夹。

第 2 章

HTML

HTML(HyperText Markup Language)，即超文本标记语言，作为一种编写网页结构代码的标记语言，是所有网页制作技术的基础。无论是展示信息的静态网页，还是编写可供交互的 Web 程序，都离不开 HTML 语言。本章将介绍 HTML 语言中的各种标记。

2.1 HTML 概述

网页是用 HTML 书写的一种纯文本文件。用户通过浏览器所看到的包含了文字、图像、动画等多媒体信息的每一个网页，其实质是浏览器对该纯文本文件进行了解释，并引用相应的图像、动画等资源文件，才生成了多姿多彩的网页。

2.1.1 HTML 文档的结构

HTML 文件本质是一个纯文本文件，只是它的扩展名为".htm"或".html"。任何纯文本编辑软件都能创建、编辑 HTML 文件。我们可以打开最简单的文本编辑软件——记事本，在记事本中输入如图 2-1 所示的代码。

输入完成后，单击"保存"菜单项，注意先在"保存类型"中，选择"所有文件"，再输入文件名为"2-1.html"。单击保存，这样就新建了一个后缀名为".html"的网页文件，可以看到其文件图标为浏览器图标，双击该文件则会用浏览器显示如图 2-2 所示的网页。

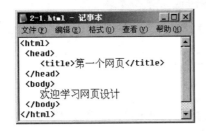

图 2-1　用记事本创建一个 HTML 文件

图 2-2　2-1.html 在 IE 浏览器中的显示效果

2-1.html 是一个最简单的 HTML 文档。可以看出，最简单的 HTML 文档包括 4 个标记，各标记的含义如下。

（1）< html >…</html >：告诉浏览器 HTML 文档开始和结束的位置，HTML 文档包括 head 部分和 body 部分。HTML 文档中所有的内容都应该在这两个标记之间，一个

HTML 文档总是以<html>开始,以</html>结束。

(2)<head>…</head>:HTML 文档的头部标记,头部主要提供文档的描述信息,head 部分的所有内容都不会显示在浏览器窗口中,在其中可以放置页面的标题<title>以及页面的类型、使用的字符集、链接的其他脚本或样式文件等内容。

(3)<title>…</title>:定义页面的标题,将显示在浏览器的标题栏中。

(4)<body>…</body>:用来指明文档的主体区域,主体包含 Web 浏览器页面显示的具体内容,因此网页所要显示的内容都应放在这个标记内。

提示:HTML 标记之间只可以相互嵌套,如<head><title>…</title></head>,但绝不可以相互交错,如<head><title>…</head></title>就是绝对错误的。

2.1.2　Dreamweaver 的开发界面

Dreamweaver 为网页制作及 PHP 网站程序开发提供了简洁友好的开发环境,DW 的工作界面包括视图窗口、属性窗口、工具栏和浮动面板组等,如图 2-3 所示。

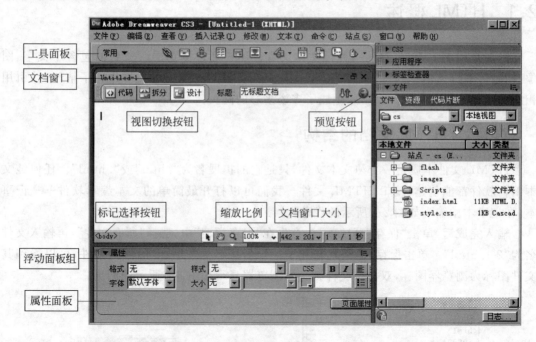

图 2-3　Dreaweaver CS3 的工作界面

DW 的视图窗口可在"代码"和"设计"之间切换。

"设计"视图的作用是帮助用户以"所见即所得"的方式编写 HTML 代码,即通过一些可视化的方式自动编写代码,减少用户手工书写代码的工作量。DW 的设计视图蕴含了面向对象操作的思想,它把所有的网页元素都看成是对象,在设计视图中编写 HTML 的过程就是插入网页元素,再设置网页元素的属性。

"代码"视图供用户手工编写或修改代码,因为在网页制作过程中,有些操作不能(或不方便)在设计视图中完成,此时用户可单击"代码"按钮,切换到代码视图直接书写代码,代码视图拥有代码提示的功能,即使是手工编写代码,速度也很快。

为了提高网页制作的效率,建议用户首先在"设计视图"中插入主要的 HTML 元素(尤其是像列表、表格或表单等复杂的元素),然后切换到"代码视图"对代码的细节进行修改。

2.1.3 使用 DW 新建 HTML 文件

打开 DW,在"文件"菜单中选择"新建"(快捷键为 Ctrl+N),在"新建文档"对话框中选择"基本页"→HTML,单击"创建"按钮就会出现网页的设计视图。在设计视图中可输入网页内容,然后保存文件(菜单命令"文件"→"保存",快捷键为 Ctrl+S,第一次保存时会要求输入网页的文件名),就新建了一个 HTML 文件,最后可以按 F12 预览键在浏览器中预览网页,也可以在保存的文件夹中找到该文件双击运行。

提示:网页在 DW 设计视图中的效果和浏览器中显示的效果并不完全相同,所以测试网页时应按 F12 键在浏览器中预览最终效果。

2.2 用 HTML 制作网页

网页中的文本、图像、超链接、表格等各种元素,其实质上都是使用对应的 HTML 标记制作的。要在网页中添加各种网页元素,只要在 HTML 代码中插入对应的 HTML 标记并设置属性和内容即可。

2.2.1 创建文本和列表

在网页中添加文本的方式主要有以下几种。

1. 直接写文本

这是最简单的插入文本方法,有时候文本并不需要放在文本标记中,完全可直接放在其他标记中。例如:< div >文本</div >、< td >文本</td >、< body >文本</body >、< li >文本</li >。

2. 用段落标记< p >…</p >格式化文本

各段落文本将换行显示,段落与段落之间有一行的间距。例如:

```
<p>第一段</p><p>第二段</p><p>第三段</p>
```

3. 用标题标记< hn >…</hn >格式化文本

标题标记是具有语义的标记,它指明标记内的内容是一个标题。标题标记共有 6 种,用来定义第 n 级标题(n=1~6),n 的值越大,字越小,所以< h1 >是最大的标题标记,而< h6 >是最小的标题标记。标题标记中的文本将以粗体显示,实际上可看成是特殊的段落标记。

标题标记和段落标记均具有对齐属性 align,用来设置元素的内容在元素占据的一行空间内的对齐方式。该属性的取值有:left(左对齐)、right(右对齐)、center(居中对齐)。

4. 文本换行标记< br />

< br />标记是强制换行标记,如果希望 HTML 代码中的文本在浏览器中换行,可在要换行处插入< br />标记。在 DW 中插入< br />标记的快捷键是 Shift＋Enter。

5. 列表标记

图 2-4 包含各种文本标记的网页

为了合理地组织文本或其他元素,网页中经常要用到列表。列表标记分为无序列表< ul >、有序列表< ol >和定义列表< dl >三种。每个列表标记都是配对标记,在列表标记中可包含若干< li >标记,表示列表项。

图 2-4 是一个包含了各种文本和列表的网页,其对应的 HTML 代码如下。

```html
< html >< body >
    < h2 align = "center">网页制作语言</h2>
    < p >Web 开发领域常用的网页制作语言如下 :</p>
    < ul >
        < li >HTML:网页结构语言</li>
        < li >CSS:网页表现语言</li>
        < li >JavaScript < br >一种浏览器编程语言</li>
        < li >PHP </li>
    </ul >
</body ></html >
```

2.2.2 插入图像

网页中图像对浏览器者的吸引力远远大于文本,选择最恰当的图像,能够牢牢吸引浏览者的视线。图像直接表现主题,并且凭借图像的意境,使浏览者产生共鸣。缺少图像而只有色彩和文字的设计,给人的印象是没有主题的空虚的画面,浏览者将很难了解该网页的主要内容。

在 HTML 中,用< img >标记可以插入图像文件,并可设置图像的大小、对齐等属性,它是一个单标记,图 2-5 的网页中插入了一张图片,其对应的 HTML 代码如下。

图 2-5 在网页中插入图片

```html
< html >< body >
< p >今天钓到一条大鱼,好高兴!</p>
< img src = "images/dayu.jpg" width = "200" height = "132" align = "center" title = "好大的鱼"/>
</body ></html >
```

该网页中显示的图片文件位于当前文件所在目录下的 images 目录中,文件名为"dayu.jpg",如果不存在该文件,则会显示一片空白。< img >标记的常见属性如表 2-1 所示。

表 2-1 ＜img＞标记的常见属性

属　　性	含　　义
src	图片文件的 URL 地址
alt	当图片无法显示时显示的替代文字
title	鼠标停留在图片上时显示的说明文字
align	图片的对齐方式,共有 9 种取值
width、height	图片在网页中的宽和高,单位为像素或百分比

2.2.3　创建超链接

超链接是组成网站的基本元素,通过超链接可以将很多网页链接成一个网站,并将 Internet 上的各个网站联系在一起,浏览者可以方便地从一个网页跳转到另一个网页。

超链接是通过 URL(统一资源定位器)来定位目标信息的。URL 包括 4 部分:①网络协议(如 http://);②域名或 IP 地址;③文件路径;④文件名。

在网页中,＜a＞…＜/a＞标记且带有 href 属性时表示超链接。图 2-6 所示的网页中创建了两个超链接,当鼠标移动到超链接上时会变成手形。其代码如下:

图 2-6　网页中的超链接

```
< html >< body >
  < a href = "/index.html" target = "_blank">网站首页</a>
  < a href = "mailto:xia@qq.com" title = "欢迎给我来信">联系我们</a>
</body ></html >
```

＜a＞标记的属性及其取值如表 2-2 所示。

表 2-2 ＜a＞标记的属性及其取值

属　性　名	说　　明	属　性　值
href	超链接的 URL 路径	相对路径或绝对路径、Email、#锚点名
target	超链接的打开方式	_blank:在新窗口打开; _self:在当前窗口打开,默认值
title	超链接上的提示文字	属性值是任何字符串
id、name	锚点的 id 或名称	自定义的名称,如 id = "ch1"。＜a＞标记作为锚点使用时,不能设置 href 属性。

超链接的源对象是指可以设置链接的网页对象,主要有文本,图像或文本图像的混合体,它们对应＜a＞标记的内容,另外还有热区链接。在 DW 中,这些网页对象的属性面板中都有"链接"设置项,可以很方便地为它们建立链接。

1. 用文本作超链接

在 DW 中,可以先输入文本,然后用鼠标选中文本,在属性面板的"链接"框中输入链接的地址并按 Enter 键;也可以单击"常用"工具栏中的"超级链接"图标,在对话框中输入文本和链接地址;还可以在代码视图中直接写代码。无论用何种方式,生成的超链接代码类似于下面的形式：

```
< a href = "index.htm" target = "_blank">首页</a>
```

2．用图像作超链接

首先需要插入一幅图片，然后选中图片，在属性面板的"链接"文本框中设置图像链接的地址。生成的代码如下：

```
< a href = "index.htm">< img src = "images/info.gif" title = "详情" border = "0" /></a>
```

2.2.4　创建表格

表格是网页中常见的页面元素，网页中的表格不仅用来显示数据，还可用来对网页进行排版和布局，以达到精确控制文本和图像在网页中位置的目的。通过表格布局的网页，网页中所有元素都是放置在表格的单元格(< td >标记)中。

表格由< table >标记定义。一个表格被分成许多行，行由< tr >标记定义，每行又被分成多个单元格，单元格由< td >标记定义。因此< table >< tr >< td >是表格中三个最基本的标记，必须同时出现才有意义。单元格< td >能容纳网页中的任何元素，如图像、文本、列表、表单、表格等。

下面是一个简单的表格代码，它的显示效果如图 2-7 所示。

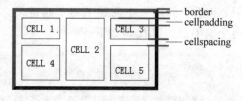

图 2-7　一个简单的表格

```
< table border = "6" cellpadding = "8" cellspacing = "10">
    < tr >< td > CELL 1 </td>< td rowspan = "2">CELL 2 </td>
        < td > CELL 3 </td></tr >
    < tr height = "60">< td > CELL 4 </td>
        < td valign = "bottom"> CELL 5 </td></tr>
</table >
```

从图 2-7 可知，一个< tr >标记表示一行，< tr >标记中有三个< td >标记，表示一行中有三个单元格。要注意在表格中行比列大，总是一行< tr >中包含若干个单元格< td >。< table >标记中还使用了几个属性，其中 border 表示表格的外边框粗细，cellspacing 表示相邻单元格之间(以及单元格与边框之间)的间距，cellpadding 表示单元格中的内容到单元格边框之间的距离。这三个属性都是可选的，如果省略，则它们的默认值为：border＝0，cellspacing＝1，cellpadding＝0。

表格< table >标记还具有宽(width)、高(height)、水平对齐(align)等属性。

单元格< td >标记具有 align(水平对齐属性)和 valign(垂直对齐属性)，以及 colspan(跨多列属性)和 rowspan(跨多行属性)，例如：rowspan＝"2"表示该单元格由 2 行(2 个上下排列的单元格)合并而成，它将使该行下一行的< tr >标记中减少一个< td >标记。

2.3　表单标记

　　表单是浏览器与服务器之间交互的重要手段,利用表单可以收集客户端提交的有关信息。用户单击"提交"按钮后表单中的信息就会发送到服务器。

　　表单由表单界面和服务器端程序两部分构成。表单界面由 HTML 代码编写,服务器端程序用来收集用户通过表单提交的数据。本节只讨论表单界面的制作。在 HTML 代码中,可以用表单标记定义表单,并且指定接收表单数据的服务器端程序文件。

　　表单处理信息的过程为:当单击表单中的"提交"按钮时,在表单中填写的信息就会发送到服务器,然后由服务器端的有关应用程序进行处理,处理后或者将用户提交的信息储存在服务器端的数据库中,或者将有关的信息返回到客户端浏览器。

2.3.1　< form >标记及其属性

　　< form >标记用来创建一个表单,即定义表单的开始和结束位置,这一标记有几方面的作用。首先,限定表单的范围,一个表单中的所有表单域标记,都要写在< form >与</ form >之间,单击"提交"按钮时,提交的也是该表单范围内的内容。其次,携带表单的相关信息,例如处理表单的脚本程序的位置(action)、提交表单的方法(method)等。这些信息对于浏览者是不可见的,但对于处理表单却起着决定性的作用。

　　< form >标记中包含的表单域标记通常有< input >、< select >和< textarea >等,图 2-8 展示了 Dreamweaver 的表单工具栏中各种表单元素与标记的对应关系。

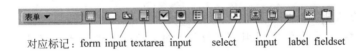

图 2-8　表单元素和表单标记的对应关系

　　在图 2-8 中单击表单按钮(▣)后,就会在网页中插入一个表单< form >标记,此时会在属性面板中显示< form >标记的属性设置,如图 2-9 所示。

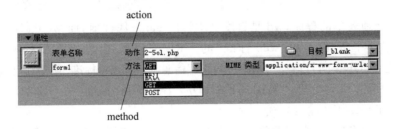

图 2-9　< form >标记的属性面板

　　< form >标记具有的属性如下。

1. name 属性

图 2-9 中,"表单名称"对应 name 属性,可设置一个唯一的名称以标识该表单,如< form name= "form1">,该名称仅供 JavaScript 代码调用表单中的元素。

2. action 属性

"动作"对应表单的 action 属性。action 属性用来设置接收表单内容的程序文件的 URL。例如: < form action="admin/check. php">,表示当用户提交表单后,将转到 admin 目录下的 check. php 页面,并由 check. php 接收发送来的表单数据,该文件执行完毕后(通常是对表单数据进行处理),将返回执行结果(生成的静态页)给浏览器。

在"动作"文本框中可输入相对 URL 或绝对 URL。如果不设置 action 属性(即 action =""),表单中的数据将提交给表单自身所在的文件,这种情况常见于将表单代码和处理表单的程序写在同一个动态网页中,否则将没有接收和处理表单内容的程序。

3. method 属性

"方法"对应< form >的 method 属性,定义浏览器将表单数据传递到服务器端的方式。取值只能是 GET 或 POST(默认值是 GET),例如: < form method="post">。

(1) 使用 GET 方式时,Web 浏览器将各表单字段名称及其值按照 URL 参数格式的形式,附在 action 属性指定的 URL 地址后一起发送给服务器。例如,一个使用 GET 方式的 form 表单提交时,在浏览器地址栏中生成的 URL 具有类似下面的形式:

```
http://ec. hynu. cn/admin/check. php?name = alice&password = 123
```

可见 GET 方式所生成的 URL 格式为:每个表单域元素名称与取值之间用等号"="分隔,形成一个参数;各个参数之间用"&"分隔;而 action 属性所指定的 URL 与参数之间用问号"?"分隔。如果表单字段取值中包含中文或其他特殊字符,则使用 GET 方式会自动对它们作 url 编码处理。例如"百度"就是使用 GET 方式提交表单信息的,在百度中输入"web 标准",再单击"百度一下",则可看到地址栏中的 URL 变为:

```
http://www. baidu. com/s?wd = web % B1 % EA % D7 % BC
```

其中 s 是处理表单的程序,wd 是百度文本框的 name 属性值,而 web%B1%EA%D7% BC 是我们在文本框中输入的"web 标准"的 URL 编码形式,即文本框的 value 值,可见 GET 方式总是在 URL 问号后接"name=value"信息对。其中"标准"两字由于是中文字符,get 方式自动对它作编码处理,"%B1%EA%D7%BC"就是"标准"的 GB2312 编码,这是由于该网页采用了 GB2312 编码方式。

(2) 使用 POST 方式,浏览器将把各表单域元素及其数据作为 HTTP 消息的实体内容发送给 Web 服务器,而不是作为 URL 参数传递。因此,使用 POST 方式传送的数据不会显示在地址栏中。根据 HTML 标准,如果处理表单的服务器程序不会改变服务器上存储的数据,则可以采用 GET 方式,例如,用来对数据库进行查询的表单。反之,如果处理表单的结果会引起服务器上存储数据的变化,例如,将用户的注册信息存储到数据库中,则应采用 POST 方式。

提示：不要使用 GET 方式发送大数据量的表单(例如表单中有文件上传域时)。因为 URL 长度最多只能有 8192 个字符，如果发送的数据量太大，数据将被截断，从而导致发送的数据不完整。另外，在发送机密信息时(如用户名和口令、信用卡号等)，不要使用 GET 方式。如果这样做了，则浏览者输入的口令将作为 URL 显示在地址栏上，而且还将保存在浏览器的历史记录文件和服务器的日志文件中。因此，GET 方式不适合于对发送的表单数据机密性有要求的场合或表单发送的数据量大的场合。

4. enctype 属性

"MIME 类型"对应< form >的 enctype 属性，用来指定表单数据在发送到服务器之前应该如何编码。默认值为 application/x-www-form-urlencode，表示表单中的数据被编码成"名=值"对的形式，因此在一般情况下无须设置该属性。但如果表单中含有文件上传域，则需设置该属性为 multipart/form-data，并设置提交方式为 POST。

2.3.2 < input >标记

< input >标记是用来收集用户输入信息的标记，它是一个单标记，< input >至少应具有两个属性：一是 type 属性，用来决定这个< input >标记的含义，type 属性共有 10 种取值，各种取值的含义如表 2-3 所示；二是 name 属性，用来定义该表单域元素的名称，如果没有该属性，虽然不会影响表单的界面，但服务器将无法获取该表单域元素提交的数据。

表 2-3 < input >标记的 type 属性取值含义

type 属性值	含 义	type 属性值	含 义	type 属性值	含 义
text	文本框	file	文件域	button	普通按钮
password	密码框	hidden	隐藏域	image	图像按钮
radio	单选框	submit	提交按钮		
checkbox	复选框	reset	重置按钮		

1. 单行文本框

当< input >的 type 属性为 text 时，即< input type＝"text" …/>，将在表单中创建一个单行文本框，如图 2-10 所示。文本框用来收集用户输入的少量文本信息。例如：

```
姓名:< input type = "text" name = "user" size = "20" />
```

表示该单行文本框的宽度为 20 个字符，名称属性为 user。

如果用户在该文本框中输入了内容(假设输入的是 Tom)，那么提交表单时，提交给服务器的数据就是 user＝Tom。即表单提交的数据总是"name＝value"对的形式。由于 name 属性值为 user，而文本框的 value 属性值为文本框中的内容，因此有以上结果。

如果用户没有在该文本框中输入内容，那么提交表单时，提交给服务器的数据就是 user＝。

在初次打开网页时文本框一般是空的。如果要使文本框显示初始值，可设置其 value 属性，value 属性的值将作为文本框的初始值显示。如果希望单击文本框时清空文本框中的值,可对 onfocus 事件编写 JavaScript 代码,因为单击文本框时会触发文本框的 onfocus 事件。示例代码如下,效果如图 2-10 所示。文本框和密码框的常用属性如表 2-4 所示。

```
查询 < input type = "text" name = "seach" value = "请输入关键字" onfocus = "this.value = ''" />
```

搜索:请输入关键字　　搜索:

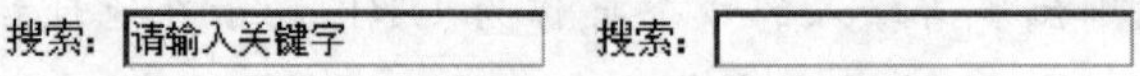

图 2-10　设置了 value 属性值的文本框在网页载入时(左)和单击后(右)

表 2-4　文本框和密码框的常用属性

属　性　名	功　　　　能	示　　　例
value	设置文本框中显示的初始内容,如果不设置,则文本框显示的初始值为空,用户输入的内容将会作为最终的 value 属性值	value="请在此输入"
size	指定文本框的宽度,以字符个数为度量单位	size="16"
maxlength	设置用户能够输入的最多字符个数	maxlength="11"
readonly	文本框为只读,用户不能改变文本框中的值,但用户仍能选中或复制其文本,其内容也会发送到服务器	readonly="readonly"
disabled	禁用文本框,文本框将不能获得焦点,提交表单时,也不会将文本框的名称和值发送给服务器	disabled="disabled"

提示:readonly 可防止用户对值进行修改,直到满足某些条件为止(例如选中了一个复选框),此时需要使用 JavaScript 清除 readonly 属性。disabled 可应用于所有表单元素。

2. 密码框

当< input >的 type 属性为 password 时,表示该< input >是一个密码框。密码框和文本框基本相同,只是用户输入的字符会以圆点显示,以防被旁人看到。但表单发送数据时仍然会把用户输入的真实字符作为其 value 值以不加密的形式发送给服务器。示例代码如下:

```
密码 : < input type = "password" name = "pw" size = "15" />
```

3. 单选按钮

< input type="radio"…/>用于在表单上添加一个单选按钮,但单选按钮需要成组使用才有意义。只要将多个单选按钮的 name 属性值设置为相同,它们就形成一组单选按钮。浏览器只允许一组单选按钮中的一个被选中。当用户提交表单时,在一个单选按钮组中,只有被选中的那个单选按钮的名称和值(即 name/value 对)才会被发送给服务器。

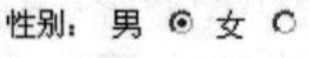

性别: 男 ⊙ 女 ○

图 2-11　单选按钮

因此同组的每个单选按钮的 value 属性值必须各不相同,以实现选中不同的单选项,就能发送同一 name 不同 value 值的效果。下面是一组单选按钮的代码,效果如图 2-11 所示。

```
性别: 男 < input type = "radio" name = "sex" value = "1" checked = "checked" />
      女 < input type = "radio" name = "sex" value = "2" />
```

其中，checked 属性设定初始时单选按钮哪项处于选定状态，不设定表示都不选中。

4. 复选框

<input type="checkbox" />用于在表单上添加一个复选框。复选框可以让用户选择一项或多项内容，复选框的一个常见属性是 checked，该属性用来设置复选框初始状态时是否被选中。复选框的 value 属性只有在复选框被选中时，才有效。如果表单提交时，某个复选框是未被选中的，那么复选框的 name 和 value 属性值都不会传递给服务器，就像没有这个复选框一样。只有某个复选框被选中，它的名称（name 属性值）和值（value 属性值）才会传递给服务器。下面的代码是一个复选框的例子，显示效果如图 2-12 所示。

```
爱好:<input name="fav1" type="checkbox" value="1" />跳舞
     <input name="fav2" type="checkbox" value="2" />散步
     <input name="fav3" type="checkbox" value="3" />唱歌
```

提示：从以上示例可看出，选择类表单标记（单选框、复选框或下拉列表框等）和输入类表单标记（文本域、密码域、多行文本域等）的重要区别是：选择类标记必须事先设定每个元素的 value 属性值，而输入类标记的 value 属性值一般是用户输入的，可以不设定。

5. 文件上传域

<input type="file" …/>是表单的文件上传域，用于浏览器通过表单向服务器上传文件。使用<input type="file" />元素，浏览器会自动生成一个文本框和一个"浏览"按钮，供用户选择上传到服务器的文件，示例代码如下，效果如图 2-13 所示。

```
<input type="file" name="upfile" />
```

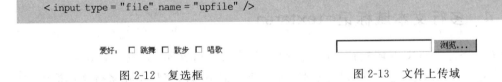

图 2-12 复选框   图 2-13 文件上传域

用户可以使用"浏览"按钮打开一个"文件"对话框选择要上传的文件，也可以在文本框中直接输入本地的文件路径名。

注意：如果<form>标记中含有文件上传域，则<form>标记的 enctype 属性必须设置为"multipart/form-data"，并且 method 属性必须是 post。

6. 隐藏域

<input type="hidden" …/>是表单的隐藏域，隐藏域不会显示在网页中，但是当提交表单时，浏览器会将这个隐藏域元素的 name/value 属性值对发送给服务器。因此隐藏域必须具有 name 属性和 value 属性，否则毫无作用。例如：

```
<input type="hidden" name="user" value="Alice" />
```

隐藏域是网页之间传递信息的一种方法。例如，假设网站的用户注册过程由两个步骤完成，每个步骤对应一个网页文件。用户在第一步的表单中输入了用户名，接着进入第二步的网页中,在这个网页中填写爱好和特长等信息。在第二个网页提交时,要将第一个网页中收集到的用户名也传送给服务器,就需要在第二个网页的表单中加入一个隐藏域,让它的value值等于接收到的用户名。

2.3.3　< select >和< option >标记

< select >标记表示下拉框或列表框,是一个标记的含义由其 size 属性决定的元素。如果该标记没有设置 size 属性,那么就表示是下拉列表框。如果设置了 size 属性,则变成了列表框,列表的行数由 size 属性值决定。如果再设置了 multiple 属性,则表示列表框允许多选。下拉列表框中的每一项由< option >标记定义,还可使用< optgroup >标记添加一个不可选中的选项,用于给选项进行分组。例如下面代码的显示效果如图 2-14 所示。

```
所在地: < select name = "addr">      <! -- 添加属性 size = "5"则为图 2 - 14 右边的列表框 -->
    < option value = "1">湖南</option >
    < option value = "2">广东</option >
    < option value = "3">江苏</option >
    < option value = "4">四川</option ></select >
```

图 2-14　下拉列表框(左)和列表框(右)

提交表单时,select 标记的 name 值将与选中项的 value 值一起作为 name/value 信息对传送给服务器。如果< option >标记没有设置 value 属性,那么提交表单时,将把选中项中的文本(例如"湖南")作为 name/value 信息对的 value 部分发送给服务器。

2.3.4　多行文本域标记< textarea >

< textarea >是多行文本域标记,用于让浏览者输入多行文本,如发表评论或留言等。< textarea>是一个双标记,它没有 value 属性,而是将标记中的内容显示在多行文本框中,提交表单时也是将多行文本框中的内容作为 value 值提交。例如:

< textarea name="comments" cols="40" rows="4" wrap="virtual">表示是一个有4 行,每行可容纳 40 个字符,换行方式为虚拟换行的多行文本域。

< textarea >的属性有:

(1) cols:用来设置文本域的宽度,单位是字符。

(2) rows:用来设置文本域的高度(行数)。

(3) wrap:设置多行文本的换行方式,它的取值有以下 3 种,wrap 默认值是文本自动换行,对应虚拟(virtual)方式。

① 关(off):不让文本换行。当用户输入的内容超过文本区域的右边界时,文本将向左侧滚动,不会换行。用户必须按 Enter 键才能将插入点移动到文本区域的下一行。

② 虚拟(virtual):表示在文本区域中设置自动换行。当用户输入的内容超过文本区域的右边界时,文本换行到下一行。当提交数据进行处理时,换行符并不会添加到数据中。数据作为一个数据字符串进行提交。

③ 实体(physical)：文本在文本域中也会自动换行，但是当提交数据进行处理时，将把这些自动换行符作为< br/>标记添加到数据中。

2.3.5　HTML5 新增的表单类型和属性

HTML5 在表单方面做了很大的改进，包括：使用 type 属性增强表单，表单元素可以出现在 form 标记之外，input 元素新增了很多可用属性等。

1. input 标记的新增类型值

在 HTML5 中，< input >标记在原有类型(type 属性值)的基础上，新增了许多新的类型成员，如表 2-5 所示。

表 2-5　< input >标记新增的类型

类 型 名 称	type 属 性	功 能 描 述
网址输入框	< input type= "url">	用来输入网址的文本框
Email 输入框	< input type= "email">	用来输入 Email 地址的文本框
数字输入框	< input type= "number">	输入数字的文本框，并可设置输入值的范围
范围滑动条	< input type= "range">	可拖动滑动条，用于改变一定范围内的数字
日期选择框	< input type= "date">	可选择日期的文本框
搜索输入框	< input type= "search">	输入搜索关键字的文本框

其中，网址输入框与 Email 输入框虽然从外观上看与普通文本框相同，但是它会检测用户输入的文本是否是一个合法的网址或 Email 地址，从而不需要再使用 JavaScript 脚本来验证用户输入内容的有效性。

数字输入框示例代码如下，在 Chrome 浏览器中的外观如图 2-15(左)所示。

```
< input type = "number" min = "1960" max = "1990" step = "1" value = "1980" />
```

相对于普通文本框，数字文本框会检验输入的内容是否为数字，并且可以设置数字的最小值(min)、最大值(max)和步进值(step)。当单击数字输入框右侧的上下箭头时，就会递增或递减当前值。

范围滑动条的示例代码如下，在 Chrome 浏览器中的外观如图 2-15(中)所示。

```
0 < input type = "range" min = "0" max = "20" value = "10" /> 20
```

搜索输入框专门用于关键字查询，该类型输入框和普通文本框在功能和外观上没有太大区别，唯一区别是，当用户在输入框中填写内容时，输入框右侧将会出现"×"按钮，单击该按钮，就会清空输入框中内容。示例代码如下，运行结果如图 2-15(右)所示。

```
< input name = "keyword" type = "search" />
```

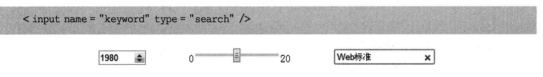

图 2-15　数字输入框(左)、范围滑动条(中)和搜索输入框(右)的效果

日期选择框将弹出一个日历界面供用户选择某一天,示例代码如下。

```
< input name = "birth" type = "date" value = "2013 - 06 - 10" />
```

可见,日期选择框能够弹出日期界面供用户选择,如果对其设置 value 属性,则会显示该属性中的值作为默认日期。type 属性除了 date 外,将 type 属性设置为 time、month、week、datetime、datetime-local 均表示日期选择框,只不过此时能选择时间、月份、星期等值。

提示:如果浏览器不支持这些 HTML5 中的 type 属性值,则会取 type 属性的默认值 text,从而将 input 元素解释为文本框。

2. input 标记新增的公共属性

在 HTML5 中,input 标记新增了很多公共属性,如表 2-6 所示。除此之外,还新增了一些特有属性,如 range 类型中的 min、max、step 等。

表 2-6　input 标记新增的公共属性

属　性	HTML　代　码	功 能 说 明
autofocus	< input autofocus="true">	设置元素自动获得焦点
pattern	< input pattern="正则表达式">	使用正则表达式验证 input 元素的内容
placeholder	< input placeholder="请输入">	设置文本输入框中的默认内容
required	< input required="true">	是否检测文本输入框中的内容为空
novalidate	< input novalidate="true">	是否验证文本输入框中的内容
autocomplete	< input autocomplete="on">	使 form 或 input 具有自动完成功能

< input >标记这些公共属性的含义如下。

(1) autofocus 属性:当 input 元素具有 autofocus 属性时,会使页面加载完成后,该元素自动获得焦点(即光标位于该输入框内)。

(2) pattern 属性:对于比较复杂的规则验证,如验证用户名"是否以字母开头,包含字符或数字和下画线,长度在 6~8 之间"。则需要使用 pattern 属性设置正则表达式验证,例如:pattern="^[a-zA-Z]\w(5,7)$"。

(3) placeholder 属性:该属性可在文本框中放置一些提示文本(以灰色显示),当输入文本时,提示文本消失。示例代码如下,其效果类似于图 2-10(左)。

```
< input name = "keyword" type = "search" placeholder = "请输入关键字" />
```

(4) required 属性:该属性用来验证输入框的内容是否为空,如果为空,在表单提交时,会显示错误提示信息。

(5) novalidate 属性:该属性表示提交表单时不验证表单或输入框的内容,该属性适用于:< form >以及以下类型的< input >标记:text、search、url、telephone、email、password、date pickers、range 以及 color。

(6) autocomplete 属性:该属性用来设置表单或输入框是否具有自动完成功能,其属性值是 on 或 off。开启自动完成功能后,当用户成功提交一次表单后,以后每次再提交表单时,都会在输入框下方出现以前输入过的内容供用户选择。

这些属性的功能过去一般是用 JavaScript 脚本实现,而用 HTML5 属性实现后,可以大大减少对 JavaScript 代码的使用。

2.3.6 表单数据的传递过程

1. 表单的三要素

一个最简单的表单必须具有以下三部分内容:①< form >标记,没有它表单中的数据不知道提交到哪里去,并且不能确定这个表单的范围;②至少有一个输入域(如 input 文本域或选择框等),这样才能收集到用户的信息,否则没有信息提交给服务器;③提交按钮,没有它表单中的信息无法提交(当然,如果使用 Ajax 技术提交表单,表单也可以不具有第①项和第③项,但本章不讨论这些)。

2. 表单向服务器提交的信息内容

大家可以查看百度首页中表单的源代码,这可以算是一个最简单的表单了,它的源代码如下,可以看到它具有上述的表单三要素,因此是一个完整的表单。

```
< form name = f action = s >
    < input type = text name = wd id = kw size = 42 maxlength = 100 >
    < input type = submit value = 百度一下 id = sb >……
</form>
```

当单击表单的"提交"按钮后,表单将向服务器发送表单中填写的信息,发送形式是各个表单元素的"name = value & name= value & name= value…"。下面以图 2-16 中的表单为例来分析表单向服务器提交的内容是什么(输入的密码是 123)。

其中图 2-16 对应的 HTML 代码如下:

图 2-16 一个输入了数据的表单

```
< form action = "login. php" method = "post">
    <p>用户名:< input name = "user" id = "xm" type = "text" size = "15" /> </p>
    <p>密码 : < input name = "pw" type = "password" size = "15" /></p>
    <p>性别: 男 < input type = "radio" name = "sex" value = "1" />
       女 < input type = "radio" name = "sex" value = "2" /></p>
    <p>爱好:< input name = "fav1" type = "checkbox" value = "1" />跳舞
            < input name = "fav2" type = "checkbox" value = "2" />散步
            < input name = "fav3" type = "checkbox" value = "3" /> 唱歌 </p>
    <p>所在地:< select name = "addr">
        < option value = "1">长沙</option>
        < option value = "2">湘潭</option>
        < option value = "3">衡阳</option>
    </select > </p>
    <p>个性签名:< br/>< textarea name = "sign"></textarea > </p>
    <p> < input type = submit" name = "Submit" value = "提交" /> </p>
</form>
```

分析：表单向服务器提交的内容总是 name/value 信息对，对于文本类输入框来说，一般无需定义 value 属性，value 的值是你在文本框中输入的字符。如果事先定义 value 属性，那么打开网页它就会显示在文本框中。对于选择框(单选框、复选框和列表菜单)来说，value 的值必须事先设定，只有某个选项被选中后它的 value 值才会生效。因此上例提交的数据是：

```
user = tang&pw = 123&sex = 1&fav2 = 2&fav3 = 3&addr = 3&sign = wo&Submit = 提交
```

说明：

(1) 如果表单只有一个提交按钮，可去掉它的 name 属性(如 name＝"Submit")，防止提交按钮的 name/value 属性对也一起发送给服务器，因为这些是多余的。

(2) <form>标记的 name 属性通常是为 JavaScript 调用该 form 元素提供方便的，没有其他用途。如果没有 JavaScript 调用该 form 则可省略 name 属性。

习 题

1. HTML 中最大的标题元素是(　　)。

    A. <head>　　　　　　B. <title>　　　　　C. <h1>　　　　　D. <h6>

2. 下列(　　)元素不能够相互嵌套使用。

    A. 表格　　　　　　B. 表单 form　　　　C. 列表　　　　　D. div

3. 下述元素中(　　)都是表格中的元素。

    A. <table><head><th>　　　　　　B. <table><tr><td>

    C. <table><body><tr>　　　　　　D. <table><head><footer>

4. <title>标记中应该放在(　　)标记中。

    A. <head>　　　　　　B. <table>　　　　　C. <body>　　　　　D. <div>

5. 下述(　　)表示表图像元素。

    A. <img>image.gif</img>　　　　　　B. <img href= "image.gif" />

    C. <img src= "image.gif" />　　　　　D. <image src= "image.gif" />

6. 要在新窗口打开一个链接指向的网页需用到(　　)。

    A. href="_blank"　　　　　　B. name= "_blank"

    C. target="_blank"　　　　　　D. href="#blank"

7. align 属性的可取值不包括(　　)。

    A. left　　　　　　B. center　　　　　C. middle　　　　　D. right

8. (　　)表示表单控件元素中的下拉框元素。

    A. <select>　　　　　　B. <input type="list">

    C. <list>　　　　　　D. <input type="options">

9. 表述不正确的是(　　)。

    A. 单行文本框和多行文本框都是用相同的 HTML 标记创建的

    B. 列表框和下拉列表框都是用相同的 HTML 标记创建的

    C. 单行文本框和密码框都是用相同的 HTML 标记创建的

D. 使用图像按钮< input type＝"image">也能提交表单

10. colspan 是＿＿＿＿＿标记的属性；cellpadding 是＿＿＿＿＿标记的属性；target 是＿＿＿＿＿标记或＿＿＿＿＿标记的属性；< input >标记至少会具有＿＿＿＿＿属性；< img >标记必须具有＿＿＿＿＿属性；如果作为超链接,< a >标记必须具有＿＿＿＿＿属性。

11. 下面的表单元素代码都有错误,指出它们分别错在哪里。

① < input name＝"country" value＝"Your country here. " />

② < checkbox name＝"color" value＝"teal" />

③ < input type＝"password" value＝"pwd" />

④ < textarea name＝"essay" height＝"6" width＝"100"> Your story.</textarea >

⑤ < select name＝"popsicle">

　< option value＝"orange" />< option value＝"grape" />< option value＝"cherry" />

　</select >

12. 设 #title{padding：6px 10px 4px},则 id 为 title 的元素左填充是＿＿＿＿＿。

13. 如果要使下面代码中的文字变红色,则应填入：< h2 ＿＿＿＿＿>课程资源</h2 >。

14. 画出下面的表格：

```
< table width = "466" height = "127">
    < tr >< td ></td >< td rowspan = "2"></td ></tr >
    < tr >< td ></td ></tr ></table >
```

15. 如果要将表单内容以 POST 方式发送给 rev. php 文件,则< form >标记应怎样设置。

第3章

PHP基础

学习 PHP 语言的基本语法是进行 PHP 编程开发的第一步,PHP 语言的语法混合了 C、Java 和 Perl 语言的特点,语法非常灵活,与其他编程语言有很多不同之处,读者如果学习过其他语言,可通过体会 PHP 与其他语言的区别来学习 PHP。

PHP 是运行在服务器端的,而 HTML、CSS、JavaScript 都是运行在浏览器上的。有时也把针对浏览器的网页设计称为 Web 前端开发,而把开发服务器端程序称为 Web 后台编程。

3.1 PHP 语言基础

3.1.1 PHP 代码的基本语法

1. PHP 代码的组成

PHP 是一种可嵌入到 HTML 中的脚本语言。一个 PHP 文件代码可包含如下三部分内容:

(1) HTML 和 CSS。

(2) 客户端脚本(如 JavaScript),位于< script ></script >之间。

(3) 服务器端脚本,通常位于"<?"与"?>"之间。

其中(1)和(2)是静态网页也具备的,它们都是通过浏览器解释执行,统称为客户端代码。因此,也可以认为 PHP 文件由两部分组成,即客户端代码和服务器端脚本。PHP 可以通俗地认为是把服务器端脚本放在"<?"和"?>"之间。

提示: "<?"和"?>"称为 PHP 脚本的定界符,表示脚本的开始和结束。这是因为在 PHP 文件中,HTML 代码和 PHP 程序代码混杂在一起(即页面和程序没有分离),必须使用专门的定界符对 PHP 代码进行区分。

2. 简单 PHP 程序示例

(1) 3-1.php:在网页上以 h1 标题的形式输出当前日期和时间。

```
< h1 >
<? echo '现在是'.date("Y 年 m 月 d 日 H:i:s");?>
</h1 >
```

　　在该程序中,<h1>和</h1>是 HTML 代码,<? … ?>是 PHP 代码。其中,echo 是
PHP 的输出函数,"…"表示这是一个字符串常量,"."是字符串连接符,date()是时间日期函
数,可以按指定的格式获取当前日期和时间。运行程序会在浏览器上以一级标题的形式输出:

　　现在是 2013 年 03 月 18 日 16:20:55

　　(2) 3-2.php:在网页上输出不同大小的字体,代码如下,运行结果如图 3-1 所示。

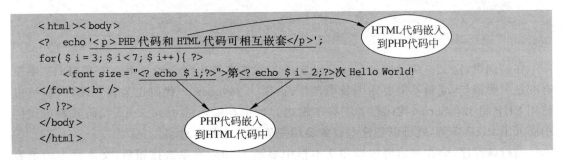

```
<html><body>
<?   echo '<p>PHP 代码和 HTML 代码可相互嵌套</p>';
for( $i=3; $i<7; $i++){ ?>
    <font size="<? echo $i;?>">第<? echo $i-2;?>次 Hello World!
</font><br />
<? }?>
</body>
</html>
```

HTML代码嵌入
到PHP代码中

PHP代码嵌入
到HTML代码中

　　在 3-2.php 中,使用 for 循环语句循环输出 HTML 代码"<font …>…</font>
"。
从结构上,这条 HTML 代码被 PHP 代码包含。$i 是程序中定义的一个变量,PHP 规定所
有变量名必须以"$"开头。可以看出,PHP 代码可以位于 HTML 代码的任意位置,如标记
外:<? for($i=3; $i<7; $i++){ ?>、<? }?>,标记内:<? echo $i-2;?>,甚至是标记
的属性内:<? echo $i; ?>。从结构上看,可以是 HTML 代码中包含 PHP 代码,也可以是
PHP 代码中包含 HTML 代码。实际上,PHP 代码还可与 CSS 或 JavaScript 等浏览器端代
码互相嵌入,因为 PHP 解析器只对"<?"和"?>"之间的代码进行处理。

　　注意:PHP 代码的定界符"<?"和"?>"不能嵌套。如果遇到 HTML 代码(如<font…),就
必须立即用"?>"把前面的 PHP 代码结束,即使这段
代码并不完整(但其中每行语句必须是完整的)。

　　(3) 3-3.php:用 PHP 程序输出 HTML 代码,
实现与 3-2.php 同样的功能。

　　在 3-2.php 中,由于 PHP 代码和 HTML 代码
频繁地交替出现,以致经常需要使用定界符关闭和
开始一段 PHP 代码,而如果把 HTML 代码当成字
符串通过 PHP 程序来输出,则可避免该问题。代码
如下,运行结果如图 3-1 所示。

图 3-1　3-2.php 或 3-3.php 的运行结果

```
<html><body><p>PHP 代码和 HTML 代码可相互嵌套</p>
    <? for( $i=3; $i<7; $i++){
        echo '<font size='. $i.'>第'.( $i-2).'次 Hello World!</font><br />';
    }?>
</body></html>
```

　　提示:使用 PHP 程序输出 HTML 代码是一项常用技巧。总的原则是:如果 PHP 代
码之间的 HTML 代码很短,则使用 PHP 程序输出这些 HTML 代码更合适,而如果 PHP
代码之间的 HTML 代码很长,则还是作为外部 HTML 代码合适些。这样会使程序的可读

性改善,并减少编写时出错的概率。

(4) 3-4.php:用 PHP 输出 JavaScript 代码并传递变量值给 JavaScript 或表单。

```
<?  $ str1 = "Hello";          //在弹出框中显示
    $ str2 = "start PHP";      //在文本框中显示
  echo "<script>";
  echo "alert('". $ str1."');"; //在 JavaScript 中使用 $ str1 变量
  echo "</script>";?>
```
```
< input type = "text" name = "tx" size = 20 value = "<? echo $ str1; ?>">
< input type = "button" value = "单击" onclick = "tx.value = '<? echo $ str2; ?>'">
```

在该例中,定义了两个变量 $ str1 和 $ str2,并将字符串赋值给这两个变量(PHP 中没有变量声明语句,变量不需要声明就可使用)。因为 JavaScript 代码也是客户端代码,可以使用 PHP 将 JavaScript 代码作为字符串输出。如果在输出的 JavaScript 代码或表单代码中嵌入了 PHP 变量,就可以把这些服务器端变量值传递到客户端。

运行该程序,会在弹出警告框和文本框中显示 Hello,当单击按钮后,文本框中的内容会变为 start PHP。

3. PHP 代码的 4 种风格

PHP 代码有 4 种风格,即 XML 风格、简短风格、脚本风格和 ASP 风格。使用任意一种都可以将 PHP 代码嵌入到 HTML 中去。

(1) XML 风格。

这种风格的 PHP 定界符是"<? php"和"? >"(<? 和 php 之间不能有空格)。例如:

```
< h1 ><?php echo '现在是'.date("Y 年 m 月 d 日 H:i:s");?></h1 >
```

(2) 简短风格

将定界符<? php 中的 php 省略,就成了简短风格,它的定界符是"<?"和"? >"。要使用简短风格,必须保证 php. ini 文件中的 short_open_tag ＝ On(默认是开启的),本书中的 php 代码都采用这种风格。

(3) 脚本风格。

这种风格将 PHP 代码写在< script >标记对中,例如:

```
< h1 >< script language = 'php'> echo '现在是'.date("m 月 d 日");</script ></h1 >
```

(4) ASP 风格。

这种标记风格将 PHP 代码写在"<%"和"%>"中,我们不推荐使用,并且默认是不能使用这种风格的,因为 php. ini 文件中的 asp_tags＝Off。

4. PHP 代码的注释

注释即代码的解释和说明,程序执行时,注释会被 PHP 解析器忽略,因此浏览器端看不到 PHP 代码的注释。PHP 支持 3 种风格的注释。

（1）单行注释（//或♯）。

```
<? echo 'PHP动态网页';          //输出字符串
                               ♯单行注释用♯号也可以
?>
```

需要注意的是,单行注释的内容中不能含有"?>"否则解释器会认为 PHP 的脚本到此结束了,而去执行"?>"后面的代码。例如:

```
<h1><? echo '这样会出错的';      //不会看到?>会看到
?></h1>
```

（2）多行注释（/ ∗ … ∗ /）。

如果要添加大段的注释,则使用多行注释更方便,但多行注释符不允许嵌套使用。如:

```
<h1><? echo '这样不会出错';      / ∗ 多行注释的内容不会被输出?> ∗ /
?></h1>
```

5. 编写 PHP 程序的注意事项

（1）PHP 是一种区分大小写的语言,表现在:①PHP 中的变量和常量名是区分大小写的;②PHP 中的类名和方法名,以及一些关键字(如 echo,for)都是不区分大小写的。在书写时,建议除了常量名以外的其他符号都小写。

（2）PHP 代码中的字符均为半角(英文状态下)字符,中文或全角字符只能出现在字符串常量或注释中。

（3）在"<?"和"?>"内必须是一行或多行完整的语句,如<? for($i＝3； $i＜7； $i＋＋)?>不能写成<? for($i＝3； ?> <? $i＜7； $i＋＋)?>。

（4）在 PHP 中,每条语句以"；"号结束,PHP 解析器只要看到"；"号就认为一条语句结束了。因此,可以将多条 PHP 语句写在一行内,也可以将一条语句写成多行。

3.1.2 PHP 的常量和变量

1. 常量

在程序运行中,其值不能改变的量称为常量,常量通常直接书写,如 10、-3.6、"hello"都是常量,除此之外,还可以用一个标识符代表一个常量,这称为符号常量。在 PHP 中使用 define() 函数来定义符号常量,符号常量一旦定义就不能再修改其值。另外,使用 defined() 函数可以判断一个常量是否已被定义。例如:

```
<?define("PI","3.1416");                //定义符号常量PI,并且区分大小写
define("SITE","网页设计学习网",true);      //定义符号常量SITE,不区分大小写
echo (defined("PI"));                    //如果已被定义则返回"1"
?>
```

在 PHP 中,还预定义了一些符号常量,如表 3-1 所示(注意＿ FILE ＿等常量左右两边是双下画线),这些符号常量可直接使用,如"echo ＿ FILE ＿；"。

表 3-1　PHP 预定义的符号常量

常　量	功　能
__ FILE __	存储当前脚本的物理路径及文件名称
__ LINE __	存储该常量所在的行号
__ FUNCTION __	存储该常量所在的函数名称
PHP_VERSION	存储当前 PHP 的版本号
PHP_OS	存储当前服务器的操作系统名

2. 变量

变量是指程序运行过程中其值可以变化的量,变量包含变量名、变量值和变量数据类型三要素。PHP 的变量是一种弱类型变量,即 PHP 变量无特定数据类型,不需要事先声明,并可以通过赋值将其初始化为任何数据类型,也可以通过赋值随意改变变量的数据类型。下面是一些变量定义(声明)和赋值的例子:

```
<? $ str1 = "PHP 变量 1";          //该变量为字符串变量
$ num = 10 + 2 * 9;               //该变量为数值型变量
$ _date = "2013 - 9 - 8";        //该变量为字符串变量,PHP 无日期型数据类型
$ bol = true;                    //该变量为布尔型变量
$ num = '赋值字符串';            //通过赋值改变变量的数据类型
$ str1 = $ num + $ _date;
var_dump( $ num, $ _date, $ bol);  // var_dump 函数可输出变量的类型
?>
```

说明:

(1) PHP 变量必须以"$"开头,区分大小写。

(2) 变量使用前不需要声明,PHP 中也没有声明变量的语句。

(3) 变量名不能以数字或其他字符开头,其他字符包括@,♯等;例如:$ xm,$ _id,$ sfzh 都是合法的变量名,而 $ -id,$ 57zhao,$ zh fen 都是非法的变量名。变量名长度应小于 255 个字符,不能使用系统关键字作为变量名。

3.1.3　变量的作用域和生存期

1. 变量的作用域

变量的作用域是指该变量在程序中可以被使用的范围。对于 PHP 变量来说,如果变量是定义在函数内部的,则只有这个函数内的代码才可以使用该变量,这样的变量称为"局部变量"。如果变量是定义在所有函数外的变量,则其作用域是整个 PHP 文件,减去用户自定义的函数内部(注意这和 ASP 等其他语言是不同的),称为"全局变量"。例如:

```
<? $ a = "全局变量<br>";          //该变量为全局变量
function fun(){
    echo $ a;                     //调用函数也不会输出"全局变量"
    $ a = "局部变量、";           //该变量为局部变量
    echo $ a;
}
fun();                            //输出"局部变量"
echo $ a;                         //输出"全局变量"
?>
```

输出结果为"局部变量、全局变量"。可见函数内不能访问函数外定义的变量。

如果一定要在函数内部引用外部定义的全局变量,或者在函数外部引用函数内部定义的局部变量。可以使用 global 关键字。示例代码(global.php)如下:

```
------------------------------ global.php ------------------------------
<? $a = "全局变量、";
function fun(){
    global $a;                    //为了引用函数外定义的变量$a
    echo $a;
    $a = "局部变量、";            //添加 static 试试
    echo $a;                      //输出"局部变量"
    }
fun();                           //调用函数将输出"全局变量、局部变量、"
echo $a;                         //输出"局部变量、"
?>
```

输出结果为"全局变量、局部变量、局部变量、"。

提示:

(1) global 的作用并不是将变量的作用域设置为全局,而是起传递参数的作用;在函数外部声明的变量,如果想在函数内部使用,就在函数内用 global 来声明该变量。

(2) 不能在用 global 声明变量的同时给变量赋值,例如 global $a = "全局"是错误的。

(3) global 只能写在自定义函数内部,写在函数外部没有任何用途。

另外,使用 $GLOBALS[] 全局数组也能实现在函数内部引用外部变量,例如:

```
<? $a = "全局变量、";
function fun(){
    echo $GLOBALS['a'];
    $a = "局部变量、";
    echo $a;                      //输出"局部变量"
    }
fun();                           //调用函数将输出"全局变量、局部变量、"
echo $a;                         //输出"全局变量"
?>
```

则输出结果为"全局变量、局部变量、全局变量"。可见 $GLOBALS[] 和 global 是有区别的,它只能在函数内部引用外部变量,但不能在函数外部引用函数内部定义的局部变量。

2. 变量的生存期

变量的生存期表示该变量在什么时间范围内存在。全局变量的生存期从它被定义那一刻起到整个脚本代码执行结束为止;局部变量的生存期从它被定义开始到该函数运行结束为止。

可见,一般的局部变量在函数调用结束后,其存储的值会自动被清除,所占的存储空间也会被释放。为了能在函数调用结束后仍保留局部变量的值,可使用静态变量,这样当再次调用函数时,又可以继续使用上次调用结束后的值。静态变量使用 static 关键字定义。例如:

```
<? function Test() {
    static $w = 0;              //声明静态变量$w
    echo $w;
    $w++; }
Test();Test();Test();Test();Test();
?>
```

程序的输出结果为 01234。而如果去掉程序中的 static,则运行结果为 00000。

提示:

(1) 静态变量仅在局部函数域中存在,函数外部不能引用函数内部的静态变量。例如将 global. php 中的"$a="局部变量、";"改为"static $a="局部变量、";",则最后一条语句将输出"全局变量"。

(2) 对静态变量赋值时不能将表达式赋给静态变量。如"static $int=1+2;""static $int= sqrt(9);"都是错误的。

表 3-2 对三种类型的变量进行了总结。

表 3-2 变量根据作用域和生存期分类

类　　型	说　　明
全局变量	定义在所有函数外的变量,其作用域是整个 PHP 文件,减去用户自定义的函数内部
局部变量	定义在函数内部的变量,只有这个函数内的代码才可以使用该变量
静态变量	局部变量的一种,能在函数调用结束后仍保留变量的值

3.1.4　可变变量和引用赋值

1. 可变变量

可变变量是一种特殊的变量,这种变量的名称不是预先定义的,而是动态地设置和使用。可变变量一般是使用一个变量的值作为另一个变量的名称,所以可变变量又称为变量的变量。可变变量直观上看就是在变量名前加一个 $。例如:

```
<? $a = 'b';                   //定义变量$a
 $b = '一个变量<br>';          //定义变量$b
 echo $$a;                     // $$a就是一个可变变量,相当于$b
 $b = '变化后';
 echo $$a;                     //通过可变变量输出变量$b的值
 $a = 'c';
 echo $$a;                     //相当于输出变量$c的值
?>
```

输出结果是"一个变量
变化后"。由于没有给 $c 赋值,第三条 echo 语句不会输出任何内容。

2. 引用赋值

从 PHP 4.0 开始,提供了"引用赋值"功能。即新变量引用原始变量的地址,修改新变量的值将影响原始变量,反之亦然。引用赋值使得不同的变量名可以访问同一个变量内容。使用引用赋值的方法是:在将要赋值的原始变量前加一个"&"符号。例如:

```
<? $ b = 10;
$ a = "hello ";              //$ a 赋值为 hello
$ b = & $ a;                 //变量 $ b 引用 $ a 的地址
echo $ a;                    //输出结果为 hello
$ b = "world ";              //修改 $ b 的值, $ a 的值将一起变化
echo $ a;                    //输出结果为 world
$ a = "cup";                 //修改 $ a 的值, $ b 的值将一起变化
echo $ b;                    //输出结果为 cup
?>
```

引用赋值的原理如图 3-2 所示。引用赋值后,两个变量指向同一个地址单元,改变任意一个变量的值(即地址中的内容),另一个变量值也会随之改变。

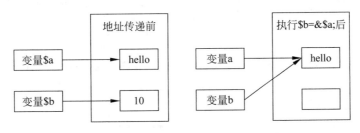

图 3-2 引用赋值——变量地址传递示意图

注意:只有已经命名过的变量才可以引用赋值,例如下面的用法是错误的:

```
$ bar = &(25 * 5)
```

3.1.5 运算符和表达式

PHP 中的运算符包括算术运算符、比较运算符、逻辑运算符、赋值运算符、连接运算符等。而表达式就是由常量、变量和运算符组成的,符合语法要求的式子。PHP 主要有 5 种表达式,即:数学表达式(如 3+5*7)、字符串表达式(如"abc"."gh")、赋值表达式(如 $a+= $b)、关系表达式(如 i==5)和逻辑表达式(如 $a|| $b&& $c)。

1. 算术运算符

算术运算符有:加(+)、减(-)、乘(*)、除(/)、取余(%)等。算术运算符的运算结果是一个算术值。例如: $a=7/2+4*5+1,结果是 24.5。 $b=-7%3,结果是-1(对于求余运算符来说,如果被除数是负数,那么取得的结果也是负数)。如果对 10 求余可得到一个数个位上的数字。

如果算术运算符的左右两边有一操作数或两个操作数都不是数值型时,那么会将操作数先转换成数值型,再执行算术运算。

例如: $a=10+'20',结果为 30。 $a='10'+'20',结果为 30。 $a='10'+'2.2ab8',结果为 12.2。 $a='10'+'ab2.2',结果为 10。 $a='10'+true,结果为 11。

字符串转换为数值型的原则是:从字符串开头取出整数或浮点数,如果开头不是数字

的话,就是 0。布尔型的 True 会转换成数值 1,False 转成数值 0。

2．连接运算符

PHP 中字符串连接运算符只有一个,即".",它用于将两个字符串连接起来,组成一个新字符串。如果连接运算符左右两边任一操作数或两个操作数都不是字符串类型,那么会将操作数先转换成字符串,再执行连接操作。例如:

```
$ a = 'PHP'. 5;          //$ a 的值为 PHP5,注意数字和 . 之间要用空格隔开
$ b = 'PHP'. '5';        //$ b 的值为 PHP5
$ c = "PHP". True;       //$ c 的值为 PHP1
$ d = 5 .'PHP';          //$ d 的值为 5PHP
```

提示：如果"."的左右有数字,注意将"."和数字用空格隔开。

可见"."是强制连接运算符,不管左右两边是什么数据类型,都会执行连接运算。

3．赋值运算符

最基本的赋值运算符是"=",它用于对变量赋值,因此它的左边只能是变量,而不能是表达式。例如:$ a=3+5,$ b= $ c=9 都是合法的。此外,PHP 还支持像 C 语言那样的赋值运算符与其他运算符的缩写形式,如"+="".=""&=""|="等。

如 $ a+=3 等价于 $ a= $ a+3,$ a.=3 等价于 $ a= $ a.3。

4．比较运算符

比较运算符会比较其左右两边的操作数,如果比较结果为真,则返回 True,否则返回 False。PHP 中的比较运算符有是否相等(==)、大于(>)、小于(<)、大于或等于(>=)、小于或等于(<=)、不等于(!=或<>)、恒等于(===)、非恒等于(!==)。

其中恒等于(===)表示数值相等并且数据类型也相同,非恒等于(!==)表示数值不相等或者数据类型不相等。

例如,若 $ a=6,$ b=3,则 $ a< $ b 返回 false,$ a> $ b 返回 true,$ a<> $ b 返回 true。$ c="PHP"<"php",返回 true。$ c="5"==5 返回 true,$ c="5"===5 返回 false,$ c=1==true 返回 true,$ c=1!==true 返回 true。

5．逻辑运算符

逻辑运算符用来组合逻辑运算的结果,例如对两个布尔值或两个比较表达式进行逻辑运算,再返回一个布尔值(true 或 false)。PHP 中的逻辑运算符有逻辑非(!)、逻辑与(&&或 and)、逻辑或(||或 or)、逻辑异或(xor)。

例如:!5<3 && 'b'=="b"返回 true,!(5>3 && 'b'==="b")返回 false。

逻辑与(&& 和 and),逻辑或(|| 和 or),虽然含义相同,但它们的优先级却不同。"&&"的优先级比"and"高,"||"的优先级比"or"高。例如:$ c=(1 or 2 and 0),会返回 true。因为 or 和 and 优先级相同,则按自右至左的执行顺序,先执行 2 and 0。

而 $ c=(1 || 2 and 0),会先执行 1 || 2,再执行 true and 0,最终返回 false。

又如 $ c=false or 1,返回 false,$ c=false || 1,返回 true。因为"="的优先级比"or"

高,但是比"||"低。

6．加 1/减 1 运算符

加 1/减 1 运算符与 C 语言中的加 1/减 1 运算符相同,包括前加(＋＋$a)、后加($a＋＋)、前减(－－$a)、后减($a－－)4 种形式。

前加操作是先加 1,再赋值,后加操作是先赋值,再加 1。例如：$a＝6；$b＝＋＋$a,则执行完后,$a＝7,$b＝7。$a＝6；$b＝$a＋＋,执行完后,$a＝7,$b＝6。

前减操作和后减操作的规则与此相同。

7．条件运算符

条件运算符是一个三元运算符,其语法如下：

```
条件表达式 ? 表达式 1 : 表达式 2
```

如果条件表达式的结果为 true,则返回表达式 1 的值,否则返回表达式 2 的值。

例如下面的表达式会得到"Yes"。

```
$ c = 10 > 2 ? "Yes" : "No"
```

在分页程序中,常通过条件运算符判断要显示的分页页面,如果获取的分页变量 page 的值存在,则显示该分页,如果获取不到 page 变量值,则显示第 1 页,代码如下：

```
$ page = (isset( $ _GET['page']))? $ _GET['page']:"1";
```

8．执行运算符

执行运算符,即反引号(`)(键盘上的反引号键在数字 1 键的左边)。可用来执行 Shell 命令。在 PHP 脚本中,将外部程序的命令行放入反引号中,并使用 echo()或 print()函数将其显示,PHP 将会在到达该行代码时启动这个外部程序,并将其输出信息返回,其作用效果与 shell_exec()函数相同。例如：

```
<? $ output =`dir`;
echo $ output;                //输出当前目录下的内容
echo shell_exec('dir ');      //输出当前目录下的内容,结果同上
?>
```

提示：IIS 出于安全性考虑,禁止使用执行运算符,执行运算符只能在 Apache 中使用。

3.1.6 PHP 的字符串

1．字符串类型

任何由字母、数字、文字、符号组成的零到多个字符的序列都叫做字符串。在 Web 程序中,经常需要对字符串进行操作,如截取标题、连接字符串常量和变量等。PHP 规定字符串的前后必须加上单引号(')或双引号("),例如："这是一个字符串"、'另一个字符串'、'5'、'ab'、''(空字符串)都是合法的字符串。但单双引号不能混用,如'day"则是非法的。

如果字符串中出现单引号(')或双引号(")，则需要使用转义字符(\\'或\\")来输出，例如：

```
echo 'I\'m a boy';                    //输出结果为 I'm a boy
```

2. 单引号字符串和双引号字符串

单引号表示包含的是纯粹的字符串；而双引号中可以包含字符串和变量名。双引号中如果包含变量名则会被当成变量，会自动被替换成变量值，单引号中的变量名则不会被当成变量，而是把变量名当成普通字符输出。例如：

```
<?  $a = 'tang';
 $b = 10;
echo '你好 $a';                        //使用单引号输出 $a
echo '<br>';
echo "你好 $a";                        //使用双引号输出变量
echo "你是第 $b 次光临";                //使用双引号输出变量?>
```

运行结果如下：

```
你好 $a
你好 tang 你是第 10 次光临
```

可以看到，在双引号字符串中，$a 和 $b 被解析成了变量 $a 和 $b 的值。因此建议：如果要书写纯字符串，建议用单引号字符串；如果要对字符串和变量进行连接操作，可以使用双引号字符串，以简化写法，例如：

```
echo "你是第 $b 次光临";               //注意 $b 后面要有个空格
```

等价于：

```
echo '你是第 '.$b.' 次光临';
```

注意：在双引号字符串中，如果变量名后有其他字符的话，要在变量名后加空格，否则 PHP 解析器会认为后面的字符也是变量名的一部分。例如：

```
$sport = 'basket';
$hobby = "I like play $sportball.";        //包含变量的错误方法
echo $hobby;
```

则 PHP 解析器认为双引号中的变量是 $sportball，而 $sportball 未定义，视为值为空，因此会输出"I like play ."。为解决这个问题，可以加空格，或用大括号将变量名包含起来。

```
$hobby = "I like play {$sport}ball.";      //包含变量的正确方法
$hobby = "I like play $sport ball.";       //包含变量的正确方法
```

双引号比单引号支持更多类的转义字符，双引号支持的转义字符如表 3-3 所示。

表 3-3　双引号支持的转义字符及含义

转 义 字 符	含　义	转 义 字 符	含　义	转 义 字 符	含　义
\n	换行	\t	跳格 Tab	\\	反斜杠\
\r	回车	\"	双引号	\$	显示 $ 符号

例如要在双引号字符串中输出 $ 符号、反斜杠和换行符,代码如下:

```
echo "变量\$a='\\t'\n";              //输出结果为:变量$a='\t'(换行)
```

但是换行符会被浏览器当成空格忽略,只有在网页源代码中才能看到换行符的效果。

3. 界定符输出字符串

在 PHP 中,除了可以使用单引号或双引号输出字符串外,还可使用界定符输出字符串或变量,例如:

```
<? $i = '显示该行内容';
echo <<< STD
双引号""可直接输出,\$i同样可以被输出出来.<br>
\$i的内容为:$i
STD;
?>
```

输出结果为:

```
双引号""可直接输出,$i同样可以被输出出来.
$i的内容为:显示该行内容
```

说明:

(1) 程序中的"STD"是自定义的界定符,也可以使用任何其他标识符,只要首尾界定符相同即可。

(2) 开始界定符前面必须有三个左尖括号"<<<",后面不能有任何空格。结束界定符必须单独另起一行,前后不能有空格或任何其他字符(包括注释符),否则都会引起语法错误。

(3) 界定符和双引号唯一的区别是界定符中的双引号不需要转义就能显示,因此,如果需要处理大量的内容,同时又不希望频繁使用各种转义字符,则使用界定符更合适。

4. 获取字符串中的字符

在 PHP 中,可以通过给字符串变量加下标的方式获取字符串中的字符。语法为:

```
字符串变量[index]
```

其中,index 指定字符的位置,0 表示第 1 个字符,1 表示第 2 个字符,以此类推。例如:

```
<? $i = 'Tom & Mary';
 echo $i[1] . $i[4];              //输出结果为 o&,因为空格也算一个字符
?>
```

5．获取字符串的长度

使用 strlen()函数可获取字符串的长度，该函数的参数是一个字符串，例如：

```
<?echo strlen('喜欢 PHP!');?>
```

输出的结果是 8，这是因为每个中文字符占 2 字节，加上后面 4 个英文字符总共占 8 字节。如果要计算中文字符串的长度，可以使用 mb_strlen()函数，例如：

```
<?echo mb_strlen('喜欢 PHP!',"gb2312");    ?>
```

则返回值为 6，将字符编码设置为 GBK 或 gb2312 即可获得正确的中文字符串长度。

3.1.7　PHP 的数据类型和类型转换

数据类型的定义是一个值的集合以及定义在这个值集上的一组操作。定义变量的数据类型就定义了变量的存储方式和操作方法。PHP 中的数据类型如表 3-4 所示。

表 3-4　PHP 中的数据类型

数 据 类 型	具 体 描 述
整型(integer)	即整数，占 4 字节(32 位)，取值范围从 −2 147 483 648 到 2 147 483 647 之间，可以采用十进制、八进制(0 作前缀)、十六进制(0x 作前缀)表示
浮点型(float)	即实数(包含小数的数)，如 1.0、3.14
布尔型(boolean)	只有 true(逻辑真)和 false(逻辑假)两种取值
字符串(string)	是一个字符的序列。组织字符串的字符可以是字母、数字或者符号
数组(array)	由一组相同数据类型的元素组成的数据结构，每个元素都有唯一的编号
对象(object)	是面向对象语言中的一种复合数据类型，对象就是类的一个实例
NULL	空类型，只有一个值 NULL。如果变量未被赋值，或被 unset()函数处理后的变量，其值就是 NULL
资源(resource)	资源是 PHP 特有的一种特殊数据类型，用于表示一个 PHP 的外部资源，例如一个数据库的访问操作，或者打开、保存文件等操作。PHP 提供了一些特定的函数，用于建立和使用资源。
伪类型	只用于函数定义中，表示一个参数可接受多种类型的数据，还可以接受别的函数作为回调函数使用

数据类型的使用往往和变量的定义联系在一起。虽然 PHP 定义变量不需要指定数据类型，但它会根据对变量所赋的值自动确定变量的数据类型。PHP 中数据类型的转换有几种情况。

1．自动类型转换

(1) 如果将不同数据类型的值赋给同一个变量，则变量的数据类型会自动转换，例如：

```
$ a = "Hello";    $ a = 12;
```

则变量 $ a 的数据类型就会由字符串型转换成整型。

（2）如果不同数据类型的变量进行运算操作,则将选用占字节最多的一个运算数的数据类型作为运算结果的数据类型。例如:

```
$ a = 1 + 3.14;
$ b = 2 + "2.0";
$ c = 3 + "php";
var_dump( $ a, $ b, $ c);              //输出 float(4.14) float(4) int(3)
```

则 $ a 的数据类型为浮点型。在第 2 个赋值表达式中,首先将字符串数据"2.0"转换成浮点型数据 2.0,然后进行加法运算,赋值后 $ b 的数据类型为浮点型。在第 3 个表示式中,首先将字符串数据转换成整型数据 0,然后进行加法运算,赋值后 $ c 的数据类型为整型。

2. 强制数据类型转换

利用强制类型转换可以将数据类型转换为指定的数据类型。其语法如下:

```
(类型名)(变量或表达式)
```

其中类型名包括 int、bool、float、double、real、string、array、object,类型名两边的括号一定不能丢。例如:

```
$ a = "2.0";                $ b = (int) $ a;
$ c = (array) $ a;          print_r( $ c);
```

则 $ b 将转换成整型。$ c 将转换为数组类型(Array([0] => 2.0)。

虽然强制数据类型转换使用起来很方便,但也存在一些问题,例如字符型数据转换成整型数据该如何转换,整型数据转换成布尔型数据该如何转换,这些都需要一些明确的规定,PHP 为此提供了相关的转换规定,如表 3-5 所示。

表 3-5 PHP 类型转换的规定

源 类 型	目 的 类 型	转 换 规 则
float	integer	保留整数部分,小数部分无条件舍去
Boolean	integer 或 float	false 转换成 0,true 转换成 1
Boolean	string	false 转换成空字符串"",true 转换成字符串"1"
string	integer	从字符串开头取出整数,开头没有的话,就是 0。例如字符串"3M"、"8.6uc"、"x5"会转换成整数 3、8、0
string	float	从字符串开头取出浮点数,开头没有的话,就是 0.0。例如字符串"3M"、"8.6uc"、"x5"会转换成整数 3.0、8.6、0.0
string	Boolean	空字符串""或字符串"0"转换成 false,其他都转换成 true,因此字符串"false"也会转换成 true。
integer float	Boolean	0 转换成 false,非 0 的数都转换成 true
integer float	string	将所有数字转换成字符串,如 12 转换成"12",3.14 转换成"3.14"
integer float Boolean string	array	创建一个新的数组,第一个元素就是该整数、浮点数、布尔值或字符串

源　类　型	目　的　类　型	转　换　规　则
array	string	字符串"Array"
object	Boolean	没有成员的对象转换成 false,否则会转换成 true

提示：如果用 echo 函数输出布尔值：echo true,会输出字符串"1"；echo false；会输出空字符串。因为任何数据类型输出时都将被转换成字符串。

3.2　PHP 的语句

PHP 的语句可分为条件控制语句、循环控制语句及包含语句,其语法类似于 C 语言。

3.2.1　条件控制语句

在 PHP 中,有 if 语句和 switch 两种条件语句。if 语句又可分为单分支选择 if 语句、双分支选择 if 语句和多分支选择 if 语句三种。

1. 单分支选择 if 语句

一般形式为：

```
if(条件表达式){
    语句块 }
```

它表示当条件表达式成立时(值为 true),执行"语句块"。例如：

```
if( $ sex == 1) echo "尊敬的先生";
```

如果语句块中包含多条语句,则要使用{}将这些语句包含起来,使它们构成一条复合语句。例如：

```
if( $ a > $ b){
    $ temp = $ a;
    $ a = $ b;
    $ b = $ temp;}
```

2. 双分支选择 if…else 语句

一般形式为：

```
if (条件表达式)
    { 语句块 1 }
else
    { 语句块 2 }
```

表示当条件表达式值为 true 时,执行"语句块 1",否则执行"语句块 2"。例如：

```
if($a) $a = 0; else $a = 1;
```

该语句被称为"开关语句"。即如果 $a 的值为 true 或非 0,则让 $a 的值为 0,否则让 $a 的值为 1,因此每执行一次都会使 $a 的值在 0 和 1 之间转换。if($a)是 if($a == true)的简写形式。

3. 多分支选择 if…elseif…else 语句

一般形式为:

```
if(表达式 1)         语句块 1
elseif(表达式 2)     语句块 2
elseif(表达式 3)     语句块 3
…
else 语句块 n
```

它会首先判断表达式 1 是否成立,如果成立,则执行语句块 1,执行完后,直接退出该选择结构,不再判断后面的表达式是否成立。如果表达式 1 不成立,则再依次判断表达式 2 到表达式 n 是否成立,如果成立,则执行对应的语句块 i,如果所有表达式都不成立,则执行 else 后的语句块 n。例如要找出 3 个数中的最大数,程序如下:

```
if($a < $b) $max = $b;
elseif($a < $c) $max = $c;
else $max = $a;
```

说明:
(1) if 语句还可以嵌套使用,也就是说"语句块"中还可以使用 if 语句。
(2) if(条件表达式)后一般没有";"号,如果有";",表示 if 语句的语句块为空语句。
(3) 语句块如果是一条语句则后面一定要有";",如果语句块是由{}包含的复合语句,则{}后不要有";"。

4. switch/case 语句

switch 语句是多分支选择 if 语句的另一种形式,两者可互相转换。在要判断的条件有很多种可能的情况下,使用 switch 语句将使多分支选择结构更加清晰。一般形式为:

```
switch(变量或算术表达式){
    case(常量 1):语句块 1
    case(常量 2):语句块 2
    …
    case(常量 n):语句块 n
    default: 语句块 n + 1
}
```

下面的程序根据时间显示不同的问候信息(3-5.php)。

```
<? $ a = date(G);              //获取当前时间的小时数
 $ a = floor( $ a/3);          //将小时数除以 4 并取底
switch ( $ a){
     case 2 : echo "早上好"; break;
     case 3 : echo "上午好"; break;
     case 4 : case 5 : echo "下午好"; break;
     case 6 : echo "晚上好"; break;
     default: echo "该睡觉了"; break;
}    ?>
```

说明：

（1）case 语句后不能接表示范围的条件表达式，只能接常量。

（2）各个 case 中的常量必须不相同，如果相同，则满足条件时只会执行前面 case 语句中的内容。

（3）多个 case 可共用一组语句，此时必须写成"case 4：case 5："的形式，不能写成"case 4,5："。

（4）每个 case 后一般都要有一条 break 语句，这样执行完该 case 语句后就会跳出分支结构，否则，执行完该 case 语句后还会依次执行下面的 case 语句，直到遇到 break 或执行完。

（5）各个 case 和 default 语句的出现顺序可随意变动。

3.2.2　循环控制语句

循环结构通常用于重复执行一组语句，直到满足循环结束条件时才停止。在 PHP 中，主要有 4 种循环语句，即 for 循环、foreach 循环、while 循环和 do…while 循环。

1. for 循环

for 循环语句是不断地执行循环体中语句，直到相应条件不满足，并且在每次循环后处理计数器。for 语句的一般形式为：

```
for (初始表达式; 循环条件表达式; 计数器表达式)
     { 循环体语句块 }
```

其执行过程为：①执行初始表达式（通常是给循环变量赋初值）；②判断循环条件表达式是否成立，若成立，则执行循环体，否则跳出循环；③执行一遍循环体语句块；④执行计数器表达式（通常是给循环变量计数）；⑤转到第②步判断是否继续循环。

循环可以嵌套，例如要用 for 循环画金字塔，有下面两种写法。

① 写法 1(3-6. php)

```
< div align = "center">
<?
for( $ i = 0; $ i < 5; $ i++){
  for( $ j = 0; $ j <= $ i; $ j++)
```

```
    echo " * ";
  echo "<br/>";
}
?></div>
```

② 写法 2(3-7.php)

```
<div align = "center">
<?
for( $ i = 0; $ i<5; $ i++){
  $ a = $ a ." * ";
  echo $ a ."<br/>";
}
>
</div>
```

提示：在对矩阵进行操作时,通常需要双重循环嵌套。

2. foreach 循环

foreach 语句通常用来对数组或对象中的元素进行遍历操作,例如数组中的元素个数未知,则很适合使用 foreach 语句。其一般形式为:

```
foreach (数组名 as $ value)     或者     foreach (数组名 as $ key => $ value)
   { 循环体语句块 }                            { 循环体语句块 }
```

foreach 语句遍历数组时首先指向数组中第一个元素。每次循环时,将当前数组元素值赋给 $ value,将当前数组索引值赋给 $ key,再让数组指针向后移动直到遍历结束。例如:

```
<?                                               //3 - 8.php
$ sports = array( "网球","游泳","短跑","柔道");     //定义并初始化一个数组
echo "我校开展的运动项目有:<br />";
foreach( $ sports as $ key => $ value)
     echo $ key .":". $ value ." ";        ?>
```

输出结果为:

```
我校开展的运动项目有:
0:网球 1:游泳 2:短跑 3:柔道
```

3. while 循环

while 语句是前测式循环,即是否终止循环的条件判断是在执行循环体之前,因此循环体可能一次都不会执行。其一般形式为:

```
while (条件表达式) {
     循环体语句块 }
```

例如,要输出一个有三行的 html 表格,可用下面的程序,它的运行结果如图 3-3 所示。

```
< table border = "1" width = "300" align = "center">
<? $ i = 0;
while( $ i < 3){
        echo "< tr>< td>这是第 $ i 行</td></tr>";   //输出表格行
        $ i++;
?> </table >
```

图 3-3　while 语句的应用

4. do…while 循环

do…while 语句是后测式循环,它将条件判断放在循环之后,这就保证了循环体中的语句块至少会被执行一次,在某些时候这是非常有用的。其一般形式为:

```
do {
        循环体语句块 }
while (条件表达式);                    //注意 while (…)后有;号
```

例如下面的程序会输出段落< p>元素一次:

```
<? $ i = 0;
do{
        echo "< p>不满足循环条件,仍然会输出一次</p>";
        $ i++;}
while( $ i > 1);   ?>
```

想一想:如果将 while($ i > 1)改成 while($ i > 0),程序会循环多少次?

5. break 语句

break 语句用来提前终止循环,它可以出现在 while、do…while、for、foreach 和 switch 语句的内部,用来跳出循环语句或 switch 语句。在“穷举法”解题时,通常找到解后就用 break 终止循环。例如要输出一个字符串,各元素之间用“,”号隔开,最后一个元素后没有 “,”号,代码如下(break. php):

```
<? $ sports = array( "网球","游泳","短跑","柔道");
for ( $ i = 0; $ i < 4; $ i++){
        echo $ sports[ $ i];
        if( $ i == 3) break;       //最后一个元素不输出",",换成 continue 试试
        echo ",";
}   ?>
```

输出结果为:

```
网球,游泳,短跑,柔道
```

提示:在 PHP 中,break 后还可带参数 n,表示跳出 n 层循环,如“break 2;”会跳出 2 层循环,而其他语言的 break 语句一般不能带参数,只能跳出最近的一层循环。

6. continue 语句

continue 语句用来提前结束本次循环,即不再执行本次
循环中 continue 语句后的语句,接着再执行下次循环,因此它
不会提前终止循环。例如要用单个循环输出一个三行三列的
表格,代码如下(3-9. php),运行结果如图 3-4 所示。

图 3-4　continue 语句的应用

```
< table border = "1" width = "200" align = "center"><tr>
<? $ i = 0;
while( $ i < 9){
    echo "< td>第 $ i 格</td>"; //输出表格的单元格
    $ i++;
    if( $ i % 3 <> 0 || $ i == 9) continue;
    echo "</tr><tr>";
}   ?>
</tr></table>
```

提示:如果正好是最后一次循环时用 continue 语句结束本次循环,那就相当于提前终
止循环,这种情况下 continue 和 break 可互换。如 break. php 中的 if($ i == 3) break 可换
成 continue,因为 $ i = 3 时正好是最后一次循环。

3.2.3　文件包含语句

为了提高代码的可重用性,通常会将一些公用的代码放到一个单独的文件中,然后在需
要这些代码的文件中,使用包含语句将它们引入。PHP 提供了 4 种形式的包含语句。

1. include 语句

使用 include()语句可以在指定的位置包含一个文件,语法如下:

```
include(path/filename);            //括号可省略
```

当一个文件被包含时,编译器会将该文件的所有代码嵌入到 include 语句所在的位置。
下面是一个例子,文件 file1. php 和 file2. php 位于同一目录下,在 file2. php 中使用 include
语句将 file1. php 包含到其中来。

```
<?    //file1.php
$ name = 'tangsix';
$ age = 33;           ?>
```

```
<?    //file2.php
echo "我的名字是 $ name <br>";
include('file1.php');            //也可嵌入 file3.html
echo "我的名字是 $ name ,我今年 $ age 岁.";
?>
```

则编译器在执行 file2. php 前,会把 file1. php 的代码嵌入到 file2. php 中,即 file2. php 等
价于:

```
<?      //file2.php 嵌入 file1.php 之后
echo "我的名字是 $ name <br>";
$ name = 'tangsix';                    // 这两行是嵌入的 file1.php 的代码
$ age = 33;
echo "我的名字是 $ name ,我今年 $ age 岁.";?>
```

输出结果为:

```
我的名字是
我的名字是 tangsix ,我今年 33 岁.
```

include 语句也能包含 html 文件,这时 include 语句会自动使用"?>"将前面的 php 代码结束,用"<?"开始后面的 php 代码。例如将 file2.php 文件中 include('file1.php')换成 include('file3.html')。file3.html 代码如下:

```
<! -- file3.html -->
<center> &copy; 程序员实验室 版权所有</center>
```

则 file2.php 等价于:

```
<?      //file2.php 嵌入 file3.html 之后
echo "我的名字是 $ name <br>";?>
<center> &copy; 程序员实验室 版权所有</center>
<?echo "我的名字是 $ name ,我今年 $ age 岁.";
?>
```

提示:如果被包含文件与包含文件不在同一目录中,则需要在被包含文件文件名前加路径。有三个特殊的路径:"../"代表上一级目录,"./"代表当前目录,"/"代表网站根目录(不是虚拟目录)。例如 include('../file4.php');将包含位于当前目录上一级目录中的 file4.php。

2. include_once 语句

include_once 语句与 include 语句相似,也是用于包含文件。唯一区别是,使用 include_once 包含文件时,如果该文件中的代码已被包含过,则不会再次包含。这样可以避免出现函数重定义、变量重新赋值等问题。

3. require 语句

require 语句也是用于包含文件,但与 include 语句在错误处理上的方式不同。当包含文件失败时(如包含文件不存在),require 语句会出现致命错误,并终止程序的执行,而 include 语句只会抛出警告信息并继续执行程序。

4. require_once 语句

require_once 语句与 require 语句功能相似。但它在包含文件之前会先检查当前文件代码是否被包含过,如果该文件已经被包含了,则该文件会被忽略,不会被再次包含。

　　一般来说,由于 include 语句在出错时不会终止程序的执行,并显示警告信息,这容易产生安全问题,因此建议包含 PHP 程序文件时尽量使用 require 或 require_once 语句。

3.3　数组

　　数组是按一定顺序排列,具有某种数据类型的一组变量的集合。数组中的每个元素都是一个变量,它可以用数组名和唯一的索引(又称"下标"或"键名")来标识。

3.3.1　数组的创建

1. 使用 array() 函数创建数组

　　PHP 的数组不需要定义,可以直接创建。创建数组一般使用 array() 函数,假设要创建一个包含 4 个元素的一维数组,简单形式是:

```
$citys = array( "长沙","衡阳","常德","湘潭");
```

则该数组的长度为 4。各个数组元素的索引值分别为:0、1、2、3,如 $citys[1]表示第 2 个数组元素。

　　如果要自行给每个元素的索引赋值,可以使用完整形式定义:

```
$citys = array('cs' =>'长沙','hy' =>'衡阳','cd' =>'常德','xt' =>'湘潭');
```

　　可见,完整形式增加了对数组元素索引的赋值,这时各个数组元素的索引值分别为:cs、hy、cd、xt,如 $citys[hy]表示第 2 个数组元素(注意此时不能再使用 $citys[1]访问该数组元素)。

2. 直接给数组元素赋值创建数组

　　也可以创建一个空数组,然后再给每个数组元素赋值。例如:

```
$citys = array( );              //该句可省略
$citys[1] = "长沙";   $citys[3] = "常德";   $citys[] = "湘潭";
print_r ( $citys);             //打印数组
```

上述代码输出结果为:

```
Array ( [1] => 长沙 [3] => 常德 [4] => 湘潭 )
```

　　可见,如果给数组元素赋值时不写该元素的索引值,则该数组元素默认的索引值为数组中最大的索引值加 1。如果数组中没有正整数形式的索引值,则默认的索引值为 0。

　　实际上创建空数组的语句也可省略,那样就是通过直接给数组元素赋值创建数组了,但不推荐这样做。

3. 创建数组注意事项

　　(1) 如果数组元素的索引是一个浮点数,则下标将被强制转换为整数,如 $citys[3.5]

将转换成＄citys[3]。如果下标是布尔型数据,则将被强制转换成 1 或 0,如果下标是一个整数字符串,则将被强制转换成整数。＄citys["3"]将转换成＄citys[3]。

(2) 如果数组元素的索引是字符串,则最好要给下标加引号,如＄citys＝array('cs'＝＞'长沙',…)不要写成＄citys＝array(cs＝＞'长沙',…)。＄citys['cs']＝"长沙"不要写成＄citys[cs]＝"长沙"。否则程序的运行效率将大打折扣。

(3) 与其他语言相比,PHP 数组具有如下特点:

① 数组索引既可以是整数,也可以是字符串。如果索引值是整数,则称为索引数组,如果索引值是字符串,则称为关联数组。如果既有整数又有字符串,则称为混合数组。

② 数组长度可以自由变化。

③ 同一数组中各元素的数据类型可以不同,甚至数组元素可以又是数组。例如:

```
＄hybrid = array("长沙",0731,true,array("天心区","雨花区","芙蓉区"));
```

输出结果为:

```
Array ( [0] => 长沙 [1] => 473 [2] => 1 [3] => Array([0] => 天心区 [1] =>雨花区 [2] => 芙
蓉区 ) )
```

3.3.2　访问数组元素或数组

1. 访问数组元素

数组元素也是变量,访问单个数组元素最简单的方法就是通过"数组名[索引]"的形式访问。例如:＄i＝＄citys[3]、echo＄citys[1]。也可以使用大括号访问数组元素,例如:echo＄arr{3}。

如果要访问所有数组元素,可以使用 foreach 语句遍历数组。

2. 添加、删除、修改数组元素

如果给已存在的数组元素赋值,将修改这个数组元素的值,给不存在的数组元素赋值,将添加新的数组元素,而要删除数组元素,一般使用 unset()方法。例如:

```
<?    ＄arr = array(11,22,33,44);
 ＄arr[0] = 66;                     //修改数组元素
 ＄arr[1] = '长沙';                  //修改数组元素
 unset(＄arr[2]);                    //删除数组元素
 ＄arr[] = 55;                       //添加数组元素
 ＄arr[5] = 88;                      //添加数组元素
 print_r (＄arr);   ?>
```

运行结果为:

```
Array ( [0] => 66 [1] => 长沙 [3] => 44 [4] => 55 [5] => 88 )
```

注意删除的元素下标不会被新添加的数组元素占用。

3. 访问数组

数组名代表整个数组,将数组名赋值给变量能够复制该数组,数组名前加"&"表示该数组的地址,数组同样支持传值赋值和传地址赋值。例如:

```php
<? $ citys = array('长沙','衡阳','常德','湘潭');
 $ urban = $ citys;              //复制数组(传值赋值)
 $ urban[1] = '娄底';            //修改新数组元素的值
print_r ( $ citys);             //打印原数组
print_r ( $ urban);             //打印新数组
//下面为传地址赋值
 $ loc = & $ citys;             //引用复制数组(传地址赋值)
 $ loc[1] = '郴州';             //修改新数组元素的值
print_r ( $ citys);             //打印原数组
print_r ( $ loc);              //打印新数组
 ?>
```

输出结果为:

```
Array ( [0] => 长沙 [1] => 衡阳 [2] => 常德 [3] => 湘潭 )
Array ( [0] => 长沙 [1] => 娄底 [2] => 常德 [3] => 湘潭 )
Array ( [0] => 长沙 [1] => 郴州 [2] => 常德 [3] => 湘潭 )
Array ( [0] => 长沙 [1] => 郴州 [2] => 常德 [3] => 湘潭 )
```

可见引用赋值会使新数组和原数组指向同一个数组的存储区,修改新数组的值,原数组的值也随之改变。

3.3.3　多维数组

创建多维数组同样有两种方法,一是使用 array()函数,二是直接给数组元素赋值。例如要创建一个如下的二维数组:

"玫瑰"	"百合"	"兰花"	
"苹果"	"香蕉"	"葡萄"	"龙眼"

使用 array()函数创建的代码如下:

```php
$ arr = array(array("玫瑰","百合","兰花"),array("苹果","香蕉","葡萄","龙眼") );
```

由于这个语句没有给索引赋值,默认的索引如下:

[0][0]	[0][1]	[0][2]	
[1][0]	[1][1]	[1][2]	[1][3]

要访问二维数组的元素,可以使用"数组名[索引1][索引2]"的形式访问。例如:

```
echo $ arr[1][2];                          //访问数组元素,输出葡萄
$ arr[0][3] = "茉莉";                       //添加数组元素
$ arr[1][3] = "桂圆";                       //修改数组元素
unset( $ arr[1][0]);                        //删除数组元素
```

输出结果为:

```
葡萄 Array ( [0] => Array ( [0] => 玫瑰 [1] => 百合 [2] => 兰花 [3] => 茉莉 ) [1] =>
Array ( [1] => 香蕉 [2] => 葡萄 [3] =>桂圆 ) )
```

3.3.4　操作数组的内置函数

PHP 提供了大量对数组操作的内置函数,可以对数组进行统计、快速创建、排序等操作。

1. count()函数

count()函数可返回数组中元素的个数,语法格式为:int count(array arr[, int mode])。例如:

```
<? $ citys = array('长沙','衡阳','常德','湘潭');
echo count( $ citys);                        //输出 4
$ arr = array(array("玫瑰","百合","兰花"),array("苹果","香蕉","葡萄","龙眼") );
echo count( $ arr);                          //输出 2
echo count( $ arr,1);                        //输出 9,第 1 维 2 个,第 2 维 7 个,共 9 个
   ?>
```

说明:如果数组是多维数组,则 count()函数默认也是统计第一维的元素个数,如果要统计多维数组中所有元素的个数,可以将 mode 参数的值设置为 1。

2. max()、min()、array_sum()函数

max()和 min()函数可分别返回数组中最大值元素和最小值元素。array_sum()可统计所有元素值的和。例如:

```
<? $ score = array(70,80,92,60);
echo max( $ score);                          //输出 92
$ grade = array('A','C','D','B');
echo min( $ grade);                          //输出 A
echo array_sum( $ score);                    //输出 302
?>
```

3. array_count_values()函数

该函数用于统计数组中所有值出现的次数,并将结果返回到另一数组中。例如:

```
<? $ level = array(2,1,3,1,2,3,2,4,3,1,4);
 $ tmp = array_count_values( $ level);
print_r( $ tmp); //输出 Array ( [2] => 3 [1] => 3 [3] => 3 [4] => 2 )
?>
```

4. explode()函数

explode()函数通过切分一个具有特定格式的字符串而形成一个一维数组,数组中的每个元素就是一个子串。语法为：explode(separator, string[, limit])。例如：

```
<? $ str = '湖南 湖北 广东 河南';
 $ arr = explode(" ", $ str);              //通过切分生成数组 $ arr
 print_r( $ arr);
?>
```

输出结果为：

```
Array ( [0] => 湖南 [1] => 湖北 [2] => 广东 [3] => 河南 )
```

说明：

(1) explode 的分隔符可以是空格等一切字符,但不能为空字符串"";

(2) limit 参数表示所返回数组元素的最大个数。

5. implode()函数

implode()使用连接符将数组中的元素连接起来形成一个字符串。它实现了与 explode() 相反的功能。例如：

```
<? $ grade = array('A','C','D','B');
 $ link = implode(" -- ", $ grade);
echo $ link;                        //输出 A -- C -- D -- B
?>
```

6. range()函数

range()函数可以快速创建一个从参数 start 到 end 的数字数组或字符数组。语法为： array range(mixed start，mixed end)。例如：

```
<?   $ score = range(2,5);          //等价于 $ score = array(2,3,4,5);
print_r( $ score);                  //输出 Array ( [0] => 2 [1] => 3 [2] => 4 [3] => 5 )
 $ score = range('D','A');          //等价于 $ score = array('D', 'C', 'B','A');
?>
```

7. 排序函数

数组排序函数如表 3-6 所示。其中,sort()函数按元素"值"的升序对数组进行排序, rsort()函数按元素"值"的降序对数组进行排序；asort()按元素"值"的升序进行排序,并保持元素"键值对"不变,arsort()按元素"值"的降序进行排序,并保持元素"键值对"不变;ksort()按照索引值升序进行排列,并保持元素"键值对"不变,krsort()按照索引值降序进行排列,并保持元素"键值对"不变。

表 3-6　数组排序函数

函　　数	排 序 依 据	排 序 规 则	"键值对"是否改变
sort()	元素值	升序	是
rsort()	元素值	降序	是
asort()	元素值	升序	否
arort()	元素值	降序	否
ksort()	索引值	升序	否
krsort()	索引值	降序	否
natsort()	元素值	升序	否
natcasesort()	元素值	升序	否
shuffle()	元素值	随机乱序	是

可见,排序函数中有 a 表示 association,表示排序过程中保持"键值对"的对应关系不变。r 表示 reverse,表示按降序进行排序。k 表示 key,表示按照数组元素的"键"进行排序。示例程序如下:

```
<?   $ pic = array('img12.gif','img10.gif','img2.gif','img1.gif','img01.gif');
sort( $ pic);                      //将 sort 依次换成 asort,rsort,arsort
print_r ( $ pic);
?>
```

输出结果依次为:

```
Array ( [0] => img01.gif [1] => img1.gif [2] => img10.gif [3] => img12.gif [4] => img2.gif )
Array ( [4] => img01.gif [3] => img1.gif [1] => img10.gif [0] => img12.gif [2] => img2.gif )
Array ( [0] => img2.gif [1] => img12.gif [2] => img10.gif [3] => img1.gif [4] => img01.gif )
Array ( [2] => img2.gif [0] => img12.gif [1] => img10.gif [3] => img1.gif [4] => img01.gif )
```

natsort()函数是用"自然排序"的算法对数组 arr 元素的值进行升序排序,所谓自然排序是指小数总排在大数前,如 img2.gif 将排在 img10.gif 之前。

```
<?   $ pic = array(1 =>'img12.gif', 'c' =>'img10.gif','b' =>'img2.gif',0 =>'img01.gif');
ksort( $ pic);                      //将函数依次换成 krsort,natsort
print_r ( $ pic);
?>
```

输出结果依次为:

```
Array ( [0] => img01.gif [b] => img2.gif [c] => img10.gif [1] => img12.gif )
Array ( [1] => img12.gif [0] => img01.gif [c] => img10.gif [b] => img2.gif )
Array ( [0] => img01.gif [b] => img2.gif [c] => img10.gif [1] => img12.gif )
```

8. array_reverse()函数

array_reverse()函数用来对数组元素进行逆序排列,返回逆序后的新数组。例如:

```
<?    $ color = array('a' =>'blue', 'red', 'green', 'red');
 $ result = array_reverse( $ color);
print_r( $ result); //返回 Array ( [0] => red [1] => green [2] => red [a] => blue )
?>
```

9. array_unique()函数

array_unique()函数可删除数组中重复的元素,返回没有重复值的新数组。例如:

```
<? $ color = array('a' =>'blue', 'red', 'b' =>'blue', 'green', 't' =>'red');
 $ result = array_unique( $ color);
print_r( $ result);                //输出 Array([a] => blue [0] => red [1] => green)
?>
```

10. 搜索函数

搜索函数用来检查数组中是否存在某个值或某个键名,假设示例数组为 $ color＝array('a'＝>'blue', 'red', 'green', 'red'),则各搜索函数的功能如表 3-7 所示。

表 3-7　数组搜索函数及功能

函　　数	功　　能	示　　例
in_array(mixed target, array arr)	检查数组中是否存在某个值,返回 true 或 false	in_array('red', $ color),返回 true
array_search(mixed target, array arr)	检查数组中是否存在某个值,如果存在则返回其对应的索引值,否则返回 false	array_search('blue', $ color),返回 a
array_key_exists(mixed key, array arr)	检查数组中是否存在指定的键,返回 true 或 false	array_key_exists(3, $ color),返回 false
array_keys(array arr, mixed search)	返回数组中所有的键名,将其保存到一个新数组中; 若指定了 search,则只返回该值对应的键名	array_keys($ color),返回 Array([0]=>a [1]=>0 [2]=>1 [3]=>2) array_keys($ color, 'red'),返回 Array([0]=>0 [1]=>2)
array_values(array arr)	返回数组中所有的值,将其保存到一个新数组中	array_values($ color),返回 Array([0]=>blue [1]=>red [2]=>green [3]=>red)

提示:如果想检查数组中是否含有某个键名,可以用 array_search()函数,如果想获取所有匹配的键名,则应该使用 array_keys()函数,并设置 search 参数。

11. 数组和变量间的转换函数

（1）list()函数。

list()函数可以用数组中的元素为一组变量赋值，从而通过数组得到一组变量。语法格式为：

```
void list(var1, var2,…, var n) = array arr
```

list 要求数组 arr 中所有键为数字，并要求数字键从 0 开始连续递增。例如：

```
<? $ str = '湖南 湖北 广东 河南';
 $ arr = explode(" ", $ str);        // $ arr = array ([0] =>湖南 [1] =>湖北 [2] =>广东 [3] =>河南)
list( $ s1, $ s2, $ s3) = $ arr;    // $ s1 = '湖南', $ s2 = '湖北', $ s3 = '广东'
echo $ s1."<br>". $ s2."<br>". $ s3."<br>";    ?>
```

（2）extract()函数。

extract()函数能利用一个数组生成一组变量，其中变量名为数组元素的键名，变量值为数组元素的值。如果生成的变量名和已有的变量名冲突，则可使用其第 2 个参数按一组规则来处理。

（3）compact()函数。

compact()函数利用一组变量返回一个数组，它实现了和 extract()函数相反的功能。数组元素的键名为变量名，数组元素的值为变量值。extract()函数和 compact()函数的示例如下：

```
<?   $ citys = array( "cs" =>"长沙","hy" =>"衡阳",cd =>"常德",xt =>"湘潭");
extract( $ citys);                 // $ cs = '长沙', $ hy = '衡阳', $ cd = '常德', $ xt = '湘潭'
echo $ xt;                          //输出湘潭
 $ newcitys = compact('cs','cd','xt'); //用变量组成数组
print_r( $ newcitys);               //输出 array([cs] =>长沙 [cd] =>常德 [xt] =>湘潭)
?>
```

12. 数组指针函数

每一个 PHP 数组在创建之后都会建立一个"当前指针"(current)，该指针默认指向数组的第一个元素；通过指针函数可获取指针指向的元素值或键名，也可移动当前指针，对数组进行遍历。数组指针函数如表 3-8 所示。

表 3-8　数组指针函数

函　　数	功　　能
current()	返回当前指针所指元素的"值"
key()	返回当前指针所指元素的"键名"
next()	移动指针使指针指向下一个元素
prev()	移动指针使指针指向上一个元素
end()	使指针指向最后一个元素，并返回当前指针所指元素的值
reset()	使指针指向第一个元素，并返回当前指针所指元素的值
each()	以数组形式返回当前指针所指的元素，该数组有 4 个元素，其中键名为 1 和 value 的元素值为当前元素的值，键名为 0 和 key 的元素值为当前元素的键名

例 3.1 数组指针的操作

```
<?    $ citys = array( "cs" =>"长沙","hy" =>"衡阳",cd =>"常德",xt =>"湘潭");
echo key( $ citys).' '.current( $ citys).' '.next( $ citys).' '.next( $ citys).'<br>';
echo prev( $ citys).' '.end( $ citys).' '.reset( $ citys).'<br>';
print_r (each( $ citys)).'<br>';
?>
```

输出结果为：

```
cs 长沙 衡阳 常德
衡阳 湘潭 长沙
Array ( [1] => 长沙 [value] => 长沙 [0] => cs [key] => cs )
```

例 3.2 数组的遍历

利用 next() 函数和循环语句可以遍历数组,以实现和 foreach 语句类似的功能。例如：

```
<? $ citys = array( "cs" =>"长沙","hy" =>"衡阳","cd" =>"常德","xt" =>0);
   reset( $ citys);
do{
   echo key( $ citys).' => '.current( $ citys);}
while(next( $ citys)!== false);              //不要写成 while(next( $ citys));
?>
```

输出结果为：

```
cs => 长沙 hy => 衡阳 cd => 常德 xt => 0
```

提示：上例中 do…while 语句的循环条件不要简写成 next($ citys),因为若某个数组元素的值为空或 0,则值也会被当成 false 处理,导致遇到 0 就会终止循环。

3.4 PHP 的内置函数

PHP 提供了大量的内置函数,用于方便开发者对字符串、数值、日期、数组等各种类型的数据进行处理。内置函数无须定义就可使用,如 date() 函数就是 PHP 的一个内置函数。

3.4.1 字符串相关函数

在 PHP 程序开发中对字符串的操作非常频繁。例如用户在注册时输入的用户名、密码以及用户留言等都被当作字符串来处理。很多时候要对这些字符串进行截取、过滤、大小写转换等操作,这时就需要用到字符串处理函数。常用的字符串处理函数如表 3-9 所示。

表 3-9 常用的字符串函数及功能

函　　数	功　　能	示　　例
strlen (string)	返回字符串的长度(中文算两个字符)	strlen ("abc8"),返回 4
trim(string)	去掉字符串两端的空格	trim(" abcd * "),返回" abcd * "

函　数	功　能	示　例
ltrim（string）、rtrim（string）	去掉字符串左边或右边的空格	ltrim(" abcd＊"),返回"abcd＊　　"
substr（string,start,［length])	从字符串的第 start 个字符开始,取长为 length 的子串。如果省略 Length,表示取到字符串的结尾,如果 start 为负数表示从末尾开始截取,如果 length 为负数,则表示取到倒数第 length 字符	substr("2010-9-6",5),返回"9-6" substr("2010-9-6",2,4),返回"10-9" substr("2010-9-6",2,-2),返回"10-9" substr("2010-9-6",-3,3),返回"9-6"
str_replace(find,replace,string,［&count])	替换字符串中的部分字符,将 find 替换为 replace,如果有参数 count,还可获取替换了多少处	str_replace("AB","＊","ABCabc"),返回"＊Cabc"
strtr（string,find,replace)	等量替换字符串中的部分字符,将 find 替换为 replace,如果 find 和 replace 长度不同,则只替换两者中的较小者	strtr("Hilla Warld","ial","eo"),返回"Hello World"(i 替换成 e,a 换成 o)
substr_replace（string,replace,start,［length])	从字符串的第 start 个字符开始,用 replace 替换长度为 length 的字符,若省略 length,将替换到结尾	substr_replace("ABCabc","＊",3),返回"ABC＊" substr_replace("ABCabc","＊",3,2),返回"ABC＊c"
strtok(string,split)	根据 split 指定的分隔符把字符串分割为更小的字符串	
strpos（string,find,［start])	返回子串 find 在字符串 string 中第一次出现的位置,如果未找到该子串,则返回 false,如果有 start 参数,表示开始搜索的位置	strpos("ABCabc","bc"),返回 4 strpos("ABCabc","bc",5),返回 false
strstr(string,search)	返回从 search 开始,字符串的其余部分。如果未找到所搜索的字符串,则返回 false	strstr("ABCabc","ab"),返回"abc"
strcmp(str1,str2)	返回两个字符串比较的结果。str1 小于 str2,比较结果为 -1；str1 等于 str2,比较结果为 0；str1 大于 str2,比较结果为 1	strcmp("ABC","abc"),返回 -1 strcmp("abc","abc"),返回 0 strcmp("abc","aa"),返回 1
strrev(string)	反转字符串	strrev("Hello"),返回"olleH"
str_repeat(string,repeat)	把字符串重复指定的次数	str_repeat(".",6),返回"……"
nl2br(string)	将 string 中的 \n 转换为换行标记 	nl2br("a\nb"),返回"a b"
strip_tags(string,［allow])	去除字符串中的 HTML、XML、PHP 标记	strip_tags("Helloworld! "),返回"Hello world!"
chr(number)	返回与指定 ASCII 码对应的字符	chr(13),返回回车符 chr(0x52),返回"R"
ord(string)	返回字符串中第一个字符的值	ord("h"),返回 104

上述这些字符串函数都严格区分大小写。如果希望不区分则可使用：strpos()大小写不敏感函数是 stripos()，strstr()大小写不敏感函数是 stristr()，str_replace()大小写不敏感函数是 str_ireplace()，strcmp()大小写不敏感函数是 strcasecmp()。另外 strchr()是 strstr()的别名。

除此之外，还有字符串大小写转换函数。①strtolower(\$str)：字符串转换为小写；②strtoupper(\$str)：字符串转换为大写，③ucfirst(\$str)：将函数参数的第一个字符转换为大写；④ucwords(\$str)：将每个单词的首字母转换为大写。

在表 3-9 的函数中，strpos()函数有查找字符串中是否含有某个特定子串的功能，只要检测其返回值不恒等于 false 即可(注意：不能用返回值是否等于 0 来判断，因为如果特定子串的位置是第 0 个字符，其返回值也为 0)。str_replace()函数除了可替换字符串中的字符外，如果替换后的字符串为空，则能过滤掉被替换字符串中的某些字符。这两个函数的应用示例如下。

例 3.3 对查询关键词描红加粗(str_ireplace()函数的应用)，运行结果如图 3-5 所示。

```php
<?    $ content = "«Web 标准网页设计与 ASP»";      //假设这是待查询信息
   $ find = "网页设计";                           //假设这是查询关键词
   $ out = str_ireplace( $ find,"< b style = 'color:red'>$ find </b>", $ content);
   echo $ out."< br>";
?>
```

例 3.4 对用户输入的字符串进行检查并过滤掉非法字符(strpos()函数的应用)。

```php
<?
$ Patternstr = "黄|黑|走私|发票|枪支|东突";         //定义要过滤的非法字符串集
$ Pattern = explode("|", $ Patternstr);           //将字符集分割成数组
//print_r( $ Pattern);
$ inputstr ="黑色黄色东突枪支弹药走私物品增值发票";  //假设这是用户输入的字符串
for( $ i = 0; $ i<count( $ Pattern); $ i++){        //分别对数组中每个字符串进行查找
   if (strpos( $ inputstr, $ Pattern[ $ i])!== false) {  //如果找到字符集中的某个字符串
$ outstr = str_replace( $ Pattern[ $ i],"", $ inputstr);  //将该字符串过滤掉
$ inputstr = $ outstr;}                             //让输入的字符串等于这次过滤后的字
                                                    //符串,以便进行下次过滤

}
echo $ outstr."< br>";
?>
```

程序的输出结果为：色色弹药物品增值。

例 3.5 用字符串函数来判断 Email 或 IP 地址的格式是否正确,运行结果如图 3-6 所示。

```php
<? $ email = "tangsix@163.com";
if (strpos ( $ email, " @ ") && strpos ( $ email, ".") && strpos ( $ email, " @ ") < strpos
( $ email, "."))
echo "Email 格式正确< br/>";
//判断 IP 地址是否正确,用到了 explode 函数
$ IP = "59.51.24.54";
$ arr = explode(".", $ IP);
if (count( $ arr) == 4)
echo "IP 格式正确,IP 前两位为 $ arr[0]. $ arr[1]. * . * ";
?>
```

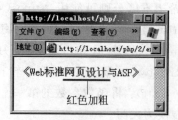

图 3-5　例 3.3 的运行结果

图 3-6　例 3.5 的运行结果

3.4.2　日期和时间函数

在 Web 应用程序中,经常需要获取当前的日期时间信息,例如在论坛中要记录发言的日期和时间等,使用 PHP 提供的日期函数能方便地获取日期时间。

1. date()函数

date(string,[stamp])是最常用的日期时间函数,用来返回或设置当前日期或时间。例如:

```
echo date("Y-m-d");          //输出 2013-04-23
echo date("y 年 m 月 d");     //输出 13 年 04 月 23
echo date("h:i:s");          //输出 10:44:46
```

其中,Y、m、d 等是 date()函数 string 参数中的格式字符,常见的格式字符如表 3-10 所示。除了格式字符外的字符都是普通字符,它们将按原样显示,如"年""-"等。

表 3-10　date()函数的格式字符及其说明

字　符	说　　明	字　符	说　　明
Y	以 4 位数显示年	H	以 24 小时制显示小时(会补 0)
y	以 2 位数显示年	G	以 24 小时制显示小时(不补 0)
m	以 2 位数显示月(会补 0)	h	以 12 小时制显示小时(会补 0)
n	以数字显示月(不补 0)	g	以 12 小时制显示小时(不补 0)
M	以英文缩写显示月	i	以 2 位数显示分钟(会补 0)
d	以 2 位数显示日(会补 0)	s	以 2 位数显示秒(会补 0)
j	以数字显示日(不补 0)	t	显示该日期所在的月有几天,如 31
w	以数字显示星期(0～6)	z	显示该日期为一年中的第几天
D	以英文缩写显示星期	T	显示本地计算机的时区
l	以英文全称显示星期	L	判断是否为闰年,1 表示是

提示:PHP 解析器默认采用格林尼治时间,使得调用时间函数与实际时间相差 8 小时。为此,需要设置 PHP 的时区,打开 php.ini 文件,将";date.timezone"修改为"date.timezone＝PRC"即可。

2. getdate()函数

getdate()函数也能返回当前的日期时间,但它会返回各种时间字段到数组中。例如:

```
<?    $ today = getdate();
      print_r( $ today);                  // $ today 是 getdate()函数返回的数组
echo " $ today[mon]月 $ today[mday]日";   // mon 和 mday 是数组元素的索引
?>
```

其中,print_r()是用于递归打印数组或对象的语句,可以将数组整体输出。运行结果为:

```
Array ( [seconds] => 58 [minutes] => 8 [hours] => 12 [mday] => 26 [wday] => 5 [mon] =>
4 [year] => 2013 [yday] => 115 [weekday] => Friday [month] => April [0] => 1366974538 ) 4
月 26 日
```

3. time()函数

time()函数会返回当前时间的时间戳。所谓时间戳是指从 1970/1/1 日 0:0:0 到指定日期所经过的秒数。例如当前时间为 2013-04-28 11:58:17,则 time()返回的时间戳是 1367146697。因此利用 time()可对时间进行加减。

```
<?    $ nextWeek = time() + (7 * 24 * 60 * 60); //1周 =7 天 * 24 小时 * 60 分 * 60 秒
echo '现在是:'. date('Y - m - d') ."< br >";
echo '下一周是: '. date('Y - m - d', $ nextWeek) ;
?>
```

则输出结果是:

```
现在是:2013 - 04 - 28
下一周是:2013 - 05 - 05
```

提示:如果 date()函数带有 2 个参数,则可以设置时间。第 2 个参数必须是一个时间戳,它将使 date()返回时间戳设置的时间。例如 date('Y-m-d', 0)将返回 1970-01-01。

4. mktime()函数

mktime()函数会返回自行设置的时间的时间戳。与 date()函数结合使用可以对日期进行加减运算及验证。其语法为:int mktime(时,分,秒,月,日,年)。例如:

```
echo date("Y - m - d",mktime(0,0,0,12,36,2012));
```

表示设置时间为 2012 年 12 月 36 日,则 mktime()会自动校正时间越界,输出结果为:2013-01-05。

如果要在今天日期的基础上加 12 天,可以使用:

```
echo date("Y - m - d",mktime(0,0,0,date(m),date(d) + 12));
```

输出结果为:2013-05-08(注:系统当前日期为 2013-04-26)。上述代码中省略了年的参数,因为 mktime()函数的参数可以按照从右至左的顺序省略,任何省略的参数都会被设置为当前时间值。

5. strtotime()函数

strtotime()函数可将日期时间(英文格式)解析为时间戳。其功能相当于 date()函数设置时间的逆过程。date()函数(带有两个参数时)可以将时间戳设置为时间,而 strtotime() 是将时间解析为时间戳。

```
<?   echo strtotime("now");                             //输出时间戳:1367148939
echo strtotime(" + 5 hours");                           //输出加 5 小时后的时间戳
echo date('Y - m - d',strtotime(" + 1 week"));          //利用返回的时间戳设置时间
echo strtotime(" + 1 week 3 days 7 hours 5 seconds");
?>
```

可见,使用 strtotime()函数也可用来对时间进行加减。

6. checkdate()函数

checkdate(月,日,年)函数可判断参数指定的日期是否为有效日期。如果是,就返回 true,否则返回 false。例如 checkdate(10,3,2014)返回 true,因为 2014/10/3 日是存在的。 而 checkdate(13,3,2012)返回 false。

在 Web 程序开发中,可使用 checkdate()对用户输入的日期格式合法性进行检查。

3.4.3 检验函数

检验函数用来检查变量是否定义、是否为空,获得变量的数据类型,取消变量定义等。

1. isset()函数

isset($ var)函数用来检查变量 $ var 是否定义。该函数参数为变量名(带 $ 号),如果变量已经定义,并且其值不为 NULL,则返回 true,否则返回 false。

```
<?   echo isset( $ test);             //返回 false,输出空字符串
   $ test = null;
   echo isset( $ test);              //仍然返回 false    ?>
```

通俗地说,如果有这个变量,则 isset($ var)返回 true,否则返回 false。

2. empty()函数

empty()函数用来检查变量是否为空。所谓变量为空包括两种情况:①变量未定义; ②变量的值为""、0、"0"、NULL、FALSE、以及空数组、没有任何属性的对象等。例如:

```
<?   $ var = 0;
echo empty( $ var);                  //变量值为 0,返回 1
echo isset( $ var);                  //变量存在,且值不为 null,返回 1
echo empty( $ str);                  //变量不存在,返回 1
?>
```

因此,如果要检测变量是否定义,尽量用 isset()方法。

3．unset( )函数

unset($ var)函数用来取消变量 var 的定义。该函数的参数为变量名,函数没有返回值。需注意的是:如果在某个自定义函数中用 unset( )取消一个全局变量,则只是局部变量被取消,而在调用环境中的变量仍将保持调用 unset( )之前一样的值。例如:

```
<?    $ foo = 'alive';
function destroy_foo() {
    global $ foo;
    unset( $ foo);                //在函数中删除变量 $ foo,实际上只是局部变量被删除
}
destroy_foo();
echo $ foo;                       //仍将输出 alive
unset ( $ bar[1]);                // unset 也能删除数组元素
unset ( $ foo1, $ foo2, $ foo3);  // 同时删除多个变量
?>
```

4．gettype( )函数

gettype( )函数用来返回变量或常量的数据类型,返回值包括 integer、double、string、array、object、unknown type 等。其语法格式为:string gettype (mixed var)。例如:

```
<?  $ foo = 'bar';
echo gettype( $ foo).'< br>';            //输出 string
 $ bar = array("aa",12,true,2.2,"test",50);
echo gettype( $ bar[1]);                 //输出 integer
?>
```

虽然 gettype( )函数可用来获取数据类型,但由于 gettype( )函数在内部进行了字符串的比较,所以它的运行速度较慢。建议使用下面介绍的 var_dump( )函数和 is_ *( )函数来代替。

5．var_dump( )函数

var_dump( )函数用来返回变量或常量的数据类型和值,并将这些信息输出。例如:

```
<? $ a = 3.1; $ b = '天涯';
var_dump( $ a, $ b);                //输出 $ a、$ b 的数据类型和值
 $ c = array (1, '2', array ("a", "b", "c"));
var_dump ( $ c);                    //输出 $ c 的数据类型和值
?>
```

输出结果为:

```
float(3.1) string(4) "天涯" array(3) { [0] => int(1) [1] => string(1) "2" [2] => array(3)
{ [0] => string(1) "a" [1] => string(1) "b" [2] => string(1) "c" } }
```

在调试程序时,经常使用该函数查看变量或常量的值、数据类型等信息。

6．is_ *( )系列函数

is_ *( )系列函数包括 is_string( )、is_int( )、is_float( )、is_bool、is_null( )、is_array( )、 is_object()、is_numeric()、is_resource()、is_integer()、is_long()、is_real()等。它们用来判断变量是否为某种数据类型。如果是,则返回 true,否则返回 false。例如:is_string()可以判断变量是否为字符串数据类型,is_int()判断变量是否为整型,而 is_numeric()判断变量是否为数字或由数字组成的字符串。例如:

```
<? $ a = 3.1;
echo is_float( $ a);                    //返回 true
 $ b = '13307473544';                   //$ b 是由数字组成的字符串
echo is_numeric( $ b);                  //返回 true
?>
```

7. settype()函数

settype()函数可以进行强制数据类型转换。转换规则遵循表 3-5 的规定。其语法格式为:int settype(string var, string type),参数 type 为下列的类型之一:integer、double、string、array 与 object。例如:

```
<? $ a = 3.1;
settype( $ a, integer);                 //将变量 $ a 转换成整型
echo $ a;                               //输出 3
$ b = "false";
settype( $ b, bool);                    //将变量 $ b 转换成布尔型
echo $ b;                               //返回 true
?>
```

8. eval()函数

eval()函数可以动态执行函数内的 PHP 代码,该函数的参数是一个字符串,eval()会试着执行字符串中的代码。示例代码如下:

```
<?eval(' $ a = 5 + 3;');                //执行赋值语句
  echo $ a;                             //输出 8
  eval('var_dump( $ a);');              //输出 int(8)
?>
```

虽然 eval()函数非常好用,但是,eval()函数执行代码时效率是十分低的。并且,eval()容易产生安全性问题,在获取表单中用户输入的数据时,应过滤这些数据中的关键词 eval,因为它允许用户去执行任意代码,这是很危险的。

3.4.4　数学函数

数学函数的参数和返回值一般都是数值型,常用的数学函数如表 3-11 所示。

表 3-11　常用的数学函数及其功能

函　　数	功　　能	示　　例
round(val [,int precision])	返回按指定位数四舍五入的数值,如果省略 precision,则返回整数	round(3.41),返回 3 round(3.45,1),返回 3.5

函　数	功　能	示　例
eil(val)	返回大于并最接近 val 的整数	ceil(3.45),返回 4
floor(val)	返回小于并最接近 val 的整数	floor(3.45),返回 3
intval(val)	返回 val 的整数部分	intval('3.6a'),返回 3 intval(3.6),返回 3
abs(num)	返回 num 的绝对值	abs(−3.43),返回 3.43
sqrt(num)	返回数 num 的平方根	sqrt(16),返回 4
pow(base, exp)	计算次方值,base 为底,exp 为幂	pow(2,3),返回 8
log(num[, base])	计算以 e 为底的对数	log(10),返回 2.3025…
exp(num)	返回自然对数 e 的幂次方	exp(10),返回 22026.…
rand(int min, int max)	返回 min 到 max 之间的伪随机数	rand(2,9),返回 2 到 9 之间的整数
srand(int seed)	播下随机数发生器种子	已被淘汰,不建议使用
int getrandmax (void)	返回调用 rand()可能返回的最大值	
sin(arg)等三角函数	包括 sin()、cos()、tan()等	sin(pi()/6),返回 0.5
max (num1, num2, …, numn)	返回若干参数中的最大值	max(2,3,3.5),返回 3.5
min (num1, num2, …, numn)	返回若干参数中的最小值	min(2,3,3.5),返回 2
decbin(num)	十进制数转换为二进制	decbin(6),返回 110
bindec(num)	十进制数转换为二进制	bindec(11),返回 3
dechex(num)	十进制数转换为十六进制	dechex(13),返回"d"
decoct(num)	十进制数转换为八进制	decoct(13),返回"15"
base _ convert (num, from,to)	在任意进制之间转换数字	base_convert('1a',16,10),返回"26"
number _ format (num, preci,[point],[sep])	格式化数字字符串	number_format(3.142,2),返回"3.14" number_format(1314.5205,3,".","),返回"1 314.521"

3.5　自定义函数及使用

在 3.4 节中学习了很多内置函数,使用这些函数可方便地完成某些功能。但有时候要实现某种功能,却没有现成的内置函数可用,这时就需要自己编写函数来完成这些功能。

3.5.1　函数的定义和调用

函数就像一台机器,这台机器的输入是一些"原料"(对应函数的参数),进行加工后再把"结果"输出(通过 return 语句),函数可以有一个或多个参数,但只能有一个输出。我们在设计函数之前首先要想清楚它的输入和输出。

1. 函数的定义

定义函数的语法如下：

```
function 函数名([形参 1, 形参 2, …, 形参 n]){
    函数体
    [return 返回值]
}
```

其中，function 是 PHP 定义函数的关键字，函数名是自定义函数的名称，必须符合变量的命名规则。参数是函数的输入接口，函数通过参数接收"外部"数据。函数体是函数的功能实现。return 用来返回函数的执行结果，如果不需要返回结果，可以没有 return 语句。

2. 函数的调用

函数调用有三种方式。即：①函数调用语句；② 赋值语句；③函数嵌套调用。

3. 函数调用语句

如果函数没有返回值(无论是否有参数)，通常使用函数调用语句调用函数，形式为：

```
函数名([实参 1, 实参 2, …, 实参 n]);
```

下面是无参函数(左)和有参函数(右)的调用举例，都是用来打印一行字符：

```
<?  function hello(){              <?  function hello( $ n, $ star){
  echo "********************";       for( $ i = 0; $ i < $ n; $ i++)
}                                        echo $ star;
hello();  //调用无参函数          }
?>                                 hello(8,'&'); / * 调用有参函数 * /   ?>
```

例 3.6 设计函数判断手机号码格式是否正确(函数调用语句举例)。

```
<?function isTel( $ tel) {
     if (strlen( $ tel) == 11 && is_numeric( $ tel))
          echo "手机号码格式正确";
     else
          echo "格式不正确,请重新输入";}
  isTel("13388888888");          //调用有参函数
?>
```

4. 赋值语句调用函数

如果函数有返回值，通常使用赋值语句将函数的返回值赋给一个变量。形式为：

```
变量名 = 函数名([实参 1, 实参 2, …, 实参 n]);
```

例 3.7 限制输出字符串的长度(赋值语句调用函数举例)。
函数 Trimtit()的功能是：如果输入的字符串 $ tit 长度大于指定的长度 $ n,则返回截取的指定长度字符串并加"…",如果长度小于或等于指定长度,则返回原字符串。

```
<?   function Trimtit( $ tit, $ n){                    //注意函数的输入为两个类型不同的参数
if (mb_strlen( $ tit,'GB2312')>$ n)
        return mb_substr( $ tit,0, $ n,'GB2312')."…";   //返回函数值
    else
        return $ tit;                                  //返回函数值
    }
$ str = "航空母舰辽宁舰 2012 年完成舰载机着舰";          //测试字符串
$ out = Trimtit( $ str,14) ;                           //调用函数
echo $ out;                                            //输出:航空母舰辽宁舰 2012 年完成…
?>
```

说明:

(1) 函数的参数类型可以各不相同,如上例中的 $ tit 是字符串,而 $ n 是数值型。

(2) 函数中只有一条 return 语句会被执行,return 语句以后的函数代码将不会被执行。

(3) mb_strlen()和 mb_substr()分别是 strlen()和 substr()处理中文字符的版本,这两个函数都必须带有指定编码类型的参数,如'GB2312'。如果处理的字符串中有中文,一定要用这两个函数,因为 substr()不仅会把中文当成 2 个字符,在处理某些中文字符时还会产生乱码。

例 3.8　替换特殊字符为字符实体(赋值语句调用函数举例)。

有时用户在表单中提交了一段字符串,这段字符串中可能有回车、空格等特殊字符,由于 HTML 源代码会忽略回车、空格等字符,会导致这些格式丢失,因此有必要将它们用字符实体替代,使这些格式在浏览器中能保留下来,下面是替换特殊字符的函数。

```
<?
function myReplace( $ str){
    $ str = str_replace("<","&lt;", $ str) ;      //替换<为字符实体 &lt;
    $ str = str_replace(">","&gt;", $ str);       //替换>为字符实体 &gt;
    $ str = str_replace(chr(13),"<br>", $ str);   //替换回车符为换行标记<br>
    $ str = str_replace(chr(32)," ", $ str); //替换空格符为字符实体  
    return $ str ;                                //返回函数值
}
$ str = "<font color = 'red'>abc</font>";        //测试字符串
echo $ str.'<br>';
echo myReplace( $ str);
?>
```

输出结果为:

```
abc(红色的)
<font color = 'red'>abc</font>
```

实际上,PHP 提供了内置函数 htmlentities()可以完成自定义的 myReplace 函数的功能,但是 htmlentities()不会将空格替换成字符实体" ",而且字符串中如果有中文,使用 htmlentities()会产生乱码。

由于函数的返回值只能有一个,如果要返回多个数值,可以让函数返回一个数组。

例 3.9　设计一个函数,输入是一个整数,输出是这个整数各位上的数字。

```
<?  function aval( $ num){             // aval()用来求 $ num 各位上的数字
        for( $ i = 0; $ num > = 1; $ i++){
                $ arr[ $ i] = $ num % 10;   //对 10 取余得到个位数
                $ num = $ num/10;}          //除以 10 后十位数变成个位数
        return $ arr;                      //$ arr 保存了各位上的数
    }
    print_r(aval(54262));                  //调用函数,将返回各位上的数字
?>
```

输出结果为:Array([0] => 2 [1] => 6 [2] => 2 [3] => 4 [4] => 5)。

5. 函数的嵌套调用

函数可以嵌套调用,即把函数调用作为另一函数的参数。例如:

```
<? function sum( $ a, $ b){
    return $ a + $ b;}
    echo sum(7,sum(3,5));               //函数作为另一函数的参数调用
?>
```

例 3.10　过滤字符串中的 HTML 标记。

有时需要把文本中的 HTML 标记都过滤掉,过滤的思路是:首先找到第 1 个 HTML 标记的开始和结束位置("<"和">"),将"<"左边的字符与">"右边的字符连接在一起,这样就去掉了第 1 个 HTML 标记,再把过滤后的字符串赋值给原字符串,进行下次过滤,直到文本中找不到 HTML 标记为止。

```
<?                                        // right 函数:截取字符串 $ s 右边的 $ n 个字符
function right( $ s, $ n) { return $ n? substr( $ s, − $ n): ''; }
function noHtml( $ str){                   // noHTML 函数:去除字符串 $ str 中的 HTML 标记代码
while (strpos( $ str,'<')!== false || strpos( $ str,'>')!== false) {//如果字符串中有"<"或">"
  $ begin = strpos( $ str,'<');            //找到"<"符的位置
  $ end = strpos( $ str,'>');              //找到">"符的位置
  $ length = strlen( $ str) − $ end − 1;   //">"符右边的字符串长度
                                           //将"<"符左边的字符串和">"符右边的字符串连接在一起
  $ filterstr = substr( $ str,0, $ begin) . right( $ str, $ length);  //在函数体内调用另一函数
    $ str = $ filterstr;                   //把一次过滤后的字符串赋给原字符串,以便进行下次过滤
}
return $ str;                              //返回函数值
}
$ str = "< font size = 9 >abc</font >";    //测试字符串
echo noHtml( $ str);                       //输出结果为"abc"
?>
```

实际上,PHP 提供了内置函数 strip_tags()可实现 noHtml()函数的功能。

3.5.2　变量函数和匿名函数

变量函数类似于可变变量,它的函数名为变量。使用变量函数可实现通过改变变量值

的方法调用不同的函数。例如在例 3.10 的"?>"前插入如下代码：

```
$func = 'noHtml';           //将一个函数名赋值给变量
echo $func($str);           //相当于 echo noHtml($str),输出结果为"abc"
$func = 'right';
echo $func($str,7);         //相当于 echo right($str,7),输出结果为"</font>"
```

可见，当某个变量名后有小括号时，PHP 就会试着去找这个变量的值，然后去运行和该值同名的函数。但变量函数不能用于语言结构，如变量值不能为 echo、print、isset、empty、include、require 等。

在 PHP 5.3 以上版本中，开始支持匿名函数。匿名函数就是没有函数名的函数，例如：

```
<? $greet = function($name){ //定义匿名函数,并将其赋给变量 $greet
   echo 'hello '. $name;};
   $greet('World'); //调用匿名函数,输出 hello World
   $greet('PHP');
?>
```

可见，为了调用匿名函数，常将匿名函数赋给一个变量，那么该变量就相当于函数名。但使用匿名函数更重要的原因，是为了实现函数的闭包。

3.5.3 传值赋值和传地址赋值

函数的参数赋值有两种方法，即传值赋值和传地址赋值。

1. 传值赋值

默认情况下，函数的参数赋值采用传值赋值方式，即将实参值复制给形参值。例如：

```
<? function add1($val){
      $val++;
      return $val;    }
$age = 18;
echo add1($age).' ';
echo add1($age).' ';
echo $age; /* 运行结果为 19 19 18 */
?>
```

上述程序的执行过程是：

（1）函数只有在被调用时才会执行。因此，程序执行的第一条语句是"$age=18;"，PHP 预处理器为 $age 分配第一个存储空间。

（2）执行语句 echo add1($age).' ';，此时自定义函数 add1() 被调用，PHP 预处理器为函数参数 $val 分配存储空间，将实参值 18 复制给 $val。

（3）$val 进行加 1 运算，使 $val 的值为 19，但 $age 的值仍为 18。

（4）函数调用结束时，PHP 预处理器回收函数调用期间分配的所有内存，此时 $val 消失。

（5）第二次调用函数时，又将 $age 的值复制给 $val，因此 $val 的值仍为 18。

2. 传地址赋值

函数的参数也可以使用传地址赋值,即将一个变量的"引用"传递给函数的参数。和变量传地址赋值一样,在函数的参数名前加"&"就能实现传地址赋值。示例代码如下:

```
<?    function add1(&$ val){
          $ val++;
          return $ val;}
$ age = 18;
echo add1($ age).' ';              //注意传地址赋值时,函数参数不能是常量
echo add1($ age).' ';
echo $ age;                        /* 运行结果为 19 20 20 */
?>
```

上述程序的执行过程是:

(1) 程序执行的第一条语句是"$ age=18;",PHP 预处理器为 $ age 分配第一个存储空间。

(2) 程序执行到"echo add1($ age).' ';",此时自定义函数 add1()被调用,PHP 预处理器为函数参数 $ val 分配存储空间,由于这里是传地址赋值,形参 $ val 和变量 $ age 都指向同一个变量值 18 的地址,因此 $ val 的值变为 18。

(3) 程序执行到"$ val++;"时,形参 $ val 修改地址中的值为 19,由于变量 $ age 也指向该地址,因此变量 $ age 的值也变为了 19。

(4) 函数调用结束时,PHP 预处理器回收函数调用期间分配的所有内存,此时 $ val 消失。但函数外变量 $ age 的值不会改变,仍然为 19。

(5) 第二次调用时,$ val 又会修改 $ age 指向地址中的值,使 $ age 的值变为 20。

可见,使用传值赋值的方式为函数参数赋值,函数无法修改函数体外的变量值;若使用传地址的方法为函数参数赋值,则函数可以修改函数体外的变量值。

但不管使用哪种赋值方式,函数参数(或函数体内变量)的生存周期是函数运行期间,若要延长函数体内变量的生存期,需使用 static 关键字;函数参数(或函数体内变量)的作用域是函数体内有效,若要扩大函数体内变量的作用域,需使用 global 关键字。

3.6　面向对象编程

面向对象编程(Object Oriented Programming,OOP)是一种编程思想,目前在大型应用软件开发中应用非常广泛。

面向对象的程序由对象构成(object),把所有的对象都划分成类(class),每个类定义了一组静态的属性和动态的方法。对象之间通过传递消息互相联系,驱动整个系统来运转。类是具有相同或相似的结构、操作与约束关系的对象组成的集合。对象是对某个类的具体化实例,每个类都是具有某些共同特征对象的抽象。

3.6.1　类和对象

在现实中,任何一个具体事物都可以看作一个对象,例如一个人、一辆汽车、一场电影等都是对象。对象包含属性和方法。将张三这个人看做对象,则该对象具有下列属性和方法。

```
对象:张三{
    属性:姓名、性别、身高、体重、年龄等;
    方法:吃饭、走路、说话等;
}
```

对于对象的属性,我们可以用变量来描述,例如 $age=33$ 表示张三的年龄是 33 岁。对于对象的方法,则可以用函数来定义,例如:function walk(){…}用来描述走路。

由于现实中很多对象都属于同一类,因此还可以把同一类的对象看成一个类,例如所有的人都属于"人"类。则对象可看成是类的一个实例,例如张三是"人"类的一个实例。因此定义对象前都要先定义类。

1. 类的定义

在 PHP 中,使用 class 关键字可以定义一个类。语法格式为:

```
class 类名{
    定义成员变量
    定义成员函数
}
```

可见,类实际上就是一组静态属性和动态方法的集合,将它们封装在一起就形成了一个类。例如,要定义一个类 Mystr,代码如下:

```
<?  class Mystr{              //定义 Mystr 类,注意类名后面没有小括号
    var $ str;
    function output(){
        echo 'Hello PHP';
    }
}
?>
```

说明:在类定义中,使用关键字 var 来定义成员变量。在定义成员变量时,也可直接对它赋值。

类成员变量又可分为两种,一种是公有变量,用关键字 public 或 var 定义;一种是私有变量,用关键字 private 定义。公有变量可以在类的外部被访问,它是类与其他类或用户交流的接口。用户可通过公有变量向类中传递数据,也可以通过公有变量获取类中的数据。私有变量在类的外部无法访问,以保证类的设计思想和内部结构并不完全对外公开,这就是面向对象中的封装性。

下面是定义公有变量和私有变量的例子(3-10.php)。

```
class userInfo{
    public $ userName;
    private $ pwd;
    function output(){
        echo $ this -> userName;
    }
}
```

在类 userInfo 中,使用公有变量来保存用户名,使用私有变量来保存用户密码。

说明:

(1) 类一旦定义后,系统会自动为其创建一个 $ this 的伪变量,代表类自身。

(2) 如果类的成员函数中要访问类中的变量或其他函数,必须使用"$ this->变量名"或 "$ this->函数名"访问,例如 $ this-> userName。不能简单使用 $ userName 来访问,也不能写成 $ this-> $ userName,更不能写成 userInfo-> userName。

(3) 如果要在类外面访问类中定义的变量和方法,必须先创建该类的对象,然后用"对象名->变量名"或"对象名->方法名"来访问。

(4) "->"是 PHP 中的成员选择运算符。该运算符表示右边的变量或函数属于左边的类或对象。注意区分"->"和"=>","=>"是初始化数组元素时分隔"键"和"值"的符号。

2. 构造函数和析构函数

在定义类时可以在类中定义一个特殊的函数——构造函数,用来执行一些初始化的任务,例如对属性赋初值等。PHP 规定构造函数的名称必须为"__ construct"。

例如,在 userInfo 类中定义一个构造函数(3-11. php)。

```
class userInfo{
    public $ userName;
    private $ pwd;
    function __construct(){            //定义构造函数
        $ this -> userName = 'Admin';   //为类中的变量赋初值
        $ this -> pwd = '123';
    }
    function output(){
        echo $ this -> userName;
    }
}
```

说明:

(1) 构造函数名"__ construct"是以两个下画线开头。

(2) 构造函数不能被主动调用,例如"对象名->__ construct()"是错误的。只有在使用关键字 new 创建对象时系统才会自动调用构造函数。

与构造函数相对应的是析构函数,析构函数会在某个对象的所有引用被删除或者对象被销毁时执行。也就是说,如果定义了析构函数,则对象在销毁前会调用析构函数。

PHP 规定析构函数的名称为"__ destruct()",析构函数不能带有任何参数。

3．定义对象

对象是类的实例，可以使用 new 关键字来创建对象。定义一个类 userInfo 的对象 $user 的代码如下：

```
$ user = new userInfo();
```

则 $user 就是一个对象（类型为 object 的变量），定义了对象后，就可使用对象来访问类中的成员变量或成员方法。例如：

```
$ user = new userInfo();
echo $ user -> userName;           //访问类中的变量
$ user -> output();                //访问类中的函数
```

注意：

（1）如果类中的构造函数包含参数，则在创建对象时，也需要提供相应的参数。

（2）对象只能访问类中的公有变量和函数，如果试图访问类中的私有变量或函数，如 echo $ user-> pwd，则程序会出错，提示不能访问私有属性。

下面是一个定义类和对象的综合实例（3-12.php）。

```
<? class Person{
    var $ name;                    //人的名字
    var $ sex;                     //人的性别
    var $ age;                     //人的年龄
    function say($ word)           //人有说话的方法
        {echo $ this -> name.'对你说:'. $ word;}
    function run($ step)           //人有走路的方法
        {echo "<br>然后走了". $ step."步";}
    }
$ p1 = new Person();               //创建类 person 的对象 $ p1
$ p1 -> name = "张三";             //设置对象的属性,形式为"对象名 ->属性名"
$ p1 -> say('您好');               //访问对象的方法,形式为"对象名 ->方法名"
$ p1 -> run(5);
?>
```

输出结果为：

```
张三对你说:您好
然后走了 5 步
```

4．操作符"∷"

相比伪变量 $ this 只能在类的内部使用，操作符"∷"更加强大。它可以在没有声明对象的情况下直接访问类中的变量或方法。例如：下面的代码可在类外访问 Person 类的方法。

```
Person::run(8);          //将其放在 Person 类代码的外部,将输出"然后走了8步"
```

操作符":："可用于访问静态变量、静态方法和常量,还可用于覆盖类中的成员变量和方法。其语法格式为:

```
关键字 :: 变量名/方法名/常量名
```

其中关键字可以分为以下三种情况。

(1) 类名:用来调用本类中的变量、常量和方法。

(2) self:用来调用当前类中的静态成员和常量。

(3) parent:用来调用父类中的变量、常量和方法。

5. instanceof 关键字

instanceof 关键字用来检测某个对象是否属于某个类,它返回一个布尔值。例如:

```
echo $ p1 instanceof Person          //返回 true
```

3.6.2　类的继承和多态

1. 继承

继承是指子类可以继承一个或多个父类的属性和方法,并可以重写或添加新的属性或方法。通过对已有类的继承,可以逐步扩充类的功能。继承的这些特性简化了对象和类的创建,增加了代码的可重用性。

例如要设计三个类:"动物"类、"人"类和"学生"类。则可以先定义动物类,将动物类作为父类,人类作为子类,通过继承动物类的一些属性和方法就可以简化人类的设计,并可以添加人类的新属性和方法(例如国籍、说话等)。同样地,学生类又可看成是人类的子类。

在 PHP 中,用 extends 关键字可实现类的继承。语法格式为:

```
class 子类名 extends 父类名
{     定义子类的成员变量
      定义子类的成员函数
}
```

提示:PHP 不支持多重继承,即一个子类不能有多个父类。

下面创建了一个类 Students,并使它继承于类 Person,代码如下(3-13.php):

```php
<?
class Person{                              //定义父类
 function __construct( $ name, $ sex){      //定义构造函数
     $ this -> name = $ name;
     $ this -> sex = $ sex;
     }
 function say(){                           //定义说话的方法
     echo '我叫:'. $ this -> name;
     echo ' 性别:'. $ this -> sex.'< br >';
     }
}
```

```
class Students extends Person{              //定义子类并继承父类
 public $ school;
 function study( $ scholl){                 //定义上学的方法
      echo '我在'. $ scholl.'上学';
      }
}
$ student = new Students('小新','男');      //创建一个子类的对象
$ student -> say();                         //调用父类的方法
$ student -> study('石鼓书院');             //调用子类的方法
?>
```

运行程序,输出结果为:

```
我叫:小新 性别:男
我在石鼓书院上学
```

说明:程序中子类 Students 通过继承父类 Person,调用了父类中的方法和属性,如显式调用了父类中的 say()方法,通过创建对象隐式调用了父类中的构造方法。同时子类也可调用自己定义的方法 study()。

2. 多态

多态好比有一个成员方法让大家去吃饭,这个时候有的人用筷子吃,有的人用勺子吃,还有的人用叉子和勺子一起吃。虽然是同一种方法,但调用时却产生了不同的形态,就是多态。

在面向对象中,多态指多个函数使用同一个名字,但参数个数、参数数据类型不同。调用时,虽然方法名相同,但会根据参数个数或者类型自动调用对应的函数。

多态可通过继承或接口来实现。下面是一个通过继承实现多态的例子(3-14.php)。

```
<?
class Person{                               //定义父类
 function __construct( $ name, $ sex){      //定义构造函数
      $ this -> name = $ name;
      $ this -> sex = $ sex;
 }
 }
 class Students extends Person{             //定义 Person 的子类 Students
      public $ school;
      function study(){                     //定义上学的方法
           echo '我在上学<br>';}
 }
 class dxs extends Students{                //定义 Students 的子类 dxs
 function study(){                          //定义上学的方法
      echo $ this -> name.'在读大学<br>';}
 }
 class xxs extends Students{                //定义 Students 的子类 xxs
 function study(){                          //定义上学的方法
      echo $ this -> name.'在念小学<br>';}
 }
```

```
function rightstudy( $ obj) {                //定义函数,该函数不属于任何类
    if ( $ obj instanceof Students)          //如果该对象是 Students 的实例
        $ obj -> study();                    //调用该对象的 study()方法
    else echo '出现错误!<br>';
}
$ s1 = new dxs('小新','男');                //创建 dxs 类的对象 $ s1
rightstudy( $ s1);
$ s2 = new xxs('小花','女');                //创建 xxs 类的对象 $ s2
rightstudy( $ s2);
$ s3 = new Students('小文','女');            //创建 Students 类的对象 $ s3
rightstudy( $ s3);
?>
```

运行程序,输出结果为:

```
小新在读大学
小花在念小学
我在上学
```

说明:程序通过继承 Students 类创建了两个子类:dxs 和 xxs。在两个子类及父类中都定义了 study()方法。通过 instanceof 检测对象类型,这样无论增加多少种 Students 类的子类,都能调用到正确的方法,并且不需要对 rightstudy()函数进行修改。

多态使我们将编程的重点放在接口和父类上,而不必考虑对象具体属于哪个类的问题。

虽然不使用多态,而使用条件判断语句判断参数的个数或类型也能使调用函数时自动调用相应的函数,但那样就不得不在函数中多写很多条件语句来判断,并且使不同的功能都集中到一个函数中了。

习 题

一、选择题

1. 下列(　　　)PHP 变量的名称是错误的。

    A. $ 5-zhao   B. $ s_Name   C. $ _if   D. $ This

2. 语句"echo 'happy'. 1+2 .'345';"输出结果为:(　　　)。

    A. 2345   B. happy3345   C. happy12345   D. 运行出错

3. ? : 运算符相当于以下 PHP 语句(　　　)。

    A. if…else   B. switch   C. for   D. break

4. 语句"for($ k=0; $ k=1; $ k++);"和语句"for($ k=0; $ k==1; $ k++);"的执行次数分别是:(　　　)。

    A. 无限次和 0   B. 0 和无限次   C. 都是无限次   D. 都是 0

5. 如果要提前离开 for 循环,可以使用语句(　　　)。

    A. pause   B. return   C. exit   D. break

6. 如果要使程序的运行在循环内跳过后面的语句,直接返回循环的开头,应在循环内

使用下面语句( )。

    A. goto   B. jump   C. continue   D. break

7. 对于 for($i=100；$i<=200；$i+=3)，循环运行结束后，变量 $i 的值是( )。

    A. 201   B. 202   C. 199   D. 198

8. 下列( )代表无穷循环。

    A. for(；；)   B. for()   C. foreach(,)   D. do(1)

9. 如果函数有多个参数，则参数之间必须以下列( )符号分开。

    A. ，   B. ：   C. &   D. ；

10. 如果要从函数返回值，必须使用下列( )关键词。

    A. continue   B. break   C. exit   D. return

11. 下列关于函数的说法，( )是错误的。

    A. 函数具有重复使用性

    B. 函数名的命名规则和变量命名规则相同，必须以 $ 作为函数名的开头

    C. 函数可以没有输入和输出

    D. 如果把函数定义写在条件语句中，那么必须当条件表达式成立时，才能调用该函数

12. 如果要在函数内定义函数外也可访问的变量，必须使用( )关键词。

    A. public   B. var   C. static   D. global

13. 如果想保留函数内局部变量的值，必须使用( )关键词。

    A. private   B. var   C. static   D. global

14. ( )函数可用来取得四舍五入的值。

    A. ceil   B. floor   C. round   D. abs

15. ( )函数可以用来取得次方值。

    A. sqrt   B. pow   C. exp   D. rand

16. ( )函数可以用来取得当前的时间信息。

    A. getdate   B. gettime   C. mktime   D. time

17. ( )函数可以将字符串逆序排列。

    A. chr   B. ord   C. strstr   D. strrev

18. ( )函数可以将数组中各个元素连接成字符串。

    A. implode   B. explode   C. str_repeat   D. str_pad

19. ( )函数可以将换行符转换成 HTML 换行标记。

    A. nl2br   B. substr   C. strcmp   D. strlen

20. 数组是通过( )来区分它所存放的元素的。

    A. 长度   B. 值   C. 索引   D. 维度

21. 在默认情况下，PHP 数组中第一个元素的索引是( )。

    A. 0   B. 1   C. 空字符串   D. 不一定

22. PHP 规定数组的索引可以为以下哪两种形式(多选)? ( )

    A. 布尔   B. 浮点型   C. 整数   D. 字符串

23. ( )可以用来访问数组的元素。

    A. ->   B. =>   C. ( )   D. [ ]

24. (　　)运算符可以用来比较两个数组是否不相等。

　　　A. +　　　　　　　B. !=　　　　　　C. <>　　　　　　D. !==

25. 如果数组 $a＝array(0=>5,1=>10),$b＝array(1=>15,2=>20),$c＝$a+$b,则$c等于下列。

　　　A. array([0]=>5 [1]=>10 [2]=>20)

　　　B. array([0]=>5 [1]=>15 [2]=>20)

　　　C. array([0]=>5 [1]=>[2]=>20)

　　　D. array([0]=>5 [1]=>10 [2]=>15 [3]=>20)

26. 假设 $a＝array(0=>'a',1=>'b'),$b＝array(1=>'b',0=>'a'),则$a==$b 和$a===$b 的值分别是(　　)。

　　　A. true true　　　　B. true false　　　C. false false　　　D. false true

27. 假设 $a＝array('a','b','c','d'),则依次调用 next($a);next($a);next($a); prev($a);后,current($a)会返回(　　)。

　　　A. 'a'　　　　　　　B. 'b'　　　　　　C. 'c'　　　　　　D. 'd'

28. 假设 list($x,$y)＝array(10,20,30,25),则$y 的值是(　　)。

　　　A. 10　　　　　　　B. 20　　　　　　C. 30　　　　　　D. 25

29. (　　)函数可以将数组中的索引和值互相交换。

　　　A. array_reverse()　　B. array_walk()　　C. array_flip()　　D. array_pad()

30. 假设 $a＝array(10,25,30,25,40),则 array_sum($a)会返回(　　)。

　　　A. array([0]=>105)　　　　　　　B. array([0]=>130)

　　　C. 105　　　　　　　　　　　　　D. 130

31. 假设 $a＝range(1,20,5),则 print_r($a)为(　　)。

　　　A. array(1,6,11,16)　　　　　　B. array(1,20,5)

　　　C. array(5,10,15,20)　　　　　　D. array(5,10,15)

32. 假设 $a＝array('x','y');,则$a＝array_pad($a,4,'z');,会返回(　　)。

　　　A. array('x','y','z','z')　　　　B. array('z','z','z','z')

　　　C. array('x','x','x','z')　　　　D. array('x','y','z',0)

33. (　　)运算符可以用来访问对象的成员。

　　　A. ::　　　　　　　B. =>　　　　　　C. ->　　　　　　D. .

34. (　　)运算符可以直接访问类内的方法或常量,而无须创建对象。

　　　A. ::　　　　　　　B. =>　　　　　　C. ->　　　　　　D. .

35. (　　)语句可以在子类调用父类的构造函数。

　　　A. base::__construct()　　　　　B. this::construct()

　　　C. parent::__destruct()　　　　　D. parent::__construct()

36. 关于构造函数的说法,(　　)是错误的。

　　　A. 使用 new 创建对象时会自动运行构造函数

　　　B. 名称只能为__construct

　　　C. 子类会继承父类的构造函数

　　　D. 不可以有参数

37. 如果一个对象的实例要调用该对象自身的方法函数"mymeth",则应使用( )。

    A. $ self-> mymeth()   B. $ this-> mymeth()

    C. $ current-> mymeth()   D. $ this：：mymeth()

38. 如果类中的成员声明时没有使用限定字符,则成员属性的默认值是( )。

    A. private   B. protected   C. public   D. final

39. 在类中定义的析构方法是在( )被调用的。

    A. 类创建时   B. 创建对象时

    C. 删除对象时   D. 不会自动调用

40. PHP 中调用类文件中的 this 表示( )。

    A. 用本类生成的对象变量   B. 本页面

    C. 本方法   D. 本变量

41. 下关于类的说法,( )是错误的。

    A. 父类的构造函数与析构函数不会被自动调用

    B. 成员变量需要用 public protected private 修饰,在定义变量时不再需要 var 关键字

    C. 父类中定义的静态成员,不可以在子类中直接调用

    D. 包含抽象方法的类必须为抽象类,抽象类不能被实例化

二、填空题

1. PHP 是_____的缩写,PHP 文件中可包含_____、_____、_____三部分的代码。

2. 当把布尔值转换为整型时,true 会转换成_____,false 转换成_____。当把布尔值转换成字符串时,true 会转换成_____,false 转换成_____。

3. 检测一个变量是否设置需要使用_____函数,检测一个变量是否为空需要使用_____函数。

4. 对变量进行引用赋值时,引用的变量名前必须加_____。

5. 对于用 $ arr = array(1,2,array('h'))定义的数组,数组元素'h'的索引值是_____,count($ arr,1)将返回_____。

6. 若要显示"xxxx 年 xx 月 xx 日 星期 x xx：xx：xx",应设置 date()函数的参数为_____。

7. substr('abcdef',1,3)的返回值是_____,substr('abcdef',-2)的返回值是_____。

8. 如果字符串 $ a="test", $ b="es",对 $ a 进行处理得到 $ b 的方法是_____。

9. 函数 strpos("xxPPppXXpx","pp")的返回值是_____。

10. 实现中文字符串无乱码的截取方法是_____。

11. echo count("abc");的输出结果是_____。

12. 对数组进行升序排序并保留索引关系,应使用的函数是_____。

13. 假设网站目录为 E:\news,网站的 admin 目录中的 sh. php 中有包含语句 require 'inc/conn. php';,则应保证文件 conn. php 位于_____目录下,如果将该文件包含命令改成 require '/inc/conn. php';,则应保证文件 conn. php 位于_____目录下。

14. 假设要输出正确的 HTML 代码,下列 PHP 代码中写法正确的有_____。

(1) < ta <? = "b" ?>le border="1">

(2) < ta <? = b ?>le border="1">

(3) < ta <? echo 'b' ?>le border="1">

(4) < p align="<? = "right" ?>">段落</p>

(5) < p align='<? = "right" ?>'>段落</p>

(6) < p <? ="align='right'" ?>>段落</p>

(7) < p <? = 'align="right"' ?>>段落</p>

(8) <? 'for($i=1; $i<5; $i++)'?>

(9) <? for($i=1; $i<5; $i++) ?>

(10) <? for($i=1;?><? $i<5; $i++) ?>

(11) <% for i= 1 to 5 %>

(12) <? = "< table border='1'>" ?>

(13) < font size="<? = 6?>">天</font>

(14) < style> p{ height:<? = 58? > px;}</style>

三、问答题

1. 如果要将一个变量的数据类型由字符串型强制转换成整型,有哪几种方法?

2. 在页面 A 中定义的普通变量 $b 可以在页面 B 中使用吗(页面 A、B 不存在包含关系)?

3. 变量 $this 指的是对象本身,对不对?

4. PHP 允许父类有多个子类,也允许子类有多个父类,对不对?

5. 用 PHP 输出前一天的时间,要求格式为 2006-5-10 22:10:11。

6. 包含文件操作常用的 4 种函数是什么? 各适合应用于哪种场合?

四、编程题

1. 编写 PHP 程序,计算 1～100 之间所有偶数的总和,然后把结果输出出来。

2. 编写程序,在网页上输出一个三角形形式的九九乘法表。

3. 编写程序,使用 while 循环计算 4096 是 2 的几次方,然后输出结果。

4. 编写程序,先声明一个数组{5,8,2,3,7,6,9,1,8,4,3,0},然后输出数组中最大元素和最小元素的索引值。

5. 编写一个实现字符串翻转的函数。

6. 编写一个函数,使用字符串处理函数获得文件的扩展名,如输入 ab.jpg,输出 jpg。

7. 编写一个函数,输入是一个小于 8 位的任意位数的整数,输出是这个整数各个位上的数。要求分别用两种方式实现:①直接在函数内部用 echo 语句输出,函数没有返回值;②用字符串处理函数截取该整数各位上的数。函数的返回值是一个数组,数组中各元素保存了各个位上的数。

8. 编写一个可计算某整数四次方的函数,该函数的输入是一个整数,输出是该数的四次方。然后调用该函数计算 16 的四次方,并输出结果。

9. 编写一个用来判断某整数是否是质数的函数,该函数的输入是一个整数,如果该整数是质数,就返回 true,否则返回 false,然后调用这个函数输出 2～100 内所有的质数。

10. 任意输入一个整数,使用函数的方法判断该数是否为偶数。

11. 编写一个函数,实现以下功能,将字符串"cute_boy"转换成"CuteBoy","how_are_

you"转换成"HowAreYou"。

12. 编写一个函数,输入是 5 个分数,输出是去掉一个最高分和去掉一个最低分后的平均分。

13. 将 3.4.1 节中的例 3.4 改写成函数,即输入是待过滤的字符串和非法字符集,输出是过滤后的字符串,并调用该函数实现例 3.4 的功能。

14. 编写函数,计算两个文件的相对路径(例如 $a='/a/b/c/d/e. php'；$b='/a/b/12/34/c. php';,则计算出 $b 相对于 $a 的相对路径应该是../../c/d)。

15. 先根据原理写出下列程序的运行结果,然后上机验证结果是否正确。

(1) 运行结果为:

```php
$a = "hello";
$b = &$a;
unset($b);
$b = "world";
echo $a;
```

(2) 运行结果为:

```php
$str = "true or false;";
if(eval($str))
    echo 1;
else
    echo 0;
```

(3) 运行结果为:

```php
$n = 10; $nn = 100;
$a = '$nnn';
$b = "$nnn";
$c = $a.$b;
echo $c;
```

(4) 运行结果为:

```php
$d = 3; $y = 1;
while($d>0) {
    $x = ($y+1) * 2;
    $y = $x;
    --$d; }
echo $x;
```

(5) 运行结果为:

```php
$c = 5;
$d = 0;
if($c = $d++)
    echo $d;
else
    echo $c;
```

(6) 运行结果为:

```php
$str = 'Heng_yang';
$arr = explode('_', $str);
$res = implode('', $arr);
echo $res;
```

16. 写出下列程序的运行结果:

(1) 运行结果为:

```php
$num = 2;
$a = 2; $b = 1;
for($i=1; $i<=$num; $i++){
    $s = $s + $a / $b;
    $t = $a;
    $a = $a + $b;
    $b = $t;}
echo $s;
```

(2) 运行结果为:

```php
$num = 10;
function multiply(){
    $num = $num * 10;
}
multiply();
echo $num;
```

(3) 运行结果为:

```php
function fun($a){
if($a>1)
    $r = $a * fun($a - 1);
else $r = $a;
return $r;
}
echo fun(3);
```

(4) 运行结果为:

```php
function rev($var){
    $res = "";
for($i=0, $j=strlen($var); $i<$j; $i++) {
    $res = $var[$i].$res;
    }
    return $res;
}
$tmp = "hengyang";
$res = rev($tmp);
echo $res;
```

（5）运行结果为：

```
$b = 20;
$c = 40;
$a = $b > $c ? ($c - $b) ? 1 :
($b - $c) > 0 : ($b + $c) ? 0 : $b
* $c;
echo $a;
```

（6）运行结果为：

```
$arr = array(1, 1);
for($i = 2; $i < 20; $i++){
    $arr[$i] = $arr[$i-1] +
$arr[$i-2];
}
for($i = 0; $i < count($arr); $i++){
    if ($arr[$i] % 5 == 0){
        echo $arr[$i];
        break;
    }
}
```

（7）运行结果为：

```
function t($n){
    static $num = 1;
    for($j = 1; $j <= $n; $j++) {
        if($j >= 4 && $j < 15)
            $num++;
        t($n - $j);
        if($j == 20)
            $num--;
    }
    return $num;
}
echo t(5);
```

（8）运行结果为：

```
for($i = 100; $i < 1000; $i++){
    $a = intval($i / 100);
    $b = intval($i / 10) % 10;
    $c = $i % 10;
    if(pow($a, 3) + pow($b, 3) + pow($c, 3)
== $i && $i % 10 == 0)
        echo $i;
}
```

（9）运行结果为：

```
function fun($n){
    if($n == 3) return 1;
    $t = 2 * (fun($n + 1) + 1);
    return $t;}
echo fun(1);
```

Web交互编程

Web 应用程序的基本功能就是与用户进行交互,获取并处理用户提交的数据。用户提交数据的常用方式是通过表单提交,如用户注册、用户登录、留言等都是通过表单提交信息,除此之外,也可以使用网址中的参数传递数据。Web 服务器必须能够获取用户通过浏览器发送来的数据。这些数据以 HTTP 请求的方式发送。

PHP 提供了很多预定义的超全局变量,如表 4-1 所示,用来获取 HTTP 请求信息,这些变量的数据类型均为数组。

表 4-1　PHP 的超全局变量及功能

超全局变量	功　　能
$ _POST	获取客户端以 POST 方式发送的 HTTP 请求信息
$ _GET	获取客户端以 GET 方式发送的 HTTP 请求信息
$ _REQUEST	包含了 $ _GET,$ _POST 和 $ _COOKIE 三类数组中的信息
$ _SERVER	获取 HTTP 请求中的环境变量信息
$ _SESSION	存储单个用户的信息
$ _COOKIE	获取客户端的 Cookie 信息
$ _FILE	获取通过 POST 方式上传文件时的相关信息,为多维数组
$ _ENV	获取服务器名称或系统 shell 等与服务器相关的信息

说明:所谓超全局变量表示该变量在一个文件的所有区域中都可使用,包括自定义函数内部。

4.1　接收表单和 URL 数据

用户在表单中输入数据后,可以单击"提交"按钮,将数据提交给服务器,由在服务器端工作的 PHP 程序接收和处理这些表单数据。

表单提交数据的方式分为 GET 和 POST 两种,在定义表单时,将 method 属性设置为 GET 或不设置时,都会采用 GET 方式提交,将 method 属性设置为 POST 时,则会采用 POST 方式提交。

使用 GET 方式提交数据时,表单数据将通过 URL 参数的形式发送给服务器,而使用 POST 方式时,数据不会出现在 URL 参数中。

4.1.1　使用 $ _POST[ ]获取表单数据

在 PHP 程序中,可以使用 $ _POST[ ]数组获取使用 POST 方式提交的表单数据,语法如下:

```
变量名 = $ _POST[参数名]
```

1．使用两张网页

下面的例子用来获取用户登录时输入的用户名和密码。它使用了两张网页，其中 4-1.php 用来显示表单，是一个纯 HTML 页面，4-2.php 用来接收并处理表单中的数据。

```
───────────────────── 清单 4－1.php ─────────────────────
<html><body>
<form method="post" action="4-2.php">
  用户名:<input type="text" name="userName" size="12">
  密码:<input type="text" name="PS" size="10">
  <input type="submit" value="登录">
</form>
</body></html>
───────────────────── 清单 4－2.php ─────────────────────
<html><body>
<?
 $userName = $_POST["userName"];
 $PS = $_POST["PS"];
echo "您输入的用户名是:". $userName;
echo "<br>您输入的密码是:". $PS;
?>
</body></html>
```

4-1.php 的运行结果如图 4-1 所示，单击"登录"按钮，就会将表单数据提交给 4-2.php，4-2.php 接收并显示数据，如图 4-2 所示。

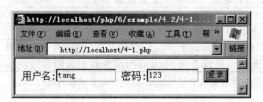 

图 4-1   4-1.php 的运行结果   图 4-2   4-2.php 的运行结果

注意：表单代码中有几个关键属性与接收表单数据的程序密切关联，如图 4-3 所示。

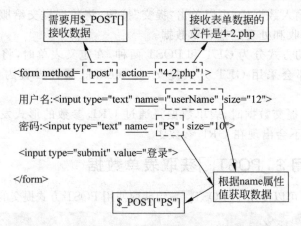

图 4-3   表单代码中与接收数据密切相关的属性

说明：

（1）在 4-1.php 中，<form>标记的 method 属性值为 post，表示该表单提交数据时以 POST 方式提交。如果将其改为 get，那么将以 GET 方式提交，此时必须用 $_GET[]才能获取提交信息。

（2）表单 action 属性表示将信息传递给哪一个 php 文件进行处理，它的属性值可以是相对 URL 或绝对 URL。这里因为两个文件在同一个文件夹下，直接写文件名即可。

（3）4-1.php 中包括了 2 个文本框和 1 个提交按钮，通过表单元素的 name 属性值可以获取该表单元素中输入的内容（即 value 属性的值），其中 $_POST["userName"]会返回第一个文本框中输入的值（文本框会将用户输入的内容作为其 value 属性的值），$_POST["PS"]会返回第二个文本框中输入的值。而提交按钮由于没有对其设置 name 属性，因此它的 value 值不会发送给服务器。

（4）在 4-2.php 中，也可以不将 $_POST 的值赋给变量而是直接使用，例如：echo "您输入的用户名是：". $_POST["userName"]，但为了方便引用，也为了能对获取的值先进行一些检验处理（如过滤非法字符或空格，本例省略），最好先用一个变量引用它。

2．使用一张网页

以上示例分为了表单文件和表单处理程序两个文件。实际上，也可以将这两个文件合并为一个文件，也就是说，网页可以将表单中的信息提交给自身。这样做的好处是可以减少网站内网页文件数量。

实现的方法是：设置<form>标记的 action=""或 action="自身文件名"，然后将表单代码和 PHP 代码写在同一个文件中，并判断只有在用户提交了表单后才执行 PHP 代码，代码如下，运行效果如图 4-4 所示。

```
——————————————————————————————— 清单 4－3.php ———————————————————————————
<html><body>
<form method="post" action="">
  用户名:<input type="text" name="userName" size="12">
  密码:<input type="text" name="PS" size="10">
  <input type="submit" name="denglu" value="登录">
</form>
<?
if(isset($_POST['denglu'])) {              //判断用户是否提交了表单(即单击了提交按钮)
    $userName=$_POST["userName"];
    $PS=$_POST["PS"];
    echo "您输入的用户名是:". $userName;
    echo "<br>您输入的密码是:". $PS;}
    ?>
</body></html>
```

说明：

（1）本例中，将 4-2.php 中的 PHP 代码全部放在一个条件语句 if(isset($_POST['denglu'])){…}中。它表示，如果用户单击了"登录"按钮，才执行该条件语句中的内容：获取表单信息并显示。因此，当用户刚打开页面时，还没单击提交按钮，就不会执行条件语

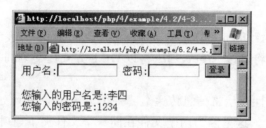

图 4-4   4-3.php 的执行结果

句中的内容,只会显示表单。

(2) 将表单提交给自身就会刷新一次网页,而刷新页面就会将页面中的所有代码重新执行一次。因此用户单击提交按钮后 4-3.php 会从头到尾重新执行一遍。

想一想:当用户输入信息后,4-3.php 同时显示了表单界面和显示的信息,如果只希望输出获取的信息,而不再显示表单,即和 4-2.php 执行效果一模一样,该怎么改 4-3.php 呢?

3. 获取复杂一点的表单页面

下面是一个获取用户注册信息的例子,其中 4-4.php 用来显示表单,4-5.php 用来获取表单数据。请仔细体会获取单选框、复选框、下拉框和多行文本域等表单元素中内容的方法。

```
------------------------------ 清单 4 - 4.php ------------------------------
< html >< body >
    < h1 align = "center">新用户注册</h1 >
    < form method = "Post" action = "4 - 5.php">
    姓名:< input type = "text" name = "name">< br >
    性别:< input type = "radio" name = "Sex" value = "1" checked = "checked">男
        < input type = "radio" name = "Sex" value = "0">女< br >
    爱好:< input type = "checkbox" name = "hobby[ ]" value = "太极拳">太极拳
            < input type = "checkbox" name = "hobby[ ]" value = "音乐">音乐
            < input type = "checkbox" name = "hobby[ ]" value = "旅游">旅游< br >
    职业:< select name = "career">
                < option value = "教育业">教育业</option >
                < option value = "医疗业">医疗业</option >
                < option value = "其他">其他</option >
        </select >< br >
    个性签名:< textarea name = "intro" rows = "2" cols = "20"></textarea >< br >
        < input type = "submit" value = " 提 交 ">
    </form >
</body ></html >
------------------------------ 清单 4 - 5.php ------------------------------
< html >< body >
    < h3 align = "center">
    <?  $ name = $ _POST["name"];          //获取各个表单元素的值
    $ Sex = $ _POST["Sex"];
    $ hobby = $ _POST["hobby"];
    $ career = $ _POST["career"];
    $ intro = $ _POST["intro"];
```

```
    $ hobbynum = count( $ hobby);
    echo "尊敬的". $ name ;                    //输出各个表单元素的值
    if ( $ Sex == "1") echo "先生</h3>";      //根据单选框的值输出先生或女士
    if ( $ Sex == "0") echo "女士</h3>";
    echo "<p>您选择了". $ hobbynum."项爱好:</p>";
    for( $ i = 0; $ i < $ hobbynum; $ i++)       //通过循环输出复选框的值
     echo $ hobby[ $ i].' ';
    echo "<br>您的职业:" . $ career;
    echo "<br>您的个性签名:" . $ intro;
    //var_dump( $ _POST);                      //获取所有表单元素的值
?>
    <p><a href = "JavaScript:history.go( -1)">返回修改</a></p>
</body></html>
```

程序 4-4. php 的初始运行效果如图 4-5 所示,单击"提交"按钮后效果如图 4-6 所示。

图 4-5　4-4. php 的初始运行结果

图 4-6　4-4. php 单击"提交"按钮后

说明:

(1) 对于单选框,两个单选框的 name 属性值一样,就表示这是一组,只能选中一个。

(2) 对于复选框,三个复选框的 name 属性值相同,也表示是一组,但复选框可以选择多个,如果选中多个,则多个复选框的值将保存在一个数组中,可以用循环语句输出所有选中复选框的值。

(3) 总的来说,表单元素可分为两类:①对于文本域、密码域、多行文本框这些需要用户输入内容的,$ _POST[]获取的就是用户输入的内容;②对于单选框、复选框、下拉列表框、隐藏域这些无须用户输入内容的,$ _POST[]获取的就是选中项的 value 值,因此对这类表单元素必须设置 value 属性值。

(4) 当多个复选框属于同一组具有相同名称时,则对其 name 属性值命名时一定要命名成数组的形式,如 name=" hobby[]"。这样 $ _POST["hobby"]返回的结果才会是一个数组,可以利用 count()方法获得该数组中的元素总数,还可利用数组名加索引值取得其中某个元素的内容值。例如在上例中 $ _POST["hobby"][1]的值为"旅游"。

4. 对 $ _POST[]数组的深入认识

实际上,$ _POST[]是一个数组,它保存了接收到的所有的表单元素值,而 $ _POST

["Sex"]是一个数组元素。我们可以在 4-5.php 中添加一行代码：

```
var_dump( $ _POST);
```

则输出结果为：

```
array(5) { ["name"] => string(6) "张三丰" ["Sex"] => string(1) "1" ["hobby"] => array(2)
{ [0] => string(6) "太极拳" [1] => string(4) "旅游" } ["career"] => string(6) "医疗业"
["intro"] => string(10) "千杯不醉!" }
```

可见该数组中，数组元素的键名为表单元素的 name 属性值，数组元素的值为表单元素的 value 属性值。因此可以用数组元素如 $_POST["intro"]获取对应表单元素的 value 属性值。

$_POST 数组元素的键名一定要加引号，如 $_POST["Sex"]，不加虽然不会出错，但运行效率会大大降低，原因请看 3.3.1 节中的"创建数组注意事项"。

4.1.2　使用 $_GET[]获取表单数据

如果表单是以 GET 方式提交的，即 method 属性值为 GET(或没有设置)，则必须用 $_GET[]数组获取表单中的数据。下面对 4-1.php 进行修改，使它以 GET 方式提交数据。代码如下：

```
------------------------------ 清单 4 - 6.php ------------------------------
< html >< body >
< form method = "get" action = "4 - 7.php">
  用户名:< input type = "text" name = "userName" size = "12">
  密码:< input type = "text" name = "PS" size = "10">
  < input type = "submit" value = "登录">
</ form >
</ body ></ html >
------------------------------ 清单 4 - 7.php ------------------------------
< html >< body >
<?   $ userName = $ _GET["userName"];      //获取 GET 方式提交的表单数据
$ PS = $ _GET["PS"];
echo "您输入的用户名是:". $ userName;
echo "< br >您输入的密码是:". $ PS;
?>
</ body ></ html >
```

GET 方式与 POST 方式提交的区别在于：GET 方式会将表单中的数据以 URL 字符串的形式发送给服务器，例如，当单击图 4-1 中的"登录"按钮后，浏览器地址栏会显示：

```
http://localhost/4 - 7.php?userName = tang&PS = 123
```

而 POST 方式提交的话，浏览器地址栏只会显示：

```
http://localhost/4 - 1.php
```

可见，POST 方式提交表单比 GET 方式提交表单更安全，不会泄露机密数据。并且，

POST 方式发送的字节数没有限制。

4.1.3 使用 $\$\_GET[\,]$ 获取 URL 字符串信息

1. 什么是查询字符串

如果你浏览网页时足够仔细,就会发现有些 URL 后面经常会跟一些以"?"开头的字符串,这称为查询字符串。例如:

```
http://ec.hynu.cn/otype.php?owen1 = 近期工作 &page = 2
```

其中,"?owen1＝近期工作 &page＝2"就是一个查询字符串,它包含两个 URL 变量(owen1 和 page),而"近期工作"和"2"分别是这两个 URL 变量的值,变量和值之间用"＝"号连接,多个 URL 变量之间用"&"连接。

查询字符串会连同 URL 信息一起作为 HTTP 请求报文提交给服务器端的相应文件,例如上面的查询字符串信息将提交给 otype.php。利用 $\$\_GET[\,]$ 可以获取查询字符串中变量的值。例如在 otype.php 中编写如下代码,就能获取到这些查询变量的值了。

```
<?
  $ owen = $ _GET["owen1"];      //获取变量 owen1 的值,返回"近期工作"
  $ page = $ _GET["page"];       //获取变量 page 的值,返回"2"
?>
```

2. 设置查询字符串的方法

当网页通过超链接或其他方式从一张网页跳转到另一张网页时,往往需要在跳转的同时把一些数据传递到第二张网页中。我们可以把这些数据作为查询字符串附在超链接的 URL 后,在第二张网页中使用 $\$\_GET[\,]$ 获取 URL 变量的值。例如:

```
< a href = "search.php?key = Web 标准 &pageNo = 5">查询结果第 5 页</a>
```

则在 search.php 中就可用 $\$\_GET[\,]$ 获取第一张网页传递来的 URL 变量的值。这是通过超链接设置查询字符串,第 2 种方法是在< form >标记的 action 属性中设置。下面分别来介绍。

(1) 在超链接中设置查询字符串,示例代码如下,运行结果如图 4-7 和图 4-8 所示。

```
----------------------------- 清单 4 - 8.php-----------------------------
< html >< body >
< ul >
  < li >< a href = "4 - 9.php?id = 1">《电子商务安全》震撼上市</a></li>
  < li >< a href = "4 - 9.php?id = 2">ASP 动态网页设计与 Ajax 技术</a></li>
  < li >< a href = "4 - 9.php?id = 3">基于 Web 标准的网页设计与…</a></li>
</ul >
</body ></html >
----------------------------- 清单 4 - 9.php-----------------------------
<?  $ id = intval($ _GET["id"]); //获取 URL 字符串中变量 id 的值并转为整型
    if ($ id == 1)
```

```
        echo "<p>这是第一条新闻</p>";
    elseif ( $ id == 2)
        echo "<p>这是第二条新闻</p>";
    elseif ( $ id == 3)
        echo "<p>这是第三条新闻</p>";
    elseecho "<p>参数非法</p>";
?>
```

图 4-7　单击 4-8. php 中第二个超链接　　　　图 4-8　4-9. php 的运行结果

说明:

① 4-8. php 中所有链接都是链接到同一网页,只是设置了不同的 URL 变量值,就可以使 4-9. php 根据不同链接传来的不同 id 值显示对应的网页内容,实现了动态新闻网页效果。

② URL 变量中的数据都是字符串类型的值,因此如果要对数值进行判断,最好先转换为数值型,这样可防止非法用户手工在 URL 后注入非法参数。

(2) 在< form >标记的 action 属性中设置查询字符串。示例代码如下,运行结果如图 4-9 所示。

```
-------------------------------- 清单 4 - 10.php --------------------------------
< html >< body >
<?  $ flag = $ _GET["flag"];      //获取 URL 变量 flag 的值
if ( $ flag == '1')
    echo '欢迎 '. $ _POST['user']. ' 光临!';
else //没有按"提交"按钮时
    echo '< form method = "post" action = "?flag = 1">
            姓名:< input name = "user" type = "text" size = "15" />
            < input type = "submit" value = "提交" />
        </form>';
        ?>
</body ></html >
```

图 4-9　4-10. php 的运行结果

说明：在<form>标记中"action="?flag=1"",省略了文件名表示将表单提交给自身，设置查询字符串 flag=1 用来判断用户是否按了"提交"按钮，一旦按了则 URL 地址后会增加"?flag=1"，因此可据此显示不同的内容。

（3）设置查询字符串的方法总结。

如果要设置查询字符串，以便将查询字符串中的信息传递给相应网页。有以下方法：

① 在超链接的 href 属性值中的 URL 后添加查询字符串；

② 在表单的 action 属性值中的 URL 后添加查询字符串；

③ 直接在浏览器地址栏中的网页 URL 后手工输入查询字符串。

显然，普通用户不会使用第③种方法设置查询字符串，因此我们一般使用方法①或②诱导用户将 URL 变量传递给相关网页。

提示：表单如果设置为 GET 方式提交，那么表单中数据将转换成 URL 字符串发送给服务器。此时若在表单的 action 属性值中也设置 URL 字符串，那么将发生冲突，action 属性值中的 URL 字符串将无效。因此如果在 action 属性值中有 URL 字符串，则表单只能用 POST 方式提交，4-10.php 就是一个例子。

4.1.4 发送 HTTP 请求的基本方法

浏览器向服务器发送 HTTP 请求有两种基本方法：一种是在地址栏输入网址并按 Enter 键，这样将以 GET 方式向服务器发送一个 HTTP 请求；另一种方法是提交表单，如果设置 form 标记的 method 属性为 get，那么表单中的数据将以 GET 方式发送给服务器；如果设置 form 标记的 method 属性为 post，那么数据将以 POST 方式发送。对于 GET 方式的 HTTP 请求，服务器端只有使用 $_GET[] 才能获取其中的数据，而对于 POST 方式的 HTTP 请求，服务器端只有使用 $_POST[] 才能获取其中的数据，如表 4-2 所示。

表 4-2　浏览器发送请求和服务器获取请求的方法

发送请求的方法		发送请求的方式	服务器获取请求的方法
输入网址（URL）		GET 方式	$_GET[]
提交表单	method="get"		
	method="post"	POST 方式	$_POST[]

一个 HTTP 请求实际上是一个数据包，如果以提交表单形式发送 HTTP 请求，则这个数据包中含有表单数据，如果是 GET 方式发送的请求，则包含了 URL 字符串中的数据。

以 4-1.php 和 4-2.php 的执行过程为例。我们可以把浏览器发送的 HTTP 请求数据包想象成一辆卡车，它装载了用户在表单中填写的信息。当单击提交按钮后，就会发送 HTTP 请求给服务器。这就好比这辆卡车载着货物（表单中的信息）从浏览器行驶到了服务器。服务器此时可以使用 $_POST[] 卸下卡车上的货物，保存到服务器端的变量中。整个过程如图 4-10 所示。

提示：PHP 还提供了 $_REQUEST[] 数组，它包含了 $_GET、$_POST 和 $_COOKIE 数组信息。因此它可以获取 GET 或 POST 两种方式提交的数据，以及 Cookie 数据。所以，PHP 程序中的 $_GET 或 $_POST 都可用 $_REQUEST 取代。

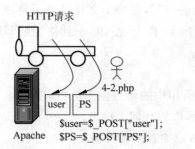 

阶段二：服务器获取HTTP请求   阶段一：浏览器发送HTTP请求

图 4-10 浏览器发送 HTTP 请求和服务器获取 HTTP 请求内容的示意图

4.1.5 使用 $_SERVER[]获取环境变量信息

实际上，浏览器发送的 HTTP 请求数据包中还包含了客户端的 IP 地址、请求文件的 URL 等环境变量信息。服务器在接收到这个请求时也会给出服务器端 IP 地址等环境变量信息，利用 $_SERVER[]数组可以方便地获取到这些信息。例如获取浏览者 IP 和来路，代码如下：

```
─────────────────────── 清单 4－11.php ───────────────────────
<?    $ IP = $ _SERVER['REMOTE_ADDR'];      //获取用户 IP 地址
      $ From = $ _SERVER['HTTP_REFERER'];  //获取用户来路
      echo "您的 IP 地址是:" . $ IP;
      echo '<br>您是单击'. $ From.'页面中的链接进来的'
?>
```

在程序中，"REMOTE_ADDR"就是一个环境变量名，表示客户端的 IP 地址。而 "HTTP_REFERER"可以获取用户是从哪个网页进入当前网页的。例如：在 4-8.php 中做一个到 4-11.php 的超链接，单击该超链接进入 4-11.php，则 4-11.php 的运行结果如下：

```
您的 IP 地址是:127.0.0.1
您是单击 http://localhost/6/4－8.php 页面中的链接进来的
```

通过"HTTP_REFERER"获取用户来路，可以知道自己的网页被哪些网站收录或反链，例如：如果用户是单击"百度"上的搜索结果打开当前网页的，那么获取来路就会返回百度搜索页的 URL。

其他比较有用的环境变量如表 4-3 所示。

表 4-3 常用的环境变量

环 境 变 量 名	功 能 说 明
QUERY_STRING	查询字符串信息
SCRIPT_NAME	当前文件相对于网站目录的路径和文件名
SCRIPT_FILENAME	当前文件在硬盘中的路径和文件名
PHP_SELF	当前正在执行脚本的文件名
DOCUMENT_ROOT	当前网站根目录

续表

环境变量名	功 能 说 明
SERVER_SOFTWARE	Web 服务器软件的名称,如 IIS/5.1
SERVER_PORT	服务器端的端口号
SERVER_NAME	服务器主机的名称
SERVER_SIGNATURE	包含服务器版本和虚拟主机名的字符串
REQUEST_METHOD	HTTP 请求的方式,如:"GET""POST"
REQUEST_TIME	HTTP 请求开始时的时间戳

4.2　发送数据给浏览器

Web 应用程序的基本功能包括两方面:一是接收并处理浏览器发送的 HTTP 请求数据,二是根据 HTTP 请求作出 HTTP 响应,这包括输出信息给浏览器,使浏览器重定向到其他页面等。

4.2.1　使用 echo 方法输出信息

在 PHP 编程中,echo 方法是最常用的方法,它用来将服务器端的数据发送给浏览器。所发送的信息可以是字符串常量、变量、HTML 代码、JavaScript 代码等所有浏览器能解释的代码。下面是一些例子:

```
<?   echo "欢迎您:";                              //输出字符串常量
     $ i = '小花';
     echo $ i;                                    //输出变量
     echo '<p>欢迎您:'. $ i .'</p>';              //输出字符串常量和变量的混合体
     echo "<a href = '4 - 4.php'>新用户注册</a>";  //输出 HTML 代码
     echo "<script>alert('留言修改成功');location.href = '4 - 10.php';</script>";
     echo "<br>欢迎您:", $ i;                      //输出多个字符串
?>
```

说明:

(1) echo 后可接字符串常量或变量。回顾一下字符串常量和变量的写法:两边加引号表示字符串常量,不加引号表示的是变量。如果要输出的内容既有字符串常量又有变量,则它们之间要用连接符(.)连接或使用双引号字符串包含变量。

(2) HTML 代码本质上也是一段字符串,echo 可将它作为字符串常量输出,因此 HTML 代码两边要加引号。

(3) echo 方法可以加括号,也可以不加括号,如 echo "欢迎" 也可写成 echo("欢迎")。

(4) echo 还有一种省略的写法,即<? =…?>(<? 和 = 之间不能有空格),例如:

```
<? = "欢迎您:";   ?>
<? = '<p>欢迎您:'. $ i .'</p>';   ?>
```

这种方法虽然简便,但它的两端必须要有"<?"和"?>",导致在它前面和后面的 PHP 代

码也必须用"?>"和"<?"进行封闭。如果它的前面和后面都是 HTML 代码,则用这种方式比较方便。如果它的前后都是 PHP 代码,则使用 echo 方法更清晰。

除了使用 echo 方法输出信息外,在 PHP 中,还有 print、print_r、var_dump 这些语句也能用来输出信息。

echo 和 print 功能几乎完全相同,唯一区别是:使用 echo 可以同时输出多个字符串,多个字符串之间用逗号隔开即可,而 print 一次只能输出一个字符串。

print_r()用于输出整个数组,var_dump()用于输出变量的数据类型和值,是调试程序的好帮手。这两个方法后面的括号都不能省略。

4.2.2 使用 header()函数重定向网页

在 HTML 中,可以使用超链接引导用户至其他页面,但必须要用户单击超链接才行。可是有时可能需要自动引导(也称重定向)用户至另一页面(例如用户注册成功后就自动跳转到登录页面)。或者根据程序来动态判断将用户引导到哪一页面。

1. 重定向网页

在 PHP 中,使用 header()函数可以重定向网页,例如:

```
<?
header("location:http://www.baidu.com");    //重定向到绝对 URL
header("location:4-8.php");                  //重定向到相对 URL
header("location:?flag=1");                  //重定向到本页,并增加查询字符串
$url = '4-1.php';
header("location:$url");                      //重定向到变量表示的网址
?>
```

注意:

(1) location 和":"号之间不能有空格,否则会出错。

(2) 在 header 函数代码之前,服务器不能向客户端发送任何数据。

(3) 如果 PHP 代码中有多条重定向语句,则会重定向到最后一条语句中的 URL,表明 PHP 在执行重定向语句后,仍然会继续执行后面的语句。如果希望执行完重定向语句后立即停止脚本执行,应在 header 语句后使用 exit()或 die()方法退出。

header 函数的功能和 JavaScript 脚本中 location.href 的功能有些相似,如 header("location:4-8.php");又可使用 echo "<script> location.href = '4-8.php'; </script>";来实现。不过 header()函数要求在重定向之前不允许服务器向浏览器输出任何内容,因此使用该方法要么确保先用 ob_start()打开服务器缓冲区,使所有的内容先输出到缓存中,还没有输出到浏览器;要么确保在 header()语句之前没有任何内容输出到页面。因此下面的写法是错误的:

```
<html><body>
<?  header("location:4-8.php ");  ?>
</body></html>
```

2. header() 函数的其他功能

实际上,header()函数的功能是向浏览器传送一个 HTTP 响应头信息,语法如下:

```
void header (string message [, bool replace [, int http_response_code]] )
```

其中,message 参数用来设置响应头信息,其格式为"header_name：header_value"。

浏览器收到这些响应头信息后,会作出适当的反应。如收到"Location：URL"响应头后,浏览器就会将页面重定向到 URL 指定的页面。header()函数的其他功能如下。

(1) 文件延迟转向。

使用 Refresh 响应头,可以使页面延迟 N 秒后,重定向到指定的 URL 页面。例如:

```
header('Refresh:3; url = http://ec.hynu.cn');          //3 秒后转到 ec.hynu.cn
```

(2) 禁用浏览器缓存。

为了让用户每次都能从服务器上获取最新的网页,而不是浏览器缓存中的网页,可以使用下列标头禁用浏览器缓存。

```
header('Expires: Mon,26 Jul 1997 05:00:00 GMT');        //设置过期时间为过去某一天
header('Last - Modified:' . gmdate('D, d M Y H:i:s') . 'GMT');
header('Cache - Control: no - store, no - cache, must - revalidate');
header('Pragma: no - cache');
```

(3) 强制下载文件。

简单文件下载只需要使用超链接标记< a >,将 href 属性值指定为下载的文件即可。这种方式下载,只能处理一些浏览器不能打开的文件(如 rar 文件),但如果要下载的文件后缀名是.html 的网页文件,或图片文件等,使用这种链接方式并不会提示下载,而是将文件内容直接输出到浏览器。为此,可使用 header 函数向浏览器发送必要的头信息,以通知浏览器进行下载文件的处理。强制下载文件的示例代码如下:

```
<?  $ filename = "test.gif";                          //指定文件名
  header('Content - Type: image/gif');                //指定下载文件类型
  header('Content - Disposition: attachment; filename = "'. $ filename.'"');  //下载文件的描述
  header('Content - Length: '.filesize( $ filename));//下载文件的大小
  readfile( $ filename);                               //将文件内容读取出来并直接输出,以便下载
?>
```

这样,在当前目录下放一个图片文件 test.gif,运行程序,就会提示下载 test.gif 文件。

4.2.3 操作缓冲区

缓冲区指服务器内存中的一块区域。在没有开启缓冲区时,执行文件输出的内容都是直接输出到浏览器。开启缓冲区后,执行文件输出的内容会先存入缓冲区,直到脚本执行完毕(或遇到一些缓冲区操作指令),再将缓冲区中的内容发送给浏览器。

PHP 提供了很多操作缓冲区的函数(表 4-4),这些函数名中都有"ob",ob 是"Output Control"的缩写,表示在服务器端先存储有关输出,等待适当的时机再输出。下面分别讲解。

表 4-4　PHP 缓冲区操作函数

函　数　名	功　　　能
ob_start	打开输出缓冲区
ob_get_contents	返回内部缓冲区的内容
ob_get_clean	返回内部缓冲区的内容,并关闭缓冲区
ob_get_flush	返回内部缓冲区的内容,并关闭缓冲区,再将缓冲区的内容立刻输出到客户端
ob_get_length	返回内部缓冲区的内容长度
ob_clean	删除内部缓冲区的内容,但不关闭缓冲区
ob_flush	立刻输出内部缓冲区的内容,但不关闭缓冲区
flush	刷新输出缓冲,将 ob_flush 输出的内容,以及不在 PHP 缓冲区的内容,全部输出至浏览器
ob_end_clean	删除内部缓冲区的内容,并关闭缓冲区
ob_end_flush	立刻输出内部缓冲区的内容,并不关闭缓冲区

提示：缓冲区函数名中,end 表示关闭缓冲区；clean 表示删除缓冲区中的内容；flush 表示发送缓冲区中的内容到浏览器；get 表示缓冲区中的内容将作为函数的返回值返回。

1. 使用 ob_start()打开缓冲区

ob_start()用来打开缓冲区,下面的程序用来演示打开和关闭缓冲区时的差异。

```
<?   ob_start();                      //删除该语句再试试
for( $ i = 1; $ i < 20; $ i++){
    for( $ j = 1; $ j < 600000; $ j++);    //空循环语句,用于延迟
    echo $ i." ";
}
?>
```

当程序中有 ob_start()语句时,缓冲区打开,程序会将输出的内容先存储到缓冲区,待程序执行完后,再将缓冲区中的内容一起输出到浏览器。因此运行程序后,会先延迟一段时间,然后所有数字一起显示出来。

而将 ob_start()语句删除后,缓冲区关闭,程序每次执行到输出语句就会立即输出,因此运行程序不会延迟,数字会一个一个地显示出来。

2. ob_flush()和 ob_ clean()方法

当缓冲区打开后,ob_flush()方法可以将缓冲区中的内容立刻输出到客户端,ob_clean()方法用于将当前缓冲区中的内容全部清除。例如：

```
<?   ob_start();
  echo "第一条";
  ob_flush();           //立刻输出缓冲区中的内容
  echo "第二条";
  ob_ clean() ;         //清除缓冲区中的内容
  echo "第三条" ;
  ob_end_flush();       //发送缓冲区的内容到浏览器,并且关闭缓冲区
?>
```

程序运行结果为"第一条 第三条"。

由于 ob_flush()方法会将缓冲区中的内容立刻输出,因此"第一条"会显示在页面上,然后"第二条"又被输出到缓冲区,但接下来 ob_clean()方法清除了缓冲区中的内容,因此"第二条"不会显示;"第三条"不受影响,也会输出到缓冲区再输出到页面。

总结:PHP 会在以下三种情况下将缓冲区中的内容发送给客户端:①遇到 ob_flush()、ob_end_flush()或 ob_get_flush()函数;②程序执行完;③遇到 exit 或 die 函数提前终止程序。

3. ob_get_contents 和 ob_get_length 函数

当缓冲区打开时,ob_get_contents 可以获取缓冲区中的内容,并将内容作为字符串返回。ob_get_length 将返回缓冲区中内容的长度,返回值为整数 int 型。下面是一个例子:

```
<?  ob_start();
 echo "<b>Hello World</b>";       //输出到缓冲区,但不会立即输出到页面
 $ len = ob_get_length();          // $ len 保存了当前缓冲区中内容的长度
 $ out = ob_get_contents();        // $ out 保存了当前缓冲区中的内容
 ob_end_clean();                   //清空并结束缓冲区
 echo $ out.'<br>';                //输出<b>Hello World</b>
 $ out = strtolower( $ out);       //将变量 $ out 中的字符转换为小写
 var_dump( $ out, $ len);
?>
```

输出结果为(注意第 1 条 echo 语句中的内容未输出,它被 ob_end_clean 方法清除了):

```
<b>Hello World</b><br>string(18) "<b>hello world</b>"  int(18)
```

可见,ob_get_contents 函数可以将缓冲区中的内容保存到一个字符串中。

4.3 使用 $ _SESSION 设置和获取 Session

有时我们需要在用户访问网站过程中记住用户的一些信息,例如用户登录以后,网站中的所有页面,都能显示用户的登录名,这就需要在整个网站中使用一种"全局变量"保存用户名。但是普通变量的作用域只能在一个网页内,当用户从一张网页跳转到另一张网页时,前一张网页中以变量、常量形式存放的数据就丢失了。为此,引入 Session 的概念,只要把用户的信息存储在 Session 变量中,用户在网站页面之间跳转时,存储在 Session 变量中的信息不会丢失,而是在整个用户会话中一直存在下去。

Session 的中文是"会话"的意思,在 Web 编程中 Session 代表了服务器与客户端之间的"会话",意思是服务器和客户端在不断地交流。如果不使用 Session,则客户端每一次请求都是独立存在的,当服务器完成某次用户的请求后,服务器将不能再继续保持与该用户浏览器的连接。这样当用户在网站的多个页面间切换时(请求了多个页面),页面之间无法传递用户的相关信息。这是因为,HTTP 协议是一种无状态(Stateless)的协议,利用 HTTP 协议无法跟踪用户。从网站的角度看,用户每一次新的请求都是单独存在的。

在 PHP 中,使用 $ _SESSION[]可以存储特定用户的 Session 信息。并且,每个用户的

Session 信息都是不同的。如果当前有若干用户访问网站,则网站会为每个用户建立一个独立的 Session 对象,如图 4-11 所示。每个用户都无法访问其他用户的 Session 信息。因此一个用户访问网页时服务器为其创建的 Session 变量,别人是看不到的。

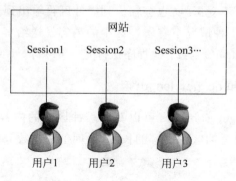

图 4-11   Session 示意图

4.3.1   存储和读取 Session 信息

在 PHP 中,使用 Session 前都需要在页面开头用 session_start()方法启动 Session 功能。利用 Session 变量存储信息和用普通变量存储信息是很相似的,语法如下:

```
$_SESSION["Session 名称"] = 变量或字符串信息
```

如果要读取 Session 变量信息,可将其赋给一个变量或直接输出,语法如下:

```
变量 = $_SESSION["Session 名称"]
```

为了验证 Session 变量能被网站中所有网页读取,我们可新建两个文件(或更多),在 4-12.php 中用 Session 变量存储信息,在 4-13.php 中读取 Session 变量信息。代码如下:

```
--------------------------------- 清单 4-12.php ---------------------------------
<?  session_start();                                          //开启 Session
$_SESSION["username"] = "小泥巴";                              //将字符串信息存入 Session
$_SESSION["username"] = "张三";                                //修改 Session 变量值
$_SESSION["age"] = 21;
$email = 'tang@163.com';
$_SESSION["email"] = $email;                                  //将变量信息存入 Session 变量
$_SESSION["user"] = array('name'=>'燕子','pwd'=>'111');//将数组存入 Session 变量
?>

--------------------------------- 清单 4-13.php ---------------------------------
<?  session_start();                                          //开启 Session
echo $_SESSION["username"];                                   //输出"张三"
echo $_SESSION["age"];                                        //输出 21
echo $_SESSION["email"];
?>
```

测试时首先运行 4-12.php 写入 Session 变量,再在同一个浏览器中输入 4-13.php 的网址,读取 Session 变量信息,则 4-13.php 的运行结果如下:

这样就实现了通过 Session 变量在不同页面间传递数据。

说明：

（1）session_start()函数前面不能有任何代码输出到浏览器,最好加在页面头部,或先用 ob_start()函数打开输出缓冲区。

（2）对一个不存在的 Session 变量赋值,将自动创建该变量；给一个已经存在的 Session 变量赋值,将修改其中的值。

（3）如果新打开一个浏览器,去访问 4-13.php,则无法获取 Session 信息。因为新开一个浏览器相当于一个新的用户在访问。

（4）只要创建了 Session 变量,该 Session 变量就能被网站中所有页面访问,因此网站中任何页面（包括 4-12.php 自身）都能读取 4-12.php 创建的 Session 变量信息。

提示：在电子商务网站中常利用 Session 实现"购物车",用户在一个页面中加入购物车的商品信息在转到另一个页面后仍然存在,这样用户可以在不同页面选择商品。所有商品的 id、价格等信息都保存在相应的 Session 变量中,直到用户去收银台交款或清空购物车时 Session 变量中的数据才被清除。由于服务器会为每个用户建立一个独立的 Session 对象,因此每个用户都有一辆专用的"购物车"。

4.3.2　Session 的创建过程和有效期

1. Session 的创建和使用过程

当用户请求网站中任意一个页面时,若用户尚未建立 Session 对象（如第一次访问）,则服务器会自动为用户创建一个 Session 对象（它包含唯一的 Session ID 和其他 Session 变量）,并保存在服务器内存中,不同用户的 Session 对象存储着各自特定的信息,

服务器将 Session ID 发送到客户端浏览器,而浏览器则将该 Session ID 保存在会话 Cookies 中。当浏览器再次向服务器发送 HTTP 请求时,会将 SessionID 信息一起发送给服务器。服务器根据该 SessionID 查找到对应的 Session 对象,就能识别出用户。整个过程如图 4-12 所示。这将有利于服务器对用户身份的鉴别,从而实现 Web 页面的个性化。

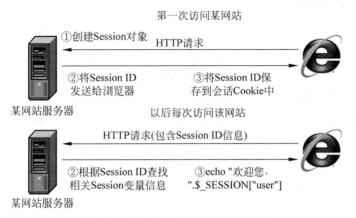

图 4-12　Session 的创建和使用过程

注意区分 Session 对象和 Session 变量,对于每个网站的访问者来说,网站都会为其建立一个 Session 对象,该 Session 对象中有一个 Session ID。如果程序中没有创建 Session 变量的代码,那么每个用户的 Session 对象中只含有 Session ID;否则,该 Session 对象中还包含许多个 Session 变量,如图 4-13 所示。也就是说,每个用户都有一个独立的 Session 对象,每个用户可以有 0 个到多个独立的 Session 变量。

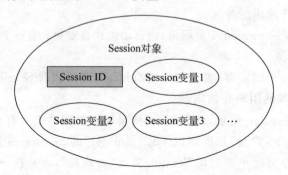

图 4-13 Session 对象和 Session 变量的关系示意图

下面的程序使用 session_id()函数返回用户的 Session ID 值。这验证了即使没有创建 Session 变量,用户仍然会拥有一个 Session ID。

```
<?   session_start();
var_dump( $ _SESSION);              //输出 array(0) { },因为没有创建 Session 变量
echo session_id();                  //输出 04c41641c2632c491c4d77d5898c0aa3
?>
```

提示:session_id()函数既可以获取当前 Session ID 值,也可以设置 Session ID 值,如 session_id('abc123'),此时必须在 session_start()函数调用之前使用。

最好不要把大量的信息存入到 Session 变量中,或者创建很多个 Session 变量。因为 Session 对象是要保存在服务器内存中的,而且要为每一个用户单独建立一个 Session 对象,如果保存的信息太多,同时访问网站的用户又很多时,则如此多的 Session 对象是非常占用服务器资源的。

2. Session 的生命期

Session 对象的生命期从用户在 Session 有效期内第一次访问网站直到不再访问网站为止的这段时间。即一个 Session 开始于:用户打开这个网站中的任意一个网页;结束于:用户不再访问这个站点,包括 Session 超时或主动删除 Session 两种情况。

注意:不再访问这个站点≠关闭浏览器。

关闭浏览器并不会使一个 Session 结束,因为服务器并不知道用户关闭了浏览器,但会使这个 Session 永远都无法访问到。因为当用户再打开一个新的浏览器窗口又会产生一个新的 Session。

3. 设置 Session 的有效期

Session 对象并不是一直有效的,它有个有效期,默认为 24min(1440s)。如果客户

端超过 24 分钟没有刷新网页或访问网站中的其他网页,则该 Session 对象就会自动结束。不过可以修改 Session 对象的默认有效期,一种方法是在 PHP 的配置文件 php.ini 中修改系统默认值(session.gc_maxlifetime=1440),另一种方法是利用 ini_set()方法更改 Session 对象的默认有效期,代码如下:

```php
session_start();
ini_set('session.save_path','/tmp/');                    //设置保存路径
ini_set('session.gc_maxlifetime', 60);                   //保存1分钟
setcookie(session_name(), session_id(), time() + 60, "/");  //设置会话 cookie 的过期时间
```

提示:

(1) 虽然增加 Session 的有效期有时能方便用户访问,但这也会导致 Web 服务器内存中保存用户 Session 信息的时间增长,如果访问的用户很多,会加重服务器的负担。

(2) 不能单独对某个用户的 Session 设置有效期。

4.3.3 用 Session 限制未登录用户的访问

网站中有些页面要求只有登录成功的用户才能访问,如网站后台管理页面。利用 Session 可实现这种需求。具体方法是:在用户输入的用户名和密码验证通过后,用 Session 变量存储某些特征信息(如用户名),这个 Session 变量就相当于"票",然后在其他对安全性有要求的页面最前面检查这些 Session 变量是否存在(即验票),如果这些特征值为空,表示没有经过合法认证,而是通过直接输入网页的网址进入的,就拒绝其访问。示例代码如下:

```php
---------------------------- 清单 4 - 14. php ----------------------------
<? session_start();
if (isset( $ _POST["submit"])){              //判断是否单击了登录按钮
    $ user = $ _POST["userName"];
    $ pw = $ _POST["PW"];
if ( $ user == "admin" && $ pw == '123'){   //判断用户名密码是否正确
    $ _SESSION['user'] = $ user;            //将用户名存入 $ _SESSION['user'],这是关键
    header('Location:4 - 15.php');}
 else echo "用户名或密码错误";
 }
else   echo '
< form method = "post" action = "">
  用户名:< input type = "text" name = "userName" />
  密码:< input type = "password" name = "PW" />
  < input name = "submit" type = "submit" value = "登录" />
</form>';     ?>

---------------------------- 清单 4 - 15. php ----------------------------
<? session_start();
  if (isset( $ _SESSION['user'])){           //如果 $ _SESSION['user']不为空
      echo "欢迎您,". $ _SESSION["user"]."< br/>
          < a href = '4 - 16.php?action = logout>注销</a > ";
  else
      echo "未登录用户不允许访问";        ?>
```

程序运行效果是：如果用户没有经过4-14.php页面登录或登录失败，而是直接运行4-15.php，就会提示"未登录用户不允许访问"；如果在4-14.php登录成功过，则以后每次运行4-15.php都会显示欢迎信息。

说明：

（1）该实例必须先运行4-14.php，以对登录成功用户赋予$_SESSION['user']变量，而4-15.php用来检查该Session变量是否为空，请注意4-15.php中并没有采用$_POST获取表单变量，而是读取和输出4-14.php中创建的Session变量。

（2）4-14.php中创建的Session变量可以被网站中所有网页访问。因此可以将4-15.php中的代码放到网站中所有对安全性有要求的网页的最前面。

4.3.4　删除和销毁Session

删除Session常用来实现用户注销的功能，使得用户能够安全退出网站。在PHP中，使用unset()方法可以删除单个Session变量。使用session_unset()函数可删除当前内存中$_SESSION数组中的所有元素，它等价于$_SESSION＝array()或unset($_SESSION)。例如：

```
<?  session_start();
unset($_SESSION["username"]);        //删除$_SESSION中一个session变量
session_unset();                     //删除$_SESSION中所有session变量
?>
```

但是，session_unset只能删除$_SESSION数组中的所有元素，并不能删除对应的Session ID，也不能删除保存SessionID的文件。而session_destroy()函数就能删除Session ID，并销毁Session文件，但它不会删除内存中的$_SESSION数组中的所有元素。例如：

```
<? session_start();
  echo '<p>这个用户的Session编号为'.session_id().'</p>';
  $_SESSION["user_name"]="布什";
  session_destroy();                 //清除Session ID
  echo '<p>这个用户的Session编号为'.session_id().'</p>';
  echo $_SESSION["user_name"];        //会输出"布什"
?>
```

运行结果为：

```
这个用户的Session编号为43abc321fc0e76486f32dd86fabde568
这个用户的Session编号为
布什
```

因此，如果要彻底删除Session，实现用户安全注销功能，可以将session_unset()与session_destroy()函数结合使用，并且还需清除浏览器中的会话Cookie信息，这可以通过调用setcookie()函数将会话Cookie设置为过期即可。下面是一个注销用户登录的例子：

```
------------------------------ 清单 4 - 16.php ------------------------------
<?
if( $ _GET['action'] == "logout"){
session_start();                    //启动会话
setcookie("user","",time() - 60);   //将会话 Cookie 变量 user 设置为过期,即删除 Cookie
session_unset();                    //删除 $ _SESSION 中的 Session 变量
session_destroy();                  //销毁 Session,删除 Session ID
header("Location:4 - 14.php");      //回到登录界面
}   ?>
```

4.4 使用 $ _COOKIE 读取 Cookie

使用 Session 只能让网站记住当前正在访问的用户,但有时网站还需要记住曾经访问过的用户,以便在用户下次访问时,提供个性化的服务。这就需要用到 Cookie 技术。Cookie 能为网站和用户带来很多好处,例如它可以记录特定用户访问网站的次数、最后一次访问时间、用户在网站内的浏览路径,以及使登录成功的用户下次自动登录等。

也有一些 Cookie 的高级应用,如在购物网站浏览商品页面时,该网站程序可以将用户的浏览历史记录到 Cookie 中,当用户下次再访问时,网站根据用户过去的浏览情况为用户推荐感兴趣的内容。

Cookie 实际上是一个很小的文本文件,网站通过向用户硬盘中写入一个 Cookie 文件来标识用户。当用户下次再访问该网站时,浏览器会将 Cookie 信息发送给网站服务器,服务器通过读取以前写入的 Cookie 文件中的信息,就能识别该用户。

Cookie 有两种形式:会话 Cookie 和永久 Cookie。前者是临时性的,只在浏览器打开时存在(存储在用户机器的内存中),主要用来实现 Session 技术;后者则永久地存放在用户的硬盘上并在有效期内一直可用。Cookie 文件默认保存在"C:\Documents and Settings\登录用户名\Cookies"文件夹中。

在 PHP 中,利用 setcookie()函数可以创建和修改 Cookie,以及设置 Cookie 的有效期;而使用 $ _COOKIE[]数组可以读取 Cookie 变量的值。

4.4.1 创建和修改 Cookie

创建 Cookie 最简单的方法是使用 setcookie()函数。语法如下:

```
setcookie(name, value, expire, path, domain, secure)
```

其中,name 用来定义一个 Cookie 的变量名,value 用来设置 Cookie 变量值,expire 用来定义 Cookie 的有效期;而 path、domain、secure 分别用来规定 Cookie 的有效目录、有效域名和是否采用 HTTPS 来传输 Cookie,这三个参数不常用。除了 name 和 value 是必需的参数外,其他参数都是可选的。

下面是一个创建 Cookie 的程序:

```
------------------------------ 清单 4-17.php ------------------------------
<?
setcookie('tmpcookie','这是个临时 cookie');           //不设置过期时间
setcookie('userName','小泥巴',time()+60);            //设置过期时间为 60 秒,永久 Cookie
setcookie('age',21,time()+60);
setcookie('sex','女',time()+60,'','',false);          //设置 setcookie 的所有参数
?>
```

上例中设置了 4 个 Cookie 变量,变量名分别为"tmpcookie""userName""age"和"sex"。其中"tmpcookie"没有设置过期时间,因此它仅仅是个会话 Cookie,会话 Cookie 并没有保存到文本文件中,关闭浏览器后,tmpcookie 将立即失效。而其他三个 Cookie 均设置了过期时间,因此是永久 Cookie,它们将在关闭浏览器 1 分钟后失效。

要查看 4-17. php 写入的 Cookie 文件,可以打开保存在"C:\Documents and Settings\登录用户名\Cookies"目录下的 Cookie 文件,文件内容如图 4-14 所示。

图 4-14   客户端 Cookie 文件中的信息

从图中可以得知永久 Cookie 变量均保存在了 Cookie 文件中,而会话 Cookie 没有保存。Cookie 变量名和变量值中如果含有中文或特殊字符,会自动经 urlencode 函数处理转换成 gb2312 编码形式。

如果要修改 Cookie 变量的值,可以用 setcookie 函数给变量重新赋值。例如:

```
setcookie('age',24,time()+60);        //将 Cookie 变量 age 的值修改为 24
```

但修改 Cookie 时设置过期时间的参数不能省略,否则该 Cookie 会被修改成临时 Cookie。

提示:

(1) 在使用 setcookie 函数前,不要有任何 HTML 内容输出到浏览器,因为 Cookie 也是作为 HTTP 协议头的一部分。否则 setcookie()创建 Cookie 将失败。

(2) Cookie 变量的值总是字符串数据类型。

(3) 在 PHP 中,还能使用 header 函数设置 Cookie。例如:

```
header("Set-Cookie: nickname = 小泥巴; expires = ". gmstrftime("%A, %d-%b-%Y %H:%M:
%S GMT", time() + (86400 * 30)));
```

其中"nickname"是 Cookie 变量名,"小泥巴"是 Cookie 变量值,expires 用来设置过期时间。Set-Cookie 参数和 expires 参数之间用";"号隔开。

4.4.2   读取 Cookie

在客户端写入 Cookie 后,当用户再次向网站发送 HTTP 请求时,就会将 Cookie 信息

放在 HTTP 请求头中一起发送给服务器，服务器会自动获取 HTTP 请求头中的 Cookie 信息，并将这些信息保存到 $_COOKIE 数组中。因此通过 $_COOKIE 可以读取所有从客户端传过来的 Cookie 信息。下面的程序用来读取 4-17.php 中创建的 Cookie 信息。

```
────────────────── 清单 4-18.php ──────────────────
<?
 $ user = $ _COOKIE['userName'];
 $ age = $ _COOKIE['age'];
 $ sex = $ _COOKIE['sex'];
 echo $ user. $ age.'岁,性别'. $ sex;
?>
```

为了测试该程序，首先运行 4-17.php 创建 Cookie，再运行 4-18.php 读取 Cookie，则 4-18.php 的运行结果如下：

```
小泥巴 21 岁,性别女
```

说明：由于 Cookie 存放在了硬盘中，因此即使重启计算机后，再打开浏览器访问 4-18.php 也能读取到 Cookie（只要 Cookie 没过期）。

4.4.3　Cookie 数组

实际上，使用 setcookie() 函数还可以创建 Cookie 数组。例如：

```
<?
 setcookie("user[name]","张三",time()+600);
 setcookie("user[id]","zhang3",time()+600);
 setcookie("user[sex]","男",time()+600);
 setcookie("user[age]",23);
?>
```

创建 Cookie 数组时，对于数组元素的索引可以是整数或字符串，但索引两边不要用引号（如 user[id]不能写成 user['id']），因为 PHP 会自动给 setcookie 中的数组索引加引号。

要读取 Cookie 数组，可使用循环语句遍历数组，也可单独输出数组元素。代码如下：

```
<?
 foreach( $ _COOKIE['user'] as $ key=>$ value){
 echo $ key.'=>'. $ value.' ';}          //输出 Cookie 数组中所有元素
 var_dump( $ _COOKIE);                    //输出 $ _COOKIE 中的所有内容
 echo $ _COOKIE['user']['name'];          //输出 Cookie 数组中一个元素
?>
```

运行结果如下（必须先运行创建 Cookie 数组的程序）：

```
name=>张三 id=>zhang3 sex=>男 age=>23 张三
```

4.4.4　删除 Cookie

有时用户可能希望网站不再记住自己过去访问的信息，这时可以删除 Cookie。删除 Cookie 有两种方法：一是将 Cookie 的变量值设置为空，并且不设置有效期（不设置有效期将删除 Cookie 文件中的 Cookie 变量);二是将 Cookie 的有效期设置为过去的某个时间。不管使用哪种方法,浏览器接收到这样的 Cookie 响应头信息后,将自动删除用户硬盘中的 Cookie 文件和内存中的 Cookie 信息。例如下面程序的功能是将 4-17.php 中创建的 Cookie 全部删除。

```php
<?
    setcookie('userName','');              //删除 Cookie 的方法 1
    setcookie('age',21,time() - 600);      //删除 Cookie 的方法 2
    setcookie('sex','女',time() - 600);
    var_dump( $_COOKIE);                   //用来查看上述 Cookie 数组元素是否已经删除
?>
```

4.4.5 Cookie 程序设计举例

如果要编写 Cookie 应用的程序,一般的流程是:首先尝试获取某个 Cookie 变量,如果有,则表明是老客户,读取其 Cookie 信息,为其提供个性化的服务;如果没有,则表明是第一次来访的新客户,通过表单获取其身份信息,再将这些信息存入到 Cookie 变量中去。

1. 用户自动登录

用户自动登录程序的实现流程如图 4-15 所示。

图 4-15 用户自动登录程序的一般流程图

在下面的实例中,如果用户第一次访问 4-19.php,则会显示图 4-16 所示的登录表单,如果用户登录成功并选择了保存 Cookie,则以后再次访问 4-19.php 时就不需要登录,会自动转到欢迎界面(图 4-17),并显示用户的访问次数和上次登录时间。该实例包括两个文件,其中 4-19.php 是主程序,4-20.php 用于获取表单信息并写入 Cookie 等,代码如下。

图 4-16 4-19.php 的第一次运行结果

图 4-17 4-19.php 登录成功后

```
-----------------------------------清单 4 - 19. php-----------------------------------
<?
if ( $ _COOKIE["user"]["xm"]<>""){                          //尝试获取指定的 Cookie 变量,如
果有
    $ visnum = intval( $ _COOKIE["user"]["num"]) + 1;        //将原来的访问次数加 1
    $ expire = intval( $ _COOKIE["user"]["expire"]);         //获取有效期
    //将本次访问时间写入 Cookie
    setcookie("user[dt]",date("Y - m - d h:i:s"),time() + 3600 * $ expire);
    setcookie("user[num]", $ visnum,time() + 3600 * $ expire);   //将本次访问次数写入 Cookie
    echo"欢迎您:". $ _COOKIE["user"]["xm"];                   //输出 Cookie 变量的值
    echo "< br/>这是您第". $ visnum."次访问本网站";
    echo "< br/>您上次访问是在". $ _COOKIE["user"]["dt"];
}
else                                                        //没有 Cookie 则显示登录表单
    echo '< html >< body >
< div style = "border:1px solid ♯06f; background:♯bbdeff">
  < form method = "post" action = "4 - 20. php" style = "margin:4px;">
    < p>账号: < input name = "xm" type = "text" size = "12"></p>
    < p>密码: < input name = "Pwd" type = "password" size = "12"></p>
    < p>保存: < select name = "Save">
        < option value = " - 1">不保存</option>
        < option value = "7">保存 1 周</option>
        < option value = "30">保存 1 月</option ></select >
        < input type = "submit" value = "登 录"></p>
  </ form ></div ></body ></html >'?>
-----------------------------------清单 4 - 20. php-----------------------------------
<?   if ( $ _POST["xm"] == "admin" && $ _POST["Pwd"] == "123" ){
    setcookie("user[xm]", $ _POST["xm"],time() + 3600 * intval( $ _POST['Save']));
    setcookie("user[dt]",date("Y - m - d h:i:s"),time() + 3600 * $ expire);   //写入 Cookie
    setcookie("user[num]",1,time() + 3600 * intval( $ _POST['Save']));
    //保存有效期到 Cookie
    setcookie("user[expire]", $ _POST['Save'],time() + 3600 * intval( $ _POST['Save']));
    echo $ _POST["xm"].":首次光临";
    //var_dump( $ _COOKIE);}
    else
        echo "< script >alert('用户名或密码不对');location. href = '4 - 19. php ';</script >";
    ?>
```

2．记录用户的浏览路径

在电子商务网站中,经常需要记录用户的浏览路径,以判断用户对哪些商品特别感兴趣或哪些商品之间存在销售关联。下面的例子使用 Cookie 记录用户浏览过的历史页面。该网站将每个页面的标题保存在该页面的 $ title 变量中,用户每访问一个页面就会将新访问页面的标题添加到 Cookie 变量 $ _COOKIE["history"]值中。随着用户访问页面的增多,该 Cookie 变量中保存的含有页面标题的字符串会越来越长。将该 Cookie 变量切分成数组,然后输出数组元素的值就输出了用户最近访问页面的标题列表。

```
------------------------- 清单 4-21.php(商品页) -------------------------
<? ob_start();          //打开缓冲区,以便在有输出后还能设置 Cookie
 $ title = "西游记"       //商品页有很多,其他商品页的 title 是水浒传、西游记等 ?>
< html >< head >
    < title ><? = $ title ?></title>  </head>
< body >  < h3 align = "center"><? = $ title ?>商品页面</h3>
< p >同类商品:< a href = "hlm.php">红楼梦</a>< a href = "shz.php">水浒传</a>
< a href = "sg.php">三国演义</a></p>
<? require("4-22.php") ?>
</body></html>
----------------- 清单 4-22.php(商品页调用的记录浏览历史的程序) -----------------
<? $ history = $ _COOKIE["history"];          //获取记录浏览历史的 Cookies
  if ( $ history == "")                        //如果浏览历史为空
    $ path = $ title;                          //将当前页的标题保存到 path 变量中
else
    $ path = $ title."/". $ history;            //将当前页的标题加到浏览历史的最前面
//将 $ path 保存到 Cookie 变量中,设置过期时间为 30 天
setcookie("history", $ path,time() + 30 * 3600);
 $ arrPath = explode("/", $ path);            //将 $ path 分割成一个数组 $ arrPath
echo "您最近的浏览历史:< hr/>";
foreach ( $ arrPath as $ key => $ value){
    if( $ key > 9) break;                      //只输出最近的 10 条
    echo ( $ key + 1) ." ". $ value ."< br/>"; //输出浏览历史
}?>
```

说明:测试时应首先将 4-21.php 重命名成几个文件(xyj.php、shz.php、hlm.php、sg.php),然后将这几个文件第 2 行中的 title 变量值分别改成“水浒传”“西游记”和“三国演义”。接下来运行其中任何一个文件,再通过单击链接转到其他文件,会发现每浏览一个页面它的标题就会记录到浏览历史中,如图 4-18 所示,而且关闭浏览器后再打开,浏览历史依然不会丢失,从而基本实现了保存用户浏览历史的目的。

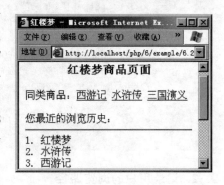

图 4-18　4-21.php 的运行结果

当然,在实际电子商务网站中,记录浏览历史还会将用户的浏览历史保存到服务器的数据库中,那样浏览历史能更长久地保存,网站还能根据所有用户的浏览历史进行数据分析和统计。

4.4.6　Cookie 和 Session 的比较

1. Cookie 和 Session 的区别

为了说明 Cookie 和 Session 的区别,我们可以打个比方,假设一家奶茶店有喝 5 杯奶茶赠送 1 杯奶茶的优惠,那么奶茶店有两种办法记录用户的消费数量。

（1）发给顾客一张卡片，上面记录着顾客的消费数量，一般还有个有效期限。每次消费时，如果顾客出示这张卡片，则在卡片上修改顾客的消费数量，这样此次消费就会与以前或以后的消费联系起来。这种做法就是在客户端保持状态（Cookie）。

（2）发给顾客一张会员卡，除了卡号之外什么信息都不记录。每次消费时，如果顾客出示该卡片，则店员在店里的计算机中找到这张卡片卡号对应的记录，并修改计算机上记录的顾客消费数量。这种做法就是在服务器端保持状态（Session）。

可见，Session 只是将 Session ID（卡号）保存在客户端，服务器保存 Session ID 对应的信息。而 Cookie 是将所有信息都保存在客户端的。表 4-5 对 Session 和 Cookie 作了比较。

表 4-5　Session 和 Cookie 的比较

相　似　点	Session	Cookie
功能	存储和跟踪特定用户的信息	
优势	在整个网站的所有页面都可以访问	
不　同　点	Session	Cookie
建立方式	每次访问网页时会自动建立 Session 对象	需要通过代码建立
存储位置	服务器端	客户端
应用场合	记住正在访问的用户信息	记住曾经访问过的用户信息

2. Cookie 和 Session 的优缺点

（1）Cookie 的限制：Cookie 的数据大小是有限制的，每个 Cookie 文件的大小不能超过 4KB，每个站点最多只能设置 20 个 Cookie。

（2）Cookie 可能会泄露用户隐私，并带来其他安全问题。

（3）Session 仍然要通过 Cookie 来实现，因为用户的 Session ID 必须保存在会话 Cookie 中。

4.5　使用 $_FILES 获取上传文件信息

文件上传是 Web 应用程序的一项基本功能，例如有些网站允许用户上传图片文件，上传文档（Word 或 PPT 等）。PHP 可轻松实现将本地文件上传到 Web 服务器的功能。

在 PHP 中，文件上传功能的实现步骤为：①在网页中添加文件上传表单，单击提交按钮后，选择的文件数据将发送到服务器；②用 $_FILES 获取与上传文件有关的各种信息；③用文件上传处理函数对上传文件进行后续处理。

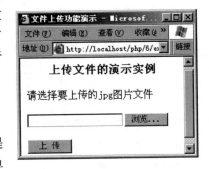

图 4-19　上传文件的网页 4-23.php

4.5.1　添加上传文件的表单

在 HTML 中，可以使用表单中的文件上传域来提交要上传的文件。下面是一个上传文件的 HTML 表单代码，它在浏览器中的显示效果如图 4-19 所示。

```
----------------------------- 清单 4 - 23.php-----------------------------
< h3 align = "center">上传文件的演示实例</h3>
< p>请选择要上传的 jpg 图片文件</p>
< form action = "4 - 24.php" method = "post" enctype = "multipart/form - data">
  < input type = "file" name = "upfile" /><br><br>
  < input type = "submit" value = " 上 传 " />
</form>
```

说明：如果表单中有文件上传域，则定义表单时必须设置 enctype = "multipart/form-data"，method 属性必须设置为 post（这是因为 get 方式发送的数据量不能超过 8KB）。action = "4-24.php"表示上传的数据将发送给 4-24.php，因此 4-24.php 是处理上传文件的脚本。

提示：如果要限制上传文件的大小，可以在表单中添加一个隐藏域：< input type = "hidden" name = "MAX_FILE_SIZE" value = "10240">，并且该隐藏域必须放在文件上传域的前面，否则会设置失效。

4.5.2   使用 $_FILES 获取上传文件信息

当用户单击"上传"按钮后，上传的文件数据将发送给服务器。在处理脚本 4-24.php 中，可以使用 $_FILES 来获取上传文件的信息。$_FILES 是一个多维数组，它可以保存所有上传文件的信息，以及上传过程中的错误信息。如果文件上传域的 name 属性值为 upfile，则可以使用 $_FILES['upfile'] 来访问上传文件的有关信息。$_FILES['upfile'] 是一个一维数组，数组元素是上传文件的各种属性，具体如下。

(1) $_FILES['upfile']['name']：客户端上传文件的原名称（不包括路径）。

(2) $_FILES['upfile']['type']：上传文件的 MIME 类型，如 image/gif 等。

(3) $_FILES['upfile']['size']：已上传文件的大小，单位是字节。

(4) $_FILES['upfile']['tmp_name']：上传文件在服务器端保存的临时文件名（包含路径名）。

(5) $_FILES['upfile']['error']：上传文件出现的错误号，是一个整数，其取值如表 4-6 所示。

表 4-6   上传文件过程中的错误号含义

错　误　号	说　　　明
0	文件上传成功，没有错误发生
1	上传文件的大小超过了 php.ini 中 upload_max_filesize 选项限定的值
2	上传文件的大小超过了表单隐藏域中 MAX_FILE_SIZE 选项指定的值
3	只上传了部分文件，如上传过程中网络中断
4	没有上传的文件，如没有选择上传文件就直接单击"上传"按钮
6	找不到临时文件夹
7	服务器上临时文件写入失败，通常是权限不够
8	上传的文件被 PHP 扩展程序中断

我们可以在 4-24.php 中输入如下代码，来输出 $_FILES['upfile']数组的内容：

```
<? var_dump( $_FILES['upfile']); ?>
```

则选择上传文件 guangxue.gif，单击"上传"按钮后，执行结果如下：

```
array(5){["name"] = > string(12) "guangxue.gif" ["type"] = > string(9) "image/gif" ["tmp_
name"] = > string(26) "C:\WINDOWS\TEMP\php11C.tmp" ["error"] = > int(0) ["size"] = > int
(44863) }
```

4.5.3　保存上传文件到指定目录

通过上述步骤，上传文件已经保存在了 C:\Windows\temp\ 目录下，文件名为 php11C. tmp。接下来，必须将上传文件移动到网站目录下的指定目录中，并为它重命名，以便让网站目录内的网页可以引用该文件。

移动文件到指定目录，一般使用 move_uploaded_file() 函数。该函数的语法如下：

```
move_uploaded_file(文件原来的路径和文件名,文件的目的路径和文件名)
```

提示：该函数还提供了一个额外的功能，即检查并确保由第一参数指定的文件，是否是合法的上传文件（即通过 HTTP POST 上传机制所上传的），这对于网站安全是至关重要的。即该文件包含了 is_uploaded_file() 函数的功能。

下面是 4-24.php 的代码。该程序的功能是将上传的临时文件移动到网站指定目录内，并为它重命名。为此先要检查指定目录是否存在，如果不存在，则创建。再用当前时间生成文件名。最后通过 $ _FILES 获取临时文件的文件名作为原文件名，就可以用 move_uploaded_file() 将临时文件移动到指定目录下了。运行结果如图 4-20 所示。

```php
---------------------------- 清单 4 - 24.php ----------------------------
<?                          // $upload_dir 是上传文件的目录,getcwd()可获取当前脚本所在目录
$ upload_dir = getcwd() . "\\images\\";        // 即"当前目录\images"
if(!is_dir($ upload_dir))                       // 如果目录不存在,则创建
    mkdir($ upload_dir);
function makefilename() {                        // 此函数用于根据当前时间生成上传文件名
    $ curtime = getdate();                       // 获取当前系统时间,生成文件名
    $ filename = $ curtime['year']. $ curtime['mon']. $ curtime['mday']. $ curtime['hours
']. $ curtime['minutes']. $ curtime['seconds']. ".jpg";
        return $ filename;                       // 返回生成的文件名
    }
$ newfilename = makefilename();
$ newfile = $ upload_dir . $ newfilename;        //生成文件路径名加文件名
if(file_exists($ _FILES['upfile']['tmp_name'])) { //如果这个临时文件存在,表明上传成功
    move_uploaded_file($ _FILES['upfile']['tmp_name'], $ newfile);
    echo "客户端文件名:" . $ _FILES['upfile']['name'] . "<br>";
    echo "文件类型:". $ _FILES['upfile']['type']. "<br>";
    echo "大小:" . $ _FILES['upfile']['size'] . "字节<br>";
    echo "服务器端临时文件名:". $ _FILES['upfile']['tmp_name'] . "<br>";
    echo "上传后的新文件名:" . $ newfile . "<br>";
    echo '文件上传成功 [ <a href = "#" onclick = "history.go(-1)">继续上传</a> ]
            <p>下面是上传的图片文件:</p>
        <img src = "images/'. $ newfilename .'">';} //用 img 标记显示上传的图片
    else  echo "上传失败,错误类型:". $ _FILES['upfile']['error'];
?>
```

图 4-20　4-24.php 的运行结果

4.5.4　同时上传多个文件

多个文件上传和单文件上传实现的方法是相似的,只需要在表单中多提供几个文件上传域,并指定 name 属性值为同一个数组即可。例如,在下面的程序中,用户可以选择三个本地文件一起上传给服务器,客户端页面代码(4-25.php)如下,显示效果如图 4-21 所示。

```
< h3 align = "center">多文件上传功能演示</h3 >
<p>请选择要上传的三张图片文件</p>
< form action = "4 - 26.php" method = "post" enctype = "multipart/form - data">
  文件 1:< input type = "file" name = "upfile[]" /><br><br>
  文件 2:< input type = "file" name = "upfile[]" /><br><br>
  文件 3:< input type = "file" name = "upfile[]" /><br><br>
    < input type = "submit" value = " 上 传 " />
</form >
```

图 4-21　多文件上传程序界面

在上面的代码中,将三个文件上传域以数组的形式组织在一起,当表单提交给脚本文件 4-26.php 时,服务器端同样可以使用 $_FILES 获取所有上传文件的信息,但 $_FILES 已经由二维数组转变成了三维数组。例如,保存第一个文件文件名的数组元素是 $_FILES ['upfile']['name'][0]。

我们可以在 4-26.php 中输入如下代码,来输出 $_FILES['upfile']数组的内容:

```
<? print_r( $_FILES); ?>
```

则选择了三个上传文件,单击"上传"按钮后,执行结果如下:

```
Array(
    [upfile] => Array      (
        [name] => Array      (       // $_FILES['upfile']['name']保存了所有上传文件的名称
            [0] => 1000E.TXT         // $_FILES['upfile']['name'][0]第一个文件的名称
            [1] => 配置文件.txt [2] => footernew2.jpg      )
        [type] => Array      (
            [0] => text/plain        // $_FILES['upfile']['type'][0]第一个文件的类型
            [1] => text/plain        [2] => image/pjpeg     )
        [tmp_name] => Array (         // $_FILES['upfile']['tmp_name']所有上传文件的临时文件名
            [0] => C:\WINDOWS\TEMP\php1E5.tmp
            [1] => C:\WINDOWS\TEMP\php1E6.tmp
            [2] => C:\WINDOWS\TEMP\php1E7.tmp      )
        [error] => Array      (
            [0] => 0         [1] => 0         [2] => 0      )
        [size] => Array      (
            [0] => 7086      [1] => 28884     [2] => 41806      ) ))
```

接下来,根据 $_FILES 获取的临时文件文件名,同样可以用 move_uploaded_file()将临时文件移动到指定目录下,就实现了多文件的上传。

 题

一、选择题

1. 下列有关 GET 和 POST 方法传递信息的说法中,正确的是(　　)。

A. GET 方法是通过 URL 参数发送 HTTP 请求,传递参数简单,且没有长度限制

B. POST 方法是通过表单传递信息,可以提交大量的信息

C. 使用 POST 方法传递信息会出现页面参数泄露在地址栏中的情况

D. 使用 URL 可以传递多个参数,参数之间需要用"?"连接

2. 下列(　　)数组不可能用来获取表单元素的值。

A. $_REQUEST[]　　　　　　　　　　B. $_POST[]

C. $_GET[]　　　　　　　　　　　　 D. $_SERVER[]

3. 下列(　　)函数不是缓冲区操作函数。

A. ob_flush()　　　　　　　　　　　 B. flush()

C. ob_flush_clean()　　　　　　　　 D. ob_end_clean()

4. 下面程序段执行完毕,页面上显示内容是(　　　)。

```
<? = htmlspecialchars("< a href = 'http://www. sohu. cn'>搜狐</a>") ?>
```

    A. 搜狐

    B. < a href = 'http://www. sohu. cn'>搜狐</a>

    C. 搜狐(超链接)

    D. 该句有错,无法正常输出

5. 关于 Session 和 Cookie 的区别,下列(　　　)是错误的。

    A. 服务器会自动为用户建立 Cookie 对象

    B. 用户关闭浏览器,网站为该用户创建的 Session 对象将无法访问

    C. 用户新开一个浏览器窗口,网站为其创建一个新的 Session 对象

    D. 用户关闭计算机,其 Cookie 仍然存在

6. 如果要删除 Cookie,可以使用下列(　　　)函数。

    A. clearcookie()   B. setcookie()

    C. destroy()   D. ob_end_flush()

7. 在 PHP 中要使用 Session,必须先调用下列(　　　)函数。

    A. ob_start()   B. session_id()   C. session_start()   D. setcookie

8. 有些语句要求只有在服务器还没有向浏览器输出任何信息前才能使用,下列语句中无此要求的是(　　　)。

    A. setcookie('userName','');   B. session_start();

    C. header("location：4-8. php ");   D. session_unset();

9. 在网站页面之间传递值的方法有(　　　)(多选)。

    A. Session 变量   B. Cookie 变量

    C. 表单变量   D. URL 变量

二、填空题

1. 如果超链接的地址是 http://ec. hynu. cn/instr. php? abc＝3＆bcd＝test,要获取参数 bcd 的参数值应使用的命令是_____。

2. Session 对象默认情况下的有效期是_____分钟。要提前结束一个 Session,可以用_____方法。要返回 Session 对象的 id,可以用_____函数。

3. 在 A 网页上创建了一个 Session 变量: $_SESSION["user"]＝"张三",在 B 网页上要输出这个 Session 变量的值,应使用_____。

4. 假设用 $_POST['username']能获取到信息,则能判断提交给该页的表单中含有_____属性为 username 的表单元素。该表单 form 标记的 method 属性为_____。

5. 如果要修改一个 Cookie 变量的有效期,需使用_____函数。

6. 要获取上传文件的信息,需要使用_____数组,要将上传文件移动到指定位置,需要使用_____函数。

三、问答题

1. 在 PHP 中有哪些常用的超全局变量? 请简述它们的主要功能。

2. 在 form 标记中,method 和 action 属性的作用分别是什么?

3. 若要在 PHP 中快速获取一组复选框的值,应如何命名这些复选框?

4. 在 PHP 中,设置 URL 参数的方法有哪些?

5. 能否将多个不同的表单页提交给同一个表单处理页?

四、编程题

1. 编写一个简单计算器程序,在表单中添加两个文本框供用户输入数字,下拉框用来选择运算符,当单击"="按钮后在网页上输出结果,如图 4-22 所示。要求:单击"="按钮后用户在文本框中输入的数字仍然存在。

图 4-22　计算器程序效果图

2. 下面的表单会向服务器发送哪几个变量信息?编写服务器端程序获取发送来的所有变量信息并按以下格式输出:××您好,您住在××,您的密码是×××。

```
< form name = "abc" method = "post" action = "g4.php">
  用户名:张三 < input type = "radio" name = "user" value = "张三">
  李四 < input type = "radio" name = "user" value = "李四">
  住址:< select name = "addr">
    < option value = "长沙">长沙</option>
    < option value = "衡阳">衡阳</option>
</select>
  < input type = "hidden" name = "pwd" id = "hi" value = "123">
    < input type = "submit" value = "登录">
</form>
```

3. 下面是一个获取表单提交信息的程序,名称为 rec.php,请写出一个能让它获取得到数据的表单代码。

```
<?   $ name = $ _POST["name"];        //获取各个表单元素的值
     $ Sex = $ _POST["Sex"];
     $ hob = $ _POST["hobby"];
     $ car = $ _POST["career"];
?>
```

4. 编写 PHP 程序产生一个随机数,并让用户在文本框输入数字来猜测该随机数(图 4-23),用户有 5 次机会,根据用户的猜测结果给予相应提示(提示:将程序在猜测前产生的随机数保存在表单隐藏域中,这样用户每次猜测时该随机数都不会发生变化)。该程序的表单代码如下,请补充 PHP 代码。

图 4-23　猜数字游戏程序效果图

```
< form method = "post" action = "">输入整数(1 – 10)< br />
    < input type = "text" name = "SZ" size = "6">
    < input name = "rand" type = "hidden" value = "<? = $ a ?>" />  <! -- 保存猜测前产生的随机数 -->
    < input name = "last" type = "hidden" value = "<? = $ b ?>" />  <! -- 保存剩余机会次数 -->
    < input type = "submit" name = "sub" value = "确定">
</form >
```

5. 编写回答多项选择题的 PHP 程序。程序界面如图 4-24 所示。如果勾选了正确答案 (PHP、ASP、JSP),则在网页上提示"正确",如果少选了,则提示"回答不全",否则提示"错误"。

图 4-24　回答多项选择题的程序界面

第5章 PHP访问数据库

由于动态网站、Web 应用程序都需要数据库的支持,因此学会使用 PHP 访问数据库就显得非常重要了。将网站数据库化,就是使用数据库来管理整个网站。这样只需更新网站数据库的内容,网站页面内容就会自动更新。网站数据库化的好处有:

(1)可以自动更新网页。采用数据库管理,只要更新数据库的数据,网页内容就会自动得到更新,过期的网页也可以自动不显示。

(2)加强搜索功能。将网站的内容储存在数据库中,可以利用数据库提供的强大搜索功能,从多个方面搜索网站内的信息。

(3)可以实现各种基于 Web 数据库的应用。用户只要使用浏览器,就可以通过网络,查询或存取位于 Web 服务器数据库中的数据,实现 Internet 上的各种应用功能,例如个人博客、网上购物、网上订票、网上话费查询、银行余额查询、股市买卖交易、在线学生注册选课,以及网上择友等。

因此,很多人认为动态网站就是使用了数据库技术的网站,虽然这种说法不准确,但足以说明数据库在动态网站中的重要作用。

5.1 数据库的基本知识

5.1.1 数据库的基本术语

所谓数据库就是按照一定数据模型组织、存储在一起的,能为多个用户共享的,与应用程序相对独立、相互关联的数据集合。

目前绝大多数数据库采用的数据模型都是关系数据模型,所谓"关系"简单地说就是表。所以,数据库在逻辑上可以看成是一些表格组成的集合。一个数据库通常包含 n 个表格($n \geqslant 0$)。图 5-1 就是一张学生基本情况表。

ID	学号	姓名	年龄	班级	性别	籍贯
1	11410104	陈诗颖	20	11物流1班	女	湖南长沙
2	11410207	胡艳	19	11物流2班	女	湖北宜昌
3	09040218	雷亮	22	09经济学2	男	湖北襄阳
4	12360219	顿婷丽	18	12电工2班	女	上海

图 5-1 学生基本情况表

下面是数据库的一些基本术语：

字段：表中竖的一列叫作一个字段，图中有 7 个字段，"姓名"就是一个字段的字段名，"陈诗颖"是该字段的一个字段值。

记录：表中横的一行叫作一个记录，每条记录描述一个具体的事物。图中选择了第 2 条记录，也就是"胡艳"的相关信息。

值：纵横交叉的地方叫作值，例如图中第 4 条记录的"籍贯"字段的值为"上海"。

表：由横行竖列垂直相交而成。可以分为表头(字段名)和表中数据两部分。表也可以看成是若干条记录的集合，在数据库的表中不允许有两条完全相同的记录。

数据库：用来组织和管理表的，一个数据库一般有若干张表，数据库不仅提供了存储数据的表，而且还包括视图、索引、存储过程等高级功能。

5.1.2 使用 phpMyAdmin 管理 MySQL 数据库

MySQL 是一个数据库管理系统软件，是一种比较流行的关系型数据库。与其他数据库管理系统(Oracle、DB2、SQL Server)相比，MySQL 具有体积小，速度快、功能齐全，并且完全免费等特点，使得一般中小型 PHP 网站的开发都选择 MySQL 作为网站数据库。

MySQL 是一个开源软件，没有提供图形操作界面，所有的操作都必须通过命令来执行。为此，人们开发了 phpMyAdmin，它提供了 MySQL 的图形操作界面。phpMyAdmin 的最大优势在于，它是一个 B/S 结构的软件，用户可将其上传到 Web 服务器的网站目录下，就能管理服务器上的 MySQL 数据库了。

1. 创建数据库

在图 1-14 中输入用户名和密码，即可进入 phpMyAdmin 的主界面(图 5-2)，在右侧窗口的"创建一个新的数据库"中可输入待创建的数据库名，如 guestbook。单击"创建"按钮，就创建了一个名为 guestbook 的空数据库。

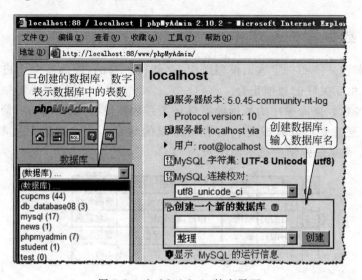

图 5-2　phpMyAdmin 的主界面

提示：创建 guestbook 数据库后，MySQL 会自动在 D:\AppServ\MySQL\data 目录下创建 guestbook 子目录，及相关文件（如 db.opt）。因此，一个 MySQL 数据库对应一个目录，如果要移动一个 MySQL 的数据库到另一台机器，只需把该数据库对应的目录复制到另一台机器的 \MySQL\data 目录下即可。

2. 新建表

创建数据库后，网页会转到如图 5-3 所示的创建表的窗口。在该窗口中输入待创建表的名称，如 lyb，然后再在 Number of fields 后输入表中的字段数，单击"执行"按钮，即创建了一个名为 lyb 的表。此时网页会转到如图 5-4 所示的表的设计视图，在这里需要输入每个字段的名称、类型、长度等信息，并定义主键和额外等。

图 5-3　phpMyAdmin 创建表的窗口

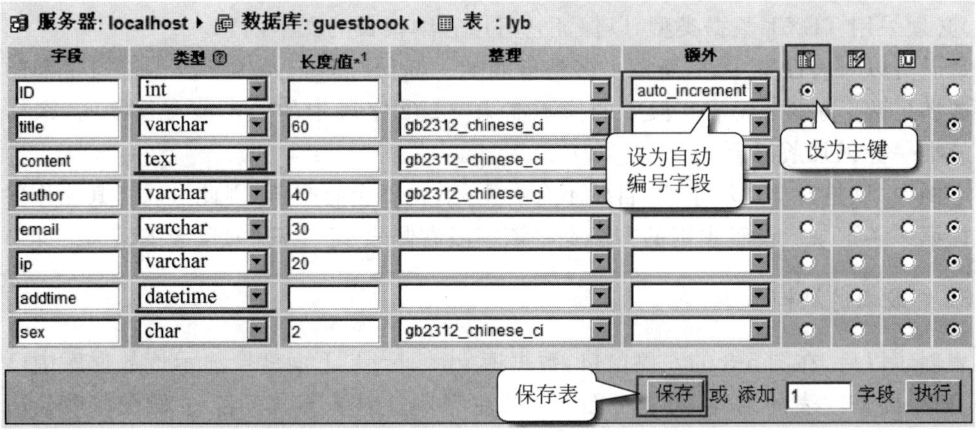

图 5-4　输入表中的字段

由于本节创建的表 lyb 是一个给留言板保存用户留言的表，因此该表中的字段（title、content、author、email、ip、addtime、sex）分别用来保存留言的标题、内容、留言者、留言者的 E-mail 地址、留言者的 IP、留言时间、留言者性别。

图 5-4 中的一行对应一个字段,也就是表中的一列,其中字段名称建议用英文命名,这样方便以后使用 PHP 程序访问表中字段。对每个字段还可以添加注释。字段的数据类型主要有以下几种:

(1) INT:用于存储标准的整数,该类型数据占 4 字节(不能设定长度),取值范围为 $-214\,783\,648\sim214\,783\,647$。如果要存储的整数比较小,还可考虑使用 tinyint(取值范围 $-127\sim127$)和 smallint 数据类型($-32\,768\sim32\,767$)。

(2) VARCHAR:是一种可变长度的字符串类型,它可设定长度,其长度范围为 $0\sim255$ 字符,用于存储比较短的字符串。

(3) CHAR:是一种固定长度的字符串类型,这种字段占用的空间被固定为创建时所声明的长度。

(4) TEXT:用于存储比较长的字符串,或图像、声音等二进制数据。该类型不能指定长度。TEXT 和 BLOB 类型在分类和比较上存在区别,BLOB 类型区分大小写,而 TEXT 不区分大小写,比指定类型支持的最大范围大的值将被自动截短。

(5) BOOL:布尔型数据,它只有 True 和 False 两个值。

(6) DATETIME:用于保存日期/时间的数据类型,该类型不能指定长度。此外,如果只希望保存日期,可使用 DATE 类型,如果只要保存时间,可使用 TIME 类型。

提示:CHAR 和 VARCHAR 的区别在于:假设将一个长为 10 字节的字符串保存在一个类型为 CHAR(40)的字段中,则该字符串将占用 40 字节,MySQL 会自动在它的右边用空格字符补足。而如果将其保存在类型为 VARCHAR(40)的字段中,则该字符串只占用 11 字节(每个值只占用刚好够用的字节,再加上一个用来记录其长度的字节)。可见,要节省存储空间,可以使用 varchar 类型,而从速度方面考虑,最好使用 char 类型。

在图 5-4 中,将留言的 ID 字段设置为"auto_increment"(自动递增),这样每插入一条记录,系统都会自动为该记录的 ID 字段添加一个递增的数值,以保证每条记录都会有一个唯一的编号,在查找或显示留言时可以依据这个编号找到对应的留言。留言的内容(content 字段)必须采用 TEXT 数据类型,以保证它可以容纳很长的文本内容。

最后可以对表设置主键,所谓主键是指能唯一标识某条记录的字段。作为主键的字段必须能满足两个条件:①该字段中的值不能为空;②字段中的值不能有重复的,这样该字段才能唯一标识某条记录。

本例中 ID 是自动递增字段,自然不会有重复,也不会有空值,因此可以将其当作主键唯一地标识一条记录。设置主键的方法是将该字段右侧表示"主键"的单选按钮选中即可。

3. 修改表的结构

表创建以后,在图 5-3 的左侧窗口,数据库 guestbook 下面就会显示该数据库中已存在的表,如果要修改表的结构,可以在图 5-3 的左侧窗口中单击该表名,右侧窗口就会出现如图 5-5 所示的数据表管理界面,在这里可对数据表的结构进行修改,例如在表中添加字段、删除字段或修改字段。

4. 向表中添加记录

在图 5-5 的数据表管理界面中,单击上方的"插入"选项卡,就会出现如图 5-6 所示的窗口,在这里可以向表中添加记录(即向表中插入一行),一次最多只能添加两条记录。

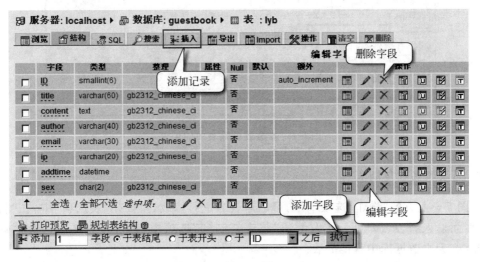

图 5-5　数据表的管理界面

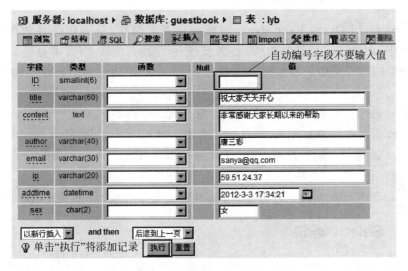

图 5-6　向表中添加记录(插入一行)

说明:

(1) 在各字段输入值时必须符合字段数据类型及该字段格式的要求,否则无法输入。

(2) 不要输入自动编号字段的值,因为系统会自动添加,删除某一记录后自动编号字段(ID)的值也不会被新记录占用。

5. 修改或删除记录

如果要修改或删除一条记录,可以单击图 5-5 中的"浏览"选项卡,页面下方将显示表中所有记录,如图 5-7 所示。在每条记录的左侧均有"编辑"和"删除"按钮,单击按钮即可对该条记录进行编辑或删除。

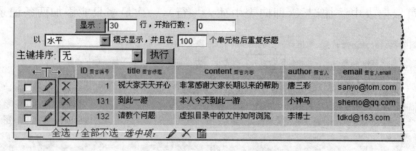

图 5-7　修改或删除表中的记录

6. 修改表名或复制表

在图 5-5 上方的"操作"选项卡中,可以对表名进行修改,只要在"表选项"中,在"将表改名为"后面输入新表名即可。在右侧的"将表复制到"选项中,还可将表复制到其他数据库中,或复制为本数据库中其他的表。

5.1.3　SQL 语言简介

SQL(Structured Query Language),即结构化查询语言,是操作各种数据库的通用语言。在 PHP 中,无论访问哪种数据库,都需要使用 SQL。SQL 语言本身是比较庞大复杂的,但制作普通的动态网站只需掌握一些最常用的 SQL 语句就够了。常用的 SQL 语句有以下 5 种。

(1) Select 语句——查询记录,基本形式为 Select…from…。

(2) Insert 语句——添加记录,基本形式为 Insert into…values…。

(3) Delete 语句——删除记录,基本形式为 Delete from…[where]…。

(4) Update 语句——更新记录,基本形式为 Update…Set…。

(5) Create 语句——创建表或数据库,基本形式为 Create table(或 Database)…。

5.1.4　Select 语句

Select 语句用来实现对数据库的查询。简单地说,就是可以从数据库的相关表中查询符合特定条件的记录(行)或字段(列)。语法如下:

```
Select 字段列表 From 表 [Where 条件] [Order By 字段] [Group By 字段] [limit s, n]
```

说明:

(1) 字段列表:即要显示的字段,可以是表中一个或多个字段名,多个字段之间用逗号隔开。用"﹡"表示全部字段。

(2) 表:指要查询的数据表的名称,如果有多个表,则中间用逗号隔开。

(3) Where 条件:就是查询只返回满足这些条件的记录。

(4) Order By 字段:表示将查询得到的所有记录按某个字段进行排序。

(5) Group By 字段:表示按字段对记录进行分组统计。

(6) limit s, n:表示选取从第 s 条记录开始的 n 条记录,如果省略 s,则表示选取前 n

条记录。如选取前 6 条记录,就是 limit 6。

1. 常用的 Select 语句示例

(1) 选取数据表中的全部数据(所有行所有列):

```
Select * from lyb
```

(2) 选取指定字段的数据(即选取表中的某几列):

```
Select author, title from lyb
```

(3) 选取数据表中最前面几行或中间几行记录:

```
Select * from lyb limit 5          //选取前 5 条记录(limit n 等价于 limit 0, n)
Select * from lyb limit 0, 5       //选取前 5 条记录(记录行号从 0 开始)
Select * from lyb limit 5, 10      //选取第 6~10 条记录
```

说明:MySQL 使用 limit 关键字来限制返回的结果集。limit 只能放置在 Select 语句的最后位置。语法为:

```
limit [首行行号,] 记录条数
```

对于非 MySQL 数据库,要选取表中前 n 条记录,必须使用 Select top n 的语法。例如:

```
Select top 5 * from lyb              //选取前 5 条记录,非 MySQL 数据库的写法
```

(4) 选取满足条件的记录:

```
Select * from lyb where ID > 5
Select * from lyb where author = '张三'
Select author, title from lyb where ID Between 2 And 5     //如果条件是连续值
Select * from lyb where ID in (1, 3, 5)                    //如果条件是枚举值
```

由此可见,Select 子句用于从表中选择列(字段),where 子句用来选择行(记录)。

说明:

(1) 在 SQL 语句中用到常量时,字符串常量两边要加单引号(如'张三'),日期和时间两边要加♯号,而数值常量可直接书写,不要加任何符号(如 5)。

(2) SQL 语言不区分大小写,但在 PHP 中书写 SQL 语句,字段名是区分大小写的。

2. 选取满足模糊条件的记录

有时经常需要按关键字进行模糊查询,例如:

```
Select * From lyb Where author like '%芬%'     //author 字段中有"芬"字的记录
Select * From lyb Where author like '张%'       //姓名以"张"开头的人
Select * From lyb Where author like '唐_'       //姓名以"唐"开头且为单名的人
```

其中,"%"表示与任何 0 个或多个字符匹配,"_"表示与任何单个字符匹配。需要注意的是,如果在 Access 中直接写查询语句,"%"需换成"*","_"需换成"?"。

3. 对查询结果进行排序

利用 Order By 子句可以将查询结果按照某种顺序排序。例如,下面的语句将按作者名的拼音字母的升序排列。

```
Select * From lyb order by author ASC
```

下面的语句将把记录按 ID 字段的降序排列。

```
Select * From lyb order by idDESC
```

如果要按多个字段排序,则字段间用逗号隔开。排序时,首先参考第一字段的值,当第一字段值相同时,再参考第二字段的值,以此类推。例如:

```
Select * From lyb order by date DESC, author
```

说明:ASC 表示按升序排列,DESC 表示按降序排列。如果省略,默认值为 ASC。

4. 汇总查询

有时需要对全部或多条记录进行统计。例如对一个学生成绩表来说,可能希望求某门课程所有学生的平均分。又如对学生信息表来说,可能需要求每个专业的学生人数。Select 语句中提供了 Count、Avg、Sum、Max 和 Min 共 5 个聚合函数,分别用来求记录总数、平均值、和、最大值和最小值。

例如,下面的语句将查询表中总共有多少条记录:

```
Select count( * ) From lyb
```

下面的语句将查询所有记录的 ID 值的平均值、之和和最大的 ID 号。

```
Select avg(id),sum(id),max(id) From lyb
```

说明:

(1) 以上例子返回的查询结果都只有一条记录,即汇总值。

(2) Count（*）表示对所有记录计数。如果将 * 换成某个字段名,则只对该字段中非空值的记录计数。

(3) 如果在以上例子中加上 where 子句,将只返回符合条件的记录的汇总值。

聚合函数还可以与 group by 子句结合使用,以便实现分类统计。例如要统计每个系的男生人数和女生人数的 Select 语句如下:

```
Select 系名, sex, count( * ) From students Group By 系名, sex
```

注意:使用 group by 子句时,Select 子句中只能含有 group by 中出现过的字段名。

5. 多表查询

如果要查询的内容来自多个表,就需要对多个表进行连接后再进行查询。

例如:某购物网站的数据库中含有 2 个表:商品表(goods)和购物车表(cart)。商品表中包含了商品 ID、商品名、商品图片、型号、单价、商品描述等字段。购物车表中包含了用户 ID、商品 ID、商品数量等字段。两个表的结构如下：

商品表：goods（spID，Name，Picture，Type，Price，DESCRPT）

购物车表：cart（UserID，spID，Number）

但一般的购物车网页中，往往还需要将商品的图片、名称、单价等信息显示出来，如图 5-8 所示，以便顾客能清楚地看到购物车中的各种商品。但购物车表中却只保存了商品 ID（spID），并没有保存商品的其他属性。为此，可以通过商品 ID 字段（两个表中共有的字段），将购物车表和商品表连接起来，就能查询到商品名称、图片、单价、用户 ID 和数量等存储在两个表中的信息了。select 语句如下：

```
Select Name, Picture, Price, Number, Number * Price from goods, cart where goods.spID = cart.spID and cart.userID = 'tangsix'
```

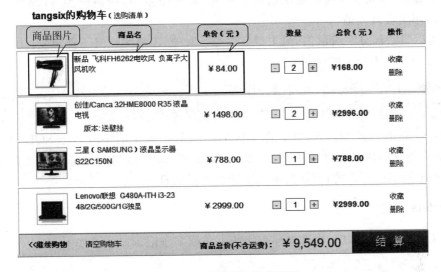

图 5-8　一个顾客购物车网页

说明：

（1）在多表查询中，如果若干表中都有同一个字段名，则字段名必须写成"表名.字段名"，以指定该字段是某个表的，如 cart.spID 表示 cart 表的 spID 字段。

（2）上述查询的 where 子句中的 goods.spID= cart.spID 表示将两个表通过 spID 进行连接，如果是多表查询，这样的连接条件一定不能省略。

6. 其他查询

（1）使用 Distinct 关键字可以去掉重复的记录，例如：

```
Select Distinct author From lyb                //多条记录中有相同的作者名则只显示一条
```

（2）使用 As 关键字可以为字段名指定别名，例如：

```
Select author As 作者, title As 标题 From lyb        //将字段名 author 显示为作者
```

5.1.5　添加、删除、更新记录的语句

1. Insert 语句

在动态网站程序中,经常需要向数据库中插入记录。例如用户发表一条留言,就需要将这条留言作为一条新的记录插入到表 lyb 中。使用 Insert 语句可以实现该功能,语法如下:

```
Insert Into 表 (字段 1, 字段 2, …) Values (字段 1 的值, 字段 2 的值, …)
```

说明:

(1) 利用 Insert 语句可以给表中部分或全部字段赋值。Value 括号中的字段值的顺序必须和前面括号中的字段一一对应。各字段之间,字段值之间用逗号隔开。

(2) 在插入记录时要注意字段的数据类型,若为字符串类型,则该字段值的两边要加单引号;若为日期/时间型也应在值两边加单引号,若为布尔型,则值应为 True 或 False;自动递增字段不需要插入值。

(3) 可以只给部分字段赋值,但主键字段必须赋值,不能为空且不能重复。

下面是一些插入记录的例子:

```
Insert Into lyb (author ) Values('芬芬')
Insert Into lyb (author, title, `date`) VALUES ('芬芬','大家好!', '2015 - 12 - 12')
```

说明:由于 date 是 SQL 语言中的一个关键字,如果表中的字段名与 SQL 中的关键字相同,就必须把该字段名写在反引号内,如`date`,否则 SQL 语句会出错。因此有时在执行 Insert 语句出现不明原因的错误时,不妨把所有字段名都写在反引号内。

2. Delete 语句

使用 Delete 语句可以一次性删除表中的一条或多条记录。语法如下:

```
Delete From 表 [Where 条件]
```

说明:“Where 条件”与 Select 语句中的 Where 子句作用是一样的,都用来筛选记录。在 Delete 语句中,凡是符合条件的记录都会被删除,如果没有符合条件的记录则不删除,如果省略 Where 子句,则会将表中所有的记录全部删除。

下面是一些删除记录的例子:

```
Delete from lyb where id = 17
Delete from lyb where author = '芬芬'
Delete from lyb where date <'2010 - 9 - 1'
```

提示:Delete 语句以删除一整条记录为单位,它不能删除记录中某个或多个字段的值,因此 Delete 与 from 之间没有 * 或字段名。如果要删除某些字段的值,可以用下面的 Update 语句将这些字段的值设置为空。

3. Update 语句

Update 语句用来修改表中符合条件的记录。语法如下:

```
Update 表 Set 字段 1 = 字段值 1,字段 2 = 字段值 2,… [Where 条件]
```

说明：Update 语句可以更新全部或部分记录。其中 where 条件是用来指定更新数据的范围,其用法同 Delete 语句。凡是符合条件的记录都会被更新,如果省略条件,则将更新表中所有的记录。

下面是一些常见的例子：

```
Update lyb set email = 'fengf@163.com' where author = '芬芬'
Update lyb set title = '此留言已被删除', content = Null where id = 16
```

修改记录时,也可以采取先删除再添加记录。不过,这样实际上是添加了一条记录,记录的自动递增值会改变,而有时是需要通过自动递增值来查找记录的,而且采取先删除再添加需要执行两条 SQL 语句,有时可能会发生第 1 条执行成功,第 2 条执行失败的情况,从而对数据产生破坏。

5.1.6 SQL 字符串中含有变量的书写方法

（1）在 PHP 中,如果要执行 SQL 语句,通常将 SQL 语句写在一个字符串中。例如对于下面的 SQL 语句：

```
Select * from link where name = '搜狐'
```

如果要把它写成字符串的形式,则形式如下（因为字符串常量要写在引号中）：

```
$ str = "Select * from link where name = '搜狐'";
```

这样就能从 link 表中查询到网站名 name 是“搜狐”的记录信息。但实际查询时,查询条件（如此处的“搜狐”）通常是从表单中获取的,如 $ webName = $ _POST['webname']。这样,查询条件就保存到了字符串变量 $ webName 中了。

对于单引号字符串常量来说,由于字符串变量不能写在字符串常量中,必须用连接符（.）和字符串常量连接在一起,因此,上面的语句要改为：

```
$ str = "select * from link where name = '". $ webName ."'";
```

在这条语句等号右边的表达式中,实际包括如下三部分内容,即两个字符串常量和一个字符串变量,它们之间用连接符“.”连接在一起：

第一部分,字符串常量："select * from link where name = '"

第二部分,字符串变量：$ webName

第三部分,字符串常量："'"

这几部分容易引起迷惑的是,为什么第一部分和第三部分中既有单引号又有双引号呢？其实,两边的双引号就是表示中间的内容是一个字符串常量。其中的单引号'和别的字符（如 abcd）一样,只是这个字符串常量的内容而已。同样,对于第三部分来说,两边的双引号表示这是一个字符串常量,中间的单引号就是它的内容。

而 PHP 提供了双引号字符串,这种字符串中可包含变量,因此,上面的语句又可写为：

```
$ str = "select * from link where name = ' $ webName '"
```

（2）如果 SQL 语句中的常量是数值型，就不要用单引号'括起来。例如：

```
Select * from link where ID = 5
```

把它写成 SQL 字符串就是：

```
$ str = "Select * from link where ID = 5";
```

如果变量 $ linkid=5，则将语句中的数值 5 替换成数值变量 $ linkid 后的字符串如下：

```
$ str = "Select * from link where ID = ". $ linkid;
```

可见它由两部分组成，即前面的"Select * from link where ID＝"是字符串常量，后面的 linkid 是字符串变量，它们之间用连接符"."连接起来。

（3）SQL 语句中含有多个变量的情况。

在 SQL 语句(尤其是 Insert 语句)中，经常会碰到一条 SQL 语句中有多个变量的情况，对于下面的 Insert 语句：

```
Insert Into lyb (author, title) VALUES ('芬芬','大家好!')
```

把它写成 SQL 字符串就是：

```
$ str = "Insert Into lyb (author, title) VALUES ('芬芬','大家好!') ";
```

如果变量 $ user='芬芬'，$ tit='大家好!'，则可将该 SQL 字符串改写为：

```
$ str = "Insert Into lyb (author, title) Values ('". $ user . "','". $ tit . "')";
```

可见它由 5 部分组成，分别是字符串常量"Insert Into lyb (author，title) Values ('"，字符串变量 $ user，字符串常量"','"，字符串变量 $ tit 和字符串常量"')"，通过四个"."连接起来。

5.2 访问 MySQL 数据库

PHP 之所以最适合与 MySQL 数据库搭配使用，主要原因是 PHP 提供了大量的 MySQL 数据库操作函数，这些函数可方便地实现访问 MySQL 数据库的各种需要，从而轻松实现 Web 应用程序开发。

用 PHP 访问 MySQL 数据库的一般步骤如下(图 5-9)。

（1）用 mysql_connect()连接数据库服务器。

（2）再用 mysql_select_db()选择数据库。

（3）用 mysql_query()创建结果集。即通过执行查询语句将数据表中符合条件的所有行的集合读取到服务器内存中，此时内存中保存了查询得到的"虚表"，就称为结果集。

（4）绑定数据到页面。即输出结果集中某条记录中一个或多个字段的值到页面上。

通过以上 4 步，网页上就可以显示数据库表中的数据了，例如图 5-10 所示。

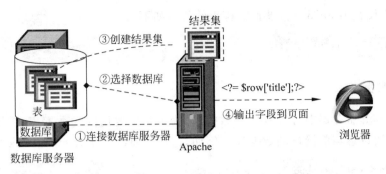

图 5-9 PHP 访问 MySQL 数据库的一般步骤

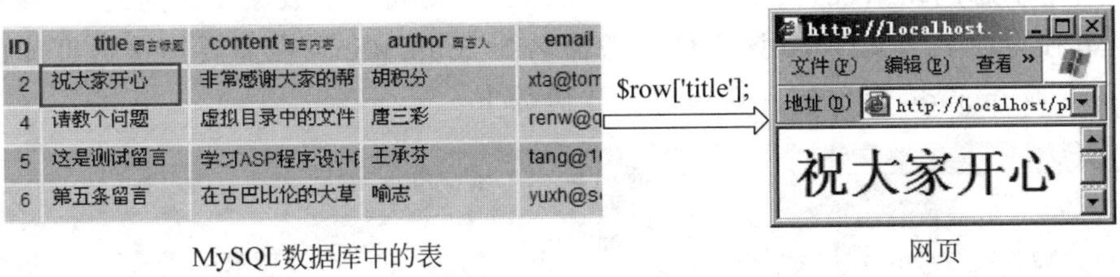

图 5-10 使用浏览器显示数据库中的数据

PHP 访问 MySQL 数据库的具体步骤是：①建立与 MySQL 服务器的连接；②设置字符集；③选择要操作的数据库；④创建结果集；⑤将结果集中的记录读入数组中；⑥在网页上输出数组元素的值。

5.2.1 连接 MySQL 数据库

1. 连接 MySQL 服务器

进行 MySQL 数据库操作之前，首先要与 MySQL 服务器建立连接。PHP 中连接 MySQL 服务器的函数是 mysql_connect()。该函数语法如下：

```
resource mysql_connect(string hostname, string username, string password)
```

函数功能是：通过 PHP 程序连接 MySQL 数据库服务器，如果连接成功，则返回一个 MySQL 服务器连接标识(link_identifier)，否则返回 false。例如：

```
$ conn = mysql_connect("localhost","root","111");
```

表示连接主机名为 localhost 的数据库服务器，其用户名为 root，密码是 111。

提示：连接 MySQL 服务器的过程需要耗费大量的服务器资源，为了提高系统性能及资源利用率。如果在同一个脚本中多次连接同一个 MySQL 服务器，PHP 将不会创建多个 MySQL 服务器连接，而是使用同一个 MySQL 服务器连接。

2. 设置数据库字符集

PHP 与 MySQL 进行信息交互之前，为了防止中文乱码，必须用 mysql_query()方法将数据库字符集设置为与网页相同的字符集，例如，网页的字符集是 GB2312，就必须将数据库的字符集也设置为 gb2312。设置字符集的代码如下：

```
mysql_query("set names 'gb2312'");
```

3．选择数据库

由于 MySQL 服务器中可以有多个数据库，为了指定要访问的数据库，需要使用 mysql_ select_db()方法设置当前操作的数据库。例如，选择当前数据库为 guestbook 的代码如下：

```
mysql_select_db("guestbook", $conn);
```

对于一个动态网站来说，几乎所有的页面都要连接同一个数据库。为此，可将连接数据库的代码单独写在一个文件中(该文件一般命名为 conn.php)，在需要连接数据库的网页中使用 require 或 include 命令包含它即可。代码如下：

```
--------------------------- 清单 5-1 conn.php ---------------------------
<?
$conn = mysql_connect("localhost","root","111");       //连接数据库服务器
mysql_query("set names 'gb2312'");                     //设置字符集
mysql_select_db("guestbook", $conn);                   //选择数据库
?>
```

5.2.2　创建结果集并输出记录

连接了数据库以后，PHP 程序只是和指定的数据库建立了连接，但数据库中通常有多

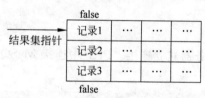

图 5-11　结果集示意图

个表，数据库中的数据都是存放在表中的。为了在页面上显示数据必须读取指定的表(全部或部分数据)到内存中来，这称为创建结果集(result)。结果集可以看成是内存中的一个虚表，由若干行或若干列组成。结果集带有一个记录指针，在刚打开结果集时指针指向结果集中第一条记录(若结果集不为空)，如图 5-11 所示。

使用 mysql_query()方法可以向 MySQL 服务器发送一条 Select 语句，此时该函数将返回一个结果集(result)。代码如下：

```
$result = mysql_query("Select * from lyb", $conn);       //创建结果集
```

1．在页面上输出整条记录

结果集相当于内存中的一个表。可以使用 mysql_fetch_assoc()等函数读取结果集中的一行到数组中。mysql_fetch_assoc()函数的参数是一个结果集，返回值是一个数组，该数组中保存了结果集指针当前指向的行。如果结果集指针没有指向行，则返回 false。

然后就可以输出数组元素到网页中，这样网页上就能显示数据表中的一条记录了。代码如下：

```
$ row = mysql_fetch_assoc( $ result);          //取出结果集中当前指针指向的行并保存到数组
echo $ row['title'].' '. $ row['author'].' '. $ row['email'];   //输出数组元素
```

输出结果为：

祝大家开心 唐三彩 sanyo@tom.com

其中 $ row＝mysql_fetch_assoc($ result)的作用是将结果集指针当前指向的记录保存到数组 $ row 中,然后将结果集指针下移一条记录,如图 5-12 所示。

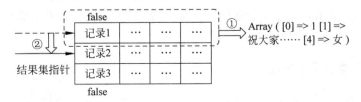

图 5-12 mysql_fetch_ * 函数的功能

实际上,PHP 提供了三个形如 mysql_fetch_ * ()的函数,都可以读取结果集中的当前记录到数组中,并将结果集指针移动到下一条记录。这三个函数分别是:

(1) mysql_fetch_row()：将当前记录保存到一个索引数组中。

(2) mysql_fetch_assoc()：将当前记录保存到一个关联数组中。

(3) mysql_fetch_array()：将当前记录保存到一个含有索引和关联的混合数组中。

它们的区别仅仅在于保存记录的数组不同。例如：假设已创建了一个结果集 $ result,则我们可以分别用这三个函数读取结果集中当前记录到数组中,再打印数组出来。

(1) 输出 mysql_fetch_row()保存记录的数组,代码如下：

```
print_r(mysql_fetch_row( $ result));
```

输出结果为：

```
Array ( [0] =>1 [1] => 祝大家开心 [2] => 非常感谢大家的帮助 [3] => 唐三彩 [4] => sanyo@
tom.com [5] => 59.51.24.37 [6] => 2012 - 03 - 20 00:00:00 [7] => 女 )
```

(2) 输出 mysql_fetch_ assoc()保存记录的数组,代码如下：

```
print_r(mysql_fetch_assoc( $ result));
```

输出结果为：

```
Array ( [ID] => 1 [title] => 祝大家开心 [content] => 非常感谢大家的帮助 [author] => 唐三彩
[email] => sanyo@tom.com [ip] => 59.51.24.37 [date] => 2012 - 03 - 20 00:00:00 [sex] => 女 )
```

(3) 输出 mysql_fetch_ array()保存记录的数组,代码如下：

```
print_r(mysql_fetch_array( $ result));
```

输出结果为：

```
Array ( [0] =>1 [ID] =>1 [1] => 祝大家开心 [title] => 祝大家开心 [2] => 非常感谢大家的
帮助 [content] => 非常感谢大家的帮助 [3] => 唐三彩 [author] => 唐三彩 [4] => sanyo@tom.
com [email] => sanyo@tom.com [5] => 59.51.24.37 [ip] => 59.51.24.37 [6] => 2012 - 03 -
20 00:00:00 [date] => 2012 - 03 - 20 00:00:00 [7] => 女 [sex] => 女 )
```

可见,mysql_fetch_row()返回的数组下标是数字,mysql_fetch_assoc()的数组下标是字符串(表的字段名),而 mysql_fetch_array()的数组内容实际上是上面两个函数数组的合集,它同时保存了两种数组元素。

由于在实际开发中一般不知道要输出字段的序号,但知道字段的字段名,因此 mysql_fetch_assoc 比 mysql_fetch_row 更常用。而 mysql_fetch_array 由于生成的数组元素太多,占用内存资源,因此建议少用。

2. 在页面上输出单个字段

创建了结果集后,使用 mysql_result()函数可以返回结果集指针当前指向记录的某个字段值。该函数语法为:mysql_result(result, row, field),其中,result 为一个结果集资源,row 用来指定行号(行号从 0 开始),field 是字段名或字段序号。例如:

```
echo mysql_result( $ result,1,'author');     //输出"小神马"
```

就可以输出结果集中第 2 条记录的 author 字段的值。输出完之后,mysql_result()函数也会将结果集指针移动到下一条记录。

3. 通过循环输出所有记录

如果要输出结果集中的所有记录,可以将 mysql_fetch_assoc()放在循环语句中执行,这样第一次循环时将取出第一条记录到数组中,然后结果集指针下移一条记录。第二次循环时将取出指针指向的第二条记录,结果集指针又下移一条记录。如此循环,直到结果集指针指向了结果集的末尾(最后一条记录之后)才停止循环。但是这样只能输出每条记录的内容(每个字段值)。如果要以表格的形式输出结果集,则必须用 HTML 标记定义表格,再将结果集中的字段值输出到每个单元格< td >中。下面是一个将表 lyb 中数据显示在页面上的完整程序。其运行结果如图 5-13 所示。

```
-------------------- 清单 5 - 2.php 显示数据库中的记录 --------------------
<?                                             //连接数据库
$ conn = mysql_connect("localhost","root","111");     //连接数据库服务器
mysql_query("set names 'gb2312'");             //设置字符集
mysql_select_db("guestbook", $ conn);          //选择数据库
$ result = mysql_query("Select * from lyb", $ conn);   //创建结果集
?>
<! -------------------- 在页面上显示数据库中的记录 -------------------->
< table border = "1" width = "95 %">
  < tr bgcolor = "#e0e0e0">
    <th>标题</th>< th width = "100">内容</th>< th width = "60">作者</th>
    <th>email</th>< th width = "80">来自</th></tr>
  <?                                             //循环输出记录到页面上
    while( $ row = mysql_fetch_assoc( $ result)){?>
```

```
<tr><td><? = $ row['title']?></td><td><? = $ row['content']?></td>
 <td><? = $ row['author']?></td><td><? = $ row['email']?></td>
 <td><? = $ row['ip']?></td></tr>
<? } ?>
</table>
```

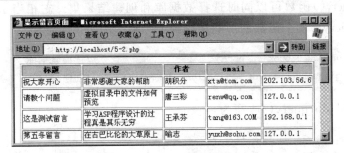

图 5-13　程序 5-2.php 的运行结果

说明：

（1）本程序分为三部分。第一部分是连接数据库服务器和选择数据库；第二部分是利用 mysql_query()方法创建结果集；第三部分是用 while 循环读取结果集中的所有记录。

（2）刚打开结果集时，指针指向第 1 条记录，执行 mysql_fetch_assoc($ result)方法会先将这条记录赋给数组 $ row，然后使指针移到下一条记录，这样第 2 次循环时将输出第 2 条记录。当指针移动到最后一条记录之后时，该方法将返回 false，这样 $ row 的值也变成 false，循环将不再继续。

想一想：

```
<? while( $ row = mysql_fetch_assoc( $ result)){?>
```

能否改为

```
<? while(mysql_fetch_assoc( $ result)){ $ row = mysql_fetch_assoc( $ result);?>
```

（3）由于每次循环显示一条记录，而每条记录显示在一行中，因此 while 循环的循环体是一对< tr >…</ tr >标记。

（4）字段名是区分大小写的。假如将 $ row['title']写成 $ row['Title']，则该字段值无法输出。

提示：从该程序可以看出，PHP 程序无法用一条语句将结果集（整个表）按原样输出，而只能利用循环将结果集中记录一条一条地输出。

4. 输出指定的 n 条记录

如果不想输出所有记录，只想输出结果集中的前 n 条记录，那么至少有两种方法，一种是使用 for 循环，限定循环次数为 n；第二种方法是修改 SQL 语句为 Select ∗ from lyb limit n，这样结果集中就只有 n 条记录。推荐用第二种方法，因为前一种方法虽然只在页面上输出 n 条记录，但实际上已经把所有的记录都读取到了结果集中，占用了内存。

5. 返回记录总数 mysql_num_rows()

该函数可以返回结果集中的记录总数，其参数是一个结果集资源。例如：

```
<p>共有<? = mysql_num_rows( $ result) ?>条记录</p>
```

6. mysql_db_query()函数

mysql_db_query()函数可以同时选择数据库和创建结果集。它相当于把 mysql_select_db()和 mysql_query()两个函数的功能集成到了一起。例如：

```
mysql_select_db("guestbook", $ conn);                    //选择数据库
$ result = mysql_query("Select * from lyb", $ conn);      //创建结果集
```

可以用 mysql_db_query()改写为：

```
$ result = mysql_db_query('guestbook',"Select * from lyb", $ conn);
```

7. 释放结果集 mysql_free_result()

结果集包含的记录会占用服务器内存,虽然在程序代码执行结束后会自动释放结果集占用的内存,但建议在适当时候可以使用 mysql_free_result()释放内存,例如：

```
mysql_free_result( $ result);
```

8. 关闭数据库连接 mysql_close()

使用 mysql_close()函数可以关闭使用 mysql_connect()函数建立的连接。例如：

```
mysql_close( $ conn);
```

5.2.3 使用 mysql_query 方法操纵数据库

除了将数据表中的数据显示在页面上以外,有时还希望通过网页对数据库执行添加、删除或修改操作。例如,在网页上发表留言就是向数据表中添加一条记录。

1. 利用 Insert 语句添加记录

利用 SQL 语言的 Insert 语句可以执行添加记录操作,而使用 mysql_query()方法实际上可以执行任何 SQL 语句,因此利用该方法执行一条 Insert 语句,就可以向数据表中添加一条记录。示例代码如下：

```
---------------------------- 清单 5 - 3.php 添加记录 ----------------------------
<?  require('conn.php');
mysql_query( "insert into lyb ( title, content, author, email, date") values ('大家好', 'PHP学
习园地', '小浣熊', 'sdf@sd.com','2012 - 3 - 3')") or die('执行失败');
echo '新增记录的 id 是'.mysql_insert_id();        //可选,输出新记录的 id
?>
```

说明：

（1）本程序分为两部分，第一部分是连接数据库，由于连接数据库的代码已写在 conn. php 文件中，因此在这里直接利用 require() 函数调用该文件。第二部分是利用 mysql_ query() 方法添加记录。

（2）mysql_query() 只有在执行查询语句时才会返回结果集，在添加记录时不会返回结果集，因此在 mysql_query() 前不必写" $ result＝"，如果写了则 $ result 的值为 false。

（3）用 Insert 语句一次只能添加一条记录，如果要添加多条，可以逐条添加或用循环语句。

（4）mysql_insert_id() 函数可以返回上一步 Insert 查询中新增记录的自动递增字段的值。

（5）die(msg) 函数的功能是输出一条消息 msg，并退出当前脚本，等价于 exit() 函数。

2. 利用 Delete 语句删除记录

当管理员希望删除某些留言时，就需要在数据库中删除记录，可以利用 mysql_query() 方法执行一条 Delete() 语句来删除记录。下面是一个例子。

```
———————————————— 清单 5-4.php 删除表中的记录 ————————————
<?  require('conn.php');
    mysql_query( " Delete from lyb where ID in(158,162,163,169)") or die('执行失败');
?>
本次操作共有<? = mysql_affected_rows() ?>条记录被删除!
```

mysql_affected_rows() 可返回此次操作所影响的记录行数。如果这次有 4 条记录被删除，那么影响的行数就是 4，该函数将返回 4。

提示：使用 mysql_query 方法执行 Insert、Delete、Update 语句，都可以用 mysql_affected_rows() 函数返回受影响的记录行数，但如果执行 Delete 语句时没有指定 Where 子句（此时所有记录都将被删除），则 mysql_affected_rows() 会返回 0，而不是实际被删除的记录数。

3. 利用 Update 语句更新记录

当需要修改某条留言时，就需要用 mysql_query() 方法执行 Update 语句更新记录。例如：

```
———————————————— 清单 5-5.php 更新表中的记录 ————————————
<?  require('conn.php');
    mysql_query("Update lyb set email = 'rong@163.com', author = '蓉蓉' where ID > 133 and ID <
    143") or die('执行失败');
?>
```

这样将修改符合条件的记录。Update 语句常用来记录新闻页面的单击次数，假设单击次数记录在 hits 字段中。只要在显示某条新闻的页面的适当位置加入如下这条语句就可以了。

```
mysql_query("update news set hits = hits + 1 where id = '". $ _GET['id']."'");
```

这样每打开一次这个新闻页面，都会执行这条 SQL 语句，使单击次数(hits 字段)加 1。

5.3 添加、删除、修改记录的综合实例

本节是一个综合实例,它能够对数据表中的数据进行添加、删除和修改操作。该程序包括数据管理主界面,添加记录模块、删除记录模块和更新记录模块。

5.3.1 管理记录主页面的设计

我们可以对 5-2.php 稍做修改,使其在显示记录的基础上增加添加、删除和修改记录的链接,分别链接到添加、删除和修改记录的 PHP 文件上。将这个网页作为管理留言的首页,命名为 5-6.php,程序代码如下,运行效果如图 5-14 所示。

```
------------------------- 清单 5-6.php 管理记录的主页面 -------------------------
<?   require('conn.php');                              //连接数据库
 $ result = mysql_query("Select * from lyb", $ conn);   //创建结果集
?>
<a href = "addform.php">添加记录</a>
< table border = "1" width = "95 %">
  < tr bgcolor = "♯e0e0e0">
    <th>标题</th><th>内容</th><th>作者</th><th> email </th>
    <th>来自</th><th>删除</th><th>更新</th> </tr>
  <? while( $ row = mysql_fetch_assoc( $ result)){       //显示结果集中记录
?>
< tr >< td ><? =  $ row['ID'] ?></td >< td ><? =  $ row['content'] ?></td>
  < td ><? =  $ row['author'] ?></td >< td ><? =  $ row['email'] ?></td>
  < td ><? =  $ row['ip']?></td>
   < td >< a href = "delete.php?id = <? =  $ row['ID'] ?>">删除</a></td>
   < td >< a href = "editform.php?id = <? =  $ row['ID'] ?>">更新</a></td>
</tr >
  <? } ?>
</table >
```

图 5-14　程序 5-6.php 的运行效果

说明:

(1) 请注意代码中的"删除"超链接:

```
< a href = "delete.php?id = <? =   $ row['ID'] ?>">删除</a>
```

其中,<? = ＄row['ID'] ?>会输出这条记录 ID 字段的值,而每条记录的 ID 字段值都不相同,因此,所有记录后的"删除"超链接虽然都是链接到同一页面(delete.php),但带的 ID 参数值不同,这样就可以将这条记录的 ID 参数值传递给 delete.php。

例如,如果这条记录的 ID 字段值为 4,则这个超链接实际上为:

```
< a href = "delete.php?id = 4">删除</a>
```

在 delete.php 中,就可以用＄_GET[]获取这个 ID 值。再根据该 ID 值,删除对应的记录。对于更新记录的超链接也是同样的道理。

(2)在有些程序中,删除和更新不是使用的超链接,而是使用表单中的按钮,如果要使用按钮,只要将< a href = "editform.php?id = <? = ＄row['ID'] ?>">更新</a>替换成:

```
< form action = "editform.php?id = <? = ＄row['ID'] ?>" method = "post">
    < input type = "submit" value = "更新">
</form>
```

该表单的作用仅仅是利用 action 属性来传递 URL 参数,表单并没有向处理页提交任何内容。(注意:method 属性不能省略,想一想把 method 属性设置为 get 还可以吗?)

(3)如果希望用户在单击"删除"链接后弹出一个确认框询问用户是否确定删除,可以将 5-6.php 中"删除"超链接的代码修改为:

```
< a href = "delete.php?id = <? = ＄row['ID'] ?>" onclick = "return confirm('确认要删除吗?')">
删除</a>
```

这样,由于 onclick 事件中的代码会先于 href 属性执行,因此当用户单击超链接时,将先弹出确认框(图 5-15),如果单击确认框上的"取消"按钮,confirm()函数将返回 false,本次单击超链接的行为将失效,就不会再链接到 delete.php 进行删除了。

图 5-15　删除确认框

5.3.2　添加记录的实现

当用户单击图 5-14 中的添加记录链接时,会转到 addform.php,该网页是个纯静态网页,它含有一个表单,用户可在表单中输入留言内容。其代码如下,运行效果如图 5-16 所示。

```
---------------------- 清单 5 - 7 addform.php 添加记录的界面 ----------------------
< h2 align = "center">请您在下面填写留言</h2>
< form method = "post" action = "insert.php">
  < table width = "400" border = "1" align = "center" cellpadding = "2">
    < tr>< td width = "125">留言标题:</td>
      < td width = "275">< input type = "text" name = "title"> *</td></tr>
    < tr>< td>留言人:</td>
      < td>< input type = "text" name = "author"> *</td></tr>
    < tr>< td>联系方式:</td>
      < td>< input type = "text" name = "email"> *</td></tr>
```

```
<tr><td>留言内容:</td>
  <td><textarea name="content" cols="30" rows="2"></textarea></td></tr>
  <tr><td> </td><td><input type="submit" value="提 交"></td></tr>
</table></form>
```

图 5-16 添加留言 addform.php 的主界面

当用户单击图 5-16 中的"提交"按钮后,就会将表单中的数据提交给 insert.php,该程序首先用 $_POST 获取表单中的数据,然后用 mysql_query()方法执行 Insert 语句,将用户输入的数据作为一条记录插入到 lyb 表中。代码如下,执行过程如图 5-17 所示,这样用户的留言就添加到了数据表中。

```
--------------------- 清单 5-8 insert.php 添加记录的主程序 ---------------------
<? //ob_start();
require('conn.php');
$title = $_POST["title"];                    //获取表单元素的值
$author = $_POST["author"];
$email = $_POST["email"];
$content = $_POST["content"];
$ip = $_SERVER['REMOTE_ADDR'];               //获得客户端 IP 地址
$sql = "insert into lyb(title,author,email,content,ip,`date`) values('$title','$author',
'$email', '$content','$ip','date(Y-m-d h:i:s) ')";
echo $sql;                                   //输出 SQL 语句,用于调试,可删除
mysql_query($sql) or die('执行失败');
header("Location:5-6.php");                  //插入成功后,自动转到首页
?>
```

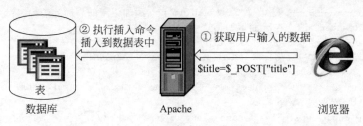

图 5-17 添加记录的步骤

说明：

(1) 该程序中的 Insert 语句较长，因此将其放在一个变量($ sql)中。这样做的另一个好处是，如果 SQL 语句有错误，则可以先输出该 SQL 语句，便于调试。

(2) 对于记录中自动递增字段的值(如 ID 字段)，系统会自动生成，切记不要用 Insert 语句插入自动递增字段的值，否则易引起错误。

5.3.3　删除记录的实现

当用户在图 5-14 中单击"删除"链接时，就会执行 delete. php 程序，该程序先获取从超链接传递过来的记录 ID 参数，然后用 Delete 语句删除 ID 对应的记录，过程如图 5-18 所示。

```
------------------ 清单 5－9 delete.php 删除记录的主程序 ------------------
<?  require('conn.php');
$ id = intval($ _GET['id']);                     //获取 5－6.php 传来的 ID 参数并转换为整型
$ sql = "delete from lyb where ID = $ id";
if(mysql_query($ sql) && mysql_affected_rows() ==1)//执行 SQL 语句并判断执行是否成功
    echo "< script > alert('删除成功!');location. href = '5－6.php'</script>";
else
    echo "< script > alert('删除失败!');location. href = '5－6.php'</script>";
?>
```

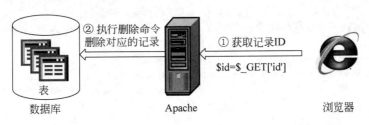

图 5-18　删除记录的步骤

说明：

(1) 在第二行中使用了 intval 函数将获取到的 ID 参数强制转换为整型，虽然在一般情况下不转换也可以，但这样做的好处是可以防止非法用户在浏览器地址栏中手工输入一些非数值型的 id 参数，如"id＝'"破坏系统。

(2) 如果 mysql_query 函数执行了一条合法的 SQL 语句(无论是否有记录被删除)，那么该函数将返回 true，否则返回 false。因此 mysql_query 返回 true 并不表示一定有记录被删除。为此程序采用 mysql_affected_rows()判断是否有记录被删除。

5.3.4　同时删除多条记录的实现

在有些电子邮件系统中，允许用户选中多封邮件后将它们一并删除，这就是同时删除多条记录的例子。我们可以对图 5-14 中的 5-6. php 做些修改，将每条记录后的"删除"超链接换成一个多选框，再在最后一行添加一个"删除"按钮，代码如下，运行结果如图 5-19 所示。

```
------------------ 清单 5－10 delall.php 同时删除多条记录的程序 ------------------
<?  require('conn.php');
```

```php
if ( $ _GET["del"] == 1){                                //如果用户按了"删除"按钮
        $ selectid = $ _POST["selected"];                //获取所有选中多选框的值,保存到数组中
    if( count( $ selectid)>0){                           //防止 selectid 值为空时执行 SQL 语句出错
        $ sel = implode(',', $ selectid);                //将各个数组元素用","号连接起来
        mysql_query( "delete From lyb where ID in ( $ sel)") or die('执行失败');
        header("Location:delall.php");                   //删除完毕,刷新页面
        }
    else echo '没有被选中的记录';
}
    $ result = mysql_query("Select * from lyb", $ conn);  //创建结果集
    ?>
< form method = "post" action = "?del = 1"> <! -- 表单提交给自身 -->
< table border = "1" width = "95 %">
  < tr bgcolor = "♯e0e0e0">
    <th>标题</th><th>内容</th><th>作者</th><th> email </th>
    < th>来自</th>< th>删除</th>< th>更新</th></tr >
<? while( $ row = mysql_fetch_assoc( $ result)){
?>
  < tr >< td ><? = $ row['title']?></td >< td ><? = $ row['content']?></td >
    < td ><? = $ row['author']?></td >< td ><? = $ row['email']?></td >
    < td ><? = $ row['ip']?></td >
    < td align = "center">
< input type = "checkbox" name = "selected[]" value = "<? = $ row['ID']?>"></td > <! -- 复选框 -->
    < td >< a href = "editform.php?id = <? = $ row['ID']?>">更新</a></td ></tr >
    <? } ?>
< tr bgcolor = "♯E0E0E0">
    < td ></td >< td ></td >< td ></td >< td ></td >< td ></td >
    < td align = "center">< input type = "submit" value = "删 除"></td > <! -- 删除按钮 -->
    < td ></td ></tr >
</table ></form >
```

图 5-19   delall. php 的运行结果

说明:

(1) 每条记录后的多选框的 name 属性值是静态的 selected[],因此循环以后所有记录多选框的 name 属性值都是 selected[],而多选框的 value 属性值是动态数据<? = $ row ['ID']?>,则循环后每条记录多选框的 value 属性值都是其 ID 字段值。我们知道,如果有多个多选框的 name 属性值相同,那么提交的数据就是 selected[] = 2&selected[] = 3&

selected[]＝5 的形式。因此,在该程序中,如果用户选中多条记录(例如选中第 2、3、5 条记录),则 $_POST["selected"]是一个数组:Array([0]=>2 [1]=>3 [2]=>5),用 implode 函数将该数组中的元素用逗号连接起来,就得到字符串 $sel＝2,3,5。那么最终执行的 SQL 语句就是 Delete From lyb where id in ("2,3,5")。这是一条正确的 SQL 语句,因此会删除第 2、3、5 条记录。

(2) 本程序将表单界面和删除记录的程序写在了同一个文件中,方法是通过 action 属性将表单提交给自身而不是其他文件,但增加了一个查询字符串,处理程序据此判断是否提交了表单。

5.3.5　修改记录的实现

修改记录的过程分为两阶段。

第一阶段是提供一个显示待修改记录的表单,该表单显示待修改记录各个字段的值,以供用户修改记录中的信息。显示待修改记录的程序 editform.php 代码如下,其程序流程如图 5-20 所示。运行结果如图 5-21 所示。

```
-------------------- 清单 5-11 editform.php 显示待修改记录的程序 --------------------
<?   require('conn.php');
$id = intval($_GET['id']);                     //将获取的 ID 强制转换为整型
$sql = "Select * from lyb where ID = $id";     //获取待更新的记录
$result = mysql_query($sql, $conn);
$row = mysql_fetch_assoc($result);             //将待更新记录各字段的值存入数组中
  ?>
  <h2 align = "center">更新留言</h2>
<form method = "post" action = "edit.php?id = <? = $row['ID'] ?>">
<table width = "400" border = "1" align = "center" cellpadding = "2">
  <tr><td width = "125">留言标题:</td>
    <td width = "275"><input type = "text" name = "title" value = "<? = $row['title'] ?>"> *</td>
  </tr>
    <tr><td>留言人:</td>
    <td><input type = "text" name = "author" value = "<? = $row['author'] ?>"> *</td></tr>
    <tr><td>联系方式:</td>
      <td><input type = "text" name = "email" value = "<? = $row['email'] ?>"> *</td></tr>
      <tr><td>留言内容:</td>
      <td><textarea name = "content" cols = "30" rows = "2"><? = $row['content'] ?></textarea>
</td></tr>
    <tr><td> </td><td><input type = "submit" value = "确 定"></td></tr>
  </table></form>
```

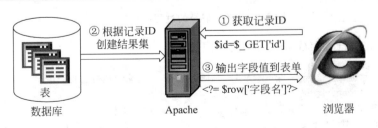

图 5-20　修改记录的过程(第一阶段)

图 5-21   程序 editform.php 的运行结果

说明：

（1）该程序界面和 addform.php 的界面很相似，但区别是表单中显示了一条记录的信息。它首先根据首页传过来的 ID 值，执行查询找到这条记录，然后将其显示在表单中，由于只有一条记录，所以不需要用到循环语句。

（2）请注意将动态数据显示在表单中的方法。对于单行文本框，它在初始时会显示 value 属性中的值，因此只要给其 value 属性赋值就可以了，如 value="<?= $row['title'] ?>"。对于多行文本域，它在初始时会显示标记中的内容，因此将动态数据写在标记中即可。

（3）表单传递 ID 给表单处理程序有两种方法，一是使用上述代码中的查询字符串方式（action="edit.php?id=<?= $row['ID'];?>"），二是使用表单隐藏域传递，例如在 editform.php 的表单中添加一个隐藏域：

```
< input type = "hidden" name = "id" value = "<? =  $ row['ID'];?>" />
```

修改记录的第二阶段是：当用户单击"确定"提交表单后，浏览器将与服务器进行第二次通信。修改记录处理程序 edit.php 首先获取从< form >标记中传递过来的 ID 值，并获取表单中填写的数据，根据 ID 值和表单数据修改该 ID 对应的记录，其过程如图 5-22 所示。

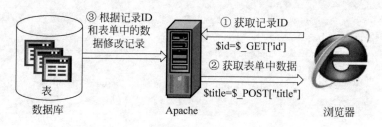

图 5-22   修改记录的过程（第二阶段）

修改记录的执行程序（edit.php）的代码如下：

```
-------------------- 清单 5 - 12 edit.php 修改记录的执行程序 --------------------
<?  require('conn.php');
$ id = intval( $ _GET['id']);                      //获取记录 ID
$ title = $ _POST["title"];                        //获取表单中数据
```

```
$ author = $ _POST["author"];
$ email = $ _POST["email"];
$ content = $ _POST["content"];
$ ip = $ _SERVER['REMOTE_ADDR'];          //获取客户端 IP
$ sql = "Update lyb Set title = ' $ title',author = ' $ author',email = ' $ email',content =
' $ content' Where ID = $ id";
mysql_query( $ sql) or die('执行失败');
echo "< script >alert('留言修改成功!');location. href = '5 - 6. php';</script>";
  ?>
```

说明:

(1) Update 语句根据传过来的 ID 找到要修改的留言;

(2) 更新完成后本程序采用输出客户端脚本的方法(location. href)转向首页,用来替代 header 语句,这样做的好处是可以在返回之前弹出一个警告框提示用户"留言修改成功",而 header 方法则无法在转向之前输出任何警告框之类的 JavaScript 的脚本,想一想为什么。因此 前面几个程序的 header 语句都可以换成这句,以增加弹出警告框提示用户的功能。

5.3.6　查询记录的实现

动态网站的一个明显优势是能够让用户在网站内快速搜索到符合条件的内容,如搜索 某种商品,某条新闻等。如果网站中所有的记录都存放在同一个表中,则只要借助于 Select 语句的模糊查询功能,就能方便地按照条件查询到相关记录。

查询记录程序的流程如下:首先提供一个文本框供用户输入要查找的关键字,然后将 用户提交的关键字作为条件用 Select 语句进行查询,最后将查询的结果(返回的结果集)显 示在网页中。下面在程序 5-2. php 的基础上添加查询功能,首先在该文件的< table >标记 前加入如下表单代码,修改后的页面显示效果如图 5-23 所示。

```
< form method = "get" action = "5 - 8. php">
  < div style = "border:1px solid gray; background: ♯eee;padding:4px;">
查找留言:请输入关键字 < input name = "keyword" type = "text">
    < select name = "sel">
      < option value = "title">文章标题</option >
      < option value = "content">文章内容</option >
    </select >
    < input type = "submit" value = "查询">
</div ></form >
```

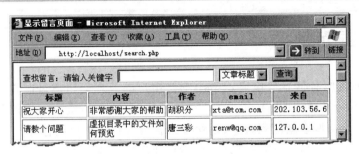

图 5-23　查找留言的界面

处理查询的程序 5-8.php 的代码如下：

```
< h3 align = "center">查询结果</h3 >
<?   require('conn.php');
$ keyword = trim( $ _GET['keyword']);          //获取输入的关键字
$ sel = $ _GET['sel'];                          //获取选择的查询方式
$ sql = "select * from lyb";
if ( $ keyword <> "")
    $ sql = $ sql . " where $ sel like '% $ keyword% '";    //构造查询语句
$ rs = mysql_query( $ sql) or die('执行失败');
if (mysql_num_rows( $ rs)>0) {
    echo "<p>关键字为" $ keyword ",共找到".mysql_num_rows( $ rs)." 条留言</p>"; ?>
< table border = "1">
  < tr bgcolor = "♯e0e0e0">
    < th>标题</th> < th width = "100">内容</th> < th width = "60">作者</th>
    < th> email </th> < th width = "80">来自</th></tr>
    <? while( $ row = mysql_fetch_assoc( $ rs)){
?>
  < tr>< td><? = $ row['title'] ?></td>< td><? = $ row['content'] ?></td>
    < td><? = $ row['author'] ?></td>< td><? = $ row['email'] ?></td>
    < td><? = $ row['ip'] ?></td></tr>
  <? }}
else echo "没有搜索到任何留言";
?>
</table >
```

在图 5-23 的查询框中输入"大家"，则该程序的运行结果如图 5-24 所示。

图 5-24   search.php 的运行结果

说明：该程序可以根据标题字段或内容字段进行查询，只要在下拉框中进行选择，就会将对应的字段名 title 或 content 发送给服务器，以构造相应的查询语句。

5.4   分页显示数据

分页是一种将所有信息分段显示给浏览器用户的技术。用户每次看到的不是全部信息，而是其中一部分信息，如果用户没有找到自己想要的内容，就可以使用翻页链接切换可见内容。分页显示功能在新闻列表页、论坛或留言板等程序中广泛存在。当记录很多时，程序能自动将结果集分页显示，用户可以一页一页地浏览。例如图 5-25 中，结果集中共有 14 条记录，每页显示 4 条，这样就分成了 4 页。

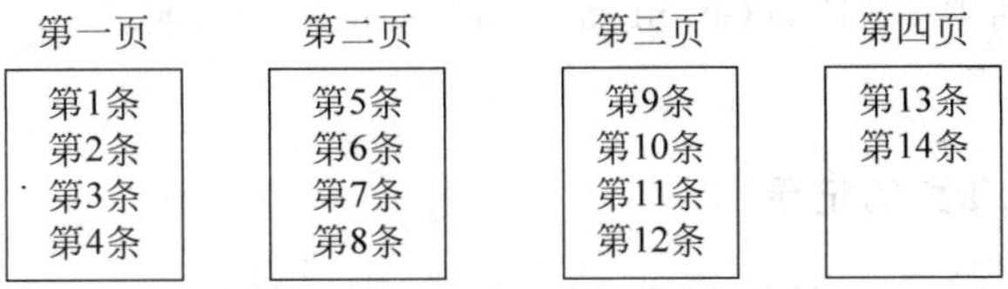

第一页	第二页	第三页	第四页
第1条 第2条 第3条 第4条	第5条 第6条 第7条 第8条	第9条 第10条 第11条 第12条	第13条 第14条

图 5-25 分页显示记录示意图

在 B/S 程序中,分页技术可以分别在数据库服务器、Web 服务器或浏览器中实现。如果通过创建结果集的方式来分页,就是在数据库服务器上实现分页;如果通过 PHP 循环语句读取结果集中某页范围的记录,就是在 Web 服务器上实现分页;如果通过客户端 JavaScript 脚本只显示某页记录对应的 HTML 元素,就是在浏览器中实现分页。

5.4.1 分页程序的基本实现

分页程序实现的步骤大致是:①设置每页显示的记录数;②获取记录总数;③计算总页数;④取得要显示第几页的记录;⑤通过超链接传递页码。

1. 设置每页显示的记录数

假定使用变量 $PageSize 来保存每页显示的记录数,它的值由用户根据需要自行设置。例如:设置每页显示 4 条记录,可以使用下面的语句:

```
$ PageSize = 4;
```

2. 获取记录总数

获取结果集中记录总数有两种方法,第一种是通过 mysql_num_rows()函数返回记录总数,并将其保存在 $RecordCount 变量中。代码如下:

```
$ RecordCount = mysql_num_rows( $ result);
```

第二种方法是通过 select 语句中的 count 函数实现。代码如下:

```
$ result = mysql_query("Select count( * ) from lyb", $ conn);      //统计记录数量的结果集
$ row = mysql_fetch_row( $ result);
$ RecordCount = $ row[0];
```

3. 计算总页数

可以通过 $RecordCount 和 $PageSize 两个变量的值计算得到总页面数 $PageCount,方法如下:

```
$ PageCount  = ceil( $ RecordCount/ $ PageSize);
```

说明:ceil(x)函数用来返回大于或等于 x 并且最接近 x 的整数。如果结果集中的记录总数 $RecordCount 是 $PageSize 的整数倍,则 $PageCount 等于 $RecordCount 除以

＄PageSize 的结果；否则，＄PageCount 等于＄RecordCount 除以＄PageSize 的结果取整后加 1。

4. 取得要显示第几页的记录

虽然使用＄PageSize 可以控制每页显示的记录数，但是要显示哪页的记录呢？可以在 Select 语句中使用 limit 子句限定显示记录的范围，方法如下：

```
Select * from 表名 limit 起始位置, 显示记录数量
```

例如，用＄Page 保存当前页码，要获取第＄Page 页显示的记录，SQL 语句如下：

```
Select * from 表名 limit (＄Page-1) * ＄PageSize, ＄PageSize
```

这样，只要给＄Page 赋一个值 n，就能显示第 n 页的记录了。代码如下：

```
<? require('conn.php');
＄Page = 3;                                    //显示第 3 页的记录
＄PageSize = 4;
＄result = mysql_query("Select * from lyb", ＄conn);   //创建获取记录总数的结果集
＄RecordCount = mysql_num_rows(＄result);
＄PageCount = ceil(＄RecordCount/＄PageSize);
＄result = mysql_query("Select * from lyb limit ".(＄Page-1) * ＄PageSize." , ".＄PageSize, ＄conn);
?>
<table border = "1" width = "95 %"><tr bgcolor = "#e0e0e0">
  <th>标题</th><th>内容</th><th>作者</th><th>email</th><th>来自</th></tr>
  <? while(＄row = mysql_fetch_assoc(＄result)){ ?>
  <tr><td><? = ＄row['ID'] ?></td><td><? = ＄row['content'] ?></td>
    <td><? = ＄row['author'] ?></td><td><? = ＄row['email'] ?></td>
    <td><? = ＄row['ip'] ?></td></tr>
  <? }
  mysql_free_result(＄result); ?></table>
```

说明：limit 子句中的记录序号从 0 开始，第 1 条记录的序号为 0。因此(＄Page-1) * ＄PageSize 就表示前 n-1 页的所有记录再加 1，正好是第 n 页的第 1 条记录。

5. 通过超链接传递页码

可以通过超链接传递参数的方法通知脚本程序要显示的页码。假定分页显示记录的页面是 5-9.php，传递参数的链接如下：

```
http://localhost/php/5-9.php?page=2
```

参数 page 用来指定当前的页码。在 5-9.php 中，可以通过下面的语句读取参数 page：

```
if(isset(＄_GET['page']))                         //如果获取到的页码不为空
    ＄Page = ＄_GET['page'];
else
    ＄Page = 1;
```

这样＄Page 就保存了 URL 中的页码。但普通用户不会知道在 URL 上输入类似

?page=2之类的参数来访问分页。为此,我们可以定义几个分页链接,供用户单击。

"第一页"链接的代码如下:

```
echo "<a href='?page=1'>第一页</a>";  //转到当前页的第一页
```

"上一页"链接的代码如下:

```
echo "<a href='?page=".($Page-1).">上一页</a>";
```

"下一页"链接的代码如下:

```
echo "<a href='?page=".($Page+1).">下一页</a>";
```

"末页"链接的代码如下:

```
echo "<a href='?page=".$PageCount.">末页</a>";
```

比较完美的分页程序中,还需要根据当前页对翻页链接进行判断控制。如果当前页码是1,则取消"第一页"和"上一页"的链接;如果当前页是最后一页,则取消"下一页"和"末页"的链接。

下面是一个分页显示程序的完整代码,它的运行效果如图5-26所示。

```
---------------------- 清单5-13.php 分页显示记录程序1 ----------------------
<?  require('conn.php');
if(isset($_GET['page']) && (int)$_GET['page']>0)     //获取页码并检查是否非法
    $Page=$_GET['page'];
else $Page=1;                                        //如果获取不到页码则显示第1页
//设置每页显示记录数
$PageSize=4;
$result=mysql_query("Select count(ID) from lyb",$conn);  //创建统计记录总数的结果集
$row=mysql_fetch_row($result);
$RecordCount=$row[0];                                //获取记录总数
//计算总共有多少页
$PageCount = ceil($RecordCount/$PageSize);
    //将某一页的记录放入结果集
$result=mysql_query("Select * from lyb limit ".($Page-1)*$PageSize.",".$PageSize, $conn);
//显示记录     ?>
<h3 align="center">分页显示记录</h3>
<table border="1" width="95%">
  <tr bgcolor="#e0e0e0">
    <th>标题</th><th>内容</th><th>作者</th><th>email</th><th>来自</th></tr>
  <? while($row=mysql_fetch_assoc($result)){ ?>
  <tr><td><?= $row['title'] ?></td><td><?= $row['content'] ?></td>
    <td><?= $row['author'] ?></td><td><?= $row['email'] ?></td>
    <td><?= $row['ip'] ?></td></tr>
  <? }
  mysql_free_result($result); ?>
</table>
  <p><?                                              //显示分页链接的代码
if($Page==1)                                          //如果是第1页,则不显示第1页的链接
    echo "第一页 上一页 ";
```

```
else echo " <a href = '?page = 1'>第一页</a> <a href = '?page = ". ( $ Page - 1). "'>上一页</a> ";
for( $ i = 1; $ i <= $ PageCount; $ i++){                    //设置数字页码的链接
    if ( $ i == $ Page) echo " $ i ";                       //如果是某页,则不显示某页的链接
    else echo " <a href = '?page = $ i'>$ i</a> ";}
if( $ Page == $ PageCount)                                   //设置"下一页"链接
    echo " 下一页 末页 ";
else echo " <a href = '?page = " . ( $ Page + 1) . "'>下一页</a>
  <a href = '?page = " . $ PageCount . "'>末页</a> ";
echo "   共". $ RecordCount. "条记录  ";            //共多少条记录
echo " $ Page / $ PageCount 页";                            //当前页的位置
?></p>
```

图 5-26　分页显示记录示例

6. 通过移动结果集指针进行分页(在 Web 服务器实现分页)

分页程序的写法其实还有别的。例如:要实现只显示第 n 页的记录,除了使用 limit 子句创建仅含有一页记录的结果集外,还可以创建包含所有记录的结果集,并将结果集的指针指向第 n 页的第 1 条记录,然后用 for 循环循环输出 $ PageSize 条记录。代码如下:

```
----------------------- 清单 5 - 14.php 分页显示记录程序 2 ---------------------
<? require('conn.php');
if(isset( $ _GET['page']) && (int) $ _GET['page']>0)    //获取页码
        $ Page = $ _GET['page'];
else    $ Page = 1;
//设置每页显示记录数
$ PageSize = 4;
$ result = mysql_query("Select ID from lyb", $ conn);   //创建结果集
$ RecordCount = mysql_num_rows( $ result);              //获取记录总数
mysql_free_result( $ result);
 //计算有多少页
  $ PageCount = ceil( $ RecordCount/ $ PageSize);
    //将所有记录放入结果集
$ result = mysql_query("Select * from lyb", $ conn);
 //显示记录      ?>
< table border = "1" width = "95 %"><tr bgcolor = "#e0e0e0">
    <th>标题</th><th>内容</th><th>作者</th><th>email</th><th>来自</th></tr>
 <?                                              //将指针指向第 $ Page 页第 1 条记录
  mysql_data_seek( $ result,( $ Page - 1) * $ PageSize);
```

```
for( $ i = 0; $ i < $ PageSize; $ i++){
    $ row = mysql_fetch_assoc( $ result);
    if( $ row){                          //如果记录不为空,用来处理末页的情况
?>
  < tr >< td ><? = $ row['ID'] ?></td >< td ><? = $ row['content'] ?></td >
    < td ><? = $ row['author'] ?></td >< td ><? = $ row['email'] ?></td >
    < td ><? = $ row['ip'] ?></td ></tr >
  <? } }
  mysql_free_result( $ result); ?>
</table >
  < p ><? …                             //此处为显示分页链接的代码,与 5 - 13.php 相同,故省略
?></p >
```

其中,mysql_data_seek(result,row)函数的功能是将结果集 result 的指针移动到指定的行数 row(行数从 0 开始)。

这种方法创建的结果集中包含了所有记录,也就是说包含了所有页的记录。从效率上说,如果结果集中记录很多的话,该方法创建的结果集将占用很多的服务器内存,因此效率较低。但如果结果集中记录比较少,则这种方法不必每显示一个分页就执行一个不同的查询,因此效率反而高些。

5.4.2 对查询结果进行分页

5.4.1 节中只是最基本的分页程序。假设要对图 5-24 中搜索留言得到的结果进行分页,则上述分页程序只能正确显示第 1 页,当用户转到其他页后又会显示所有的记录,而不是查询得到的记录。这是因为单击分页链接后没有将用户输入的查询关键字传递给其他页。

为此,可以在获取了用户输入的关键字后,一方面将它传递给 SQL 语句进行查询,另一方面将其保存在分页链接的 URL 参数(或表单隐藏域)中。具体来说,可以给分页链接增加一个 URL 参数,将该 URL 参数的值设置为查询关键字以传递给其他页。关键代码如下:

```
<%   $ keyword = trim( $ _GET['keyword']);      //获取查询关键字
if ( $ keyword <> "")
    $ sql = $ sql ." where title like ' % $ keyword % '";
…
for( $ i = 1; $ i <= $ PageCount; $ i++)  {      // 设置每页的链接
    if ( $ i == $ Page) echo " $ i ";
    else                                         //在此处添加 URL 参数 keyword,用来保存关键字
    echo " < a href = '?page = $ i&keyword = $ keyword'> $ i </a > ";}
?>
```

这样,单击分页链接时,都会将关键字重新传给 SQL 语句,因此单击分页链接后转到的新分页仍然是查询结果。它的完整代码如下,运行结果如图 5-27 所示。

```
<?   require('conn.php');
if(isset( $ _GET['page']) && (int) $ _GET['page']>0)           //获取页码
```

```php
        $ Page = $ _GET['page'];
    else  $ Page = 1;
    $ PageSize = 4;                                          //设置每页显示记录数
    $ keyword = trim( $ _GET['keyword']);                     //获取查询关键字
    $ sql = "select * from lyb";
    if ( $ keyword <> "")
        $ sql = $ sql ." where title like '% $ keyword%'";
    $ result = mysql_query( $ sql, $ conn);                   //根据有无查询关键字创建结果集
    $ RecordCount = mysql_num_rows( $ result);               //获得记录总数
    $ PageCount = ceil( $ RecordCount/ $ PageSize);          //获得总页数
?>
< form method = "get" action = "">
  < div style = "border:1px solid gray; background: #eee;padding:4px;">
查找留言:请输入关键字< input name = "keyword" type = "text" value = "<? = $ keyword?>">
    < input type = "submit" value = "查询">
</div></form>
< table border = "1" width = "95%">
    < tr bgcolor = "#e0e0e0"><th>标题</th>…(省略显示表头的代码)</tr>
<?
mysql_data_seek( $ result,( $ Page - 1) * $ PageSize);      //将指针指向第 $ Page 页第 1 条记录
for( $ i = 0; $ i < $ PageSize; $ i++){
    $ row = mysql_fetch_assoc( $ result);
    if( $ row){       ?>
        < tr >< td ><? = $ row['title'] ?></td> < td ><? = $ row['content'] ?></td>
        < td ><? = $ row['author'] ?></td> < td ><? = $ row['email'] ?></td>
        < td ><? = $ row['ip'] ?></td></tr>
  <? }} ?>
</table>
< p ><?                                                   // 显示分页链接
 if( $ Page == 1)  echo  "第一页 上一页 ";
else   echo  " < a href = '?page = 1&keyword = $ keyword'>第一页</a>
 < a href = '?page = " . ( $ Page - 1) . "&keyword = $ keyword'>上一页</a> ";
for( $ i = 1; $ i <= $ PageCount; $ i++)  {                   //设置数字页码的链接
    if ( $ i == $ Page) echo " $ i ";
    else echo " < a href = '?page = $ i&keyword = $ keyword'> $ i </a> ";}
if( $ Page == $ PageCount)  echo  " 下一页  末页 ";
else echo   " < a href = '?page = " . ( $ Page + 1) . "&keyword = $ keyword'>下一页</a>
 < a href = '?page = " . $ PageCount . "&keyword = $ keyword'>末页</a> ";
echo "   共". $ RecordCount. "条记录  ";                //共多少条记录
echo " $ Page / $ PageCount 页";                               //当前页的位置
?></p>
```

5.4.3 将分页程序写成函数

由于网站中很多页面都要使用分页功能,因此将分页程序写成函数,在需要的时候调用能大大减少编程的工作量。

1. 分页函数的设计和实现

设计函数首先要确定函数的输入和输出,对于分页函数来说,输入的参数有：①记录总

图 5-27 对查询结果进行分页的效果

数 $RecordCount；②每页显示的记录数 $PageSize；③当前显示哪一页 $Page；④当前页的 url；⑤查询关键字 $keyword。只要在程序中设置好这 5 个参数(如没有查询关键字,可不设置 $keyword),就可以调用分页函数了。该分页函数没有返回值,其功能主要是输出分页链接。下面是分页函数 page()的代码:

```php
———————————————— 清单 5 - 15. php 分页函数 ————————————————
<?
function page( $ RecordCount, $ PageSize, $ Page, $ url, $ keyword){
    $ PageCount = ceil( $ RecordCount/ $ PageSize);    //计算总页数
    $ page_previous = ( $ Page <= 1)?1: $ Page - 1;    //计算上一页的页数
    $ page_next = ( $ Page >= $ PageCount)? $ PageCount: $ Page + 1;        //计算下一页的页数
    $ page_start = ( $ Page - 5 > 0)? $ Page - 5:0;    //只显示本页前 5 页的页码链接
    //只显示后 5 页的页码链接
    $ page_end = ( $ page_start + 10 < $ PageCount)? $ page_start + 10: $ PageCount;
    //若超过 10 页,只显示本页前后 5 页的页码链接
    $ page_start = $ page_end - 10;
    if( $ page_start < 0) $ page_start = 0;            //若当前页不合法,更正
    $ parse_url = parse_url( $ url);                   //判断 $ url 中是否存在查询字符串
    if(empty( $ parse_url["query"]))
        $ url = $ url.'?';                            //若不存在,在 $ url 后添加?
    else $ url = $ url.'&';                            //若存在,在 $ url 后添加 &
    if(empty( $ keyword)){
        if( $ Page == 1) $ navigator = "[首页] [上一页] ";
    else $ navigator = " < a href = '?page = 1'>[首页]</a> < a href = ". $ url."Page = $ page_
previous >[上一页]</a> ";
    for( $ i = $ page_start; $ i < $ page_end; $ i++){  //输出页码链接
            $ j = $ i + 1;
            if ( $ j == $ Page) $ navigator = $ navigator. " $ j";
        else $ navigator = $ navigator. " < a href = '". $ url."Page = $ j'>$ j</a> ";
        }
    if( $ Page == $ PageCount)                         // 设置"下一页"链接
        $ navigator = $ navigator. " [下一页] [末页]";
    else $ navigator = $ navigator. " < a href = ". $ url."Page = $ page_next >[下一页]</a> < a
href = ". $ url."Page = $ PageCount >[末页]</a> ";
        $ navigator. "   共". $ RecordCount. "条记录   $ Page / $ PageCount 页";
```

```
    }else{                          //如果设置了查询关键词,则将查询关键词加到URL链接中
        $keyword = $_GET["keyword"];
    $navigator = "<a href=". $url."keyword=$keyword&Page=$page_previous>上一页</a>";
        for($i=$page_start; $i<$page_end; $i++){
            $j = $i+1;
        $navigator = $navigator."<a href='". $url."keyword=$keyword&Page=$j'>$j</a>";
        }
    $navigator = $navigator."<a href=". $url."keyword=$keyword&Page=$page_next>下
一页</a>";
    $navigator. = "   共". $RecordCount. "条记录   $Page / $PageCount 页";
    }
    echo $navigator;                //输出分页链接
}  ?>
```

2. 调用分页函数实现分页的实例

下面我们改写5.4.1节中的5-14.php,通过调用分页函数来实现分页。代码如下:

```
<?  require('conn.php');
require('5-15.php');                              //调用分页函数所在文件
if(isset($_GET['Page']) && (int)$_GET['Page']>0)   //获取页码
            $Page = $_GET['Page'];
else $Page = 1;
$PageSize = 4;                                    //设置每页显示记录数
$result = mysql_query("Select ID from lyb", $conn);   //创建结果集
$RecordCount = mysql_num_rows($result);          //获取记录总数
    //删除了原来程序中计算$PageCount的代码
$result = mysql_query("Select * from lyb", $conn);
    //显示记录
?>
<table border="1" width="95%"><tr bgcolor="#e0e0e0">
    <th>标题</th><th>内容</th><th>作者</th><th>email</th>
    <th>来自</th></tr>
  <?                                            //将指针指向第$Page页第1条记录
  mysql_data_seek($result,($Page-1)*$PageSize);
  for($i=0; $i<$PageSize; $i++){
            $row = mysql_fetch_assoc($result);
    if($row){                                   //如果记录不为空,用来处理末页的情况
?>
  <tr><td><?= $row['ID'];?></td><td><?= $row['content'];?></td>
    <td><?= $row['author'];?></td><td><?= $row['email'];?></td>
    <td><?= $row['ip'];?></td></tr>
  <? } }
  mysql_free_result($result); ?>
</table>
<? $url = $_SERVER["PHP_SELF"];                   //获得当前页的URL
page($RecordCount, $PageSize, $Page, $url, $keyword);//调用分页函数
?>
```

可见,分页函数只是完成了5.4.1节分页程序的基本实现中第③步"计算总页数"和第
⑤步"通过超链接传递页码"的功能,其他步骤仍然需要在程序中进行设置。

5.4.4　可设置每页显示记录数的分页程序

在有些分页程序中,还具有让用户选择每页显示多少条记录的功能,如图 5-28 所示。对于记录数非常多的网页来说,这种功能对用户更友好。

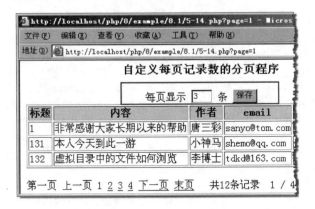

图 5-28　可设置每页显示多少条记录的分页程序

要实现该功能,首先在网页中添加一个表单,表单的文本框中可输入每页显示的记录数。如果用户提交了表单,就把用户设置的每页记录数赋给 $PageSize 变量,这样分页程序就会根据新的 $PageSize 值重新分页。但转到其他页后,由于获取不到用户设置的记录数,$PageSize 的值又会恢复成默认值。为此,应该把用户设置的记录数保存起来,可以采用 5.4.2 节的方法将该值保存到 URL 参数中,也可以将该值保存到一个 Session 变量中,这样其他分页都能获取到用户设置的记录数。本例采用第二种方法,代码如下,运行效果如图 5-28 所示。

```
------------------------------ 清单 5 - 16.php ------------------------------
<? session_start();
require('conn.php');
if(isset( $ _GET['page']) && (int) $ _GET['page']> 0)      //获取页码
    $ Page = $ _GET['page'];
else  $ Page = 1;
//设置每页显示记录数,并将记录数保存到 SESSION 变量中
if(isset( $ _GET['pagesize'])){                            //如果用户设置了每页记录数
    $ PageSize = $ _GET['pagesize'];                       //将用户设置的值赋给 $ PageSize
    $ _SESSION["pagezize"] = $ _GET['pagesize'];           //将该值保存到 Session 变量中
}
if( $ _SESSION["pagezize"]<>"")                            //如果 Session 值不为空
    $ PageSize = $ _SESSION["pagezize"];
else
    $ PageSize = 4;                                        //第一次打开网页时默认每页显示 4 条
$ result = mysql_query("Select * from lyb", $ conn);       //创建结果集
$ RecordCount = mysql_num_rows( $ result);
$ PageCount = ceil( $ RecordCount/ $ PageSize);            //计算有多少页
//显示记录       ?>
< h3 align = "center">自定义每页记录数的分页程序</h3>
< form style = "margin:0 auto; text - align:center;" method = "get" action = "">每页显示 < input
```

```
type = "text" name = "pagesize" size = "3" value = "<? = $PageSize?>"> 条 < input type =
"submit" value = "保存"></form>
< table border = "1" width = "95 % ">
  < tr bgcolor = " ♯e0e0e0">
    < th>标题</th>< th>内容</th>< th>作者</th>< th> email </th>< th>来自</th></tr>
    <?
    mysql_data_seek( $result,( $Page − 1) ∗ $PageSize); //将指针指到某页的第 1 条记录
    for( $i = 0; $i < $PageSize; $i++){
        $row = mysql_fetch_assoc( $result);
            if( $row){ ?>
    < tr>< td><? = $row['ID'];?></td>< td><? = $row['content'];?></td>
      < td><? = $row['author'];?></td>< td><? = $row['email'];?></td>
      < td><? = $row['ip'];?></td>
</tr>
  <? } }
  mysql_free_result( $result);    ?>
</table>
< p><?  …                          //此处为显示分页链接的代码,与 5 − 13.php 相同,故省略
?></p>
```

5.5   mysqli 扩展函数的使用

从 PHP 5.0 开始,不仅可以使用原来的 mysql 函数,而且还可以使用新的 mysqli 扩展函数实现与 MySQL 数据库的信息交流。mysqli 被封装到一个类中,它是一种面向对象的技术,其中 i 表示改进(improvement),其执行速度更快。大多数 mysqli 函数的函数名与 mysql 函数名类似,只不过将函数名的前缀由"mysql"改成了"mysqli"。

要在 PHP 中使用 mysqli 函数,需要在 php.ini 中进行配置。找到下面的配置项:

```
;extension = php_mysqli.dll
```

去掉前面的注释符(;),保存更改,重启 Apache 服务,就可以使用 mysqli 函数了。

5.5.1   连接 MySQL 数据库

在 mysqli 中,提供了两种方法创建到数据库的连接。

1. 使用 mysqli_connect()函数

mysqli_connect()函数用来连接 MySQL 数据库,语法如下:

```
mysqli 对象名 = mysqli_connect(数据库服务器, 用户名, 密码, 数据库名)
```

例如,要访问本机上的 MySQL 数据库 guestbook,用户名为 root,密码为 111,代码如下:

```
$conn = mysqli_connect('localhost','root','111','guestbook');
```

可见,mysqli_connect 函数比 mysql_connect 多了一个参数,使它在连接数据库服务器的同时还能选择数据库。

2. 声明 mysqli 对象

可以使用声明 mysqli 对象的方法来创建连接对象,方法如下:

```
$ conn = new mysqli('localhost','root','111','guestbook');
```

如果在创建 mysqli 对象时没有向构造方法传入参数,则需要多写几行代码,包括调用 connect 函数连接数据库服务器,使用 select_db 方法选择数据库。代码如下:

```
$ conn = new mysqli();
$ conn -> connect('localhost','root','111');
$ conn -> select_db('guestbook');
```

说明:

(1) new mysqli()表示新建一个 mysqli 类的实例,类的实例即对象,赋给变量 $ conn。

(2) 由于 $ conn 是一个对象,调用对象的方法可以使用"对象名->方法名"的形式。

(3) mysqli 扩展模块包括 mysqli、mysqli_result 和 mysqli_stmt 三个类。$ conn 就是一个 mysqli 对象,它属于 mysqli 类。mysqli 类常见的成员方法如表 5-1 所示。使用这些成员方法可以对数据库进行查询、创建结果集等操作。

表 5-1　mysqli 类中的成员方法

方 法 名	功　　能
connect()	打开一个新的连接到 MySQL 数据库服务器
select_db()	选择当前数据库
set_charset()	设置客户端的默认字符集
close()	关闭先前打开的连接
query()	执行 SQL 语句,并返回结果集(对于 Select 语句)或不返回
multi_query()	同时执行多个查询语句
store_result()	在执行多查询语句时,获取当前结果集
next_result()	在执行多查询语句时,获取当前结果集的下一个结果集
more_results()	从多查询语句中检查是否有任何更多的查询结果集

5.5.2　执行 SQL 语句创建结果集

可以使用 mysqli_query()函数或 mysqli 对象的 query()函数来执行 SQL 语句,如果执行的是 Select 语句,则会返回一个结果集,如果执行的是 Insert、Delete 等非查询语句,则不会返回结果集。

(1) mysqli_query()函数的语法如下:

```
结果集 = mysqli_query(连接对象, SQL 语句)
```

注意 mysqli_query()函数两个参数的顺序与 mysql_query()函数的参数顺序相反。例如:

```
$ result = mysqli_query( $ conn,'select * from lyb');
```

(2) mysqli 对象的 query()函数的基本语法和示例如下：

```
对象名 - > query(SQL 语句)
$ result = $ conn - > query('select * from lyb');
```

结果集中的所有数据默认都是发送到客户端的，如果希望把结果集暂存在 MySQL 服务器上，在有需要时才一条条地读取记录过来，就需要在调用 query 方法时，在第二个参数中提供一个 MYSQLI_USE_RESULT 值。例如：

```
$ result = $ conn - > query('select * from lyb', MYSQLI_USE_RESULT);
```

在结果集比较大或不适合一次全部取回到客户端时，使用这个参数比较有用。

(3) 执行非查询语句。

如果执行的是非查询语句，则不会返回结果集，因此不要将函数的返回值赋给 $ result。例如：

```
$ conn - > query('delete from lyb where ID = 3');
```

5.5.3 从结果集中获取数据

结果集实际上是 mysqli_result 类的一个对象，可以使用 mysqli_result 类中的一些方法获取结果集中的数据。如果要获取结果集中的当前记录并存储到数组，可使用如下代码：

```
$ row = $ result - > fetch_assoc();
```

这样就将指针指向的当前记录保存到数组 $ row 中，并使结果集指针指向下一条记录。下面是一个获取结果集中所有数据，并输出到表格中的例子，运行效果如图 5-13 所示。

```
—————————————————————————— 清单 5 - 17. php ——————————————————————
<?    $ conn = new mysqli();
 $ conn - > connect('localhost','root','111');
 $ conn - > select_db('guestbook');          //连接数据库
 $ conn - > query('set names gb2312');        //设置字符集
 $ result = $ conn - > query('select * from lyb');   //创建结果集
?>
< table border = "1" width = "95%">
  < tr bgcolor = "#e0e0e0">
      < th>标题</th> < th width = "100">内容</th> < th width = "60">作者</th>
      < th>email </th></tr>
    <?    $ result - > data_seek(5);            //从第 6 条记录开始读,可去掉
  while( $ row = $ result - > fetch_assoc()){     //循环读取结果集中的记录
  ?>
  < tr>< td><? = $ row['title'] ?></td>< td><? = $ row['content'] ?></td>
    < td><? = $ row['author'] ?></td>< td><? = $ row['email'] ?></td></tr>
  <? } ?>
</table>
<p>记录总数 <? = $ result - > num_rows ?></p>
```

上例中 num_rows 是 mysqli_result 类中的一个成员属性,用来返回结果集中的记录总数。而 fetch_assoc()是 mysqli_result 类中的一个成员方法,mysqli_result 类中的常用方法如表 5-2 所示。

表 5-2 mysqli_result 类中的成员方法

方 法 名	功 能
fetch_row()	以索引数组的形式返回结果集中当前指向的记录
fetch_assoc()	以关联数组的形式返回结果集中当前指向的记录
fetch_array()	以索引数组和关联数组的形式返回结果集中当前指向的记录
fetch_object()	以对象的形式返回结果集中当前指向的记录
data_seek(n)	将结果集指针指向第 n 条记录
fetch_field()	从结果集中获得某一字段的信息
fetch_fields()	从结果集中获得全部字段的信息
field_seek()	设置结果集中字段的偏移位置
close()	关闭结果集

提示:如果要判断结果集不为空,只能使用 if($result-> num_rows > 0)来判断,而不能使用 if($result)来判断,因为 $conn-> query()只有在执行查询出错时才会返回 false,如果执行查询正确,即使查询结果只有 0 条记录,也会返回一个成员为 0 的对象。

5.5.4 同时执行多条 SQL 语句

有时可能需要同时执行多条 SQL 语句,例如要在页面上创建两个结果集,并且这两个结果集的代码是嵌套的。

例如图 5-29 中修改新闻记录的界面中有一个下拉框,该下拉框列出了新闻所属的各种类别供用户选择,而各种类别存储在字段 class 中,显然填充下拉框需要创建一个查询所有 class 字段值的结果集(该结果集中有多条记录);而显示待修改记录各个字段是根据该记录的 ID 创建一个结果集,该结果集中只有一条记录,因此,这里面存在两个不同的结果集,一个结果集用来显示待修改的记录,另一个结果集用来显示下拉框中的新闻所属类别。

为了同时创建两个结果集,可以使用 multi_query()函数同时执行多条 SQL 语句。如果执行的是 Select 语句,就可以使用 store_result()方法将当前结果集取回到客户端,而用 next_result()方法可转到下一个结果集。实现图 5-29 功能的程序如下:

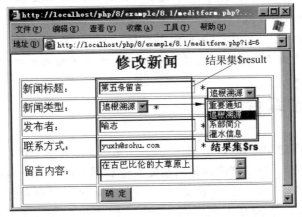

图 5-29 带有下拉框的修改记录界面需同时创建两个结果集

```
────────────────────────── 清单 5-18.php ──────────────────────────
<?  $ conn = new mysqli();
    $ conn -> connect('localhost','root','111');
    $ conn -> select_db('lyb');
    $ conn -> query('set names gb2312');
    $ id = intval( $ _GET['id']);                    //将获取的 ID 强制转换为整型
    //执行 2 条 SQL 语句,2 条 SQL 语句之间用";"号隔开
$ conn -> multi_query("Select * from lyb where ID = $ id ;select distinct class from lyb");
$ result = $ conn -> store_result();                //获取第 1 个结果集
$ row = $ result -> fetch_assoc();                  ?>
 <h2 align = "center">更新留言</h2>
< form method = "post" action = "edit.php?id = <? =  $ row['ID'] ?>">
  < table width = "400" border = "1" align = "center" cellpadding = "2">
    < tr > < td width = "125">留言标题:</td> < td width = "275">
    < input type = "text" name = "title" value = "<? =  $ row['title'] ?>"> * </td></tr>
    < tr > < td width = "125">留言类型:</td> < td >
< select name = "clas">
<?  $ conn -> next_result();                         //转到下一个结果集
    $ rs = $ conn -> store_result();                 //获取第 2 个结果集
while( $ row2 = $ rs -> fetch_assoc()){              //将 class 字段填充到下拉框中
?>
    < option value = "<? =  $ row2["class"] ?>" <? if( $ row2["class"] == $ row['class']) echo
"selected"; ?>><? =  $ row2["class"] ?></option>
        <? } ?>
</select>  * </td></tr>
    < tr > < td >留言人:</td>
     < td > < input type = "text" name = "author" value = "<? =   $ row['author'];?>"> * </td></tr>
    < tr > < td >联系方式:</td>
     < td > < input type = "text" name = "email" value = "<? =   $ row['email'];?>"> * </td></tr>
    < tr > < td >留言内容:</td> < td > < textarea name = "content" cols = "30" rows = "2">
    <? =  $ row['content'];?></textarea></td></tr>
     < tr > < td > </td> < td > < input type = "submit" value = "确 定"></td></tr>
</table></form>
```

提示：multi_query()函数会返回一个布尔值,如果执行第 1 条 SQL 语句成功就返回
True,否则返回 False,因此,multi_query()函数返回 True 只能说明第 1 条 SQL 语句执行
成功,而无法判断第 2 条及以后的语句是否在执行时发生了错误。

5.6　新闻网站综合实例

在本节中,我们将把图 5-30 所示的一个静态网页转化为动态网站,也就是向静态网页
中绑定数据。由于制作一个完整的动态网站要经过数据库设计、制作前台页面、制作后台管
理程序等步骤,工作量相当大。因此在实际中,我们一般是借用别人的数据库和后台管理程
序,用于添加、删除和修改网站中的新闻内容,这样的后台管理系统称为内容管理系统

(CMS)或新闻管理系统。自己只制作前台页面(主要包括首页、栏目首页和内页三个页面),然后在这些页面中绑定动态数据(即显示数据库中的有关数据)。

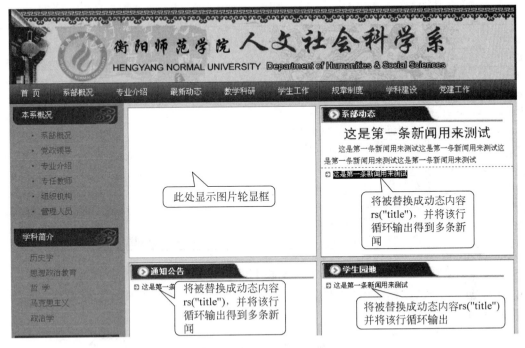

图 5-30　新闻网站的静态首页

5.6.1　为网站引用后台程序和数据库

这里以风诺新闻系统为例,介绍在制作网站时如何利用它的数据库和后台程序。首先在百度上搜索"风诺新闻系统",下载下来后将其所有文件解压到一个目录内,如 E:\Web,设置 E:\Web 为该新闻系统的网站主目录(该目录下有 admin 目录和 data 目录),如图 5-31所示。

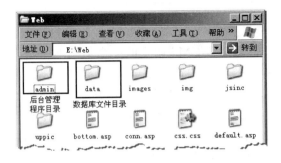

图 5-31　风诺新闻系统网站主目录下的内容

该网站的数据库文件为 data 子目录下的 funonews.mdb。我们使用 Navicat for MySQL 软件将该 Access 数据库转换为 MySQL 数据库(具体转换方法见附录中),数据库名为 test。

下面打开数据库 test,可发现该数据库中共有 4 个表,分别是 Admin、Bigclass、News 和 SmallClass,其中 News 表存放了网站中的全部新闻,News 表中字段及含义如表 5-3 所示。

表 5-3　News 表中的字段及含义

字 段 名	字 段 含 义	数 据 类 型
ID	新闻的编号	int,自动递增,主键
title	新闻标题	varchar
content	新闻内容	text
BigClassName	新闻所属的大类名	varchar
SmallClassName	新闻所属的小类名(可不指定)	varchar
imagenum	该条新闻中含的图片数	int
firstImageName	新闻中第一张图片的文件名	varchar
user	新闻发布者	varchar
infotime	新闻的发布日期	datetime
hits	该条新闻的单击次数	int
ok	是否将该新闻作为图片新闻显示(该新闻中必须含有图片)	tinyint

说明:新闻系统中的所有新闻是按栏目分类的。因此每条新闻中必须有一个 BigClassName 字段,以标注该新闻属于哪个栏目。一个新闻网站的结构及其对应页面如图 5-32 所示。

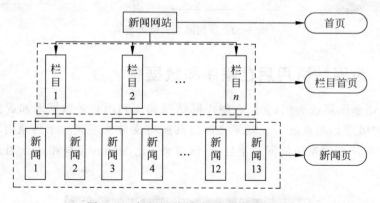

图 5-32　新闻网站的结构及其对应页面

网站目录下的其他文件是用该 CMS 制作的一个示例网站,其中 default.asp 为该网站的首页,otype.asp 为该网站的栏目首页,funonews.asp 为该网站的内页。css.css 为该网站的样式表文件。top.asp、bottom.asp 和 left.asp 为该网站各页面调用的头部、尾部和左侧文件。我们可以将这些文件都删除,只保留 admin 子目录(后台管理系统所在目录)。

接下来,进入风诺新闻系统的后台创建我们网站的栏目,并在每个栏目中添加几条新闻。后台登录的网址是 http://localhost/admin/adminlogin.asp,使用默认用户名"funo"和密码"funo"即可登录进入如图 5-33 所示的新闻后台管理界面。

在这里,首先选择"管理新闻类别"创建网站应具有的栏目,如"通知公告""系部动态""学生园地"等,还可以在这些栏目下再选择"添加二级分类"来创建小栏目。将网站栏目创建好之后,就可以选择左侧的"添加新闻内容"为每个栏目添加几条测试新闻,只要在添加新

闻时将这些新闻的"新闻类别"选择为不同的栏目即可。这样这些新闻就保存到了 News
表中。

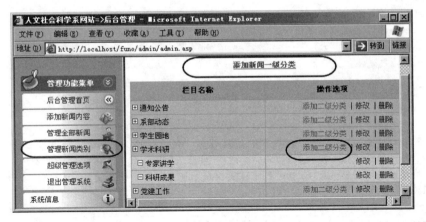

图 5-33　网站后台管理界面

5.6.2　在首页显示数据表中的新闻

为了在网页上显示数据库中的新闻,必须先要连接数据库,本系统采用 mysqli 函数连
接数据库,将连接数据库的代码写在 conn.php 中,以供其他页面调用。代码如下:

```
<?  $ conn = new mysqli();
    $ conn -> connect('localhost','root','111');
    $ conn -> select_db('test');
    $ conn -> query('set names gb2312');
?>
```

在首页的各个栏目中显示这个栏目的新闻是通过显示结果集中记录实现的。例如,要
显示"通知公告"栏目中的最新 6 条新闻,可以执行下面的查询来创建结果集。

```
$ result = $ conn -> query("select * from news where Bigclassname = '通知公告' order by ID desc
limit 6");
```

接下来就可以循环输出该结果集中的 6 条新闻到页面。而要显示"学生工作"栏目的新
闻,就必须执行一个不同的查询,因此需要一个新的结果集来实现。为了得到一个新结果
集,有两种方法,一种是创建一个新的结果集对象如 $ result2;另一种方法是将原来的结果
集关闭,再用原来的结果集对象 $ result 打开一个新结果集。例如:

```
<?  $ result -> close();     //关闭语句也可省略,mysqli 函数会自动关闭
    $ result = $ conn -> query("select   * from news where Bigclassname = '学生工作' order
    by ID desc limit 6");
?>
```

使用第二种方法内存中只需保存一个结果集对象,更节约资源,因此推荐使用。那么在
首页显示新闻的过程是:①为第一个栏目创建结果集,然后循环输出结果集中记录到该栏
目框中;②为第二个栏目创建结果集,再循环输出记录到第二个栏目框,如此循环。因此,

首页上有几个栏目就创建几个结果集,代码如下,运行结果如图 5-34 所示。

```php
< div id = "main">
< div id = "pic">
    <? require('conn.php');
    include('flasha.php');            // flasha.php 用来载入图片轮显框,具体代码见 5.6.3 节
    ?></div>
< div id = "xbdt">
< h2 class = "lanmu">< a href = "otype.php?owen1 = 近期工作"></a>系部动态</h2 >
<?
 $ result = $ conn->query("select * from news where bigclassname in('规章制度','学生工作',
'德育园地','科研成果','近期工作','图片新闻') order by ID desc limit 7 ");
 $ row = $ result->fetch_assoc();        ?>
<! -- 将最新的一条新闻以 h3 标题的形式突出显示在系部动态栏目上方 -->
< h3 align = "center"><? = Trimtit( $ row['title'],12)?></h3 >
< p >< a href = "ONEWS.php?id = <? = $ row['ID']?>">
<? = Trimtit(strip_tags( $ row['content']),40) ?></a> [<? = noyear( $ row['infotime'])?>)]</p
>
< ul >  <?                              //显示系部动态栏目框中的 6 条新闻
 for( $ i = 0; $ i<6; $ i++) {
        $ row = $ result->fetch_assoc();?>
< li class = "xinwen">< b style = "float:right;"><? = noyear( $ row['infotime'])?></b>
< a href = "onews.php?id = <? = $ row['ID']?>"><? = Trimtit( $ row['title'],20)?></a></li>
 <? }
     $ result->close();
     $ result = $ conn->query("select * from news where Bigclassname = '近期工作' order by ID
desc limit 6");                 //为通知公告栏目创建结果集
?>
</ul ></div>
< div id = "tzgg">
< h2 class = "lanmu">< a href = "otype.php?owen1 = 近期工作"></a>通知公告</h2 >
< ul ><?
 for( $ i = 0; $ i<6; $ i++) {
     $ row = $ result->fetch_assoc();?>
< li class = "xinwen">< b style = "float:right;"><? = noyear( $ row['infotime'])?></b>
< a href = "onews.php?id = <? = $ row['ID']?>"><? = trimtit( $ row['title'],20)?></a></li>
 <? }
     $ result->close();
     $ result = $ conn->query("select * from news where Bigclassname = '学生工作' order by ID
desc limit 6");                 //为学生工作栏目创建结果集
?>
</ul ></div>
< div id = "xsyd">
< h2 class = "lanmu">< a href = "otype.php?owen1 = 学生工作"></a>学生工作</h2 >
< ul ><?
 for( $ i = 0; $ i<6; $ i++) {
 $ row = $ result->fetch_assoc();?>
< li class = "xinwen">< b style = "float:right;"><? = noyear( $ row['infotime'])?></b>
< a href = "onews.php?id = <? = $ row['ID']?>"><? = trimtit( $ row['title'],20)?></a></li>
 <? }
     $ result->close();
     $ result = $ conn->query("select * from NEWS where firstImageName <>'' order by ID DESC
```

```
limit 7");                        //为图片滚动栏目创建结果集
?>
</ul></div>
```

图 5-34　新闻版块最终效果图

将图 5-34 与图 5-30 相比,可看出图 5-30 中显示静态文字的地方被替换成了输出动态数据,这称为绑定数据到页面。由于每条新闻位于一个<li>标记内,因此循环输出新闻的循环体是<li>…</li>。

上述代码中还调用了三个函数,即裁剪字符串长度的 Trimtit() 函数(见例 3.7)、去除 HTML 标记的 PHP 内置函数 strip_tags()、去除日期前年份的函数 noyear(str)。noyear(str)的代码如下:

```
<?  function noyear( $ str) {
        return substr( $ str,5,5);
  }
?>
```

为了使本网站中所有网页都能调用这些函数,应将这些函数代码写在 conn.php 文件中。

上述代码调用的 CSS 代码如下,主要是设置 4 个栏目框浮动和设置标题栏背景图片。

```
< style type = "text/css">
# pic, # xbdt, # tzgg, # xsyd {                          /* 4 个栏目框 */
    border:1px solid # CC6600;      background:white;
    width:335px;
    padding:2px 6px 10px;      margin:4px;
    float:left;                                          /* 使 4 个栏目框都浮动 */
    }
# main {
```

```
        background:♯e8eadd;      padding:4px;}
♯main .lanmu {
        background:url(images/title－bg3.jpg) no－repeat 2px 2px;  /＊设置栏目标题背景图案＊/
        padding:8px 0px 0px 40px;
        font－size:14px;      color:white;
        margin:0;      height:32px;}
♯main .lanmu a {
        background:url(images/more2.gif) no－repeat;      /＊设置超链接的背景为"more"图标＊/
        float:right;                                      /＊设置"more"图标右浮动＊/
        width:37px;      height:13px;
        margin－right:4px;      }
♯main ♯xbdt h3 {
        font: 24px "黑体";  color:♯900;                  /＊设置首条新闻的标题样式＊/
        margin:0px 4px 4px;    }
♯main ♯xbdt p {
        margin:4px;
        font: 13px/1.6 "宋体";  color:♯06C;  text－indent:2em;
        border－bottom: 1px dashed ♯900;                  /＊设置首条新闻与下面新闻的虚线＊/
        }
♯main .xinwen {
        height:24px;      line－height:24px;
        background:url(images/article_common.gif) no－repeat 6px 4px;   /＊新闻前的小图标＊/
        font－size:12px;
        padding:0 6px 0 22px;}
.xinwen b {  float: right;                                /＊每条新闻的日期显示在右侧＊/
        }
ul{  margin:0;  padding:0;  list－style:none;  }
a {  color: ♯333;  text－decoration: none;  }
a:hover {  color: ♯900;  }
</style>
```

5.6.3　制作动态图片轮显效果

1. pixviewer.swf 文件的原理

在图 5-34 中,第一个栏目框中图片轮显效果是通过包含一个 flasha. php 的文件实现的。该文件需调用一个 pixviewer. swf 的文件,pixviewer. swf 是个特殊的 Flash 文件,用来实现图片轮显框。它可以接受两组参数,第一组参数包括 pics、links 和 texts,用于设置轮显图片的 URL 地址、图片的链接地址及图片下的说明文字。例如:

```
var pics = "uppic/1.gif│uppic/2.gif│uppic/3.gif│uppic/4.gif│uppic/5.gif"
var links = "onews. php? id = 88│onews. php? id = 87│onews. php? id = 86│onews. php? id = 8│
onews. php? id = 7"
var texts = 爱我雁城、爱我师院│国培计划│青春舞动│长春花志愿者协会│朝花夕拾,似水流年"
```

这三个参数的值都是字符串,其中 pics 参数指定了欲载入图片的 URL,这里使用了相对 URL,共设置了 5 个图片文件的路径(最多可设置 6 个)。各图片路径之间必须用"│"号隔开(最后一幅图片后不能有"│")。links 参数和 texts 参数分别定义了单击图片时的链接地址和图片下的说明文字,其格式要求和 pics 参数相同。上述代码载入了 5 幅图片轮显并定义了它们的链接地址和说明文字。

2. 轮显动态图片的方法

上述将5张图片URL地址直接写在pics变量中的做法只能固定地显示这5张图片。而在新闻网站中，要能自动显示最新的5条新闻中的图片。为此，必须能从News表中读取最新的5条具有图片的新闻记录，将记录的相关字段值填充到这三个参数中去。因为News表中的firstImageName字段保存了新闻中第一张图片的文件名，而这些新闻中的图片都保存在uppic目录中，因此可以采用如下语句为pics添加每幅图片的URL路径。

```
$ pics. = "uppic/". $ row['firstImageName']."|";
```

而本新闻系统中所有的新闻都是链接到同一页面onews.php，只是所带的参数为该条新闻的id字段。因此设置links参数的语句如下：

```
$ links. = "onews.php?id = ". $ row['ID']."|";
```

texts参数只要装载每条新闻的标题即可，但要把标题长度限制在16个字符以内。

```
$ texts. = Trimtit( $ row['title'],16)."|";
```

下面是从数据库中读取5条具有图片的记录，并设置pics、links、texts参数，实现轮显动态图片的代码(flasha.php)：

```
<script>
    var pics = "",links = "",texts = "";
<?                                  //用select语句查询5条最新的新闻且新闻中图片不为空
$ sql = "select * from news where firstImageName <>'' and ok = true order by ID desc limit 5";
$ result = $ conn -> query( $ sql);
while( $ row = $ result -> fetch_assoc()){
    $ pics. = "uppic/". $ row['firstImageName']."|";
    $ links. = "onews.php?id = ". $ row['ID']."|";
    $ texts. = Trimtit( $ row['title'],16)."|";
}
    $ pics = substr( $ pics,0, -1);   //去除最后一条记录后的"|"
    $ links = substr( $ links,0, -1);
    $ texts = substr( $ texts,0, -1);   ?>
 var pics = "<? =  $ pics ?>";
 var links = "<? =  $ links ?>";
 var texts = "<? =  $ texts ?>";
...
</script>
```

说明：创建结果集时选择了图片不为空且允许作为图片新闻显示的5条记录。在输出记录时，记录之间必须添加分隔符"|"，但最后一条记录之后不能有分隔符"|"，为此，通过substr函数将最后一条记录后的"|"去除。

3. 设置图片轮显框的大小

第二组参数用来定义该图片轮显框及其说明文字的大小。它有4个参数，例如：

```
var focus_width = 336                              //定义图片轮显框的宽
var focus_height = 224                             //定义图片轮显框的高
var text_height = 14                               //定义下面文字区域的高
var swf_height = focus_height + text_height        //定义整个FLash的高
```

只要修改这些参数,就能使图片轮显框改变成任意大小显示。

4. 其他设置

下面还有一些代码,是用来插入 pixviewer.swf 这个 Flash 文件到网页中,并对其设置参数的代码。这段代码不需要做多少修改,只要保证引用 pixviewer.swf 文件的 URL 路径正确,还可以设定文字部分的背景颜色。找到第 2 个 document.write,粗体字为设置的地方。

```
document.write('< param name = "allowScriptAccess" value = "sameDomain">< param name = "movie"
value = "images/pixviewer.swf">< param name = "quality" value = "high">< param name = "bgcolor"
value = "#ffffff">');
```

该图片轮显框默认会有 1 像素灰色的边框,如果要去掉边框,可以找到第 4 个 document.write,做如下修改就可以了。

```
document.write('< param name = "FlashVars" value = "pics = ' + pics + '&links = ' + links + '&texts =
' + texts + '&borderwidth = ' + (focus_width + 2) + '&borderheight = ' + (focus_height + 2) +
'&textheight = ' + text_height + '">');
```

5.6.4　制作显示新闻详细页面

新闻详细页面实际上就是显示一条记录的页面,它首先获取前一页面传过来的记录 ID,找到 ID 对应的新闻后,将要显示的字段用不同的样式输出到页面的对应位置上,如图 5-35 所示。例如 title 字段以 24px 红色字体显示在页面上方,而 content 字段以正常字体显示在页面中央。

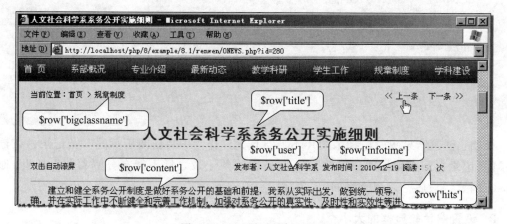

图 5-35　显示新闻详细页面

1. 显示新闻的制作

新闻详细页面首先应使用 $_GET['id'] 获取其他页超链接中传过来的 ID 参数。再根据该 ID 构造 Select 语句找到这条新闻。然后将新闻中的各个字段存入到数组 $row 中。代码如下：

```php
<? require('conn.php');
$ id = intval( $_GET['id']);
$ sql = "select * from news where id = $ id";
$ result = $ conn -> query( $ sql);          //根据记录 ID 创建结果集
if( $ result -> num_rows > 0){
    $ row = $ result -> fetch_assoc();      …}
?>
```

接下来，就可以将该条记录的各个字段输出到页面的相应位置，主要代码如下：

```php
<title><? = $ row['title'] ?></title> <! -- 将 title 字段显示在页面标题中 -->
…<h1><? = $ row['title'] ?></h1>
当前位置:< a href = " index. php">首页</a> &gt; < a href = " otype. php? owen1 = <? = $ row
['bigclassname'] ?>"><? = $ row['bigclassname'] ?>
发布者:<? = $ row['user'] ?> 发布时间:<? = notime( $ row['infotime'])?> 阅读:<font color = "
#ffcc00"><? = $ row['hits'] ?></font> 次
< div style = 'font - size:7.5pt'>
< hr width = "700" size = "1" color = CCCC99 >
<? = $ row['content'] ?></div >
```

显示完结果集后，必须将结果集和数据库连接关闭，否则可能会影响网站内其他页面的打开速度，关闭结果集和数据库连接的代码如下：

```php
<?  $ result -> close();
    $ conn -> close();
?>
```

2. "上一条""下一条"新闻链接的制作

在显示新闻页面中，"上一条"链接可以链接到该新闻所属栏目中的上一条新闻，"下一条"链接则转到同栏目中的下一条新闻，如图 5-35 所示。虽然这种功能对于新闻网站来说并不是十分必要，但对于博客类网站来说却是不可或缺的，因为我们通常都是通过单击"下一条"链接来一条条查看博客主人的日志。

制作的思路如下："上一条"链接是要找到本栏目中上一条新闻的 ID 值。这不能通过将本条新闻的 ID 值减 1 实现，因为这样得到的 ID 值对应的新闻可能是其他栏目的新闻，甚至可能是已经被删除了的新闻（删除记录后其 ID 值不会被新添加的记录所占用）。而应该通过一个查询语句，找到在同一栏目（bigclassname）中所有 ID 值比该新闻的 ID 值小的记录，再对这些记录进行逆序排列，取其中 ID 值最大的一条，也就是逆序排列后结果集中的第一条记录。

因此，首先要通过 ID 找到该条记录对应的大类名（bigclassname），将其保存到变量

$ bcn 中,然后关闭结果集,再新开一个查询上一条新闻 ID 和 title 的结果集。代码如下:

```php
<? require('conn.php');
$ id = intval( $ _GET['id']);
$ sql = "select bigclassname from news where ID = $ id ";        //根据记录 ID 找到大类名
$ result = $ conn -> query( $ sql);
$ row = $ result -> fetch_row();
$ bcn = $ row[0];                              //找到该大类中与该记录相邻的上一条记录
$ sql = "select ID, title from news where ID < $ id and Bigclassname = ' $ bcn' order by ID desc
limit 1"; $ result = $ conn -> query( $ sql);
if( $ result -> num_rows == 0)                 //如果结果集为空
    $ pret = 0;                                //令 $ pret 为 0 表示上一条记录没有了
else {
    $ row = $ result -> fetch_assoc();
    $ pret = $ row['ID'];
    $ pretit = $ row['title'];}
$ sql = "select ID, title from news where ID > $ id and Bigclassname = ' $ bcn' order by ID limit 1";
$ result = $ conn -> query( $ sql);
if( $ result -> num_rows == 0)
    $ nextt = 0;                               //令 $ nextt 为 0 表示下一条记录没有了
else {
    $ row = $ result -> fetch_assoc();
    $ nextt = $ row['ID'];
    $ nexttit = $ row['title'];}
?>
```

接下来,在页面上输出"上一条""下一条"及"当前位置"的链接,代码如下:

```php
<?   if( $ nextt <> 0){         //如果有下一条记录
?>
    < a title = "<? =  $ nexttit ?>" style = "float:right;padding - right:16px;" href = "onews.
php?id = <? =  $ nextt ?>">下一条 &gt;&gt;</a>
<? }
    if( $ pret <> 0) {          //如果有上一条记录
?>
    < a title = "<? =  $ pretit ?>" style = "float:right;padding - right:16px;" href = "onews.
php?id = <? =  $ pret ?>">&lt;&lt; 上一条 </a>
<? } ?>
    当前位置:< a href = "index. php">首页</a > &gt;
    < a href = "otype. php?owen1 = <? =  $ bcn ?>"><? =  $ bcn ?></a>
```

3. 记录新闻的单击次数

只要将下面的语句放在页面的适当位置,用户每打开一次该页面,就会使 hits 值加 1。

```php
<?   $ sql = "update news set hits = hits + 1 where id = $ id";
$ conn -> query( $ sql);      ?>
```

5.6.5 制作栏目首页

栏目首页用来只显示一个栏目中的新闻,如图 5-36 所示。

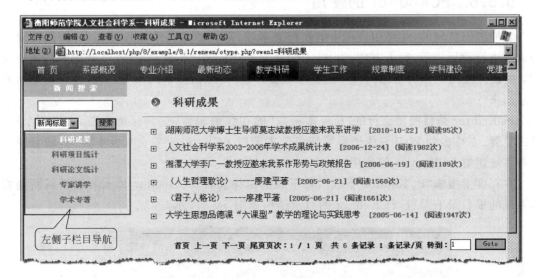

图 5-36 分栏目首页

当用户单击导航条上的某个导航项或栏目框上的 more 图标时,都将链接到栏目首页,并将栏目名以 URL 参数的形式传递给该页。因此,栏目首页首先要获取栏目名,在网页左侧根据栏目名显示子栏目列表的代码如下:

```
<?    $ owen1 = $ _GET["owen1"];        //获取首页传来的栏目名
      $ owen2 = $ _GET["owen2"];        //获取首页传来的子栏目名
//根据一级栏目名显示下面的子栏目名
$ result = $ conn -> query("Select * From SmallClass Where BigClassName = ' $ owen1'");
if ( $ result -> num_rows > 0){
 while( $ row = $ result -> fetch_assoc()){   ?>
      < tr bgColor = # EFEFEF >        <! -- 一行显示一个子栏目名 -->
      < td height = "25" align = "center" bgcolor = " # EFEAD8" >
< a   href = "otype.php?owen1 = <? = $ owen1 ?> &owen2 = <? = $ row["SmallClassName"] ?>">
< b ><? = $ row["SmallClassName"] ?></b></a></td></tr>
<?   }}  ?>
```

在网页右侧根据栏目名执行查询得到该栏目新闻记录的列表并显示。代码如下:

```
<?   if( $ owen1 <>"" && $ owen2 <>"") //如果获取的一级栏目和二级栏目名都非空
$ sql = "select * from news where BigClassName = ' $ owen1' and SmallClassName = ' $ owen2' order
by ID desc";
else if ( $ owen1 <>"")                //如果获取的一级栏目名不为空,则根据一级栏目名查询
$ sql = "select * from news where BigClassName = ' $ owen1' order by ID desc";
$ result = $ conn -> query( $ sql);
$ RecordCount = $ result -> num_rows;
?>
```

接下来就是循环输出该结果集所有记录的标题和日期等字段到页面上。

由于每个栏目的记录可能有很多,因此图 5-36 中的分栏目首页还具有分页的功能,分页功能请读者仿照 5.4.2 节中介绍的方法实现。

5.6.6 FCKeditor 的使用

我们编辑新闻时,如果用表单中的多行文本域,则只能在其中输入纯文本,如果要对这些文本进行网页排版,很不方便,为此,人们开发了在线编辑器软件,这些在线编辑器可以像 DW 的设计视图一样对新闻内容中的文字和图片进行排版,使新闻以美观、适合阅读的版式显示出来。

FCKeditor 是目前最流行的"所见即所得"的在线编辑器,它具有功能强大、体积小巧、跨浏览器、支持多种 Web 编程语言等特点。本节以 FCKeditor 2.6.8 版本为例,结合新闻发布系统讲解 FCKeditor 的使用。

在百度上搜索"FCKeditor 下载",将下载的压缩文件 FCKeditor_2.6.8 解压到新闻发布系统的根目录下即可,FCKeditor 的目录结构如图 5-37 所示。

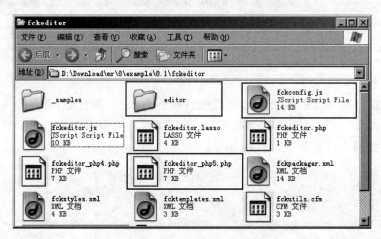

图 5-37　FCKeditor 的目录结构

fckeditor 文件夹下比较重要的目录和文件有:①editor 目录定义了编辑器的 CSS 样式表、皮肤文件、图片以及文件上传程序等文件;②_samples 目录提供了 FCKeditor 的示例程序;③fckeditor_php5.php 是 PHP 程序实例化 FCKeditor 的类文件;④fckconfig.js 是 FCKeditor 工具栏集合的配置文件,这两个文件对于我们配置和使用该编辑器具有至关重要的作用。

1. 调用 fckeditor 编辑器

fckeditor_php5.php 代码中定义了一个 FCKeditor 类,调用 FCKeditor 编辑器必须先用该类创建一个实例化对象。而创建 FCKeditor 类的实例必须先载入 FCKeditor 类文件。例如:

```php
<?  include("fckeditor/fckeditor_php5.php") ;      //载入 FCKeditor 类文件
    $ oFCKeditor = new FCKeditor('content') ;      //创建 FCKeditor 类的实例
?>
```

接下来,设置 FCKeditor 实例的根目录以及 FCKeditor 实例其他成员属性的值,最后用 Create()方法创建编辑器,以 5.3.5 节中新闻编辑页面 editform.php 为例,将该程序中的代码片段:

```
< textarea name = "content" cols = "30" rows = "2"><? = $ row['content'];?></textarea>
```

替换为:

```
<?   include("fckeditor/fckeditor_php5.php") ;        //载入 FCKeditor 类文件
  $ oFCKeditor  =  new FCKeditor('content') ;        //创建 FCKeditor 类的实例
$ oFCKeditor -> BasePath = 'fckeditor/';             //设置 FCKeditor 目录地址为当前目录下的
                                                      //fckeditor 目录,这样 FCKeditor 才能找到
                                                      //它的相关资源文件
$ oFCKeditor -> Width = '95 % ';                      //设置显示宽度
$ oFCKeditor -> Height = '400px';                     //设置显示高度
$ oFCKeditor -> Value = $ row['content'];             //设置编辑器的值,将显示在编辑器中
$ oFCKeditor -> Create() ;                            //创建编辑器
?>
```

通过更新链接进入 editform.php 页面的运行结果如图 5-38 所示。

图 5-38　将 FCKeditor 编辑器嵌入到 editform.php 页面中

说明:一个 FCKeditor 编辑器实例和普通的表单控件一样,也具有 name 属性和 value 属性,上例中编辑器的 name 属性值为 content,是通过 new FCKeditor('content')设置的,value 属性值为 $ row['content'],是通过 $ oFCKeditor-> Value 属性来设置。因此,要获取该编辑器中的内容,可以用 $ content= $ _POST["content"]来获取,要在该编辑器中显示内容,可以通过 $ oFCKeditor-> Value= '要显示的内容'语句来实现。

对于 5.3.2 节中新闻添加页面 addform.php,也可以使用上述方法将多行文本域替换成 FCKeditor 编辑器,只是因为新闻添加页面中的新闻内容为空,因此不需要设置 $ oFCKeditor-> Value 属性的值。

2. 配置 fckeditor 编辑器的文件上传功能

FCKeditor 编辑器内置了文件管理功能,使得用户能够上传图像或文件,它的文件管理

程序放在"editor/filemanager/"目录下,FCKeditor 提供了文件浏览和文件快速上传功能,"文件浏览"为用户提供了三种功能:浏览服务器上已存在的多媒体文件、在编辑器中浏览多媒体文件以及上传本地文件到服务器。"快速文件上传"为用户提供了快速上传本地文件至服务器的功能,是"文件浏览"功能的子集。

为了能够使用快速文件上传功能,需要进行一些配置,打开 fckeditor\editor\filemanager\connectors\php 目录中的 config 文件,找到如下两行代码:

```
$ Config['Enabled'] = true ;                    //将 false 改为 true,表示允许上传
$ Config['UserFilesPath'] = 'upfiles/' ;         //定义上传目录
```

再打开 fckeditor 根目录下的 fckeditor.js,确保以下两行的值为 php:

```
var _FileBrowserLanguage = 'php';
var _QuickUploadLanguage = 'php';
```

至此,Apache 服务器已能正常上传文件,但对于 IIS 服务器,还需要设置上传目录的绝对路径,找到如下代码修改为:

```
$ Config['UserFilesAbsolutePath'] = 'D:\\Download\\mr\\8\\example\\8.1\\upfiles' ;
```

3. 配置对上传文件进行重命名

如果要上传的文件名中存在中文字符,会出现乱码问题,导致引用的文件 URL 不对,解决这个问题的办法是将所有上传文件的文件名重命名,方法如下:

找到 editor \ filemanager \ connectors \ php 目录下的 io. php 文件,将函数名为 SanitizeFolderName 的函数代码修改如下:

```
function SanitizeFileName( $ sNewFileName ){
    $ arr = explode('.', $ sNewFileName);
    $ ext = array_pop( $ arr);                   //第一个数组元素保存了. 前的文件名
    $ filename = date('Ymd_His_').rand(1000,9999).'.'. $ ext;
    return $ filename ;
}
```

SanitizeFolderName 函数的功能是将上传文件的文件名重命名,新的文件名按照日期时间随机数的格式命名,既可防止修改后的文件名重名,又可防止新的文件名中出现中文字符。

4. 解决文件上传功能的安全性问题

文件上传可能给网站带来巨大的安全隐患,假设网站攻击者猜测到了文件上传程序的路径,则他可以直接访问该程序,以上传文件。为此,需要判断上传文件者是否是登录成功的用户,这可以通过 SESSION 变量判断。假如网站采用 $_SESSION['admin']验证管理员是否已经登录,则只需打开 config. php 文件。将配置上传的代码修改为:

```
$ Config['Enabled'] = isset( $ _SESSION['admin']);
```

这样,当用户未登录时,isset 函数将返回 false。

5．为 FCKeditor 瘦身

FCKeditor 目录下包含有许多示例代码，文档等资源，这些文件不但没有任何意义，反而可能被网站攻击者利用起来进行攻击。下面介绍如何删除这些文件。

（1）删除所有以"_"开头的文件夹。

（2）删除根目录下的其他文件和目录，只保留 fckconfig．js、fckeditor．js、fckeditor_php5．php、fckpackager．xml、fckstyles．xml、fcktemplates．xml 和 editor 目录。

（3）editor\filemanager\connectors 目录下存放了 FCKeditor 所支持的 Web 编程语言，可以只保留 php 目录。

（4）editor\lang 目录下存放的是多语言配置文件，若只使用 en 和 zh-cn（简体中文），可删除其他的语言配置文件。

（5）editor\skins 目录下存放了皮肤文件，FCKeditor 默认提供了三种皮肤：default、office 2003 和 silver，用户可根据喜好删除多余的皮肤文件。

6．FCKeditor 的其他一些设置

fckconfig．js 为程序员提供了配置 FCKeditor 的简单接口，用 DW 打开 fckconfig．js 可进行如下配置。

（1）设置语言为简体中文。

```
FCKConfig.AutoDetectLanguage = false ;        //关闭浏览器自动检测语言
FCKConfig.DefaultLanguage = 'zh-cn';          //设置语言为简体中文
```

（2）修改皮肤为 Office 2003 样式的皮肤。

```
FCKConfig.SkinPath = FCKConfig.BasePath + 'skins/office2003/';
```

（3）设置回车键模式。

```
FCKConfig.EnterMode = 'br';         //回车键对应 br 标记,可设置为 p|div|br
FCKConfig.ShiftEnterMode = 'p';     //Shift + 回车键对应 p 标记
```

5.7　数据库接口层 PDO

PHP 提供了操作各种数据库的内置函数，通过这些内置函数 PHP 可直接访问数据库。例如使用 mysql 或 mysqli 函数库能够直接访问 MySQL 数据库，使用 mssql 函数库能直接访问 SQL Server 数据库。而如果要访问 Oracle 数据库，就需要使用 ora 函数（或 oci 数据抽象层）。可见，应用每种数据库时都需要学习特定的函数库，这是比较麻烦的。更重要的是，如果要将 PHP 程序移植到其他数据库上，就需要修改大量的程序代码，使移植难以实现。

为了解决这个问题，就需要一种"数据库访问接口层"。通过这个接口层可以访问各种数据库，而 PHP 程序只要与接口层打交道，发送统一的指令给这个通用接口，再由接口层将指令传输给任意类型的数据库，如图 5-39 所示。

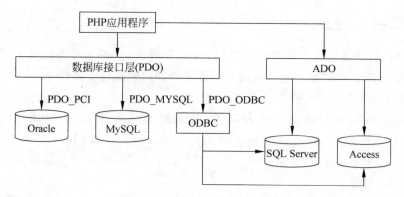

图 5-39　数据库访问接口层

PDO(PHP Data Object)是为 PHP 访问数据库定义的一个轻量级的、一致性的数据库接口,它提供了一个数据库访问抽象层,作用是统一各种数据库的访问接口,使得程序能够轻松在不同数据库之间进行切换,数据库间的移植变得容易实现。这样,无论使用什么数据库,都可以通过一致的函数执行查询和获取数据。

提示:PDO 是 PHP 5 新加入的一个重大功能,并且 PHP 6 将默认使用 PDO 来操作数据库,可见 PDO 是将来 PHP 在数据库处理方面的主要发展方向。

常见的数据库接口层除了 PDO 外,还有 ADO(ActiveX Data Object),ADO 是微软推出的,一般用来访问微软的数据库,如 SQL Server 或 Access。而 PDO 一般用来让 PHP 访问非微软的数据库,如果一定要用 PDO 来访问微软的数据库,那么可以使用它提供的 PDO_ODBC 驱动连接 ODBC,再通过 ODBC 访问微软的数据库。

5.7.1　PDO 的安装

安装 PHP 5.1 以上版本会默认安装 PDO,但使用之前,仍需要进行一些相关的配置。打开 PHP 的配置文件 php.ini,在 Dynamic Extensions 一节中,找到:

```
;extension = php_pdo.dll
```

将前面的";"号(注释符)去掉,就打开了 PDO 所有驱动程序共享的扩展。接下来,还需要激活一种或多种 PDO 驱动程序,添加下面的一行或多行即可。

```
extension = php_pdo_mysql.dll      //如果要使用 MySQl,那么添加这一行
extension = php_pdo_mssql.dll      //如果要使用 SQL Server
extension = php_pdo_oci.dll        //如果要使用 Oracle
extension = php_pdo_odbc.dll       //如果要使用 ODBC 驱动程序
```

保存修改后的 php.ini 文件,然后重启 Apache 服务器,即完成了 PDO 的安装。这时可以查看 phpinfo()函数(echo phpinfo();),如果看到图 5-40 所示的结果,表示 PDO 已经可以使用了。

5.7.2　创建 PDO 对象连接数据库

在使用 PDO 与数据库交互之前,必须先创建一个 PDO 对象。创建 PDO 对象有多种方

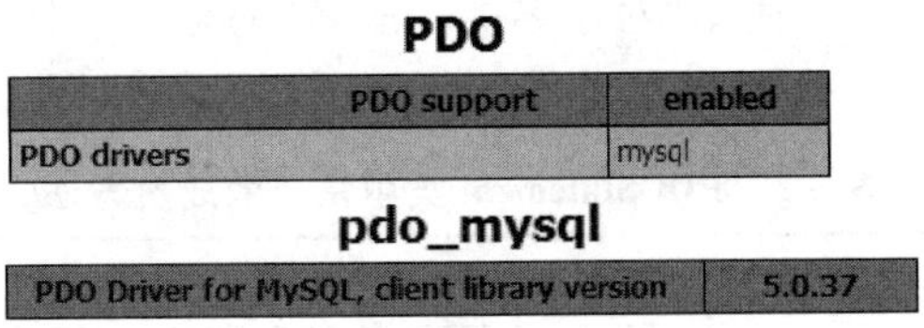

PDO

	PDO support	enabled
PDO drivers		mysql

pdo_mysql

PDO Driver for MySQL, client library version	5.0.37

图 5-40　查看 phpinfo() 函数输出结果检查 PDO 的安装

法,其中最简单的一种方法如下:

```
对象名 = new PDO(string DSN, string username, string password, [array driver_options] );
```

说明:

(1) 第 1 个必选参数是数据源名(DSN),用来指定一个要连接的数据库和连接使用的驱动程序。其语法格式为:

```
驱动程序名:参数名 = 参数值;参数名 = 参数值
```

例如:连接 MySQL 数据库和连接 Oracle 数据库的 DSN 格式分别如下:

```
mysql:host = localhost;dbname = testdb
oci:dbname = //localhost:1521/mydb
```

(2) 第 2 个参数和第 3 个参数分别用于指定连接数据库的用户名和密码,是可选参数。

(3) 第 4 个参数 driver_options 必须是一个数组,用来指定连接所需的所有额外选项,传递附加的调优参数到 PDO 底层驱动程序。

下面是一个创建 PDO 对象并连接 MySQL 数据库 guestbook 的代码(conn.php):

```
------------------- 清单 5 - 19 conn.php 使用 PDO 对象连接数据库 -------------------
<?    $ dsn = "mysql:host = localhost;dbname = guestbook";
$ db = new PDO( $ dsn,'root','111');              //连接数据库
$ db -> query('set names gb2312');                //设置字符集
?>
```

提示: 上述创建的连接数据库代码默认不是长连接,如果需要数据库长连接,需要用到第 4 个参数:array(PDO∷ATTR_PERSISTENT => true),即:

```
$ db = new PDO( $ dsn, 'root','111', array(PDO::ATTR_PERSISTENT = > true));
```

当 PDO 对象创建成功后,与数据库的连接已经建立,就可以使用该对象了。PDO 对象中常用的成员方法如表 5-4 所示。

表 5-4　PDO 类中常用的成员方法

方 法 名	描　述
query()	执行一条有结果集返回的 SQL 语句,并返回一个结果集 PDOStatement 对象
exec()	执行一条 SQL 语句,并返回所影响的记录数
lastInsertId()	获取最近一条插入到表中记录的自增 ID 值
prepare()	负责准备要执行的 SQL 语句,用于执行存储过程等

调用 PDO 对象的方法可以使用"对象名->方法名"的形式。使用 PDO 对象的 query()方法执行 Select 语句后会得到一个结果集对象 PDOStatement,该对象的常用方法如表 5-5 所示。

表 5-5　PDOStatement 类中常用的成员方法

方 法 名	描　　述
fetch()	以数组或对象的形式返回当前指针指向的记录,并将结果集指针移至下一行,当到达结果集末尾时返回 False
fetchAll()	返回结果集中所有的行,并赋给返回的二维数组,指针将指向结果集末尾
fetchColumn()	返回结果集中下一行某个列的值
setFetchMode()	设置 fetch()或 fetchAll()方法返回结果的模式,如关联数组、索引数组、混合数组、对象等
rowCount()	返回结果集中的记录总数,仅对 query()和 prepare()方法有效
columnCount()	在结果集中返回列的总数
bindColumn()	将一个列和一个指定的变量名绑定(必须设置 fetch 方法为 FETCH_BOTH)

5.7.3　使用 query()方法执行查询

PDO 访问数据库和 mysql 函数访问数据库的步骤基本上是一致的,即:①连接数据库;②设置字符集;③创建结果集;④读取一条记录到数组;⑤将数组元素显示在页面上。

使用 query()方法可以执行一条 select 查询语句,并返回一个结果集。例如:

```
$ result = $ db->query('select * from news limit 20');
```

也可使用 query()方法来设置字符集,但必须在创建结果集之前使用。例如:

```
$ db->query('set names gb2312');
```

例 5.1　使用 query()执行查询的示例程序。
该程序将以表格的形式显示结果集中所有记录到页面上,运行结果如图 5-13 所示。

```
<?  $ dsn = "mysql:host = localhost;dbname = guestbook";
  $ db = new PDO( $ dsn,'root','111');             //连接数据库
  $ db->query('set names gb2312');                //设置字符集
  $ result = $ db->query('select * from lyb');  //执行查询创建结果集
  $ result->setFetchMode(PDO::FETCH_ASSOC);
 //print_r( $ row = $ result->fetch());
?>
< table border = "1" width = "95 %">
  < tr bgcolor = " #e0e0e0">
    <th>标题</th> < th width = "100">内容</th> < th width = "60">作者</th>
    <th> email </th> < th width = "80">来自</th> </tr>
  <? while( $ row = $ result->fetch()){          //读取一条记录到数组 $ row 中
?>
  <tr><td><? = $ row['ID'];?></td> <td><? = $ row['content'];?></td>
    <td><? = $ row['author'];?></td> <td><? = $ row['email'];?></td>
    <td><? = $ row['ip'];?></td></tr>
  <? } ?>
</table><p>共有 <? = $ result->rowCount()?>行</p>
```

说明：

（1）创建了结果集 $result 后，可以用 $result-> fetch()方法读取当前记录到数组中，该数组默认是混合数组，如果希望 fetch()方法只返回关联数组，有两种方法：

① 在创建了结果集后用 $result-> setFetchMode(PDO::FETCH_ASSOC)方法进行设置；

② 给 fetch()方法添加参数，如 $row= $result-> fetch (PDO::FETCH_ASSOC)或 $row= $result-> fetch(1)。在 fetch()参数的可选值中，0 代表混合数组，默认值；1 或 2 代表关联数组，3 代表索引数组。本例中采用的是第①种方法。

（2）$result-> rowCount()方法可以返回结果集中的记录总数。

（3）可以使用 print_r 方法打印 $result-> fetch(2)返回的数组，如果去掉本例中 print_r 语句前的注释符，就会输出：

```
Array ( [ID] => 1 [title] => 祝大家开心 [content] => 非常感谢大家长期以来的帮助 [author] =>
唐三彩 [email] => sanyo@tom.com [ip] => 59.51.24.37 )
```

（4）在 PDO 中使用 query()方法创建的结果集 $result 是对象类型，var_dump($result)会得到：

```
object(PDOStatement)#2 (1) { ["queryString"] => string(17) "select * from lyb" }
```

而以前用 mysql_query()创建的结果集 $result 是资源类型，两种结果集的数据类型是不同的。

5.7.4　使用 exec()方法执行添加、删除、修改命令

如果要用 PDO 对数据库执行添加、删除、修改操作，则可以使用 exec()方法，该方法将处理一条 SQL 语句，并返回所影响的记录条数。

例 5.2　使用 exec()方法修改记录的示例程序。

```
<?  require('conn.php');          // conn.php 见 5.7.2 节清单 5-19
 $affected = $db-> exec("update lyb set content = '用 PDO 修改记录' where author = '蓉蓉'");
 ?>
<p>共有 <? = $affected ?>行记录被修改</p>
```

如果要执行添加、删除操作，只要把上例中的 SQL 语句改为 insert 或 delete 语句即可。

读者可以使用 exec()方法改写 5.3 节中的所有程序，实现对记录的添加、删除、修改操作。

5.7.5　使用 prepare()方法执行预处理语句

PDO 提供了对预处理语句的支持。预处理语句的作用是：编译一次，可以多次执行。它会在服务器上缓存查询的语法和执行过程，而只在服务器和客户端之间传输有变化的列值，以此来消除这些额外的开销。例如要插入 1000 条记录，如果使用 exec 方法则需执行 1000 条 insert 语句，而使用预处理语句则只要编译执行一条插入语句。

对于复杂查询来说,如果要重复执行许多次有不同参数的但结构相同的查询,通过使用一个预处理语句就可以避免重复分析、编译、优化的环节。因此在执行重复的单个查询时快于直接使用query()或exec()方法,并且可以有效防止SQL注入(因为SQL语句是固定的,不需接受用户输入的参数值),因此这种方法速度快而且安全。

执行预处理语句的过程是:

(1) 在SQL语句中添加占位符,PDO支持两种占位符:即问号占位符和命名参数占位符,具体使用哪种凭个人喜好。两种占位符示例如下:

```
$ sql = "insert into lyb(title,content,author) values(?,?,?)";          //?号占位符
$ sql = "insert into lyb(title,content,author) values(:title, :content, :author)";
                                                              //命名参数占位符
```

(2) 使用prepare()方法准备执行预处理语句,该方法将返回一个PDOStatement类对象。例如:

```
$ stmt = $ db -> prepare( $ sql);
```

(3) 绑定参数,使用bindParam()方法将参数绑定到准备好的查询的占位符上。例如:

```
$ stmt -> bindParam(1, $ title);          //对于?号占位符,绑定第1个参数
$ stmt -> bindParam(':title', $ title);    //对于命名参数占位符,绑定:title参数
```

(4) 使用execute()方法执行查询。例如:

```
$ stmt -> execute();
```

也可以在执行查询的同时绑定参数,execute方法的参数是一个数组。代码如下:

```
$ stmt -> execute(array('PDO预处理','这是插入的记录','西贝乐'));
```

提示:通过执行PDO对象中的query()方法返回的PDOStatement类对象,就是一个结果集对象;而通过执行PDO对象中的prepare()方法返回的PDOStatement类对象,则是一个查询对象。本书约定用变量$ stmt表示查询对象。

例5.3　使用预处理语句插入记录的示例程序。

```
<?  require('conn.php');                    // conn.php见5.7.2节清单5-19
 $ sql = "insert into lyb(title,content,author) values(?,?,?)";      //用?号作占位符
 $ stmt = $ db -> prepare( $ sql);          //准备执行查询
 $ title = 'PDO预处理'; $ content = '这是插入的记录'; $ author = '西贝乐';
 $ stmt -> bindParam(1, $ title);           //绑定第1个参数
 $ stmt -> bindParam(2, $ content);
 $ stmt -> bindParam(3, $ author);
 $ stmt -> execute();                        //执行插入语句,将插入一条记录
 echo '新插入记录的ID是:'. $ db -> lastInsertId();
        //如果要再插入记录,只要添加下面的代码即可
 $ title = '第二条'; $ content = '第二次插入的记录'; $ author = '书法家';
 $ stmt -> execute();                        //再次执行重新绑定参数的准备语句,插入第二条记录
 ?>
```

例 5.4　使用预处理语句根据关键词查询的示例程序。

该程序将根据关键词查询结果,并将查询结果输出。代码如下:

```php
<?  require('conn.php');                        // conn.php 见 5.7.2 节清单 5－19
  $ sql = "select  *  from lyb where title like ?";  //用?号作占位符
  $ stmt = $ db－>prepare( $ sql);              //准备执行查询
  $ title = '进口';
  $ stmt－>execute(array(" % $ title % "));       //执行查询的同时绑定参数
  $ row = $ stmt－>fetch(1);                      //以关联数组的形式将结果集中第 1 条记录取出
  var_dump( $ row);                              //输出数组
  echo $ row['title'];
?>
```

运行结果如下:

```
object(PDORow) # 3 (9) { ["queryString"] => string(36) "select  *  from lyb where title like ?"
["ID"] => string(3) "178" ["title"] => string(11) " 好进口红酒" ["content"] => string(18)
"返回梵蒂冈的航天员" [ "author"] => string(8) "回家看看" ["email"] => string(9) "yaopi@
163.com " ["ip"] => string(9) "127.0.0.1" }   好进口红酒
```

提示:在 SQL 语句中有 like 的情况下,占位符的正确写法是:"select * from lyb where title like ?",错误的写法是:"select * from lyb where title like '%?%'"。因为占位符必须用于整个值的位置,在绑定参数时再给关键词两边加 % 号。

PDO 的操作总结:

(1) 执行查询的操作。

PDO::query():主要是用于有记录结果返回的操作,特别是 SELECT 操作。

PDO::exec():主要是针对没有结果集合返回的操作,例如 INSERT、UPDATE、DELETE 等操作,它返回的结果是当前操作影响的列数。

PDO::prepare():主要是预处理操作,需要通过 $ rs-> execute()来执行预处理里面的 SQL 语句,这个方法可以绑定参数,功能比较强大。

(2) 获取结果集的操作。

fetch():是用来获取一条记录。

fetchALL():是获取所有结果集到一个数组中,获取结果可以通过 setFetchMode 来设置需要结果集合的类型。

fetchColumn():是获取结果指定第一条记录的某个字段,默认是第一个字段。

(3) 两个其他操作。

PDO::lastInsertId():返回上次插入操作,主键列类型是自增的最后的自增 ID。

PDOStatement::rowCount():用于 PDO::query()和 PDO::prepare()进行 delete、insert、update 操作影响的结果集,对 PDO::exec()方法和 select 操作无效。

5.8　用 PDO 制作留言板实例

留言板是网站与用户交流的一种最基本的方式,用户通过留言板可以方便地向网站主办者咨询并得到回复。从功能上看,留言板程序分为三部分,即留言的书写与保存(添加记录)、留言的显示(显示记录)及对留言的管理(更新和删除记录),这都是通过对数据表的操作来完成的。

在程序 5-2. php 中,实际上已经实现了一个留言板的原型,只是每条留言都显示在表格的一行中,显得不专业。为此,我们可以将一条留言放置在一个单独的 div(或 table)中,并设置样式。将得到如图 5-41 所示的效果,这样看起来就像一个留言板了。

图 5-41　留言板的效果

1. 显示留言页面的主要代码

程序 5-2. php 已经可以将留言显示在表格中了,只要将 5-2. php 中循环输出<tr>标记改成循环输出<div>标记就可以得到图 5-41 中的留言板效果,代码如下:

```
<? require('conn.php');              // conn.php 见 5.7.2 节清单 5－19
$ result = $ db -> query("select * from lyb order by ID desc");
echo '共有'. $ result -> rowCount().'条留言';   ?>
  < a href = "5 - 15.php">搜索留言</a> < a href = "login.htm">管理留言</a></p>
<?   if ( $ result -> rowCount()> 0){
 while( $ row = $ result -> fetch(1)){     ?>
    < div id = "main">< img src = "images/<? = $ row["sex"]?>.gif" style = "float:left;"/>
    < h3 ><? = $ row["title"] ?></h3><p>作者:<? = $ row["author"] ?></p>
    <p>内容:<? = $ row["content"]?> </p><p align = "right">发表时间:
    <? = $ row["date"]?> 来自:<? = $ row["ip"]?> </p> </div>
<?   }}
else echo "<p>目前还没有用户留言</p>";
?>
```

说明:在数据表 lyb 中添加了一个字段 sex,该字段只有两个值,1 和 2。同时在 images 目录下放置了两张图片,1. gif 和 2. gif。

该留言板中 div 的边框和边界等是通过 CSS 代码实现的,调用的全部代码如下:

```
< style type = "text/css">
♯ main {
    margin:8px auto;      width:480px;
    border:1px solid red;      padding:8px;}
♯ main h3 {
    text - align:center;
    border - bottom:1px dashed gray;   background:♯9FF;}
♯ main p {
    font:12px/1.6 "宋体";      margin:2px;   }
</style >
```

2. 验证用户登录的主要代码

在管理留言前,必须要验证用户的用户名和密码,以确定是否是真实的管理员,因此管理登录将链接到 login.htm,它的代码如下:

```
< h1 align = "center">用户登录</h1 >
< form method = "post" action = "chklogin.php">
< table border = "1">< tr >< td align = "center">用户名:</td >
    < td >< input name = "admin" type = "text" size = "12" /></td ></tr >
    < tr >< td >密 码 :</td >
        < td >< input name = "password" type = "password" value = "" size = "12" /></td ></tr >
    < tr >< td ></td >
        < td >< input type = "submit" name = "Submit" value = "提交" /></td ></tr >
</table ></form >
```

验证用户登录程序的方法是将用户输入的用户名和密码在 admin 表中进行查找,如果查找得到的结果集不为空,就表明有匹配的用户名和密码。验证用户登录信息的程序 chklogin.php 的代码如下:

```
<? session_start();
require('conn.php');                    //连接数据库
$ admin = $ _POST['admin'];             //获取用户名
$ password = $ _POST['password'];
$ sql = "select * from admin where user = ' $ admin' and password = ' $ password'";
$ result = $ db - > query( $ sql);
if ( $ result - > rowCount() == 0){        //如果数据表中查不到对应的记录
    unset( $ _SESSION['admin']);
    echo "< script >alert('您输入的用户名或密码不正确!');history.go( - 1)</script >";
    exit();}
else{
    $ row = $ result - > fetch(1);
    $ _SESSION['admin'] = $ row['user'];   //将用户名保存到 Session 变量中
    echo "< script >location.href = '../5 - 6.php'</script >";}
?>
```

而在 5-6.php 文件的开头可以验证用户的 $ _SESSION['admin']变量是否为空,如果为空,就表明没有登录,而是通过直接输入 5-6.php 的网址进入的,此时将其引导至登录页面。

```
<?   session_start();
if( $ _SESSION['admin'] == ""){
 echo "< script > alert('您尚未登录或 Session 超时');location.href =  'lyb/login.htm'</script>";
 exit();}
?>
```

由此可见 SESSION 变量相当于系统给登录成功用户发的一张"票",而其他后台管理页面都要先验票才能决定是否允许用户访问,有了这张票就能访问所有后台管理页面。

这样就完成了一个留言板程序,该留言板不具有回复留言功能,如果要能回复留言则数据表 lyb 中至少要增加一个字段,以区分该条留言是普通留言还是回复留言,如果是回复的留言,可以设置该字段的值是某条普通留言的 ID 值,以表明是对该条留言的回复信息。

习 题

一、选择题

1. PHP(　　)函数用于向 MySQL 数据库发送 SQL 语句。

　　A. mysql_select_db　　　　　　　　　　B. mysql_connect

　　C. mysql_query　　　　　　　　　　　　D. mysql_fetch_field

2. PHP 连接上 MySQL 之后,(　　)函数配合循环可以得到指定表中的多条记录。

　　A. mysql_fetch_row　　　　　　　　　　B. mysql_select_db

　　C. mysql_query　　　　　　　　　　　　D. mysql_data_seek

3. mysql_query("set names 'gb2312'");该行代码一般写(　　)最合适。

　　A. 创建结果集之前　　　　　　　　　　B. 创建结果集之后

　　C. 选择数据库之前　　　　　　　　　　D. 连接数据库服务器之前

4. (　　)函数可以将结果集的指针移动到指定的位置。

　　A. mysql_fetch_row　　　　　　　　　　B. mysql_fetch_assoc

　　C. mysql_query　　　　　　　　　　　　D. mysql_data_seek

5. PHP 连接 MySQL 数据库的连接函数 mysql_connect 的第三个参数是(　　)。

　　A. 主机名　　　　　B. 数据库密码　　　　C. 数据库用户名　　　D. 报错信息

6. mysql_affected_rows(　　)函数对(　　)操作没有影响。

　　A. select　　　　　B. delete　　　　　　C. update　　　　　D. insert

7. mysql_insert_id()函数的作用是(　　)。

　　A. 返回下一次插入记录的 ID 值　　　　B. 返回刚插入记录的自动增长的 ID 值

　　C. 查看一共做过多少次 Insert 操作　　D. 查看一共有多少条记录

8. mysqli 中返回结果集中记录总数的函数是(　　)。

　　A. fetch_row　　　B. fetch_assoc　　　　C. num_rows　　　　D. field_count

9. 如果在 PHP 中使用 Oracle 数据库作为数据库服务器,应该在 PDO 中加载(　　)驱动程序。

　　A. PDO_DBLIB　　　　　　　　　　　　B. PDO_MYSQL

　　C. PDO_OCI　　　　　　　　　　　　　D. PDO_ORACLE

10. PDO 中要设置返回的结果集为关联数组形式,需使用(　　)。

  A. fetch_row   B. fetch_assoc   C. fetch()   D. fetch(2)

11. 如果在 PDO 中要执行已准备好的预处理语句,应使用(　　)方法。

  A. query()   B. execute()   C. exec()   D. fetch()

二、填空题

1. 使用 Select 语句查询数据时,要设置返回的行数可使用_____子句。

2. 使用 mysql_query()函数发送 select 语句时,执行成功将返回一个_____,若执行查询失败则返回_____。如果执行非 select 语句,执行成功时返回_____,出错时返回_____。

3. 在 mysqli 函数库中,从结果集中取出一行并返回一个关联数组的函数是_____,返回一个索引数组的函数是_____,返回一个混合数组的函数是_____。

4. 在 mysqli 中,用来同时执行多个查询语句的函数是_____。

三、问答题

1. 为了避免访问 MySQL 数据库时出现乱码现象,应在数据库连接文件中添加什么语句?

2. 在 MySQL 数据库中,varchar 和 char 两种数据类型有何区别?

3. PHP 访问 MySQL 数据库,通常有哪三种方法?

四、编程题

1. 修改 5.2.2 节中的 5-2.php,使它只显示 title 字段字段值,并且一行内显示 3 条记录的 title 字段。

2. 编写程序,将 lyb 表中的无重复的 title 字段值填充到一个下拉列表框中。

3. 为 5.8 节的留言板程序开发一个用户注册的模块,要求用户能注册,能检查用户注册名是否重复,保存用户注册的信息到数据库和用户的 Cookie 中,下一次访问时可以用该用户名和密码登录,登录后就可以查看有关网页的内容,如果没有注册,则能重定向回注册页面。

第6章

PHP文件访问技术

PHP 程序有时可能需要对服务器端的文件或文件夹进行操作,对文件的操作包括创建文本文件、写入文本文件(即用文本文件保存一些信息)、读取文本文件内容等。对文件夹的操作包括创建、复制、移动或删除文件夹等。

6.1 文件访问函数

PHP 对文件操作的一般流程是:①打开文件;②读取或写入文件;③关闭文件。这些操作都是通过相应的文件访问函数实现的。

6.1.1 打开和关闭文件

fopen()函数用来打开文件。其语法格式如下:

```
fopen(string filename, string mode)
```

其中,filename 为要打开的文件(文件路径或 URL 网址),mode 用来指定以何种模式打开,可选值及其说明如表 6-1 所示。

表 6-1　参数 mode 的可选值说明

参　数　值	含　　义
r	以只读方式打开,如果文件不存在将出错
w	以写入方式打开,将文件指针指向文件头部,并删除文件内容,如果文件不存在则创建文件
a	以追加写入方式打开,将文件指针指向文件末尾,如果文件不存在则创建文件
r+	以读写方式(先读后写)打开,将文件指针指向文件头部
w+	以读写方式(先写后读)打开,将文件指针指向文件头部,并删除文件内容
a+	以追加读写方式打开,将文件指针指向文件末尾
x	以只写方式创建并打开文件,并将文件指针指向文件头。如果指定文件存在,就会打开失败
x+	以读写方式创建并打开文件,并将文件指针指向文件头。如果指定文件存在,就会打开失败
b	以二进制模式打开,可与 r、w、a 合用。UNIX 系统不需要使用该参数

如果 fopen()函数成功地打开了一个文件,该函数就会返回一个指向这个文件的文件指针(资源类型)。对该文件进行读、写等操作,都需要使用这个指针来访问文件。如果打开

文件失败,则返回 false。fopen 函数的示例代码如下:

```
<?
$ file = fopen ("c:\\data\\info.txt", "r");       //以只读方式打开 c:\data 下的 info.txt 文件
$ file = fopen ("http://www.hynu.cn/", "r");      //以只读方式打开网站的首页文件
                                                   //以写入方式打开 ftp 目录下的 exam.txt 文件
$ file = fopen ("ftp://user:password@ec.cn/exam.txt", "w");
                                                   //以只读方式打开 UNIX 系统目录下的
                                                   //file.txt 文件
$ file = fopen ("/home/rasmus/file.txt", "r");    //以二进制写入方式打开 UNIX 系统目录下的
                                                   //file.gif 文件
$ file = fopen ("/home/rasmus/file.gif", "wb");
?>
```

提示:

(1) 当以 http 协议的形式打开文件时,只能采取只读的模式,否则会打开失败。

(2) 当以 ftp 协议形式打开文件时,只能采取只读或只写的模式,而不能是读写的模式。

(3) 如果 filename 参数中省略了文件路径,则会在当前 PHP 文件所在目录下寻找文件。

文件内容读写结束后,必须使用 fclose 函数关闭文件,其语法是 fclose(resource handle)。例如:

```
fclose($ file);                                   //关闭 $ file 指向的文件
```

如果成功关闭文件,则 fclose 函数返回 true,否则返回 false。

6.1.2　读取文件

PHP 提供了多个从文件中读取内容的函数,这些函数功能描述如表 6-2 所示。可以根据它们的功能特性在程序中选择使用。

表 6-2　读取文件内容的函数

函 数 名	功　　能
fread()	读取整个文件或文件中指定长度的字符串,可用于二进制文件读取
fgets()	读取文件中的一行字符
fgetss()	读取文件中的一行字符,并去掉所有 HTML 和 PHP 标记
fgetc()	读取文件中的一个字符
file_get_contents()	将文件读入字符串
file()	把文件读入到一个数组中
readfile()	读取一个文件,并输出到输出缓冲

1. fread()函数

打开文件后,我们可以使用 fread 函数读取文件内容。其语法如下:

```
string fread( resource handle, int length)
```

其中参数 handle 用来指定 fopen 函数打开的文件流对象。length 指定读取的最大字节数。如果要读取整个文件,可以通过获取文件大小函数 filesize 来获取文件的大小。

例如,要读取 test. txt 文件中的所有内容,可以使用如下程序(6-1. php),该程序运行效果如图 6-1 所示。

```
------------------------------ 清单 6 - 1.php ------------------------------
< html >< body >
< h2 align = "center">读取已有文本文件</h2>
<?
 $ file = fopen("test.txt","r");                //以只读方式打开 test.txt
 $ str = fread( $ file,filesize("test.txt"));    //读取文件的全部内容
echo nl2br( $ str);                             //将内容中的回车转换成< br >再输出
fclose( $ file);                                //关闭文件
?>
</body ></html >
```

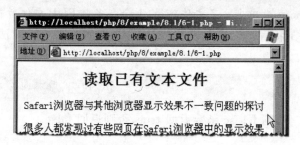

图 6-1　读取文本文件

说明:

(1) 上面的代码用于读取和 6-1. php 在同一目录下的 test. txt 文件的所有内容。因此,必须保证 test. txt 文件已经存在,否则会出现警告错误。

(2) 程序中用 filesize()获取文件的大小,如果只希望读取文件中的部分内容,可自定义长度,例如 fread($ file,100)表示读取文件中前 100 个字符(中文算两个字符)。

(3) 由于文本中的换行符会被浏览器当成空格忽略掉,为了在浏览器中保持文件原有的段落格式,通常使用 nl2br(str)函数将换行符转换为< br/>标记。

2. fgets()函数

该函数用来读取文本文件中的一行。其语法格式如下:

```
string fgets(resource handle[, int length])
```

该函数与 fread()函数相似,不同之处在于,当 fgets()读取到文本中的回车符或者已经读取了"length-1"字节时,就会终止读取文件内容,即遇到回车符就会停止读取。fgets()在读取文件成功后返回读取的字符串(包括回车符),否则返回 false。

因此,如果将 6-1. php 中的 fread 函数改为 fgets 函数,则只会读取 test. txt 中第一行的内容。如果要用 fgets 函数实现同程序 6-1. php 相同的效果,则代码如下:

```
-------------------------------- 清单 6－2.php --------------------------------
<?  $ file = fopen("test.txt","r");        //以只读方式打开 test.txt
while(!feof( $ file)){                      //利用循环依次读取每一行
    $ str = fgets( $ file);                 //读取文件中的一行,读取完后指针会指向下一行
    echo $ str."< br>";                     //输出读取的一行,再输出< br>
}
fclose( $ file);                            //关闭文件
?>
```

说明：feof 函数可判断文件指针是否已到达文件末尾(最后一个字符之后),如果已到达,则返回 true,否则返回 false。因此程序会一直读取到文件末尾。

3. fgetss()函数

fgetss()函数与 fgets()函数功能相似,两者均是从文件指针处读取一行的数据,差别在于 fgetss()函数会删除文件内的 HTML 和 PHP 标记。

4. fgetc()函数

fgetc()函数用来从文件指针处读取一个字符,可用于读取二进制文件。例如：

```
<?  $ file = fopen("test.txt","r");        //以只读方式打开 test.txt
    $ char = fgetc( $ file);
?>
```

代码执行成功后,$ char 将保存 test.txt 中的第一个字符。

5. file_get_contents()函数

file_get_contents()函数无须经过打开文件及关闭文件操作就可读取文件中的全部内容,其语法如下,如果成功读取文件,就返回文件全部内容,否则返回 false。

```
file_get_contents(string filename)
```

如果用 file_get_contents()函数实现同程序 6-1.php 相同的效果,则代码如下：

```
<?  $ str = file_get_contents('test.txt');
    echo nl2br( $ str);
?>
```

6. file()函数

file()函数将读取整个文件并将其保存到一个数组中,数组中每个数组元素对应文档中的一行,该函数可用于读取二进制文件。使用 file()函数读取文件的代码如下：

```
<?    $ arr = file("test.txt");            //读取文件到数组中
      print_r( $ arr);
?>
```

代码执行成功后,输出结果为:

Array ([0] => Safari浏览器与其他浏览器显示效果不一致问题的探讨 [1] => [2] => 很多人都发现过有些网页…。[3] => [4] =>我的这个网页,在一个单元格内…)

7. readfile()函数

该函数可以读取指定的整个文件,并立即输出到输出缓冲区,读取成功则返回读取的字节数。该函数也不需要使用 fopen()函数打开文件。使用 readfile()函数的示例代码如下:

```
<?    $ num = readfile("test.txt");              //直接读取 test.txt 文件,并输出到浏
                                                 //览器
     echo $ num;                                 //输出读取的字符数
?>
```

6.1.3 移动文件指针

虽然文件读取函数读取完指定的字符后,都会使文件指针移动到下一个字符。但有时在对文件进行读写时,可能需要手动将文件指针移动到某个位置,实现在文件中的跳转,从不同位置读取,以及将数据写入到不同位置等。例如,使用文件模拟数据表保存数据,就需要移动文件指针。指针的位置是以从文件头开始的字节数度量的。在文件刚打开时,文件指针通常指向文件的开头或结尾(依据打开模式的不同而不同),可以通过 rewind()、ftell()和 fseek()三个函数对文件指针进行操作,它们的语法为:

```
bool rewind(resource handle)                        //移动文件指针到文件的开头
int ftell(resource handle)                          //返回文件指针的当前位置
int fseek(resource handle, int offset[, int origin])  //移动文件指针到指定位置
```

使用这些函数前,必须提供一个用 fopen 函数打开的、合法的文件指针,作为函数的 handle 参数。而 fseek 函数除该参数外,还有两个参数,如果没有设置第三个参数,则 fseek 会将文件指针移动到从文件开头的 offset 字节处。如果设置了第三个参数,则表示从何位置开始计算偏移量,可取三种值:文件首部、当前位置和文件尾部,实际表示时分别对应值 0、1、2。其表示方法如表 6-3 所示。

表 6-3 fseek()函数 origin 参数的取值(位置指针起始位置)及其代表符号

起 始 点	符 号 常 量	数 字
文件开头	SEEK_SET	0
当前位置	SEEK_CUR	1
文件末尾	SEEK_END	2

如果 fseek()函数执行成功,将返回 0,否则返回-1。如果将文件以追加模式"a"或"a+"打开,写入文件的任何数据总会被追加到最后,而不会管文件指针的位置。示例代码如下:

```
------------------------------ 清单 6－3.php ------------------------------
<?
  $ fp = fopen("test.txt","r") or die('文件打开失败');     //以只读方式打开 test.txt
  echo ftell( $ fp).'<br>';                               //输出刚打开文件时指针的位置,为 0
  echo fread( $ fp,10).'<br>';                            //读取文件中前 10 个字符
  echo ftell( $ fp).'<br>';                               //文件指针已移动到第 11 个字节处,
                                                           //输出 10
  fseek( $ fp,100,1);                                     //文件指针从当前位置向后移动 100
                                                           //个字节
  echo ftell( $ fp).'<br>';                               //当前文件指针在 110 字节处
  echo fread( $ fp,10).'<br>';                            //读取 110 到 119 字节数的字符串
  fseek( $ fp, － 10,2);                                   //将指针从文件末尾向前移动 10 个
                                                           //字节
  echo fread( $ fp,10).'<br>';                            //输出文件中最后 10 个字符
  rewind( $ fp);                                          //将指针移动到文件开头
  echo ftell( $ fp).'<br>';                               //指针在文件开头位置,输出 0
  fclose( $ fp);                                          //关闭文件资源
?>
```

6.1.4　文本文件的写入和追加

有时需要将程序中的数据保存到文本文件中,为此 PHP 提供了写入文件操作的函数,包括 fwrite()函数,fputs()函数和 file_put_contents()函数。

1. fwrite()函数

fwrite()函数可以将一个字符串写入到文本文件中,语法如下:

```
int fwrite( resource handle, string string [, int length])
```

该函数将第二个参数指定的字符串写入到第一个参数指向的文件中。如果设置了第三个参数 length,则最多只会写入 length 个字符,否则一直写入,直到达到字符串末尾。

（1）如果要写入两个字符串到文件中,示例代码如下:

```
<?   $ fp = fopen("new.txt","w");            //以写入方式打开 new.txt
    fwrite( $ fp,'这是写入的一行话\n');
    fwrite( $ fp,'最多写入 12 个字符\n',12);
    fclose( $ fp);                            //关闭文件资源
?>
```

这样就会将"这是写入的一行话\n"写入到 new.txt 中,如果 new.txt 不存在,则 fopen()函数会自动创建文件,如果 new.txt 已经存在并且有内容,则会删除 new.txt 中的内容再写入。

（2）如果不希望在写入时删除文件中原有的内容,可以采用追加写入的方式。代码如下:

```
<?   $ fp = fopen("new.txt","a");            //以追加写入方式打开 new.txt
  fwrite( $ fp,'这是写入的一行话\n');
  fclose( $ fp);                             //关闭文件资源
?>
```

如果希望在写入后再读取文件中的内容,可以采用可读写的方式写入,代码如下:

```php
<?    $ fp = fopen("new.txt","w + ");          //以读写方式打开 new.txt
fwrite( $ fp,'这是写入的一行话\n\r');
rewind( $ fp);                                 //将指针指向文件开头
 $ str = fread( $ fp,20);                       //读取文件中前 20 个字符保存到 $ str 中
echo $ str;
fclose( $ fp);                                 //关闭文件资源
?>
```

注意:写入后文件指针指向了文件末尾,要读取文件内容的话,需要先将指针移回文件开头。

如果要写入很多行字符串到文件中,可以使用循环语句。例如:

```php
for( $ i = 0; $ i < 10; $ i++)
     fwrite( $ fp, $ i.'这是写入的一行话\n\r');
```

2．file_put_contents()函数

file_put_contents()函数无须经过打开文件及关闭文件的操作就可将字符串写入文件,其语法如下,如果写入成功,则返回写入的字节数。

```php
int file_put_contents(string filename, string data[, int mode])
```

其中,filename 指定要写入的文件路径及文件;data 指定要写入的内容,可以是字符串,数组或数据流;mode 指定如何打开/写入文件,如果是 FILE_APPEND,表示追加写入。例如:

```php
<?   file_put_contents('news.txt','第一次');                        //写入字符串
    $ data = '要写入的数据';
    $ num = file_put_contents('news.txt', $ data,FILE_APPEND);      //追加方式写入
    echo $ num;                                                      //返回写入的字节数
?>
```

6.1.5　读写文件的应用——制作计数器

很多网站中都有计数器,用来记录网站的访问量。制作计数器一般可以采用两种方法:

(1) 利用文本文件实现,利用 PHP 程序读写文本文件中的访问次数信息来实现计数功能。

(2) 利用图像文件实现,首先仍然是用 PHP 程序读写文本文件中的数字信息,然后把数字值和图像文件名一一对应起来,并予以显示。

1．用文件实现计数器

该方法将网站的访问次数记录在一个文本文件中,当有用户访问该网站时,打开并读取文件中的访问次数,将该值加 1 后显示在网页上,然后再将新的值写回到文件中。代码如下:

```
<?  $ fp = fopen("count.txt","r + ");
    $ Visitors = intval(fgets( $ fp));          //读取文件中的内容
    $ Visitors++;                               //将计数器加 1
    rewind( $ fp);                              //将文件指针指向开头,以便重新写
    fwrite( $ fp, $ Visitors);                  //将计数器值写入 count.txt 文件之中
    fclose( $ fp);?>
<html ><body >
    <h2 >欢迎进入 PHP 的世界</h2 ><hr >
    您是本站第<? = $ Visitors ?>位贵宾.
</body ></html >
```

运行上述程序前应先在当前目录下新建一个 count. txt 文件并且在第一行开头输入 0。当用户访问该网页时,程序每执行一次就会使 count. txt 文件中的数字加 1。

2. 对计数器设置防刷新功能

上面的计数器可以通过刷新使计数器的值增加,这在许多情况下是不希望看到的。为了解决这个问题,可通过 SESSION 变量判断是否是同一用户在重复刷新网页。具体代码如下:

```
<? session_start();
 $ fp = fopen("count.txt","r + ");
 $ Visitors = intval(fgets( $ fp));             //读取原有访问次数
if(! $ _SESSION['connected']){
    $ Visitors++;                               //将访问次数加 1
    $ _SESSION['connected'] = true;  }
rewind( $ fp);
fwrite( $ fp, $ Visitors);                      //将新的访问次数写回文件
fclose( $ fp);
?>
您是本站第<? = $ Visitors ?>位贵宾.
```

当用户第一次访问时,$ _SESSION['connected']的值为空,就会使 $ Visitors 的值加 1。而访问一次后,$ _SESSION['connected']的值就被设为 true,这样,当该用户再次访问或刷新网页时,SESSION 变量的值不会丢失,仍然为 true,就不会使 $ Visitors 的值加 1 了,而其他用户第一次访问时 $_SESSION['connected']变量的值仍然为空。

3. 用文件及图像实现计数器

为了使计数器美观,可以设计 0～9 各个数字对应的 GIF 图片(0. gif～9. gif),把它们放在网站中相应目录下,然后根据计数的数值读取调用指定的 GIF 图片,从而实现图片数字的计数器,代码如下,运行效果如图 6-2 所示。

图 6-2　图片计数器的效果

```
<? session_start();
 $ fp = fopen("count.txt","r + ");
 $ Visitors = fgets( $ fp);                      //读取原有访问次数
 if(! $ _SESSION['connected']){
```

```
        $ Visitors++;                              //将访问次数加1
        $ _SESSION['connected'] = true;    }
    $ countlen = strlen( $ Visitors);             //获取访问次数的数字长度
    //逐个取 visitors 的每个字节,然后串成< img src =?.gif >图形标记
    for( $ i = 0; $ i < $ countlen; $ i++)        //下面输出数字对应的 img 元素
        $ num = $ num."< img src = ".substr( $ Visitors, $ i,1) .".gif ></img>";
    rewind( $ fp);
    fwrite( $ fp, $ Visitors);                    //将新的访问次数写回文件
    fclose( $ fp);?>
    < h2 >欢迎进入 PHP 的世界</h2 >< hr >
    您是本站第<? = $ num ?>位贵宾.
```

6.2 文件及目录的基本操作

6.2.1 复制、移动和删除文件

PHP 提供了大量文件操作的函数,可以对服务器端的文件进行复制、移动、删除、截取和重命名等操作。这些函数如表 6-4 所示。

表 6-4   文件的基本操作函数

函　　数	语 法 结 构	描　　述
copy()	copy(源文件,目的文件)	复制文件
unlink()	unlink(目标文件)	删除文件
rename()	rename(旧文件名,新文件名)	重命名文件或目录,或移动文件
ftruncate()	ftruncate(目标文件资源,截取长度)	将文件截断到指定长度
file_exists()	file_exists(目标文件名)	判断文件或文件夹是否存在
is_file()	is_file(文件名)	判断指定的路径存在且为文件

说明：rename()函数既可重命名文件,也可移动文件,如果旧文件名和新文件名的路径不同,就实现了移动该文件。移动文件还可以使用 move_uploaded_file()函数。

表 6-4 中前 4 个函数如果执行成功都会返回 true,失败则返回 false。示例代码如下：

```
<?
if(copy('test.txt','./data/bak.txt'))           //复制文件示例
    echo '文件复制成功';
else echo '文件复制失败,源文件可能不存在';
//删除文件示例
unlink('./test.txt');                            //删除当前文件夹下的 test.txt
//移动文件示例
if(file_exists('./data/bak.txt')){               //判断源文件是否存在
    if(rename('./data/bak.txt','tang.txt'))      //移动并重命名为 tang.txt
        echo '文件移动并重命名成功';
    else echo '文件移动失败';
}  ?>
```

提示：

(1) 复制、移动文件操作都不能自动创建文件夹,因此应保证当前目录下 data 文件夹存在,才能运行该程序。

（2）如果执行删除文件失败，提示 Permission denied，一般是网站访问用户没有删除文件的权限，只要在删除文件所在目录上右击，在"属性"面板的的"安全"选项卡中，给"Internet 来宾账户"加上修改的权限即可。

6.2.2　获取文件属性

在进行编程时，需要使用到文件的一些常见属性，如文件大小、文件类型、文件的修改时间等。PHP 提供了很多获取这些属性的内置函数，如表 6-5 所示。

表 6-5　PHP 获取文件属性的内置函数

函　数　名	说　　　明	示　　　例
filesize()	只读，返回文件的大小	\$ fsize＝filesize('tang. txt')
filetype()	只读，返回文件的类型，如文件或文件夹	filetype('tang. txt')，返回 file
filectime()	返回文件创建时间的时间戳	date('Y-m-d H：i：s',filectime('6-10. php'))
filemtime()	只读，返回文件的修改时间	
fileatime()	只读，返回文件的访问时间	
realpath()	返回文件的物理路径	realpath('6-10. php')
pathinfo()	以数组形式返回文件的路径和文件名信息	print_r(pathinfo('6-10. php'))
dirname()	返回文件相对于当前文件的路径信息	dirname('6-10. php')，返回"."
basename()	返回文件的文件名信息	basename('6-10. php')
stat()	以数组形式返回文件的大部分属性值	print_r(stat('6-10. php'))

说明：

（1）如果要返回当前文件的文件名，除了可使用 basename('当前文件名')外，更简单的方法是使用 PHP 的系统常量"__FILE__"，如：echo"文件名：". __FILE__；。

（2）对于 Windows 系统，filetype()返回的文件类型只可能是 file（文件）、dir（目录）或 unknown（未知）三种文件类型。而在 UNIX 系统中，可以获得 block、char、dir、fifo、file、link 和 unknown 7 种文件类型。这是因为 PHP 是以 UNIX 的文件系统为模型的。

（3）dirname()并不会判断返回的文件路径信息是否存在，如果要判断路径是否存在，应使用 is_file()函数。

（4）函数 pathinfo()返回一个关联数组，其中包括文件或文件夹的目录名、文件名、扩展名、基本名 4 部分，分别通过数组键名 dirname、basename、extension 和 filename 来引用。

下面是一个获取并显示文件 tang. txt 各种属性的示例程序，其运行结果如图 6-3 所示。

```
<h2 align = "center">获取文件属性示例程序</h2>
<?    $ file = 'tang. txt';
echo "<br>文件名：" .basename( $ file);
//echo "<br>文件名：".__FILE__;
 $ patharr = pathinfo( $ file);
echo "<br>文件扩展名：". $ patharr['extension'];
echo "<br>文件属性：" . filetype ( $ file);
echo "<br>路径：". realpath( $ file);
echo "<br>大小：" . filesize ( $ file);
echo "<br>创建日期：" . date('Y-m-d H:i:s',filectime( $ file)) ;
?>
```

图 6-3　获取文件属性的示例程序

6.2.3　目录的基本操作

使用 PHP 提供的目录操作内置函数,可以方便地实现创建目录、删除目录、改变当前目录和遍历目录等操作。这些内置函数如表 6-6 所示。

表 6-6　目录操作函数

函　数　名	说　　明	示　　例
mkdir(pathname)	新建一个指定的目录	mkdir('temp')
rmdir(dirname)	删除指定的目录,该目录必须为空	rmdir('data')
getcwd(void)	取得当前文件所在的目录	echo getcwd();
chdir(dirname)	改变当前目录	chdir('../');
opendir(path)	打开目录,返回目录的指针	$ dirh＝opendir('temp')
closedir()	关闭目录,参数为目录指针	closedir($ dirh);
readdir()	遍历目录	$ file＝readdir($ dirh))
scandir(path,sort)	以数组形式遍历目录,sort 参数可设置升序或降序排列	$ arr＝scandir('D:\AppServ',1); print_r($ arr);
rewinddir()	将目录指针重置到目录开头处,即倒回目录开头	rewinddir($ dirh)

1. 遍历目录

有时需要对服务器某个目录下面的文件进行浏览,这通常称为遍历目录,要取得一个目录下的所有文件和子目录,就需要用到 opendir()、readdir()、rewinddir()、closedir() 函数。

(1) opendir()用于打开指定的目录,其参数为一个目录的路径,打开成功后返回值为指向该目录的指针。

(2) readdir()用于读取已经打开的目录,其参数为 opendir 返回的目录指针,读取成功后返回当前目录指针指向的文件名,然后将目录指针向后移一位,当指针位于目录结尾时,因为没有文件存在返回 false。

(3) closedir()用于关闭已经打开的目录,其参数为 opendir()返回的目录指针,它没有返回值。

（4）rewinddir()用于将目录指针重新指向目录开头，以便重新读取目录中的内容，其参数为 opendir()返回的目录指针。

下面是一个遍历并输出目录下所有文件和子目录的实例，注意在运行该程序前请确保当前目录下存在 fnnews 文件夹。程序的运行结果如图 6-4 所示。

```php
<?   $ num = 0;                                    //$ num 用来统计子目录和文件的总数
 $ dir = 'fnnews';                                 //$ dir 用来设置要遍历的目录名
 $ dirh = opendir( $ dir);                          //用 opendir()打开目录
?>
< table border = "1" width = "600">
< caption >< b >目录<? =  $ dir?>中的内容</b></caption >
< tr align = "left" bgcolor = "#cccccc">
< th >文件名</th >< th >大小</th >< th >类型</th >< th >修改时间</th ></tr >
<?
while( $ file = readdir( $ dirh)) {                  //使用 readdir 循环读取目录里的内容
if( $ file!= "." && $ file!= "..") {
    $ dirFile = $ dir."/". $ file;                   //将目录下的文件和当前目录连接起来
    $ num++;
    echo '< tr bgcolor = '. $ bgcolor.'>';          //输出行开始标记,并使用背景色
    echo '< td >'. $ file.'</td >';                  //显示文件名
     echo '< td >'.filesize( $ dirFile).'</td >';    //显示文件大小
     echo '< td >'.filetype( $ dirFile).'</td >';    //显示文件类型
    echo '< td >'.date("Y/n/t",filemtime( $ dirFile)).'</td ></tr >';
                                                     //显示修改时间
             }}
closedir( $ dirh);                                  //关闭文件操作句柄
?></table >
在< b ><? =  $ dir?></b>目录下的子目录和文件共有<b ><? =  $ num?></b>个
```

图 6-4　使用目录处理函数遍历目录下的内容

2．创建、删除和改变目录

创建目录前先要判断该目录是否已存在，删除目录先要判断目录是否不存在。下面是一个创建、删除和改变当前目录的例子：

```php
<?
if(!file_exists('temp')) mkdir('temp');              //在当前目录下创建 temp 目录
else echo '该目录已存在,不能创建<br>';
if(file_exists('data')) rmdir('data');               //在当前目录下删除 data 目录
else echo '该目录不存在,不能删除<br>';
echo getcwd();                                        //输出当前所在目录
chdir('../');                                         //转到上一级目录
echo getcwd();                                        //再输出当前所在目录
?>
```

说明:'../'代表上一级目录,'./'代表当前目录,'/'代表网站根目录。

虽然 rmdir()能删除目录,但它只能删除一个空目录。如果要删除一个非空的目录,就需要先进入到目录中,使用 unlink()函数将目录中的所有文件删除掉,再回来将这个空目录删除掉。如果目录中还有子目录,而且子目录也非空,就先要删除子目录内的文件和子目录,这需要使用递归的方法。下面自定义了一个函数 delDir()用于删除非空的目录,代码如下:

```php
<?                                                    //功能:用递归的方法删除非空的目
                                                      //录 $dir
function delDir( $dir) {
if(file_exists( $dir)) {                              //判断目录是否存在
    if( $dirh = opendir( $dir)) {                     //打开目录返回目录资源 $dirh
        while( $filename = readdir( $dirh)) {         //遍历目录,读出目录中的文件或文
                                                      //件夹
            if( $filename!= "." && $filename!= "..") {  //一定要排除两个特殊的目录
                $subFile = $dir."/". $filename;       //将目录下的文件和当前目录相连
                if(is_dir( $subFile))                 //如果是目录
                    delDir( $subFile);                //递归调用自身删除子目录
                if(is_file( $subFile))                //如果是文件
                    unlink( $subFile);                //直接删除这个文件
                } }
            closedir( $dirh);                         //关闭目录资源
            rmdir( $dir);                             //删除空目录
        } } }
delDir("fnnews10");                                   //调用 delDir()函数,将当前目录中的
                                                      //fnnews 文件夹删除
?>
```

3. 复制和移动目录

复制和移动目录也是文件操作的基本功能,但 PHP 没有提供这方面的内置函数,需要我们自己编写函数来实现。要复制一个包含多级子目录的目录,需要涉及文件复制、目录创建等操作,其中复制文件可通过 copy()函数实现,创建目录可使用 mkdir()函数。

函数的工作流程是:首先创建一个目标目录,此时该目录为空,然后对源目录进行遍历;如果遇到的是普通文件,则直接用 copy 函数复制到目标目录中;如果遍历时遇到一个子目录,则必须建立该目录,再对该目录下的文件进行复制操作;如果还有子目录,则使用

递归调用重复操作,最终将整个目录复制完成。函数代码如下:

```
<?                                                      //功能:复制带有多级子目录的
                                                        //目录
function copyDir( $ dirSrc, $ dirTo) {
    if(is_file( $ dirTo)) {                             //如果目标是一个文件则退出
        echo "目标不是目录不能创建!!";
        return 0;                                       //退出函数
    }
    if(!file_exists( $ dirTo))                          //如果目标目录不存在则创建,存
                                                        //在则不变
        mkdir( $ dirTo);                                //创建要复制的目录
    if( $ dirh = @opendir( $ dirSrc)) {                 //打开目录返回目录资源,并判断
                                                        //是否成功
        while( $ filename = readdir( $ dirh)) {         //遍历目录,读出目录中的文件或
                                                        //文件夹
            if( $ filename!= "." && $ filename!= "..") {  //一定要排除两个特殊的目录
                $ subSrcFile = $ dirSrc."/". $ filename; //将源目录的多级子目录连接
                $ subToFile = $ dirTo."/". $ filename;   //将目标目录的多级子目录连接
                if(is_dir( $ subSrcFile))               //如果源文件是一个目录
                    copyDir( $ subSrcFile, $ subToFile); //递归调用自己复制子目录
                if(is_file( $ subSrcFile))              //如果源文件是一个普通文件
                    copy( $ subSrcFile, $ subToFile);   //直接复制到目标位置
            }       }
            closedir( $ dirh);                          //关闭目录资源
    }     }
    copyDir("fnnews10", "D:/admin");                    //调用测试函数
?>
```

如果要移动目录,可先调用 copyDir()函数复制目录,然后调用 delDir($ dir)删除原来的目录即可。当然,移动目录也可使用 rename()函数对目录重命名,如 rename("fnnews10","D:/admin")。

6.2.4　统计目录和磁盘大小

计算文件的大小可以通过 filesize()函数来完成,统计磁盘的大小可以使用 disk_free_space()和 disk_total_space()两个函数来实现。但 PHP 没有提供统计目录大小的函数,为此,我们可以编写一个函数来完成这个功能。该函数功能是:如果目录中没有包含子目录的话,则目录下所有文件的大小之和就是这个目录的大小。如果包含子目录,就按照这个方法再计算一下子目录的大小,使用递归的方法就可完成此任务。函数的代码如下:

```
<?   function dirSize( $ dir) {                         //自定义一个函数 dirSize(),统计传
                                                        //入参数的目录大小
    $ dir_size = 0;                                     // $ dir_size 用来统计目录大小
    if( $ dirh = opendir( $ dir)) {                     //打开目录,并判断是否能成功打开
        while( $ filename = readdir( $ dirh)) {         //循环遍历目录下的所有文件
            if( $ filename!= "." && $ filename!= "..") {  //一定要排除两个特殊的目录
                $ subFile = $ dir."/". $ filename;      //将目录下的子文件和当前目录相连
```

```
            if(is_dir( $ subFile))                          //如果为目录
                $ dir_size += dirSize( $ subFile);          //递归地调用自身函数,求子目录的大小
            if(is_file( $ subFile))                          //如果是文件
                $ dir_size += filesize( $ subFile);          //求出文件的大小并累加
            }          }
    closedir( $ dirh);                                       //关闭文件资源
    return $ dir_size;                                       //返回计算后的目录大小
        }   }
    $ dir_size = dirSize("fnnews");                          //调用函数计算目录 fnnews 的大小
    echo round( $ dir_size/pow(1024,1),2)."KB";             //将目录大小以"KB"为单位输出
?>
```

6.3　制作生成静态页面的新闻系统

　　有些网站采用的是 PHP 程序系统,但用户访问网站时看到的却是 HTML 静态页面(后缀名是.html),这是因为网站通过程序生成了静态 HTML 页面。

　　利用 PHP 程序生成静态 HTML 页面的好处很多:首先,静态页面不需要 Web 服务器解释执行,用户打开网页的速度会快些;其次,打开静态页面时 Web 服务器不需要访问数据库,减轻了对数据库访问的压力;再次,静态 html 页面对搜索引擎更加友好,使网站在搜索引擎中的排名能够上升。当然,生成静态页面也有缺点,表现在:随着时间的推移,生成的静态页面越来越多,会占用一些磁盘空间,并使 Web 服务器搜索页面文件的时间增长。

　　PHP 生成静态页面的主要原理是利用 fopen()方法创建文本文件,再用 fwrite()方法向文件中写入符合 HTML 格式的字符串。因此,用户在后台添加一条新闻后,PHP 程序一方面将这条新闻作为一条记录添加到数据表中;另一方面根据这条新闻创建一个静态的 HTML 页面。

　　创建静态 HTML 页面过程是:首先制作一个新闻页面的模板页,然后将这条新闻的各个字段替换掉模板页中的标志内容,最后将替换后的模板页用 fwrite()方法写入到创建的文件中,即生成了静态 HTML 文件,将其存放在网站相应目录下。之所以要使用模板页,是因为如果完全用 fwrite()方法将整个网页的 HTML 代码一行一行写入到文本文件中,代码量太大。

　　对每条新闻创建静态页面的同时,仍然需要将该条新闻添加到数据库中,这是为了方便对静态页面的管理,例如要修改或编辑静态页面中的新闻内容,就可以修改新闻在数据库中对应的记录,修改后再重新生成静态页面。

　　本节将制作一个可生成静态 HTML 页面的新闻系统,该新闻系统和 5.6 节中制作的新闻系统有相似的地方,具有添加、删除和修改新闻的功能,因此也需要数据库的支持,但也有不同的地方,表现在该新闻系统能将每条新闻生成静态 HTML 页面。

　　制作步骤如下:①数据库的设计;②制作模板页;③制作添加新闻页面;④制作修改新闻页面;⑤制作删除新闻页面。

6.3.1　数据库设计和制作模板页

1. 数据库的设计

数据库中保存了一个 news 表,该表用于存放所有新闻的内容。news 表中的字段及字段类型如表 6-7 所示。

表 6-7　生成静态 HTML 页面的新闻系统数据库中的 news 表结构

字　段　名	字　段　类　型	说　　明
id	int(自动递增)	新闻的编号
title	varchar	新闻的标题
content	text	新闻的内容
author	varchar	发布者
time	datetime	发布时间
bigclass	varchar	新闻所属栏目
filepath	varchar	新闻对应的静态页面文件的路径

可以看出,与普通的新闻系统的 news 表相比,生成静态页面的新闻系统主要是多了个 filepath 字段,用于将生成的 HTML 文件的文件名和路径保存到 news 表中,以便在新闻列表页能建立到这些 HTML 文件的链接。

2. 新闻模板页的制作

在数据库中再新建一个表 moban,用来保存模板页的 HTML 代码,之所以要将模板页的代码保存到数据表中,是为了方便能通过新闻系统后台对模板页的代码进行修改,还能在 moban 表中保存多个模板页,让用户从后台发布新闻时可以选择任意一套模板。moban 表中的字段及字段类型如表 6-8 所示。

表 6-8　保存模板页的 moban 表结构

字　段　名	字　段　类　型	说　　明
id	int(自动递增)	模板的编号
html	text	模板的 HTML 代码

然后新建模板文件,模板文件的代码如下:

```html
<html><head>
    <meta http-equiv="Content-Type" content="text/html; charset=gb2312" />
    <title>-title-(-lanmu-)</title>
</head>
<body>
<div style="background:#ddd; width:480px; margin:0 auto;">
<h1 align="center" style="border-bottom:1px dashed gray">-title-</h1>
<p style="font:12px/1.5 '宋体'" align="right">发布者:-author-</p>
<p style="font:14px/1.8 '宋体'; text-indent:2em;">-content-(发布时间:-time-)</p>
</div>
</body></html>
```

将上述模板文件的代码复制到 moban 表中一条记录的 HTML 即可。

说明:

(1) 上述模板文件中形如"-…-"的地方是作为标志字符供实际新闻进行替换的地方,例如实际新闻的标题将替换字符串-title-,内容将替换字符串-content-等。这样替换后就是一个显示实际新闻的静态 HTML 页面了。

(2) 该模板页主要为说明原理,因此设计得比较简单,读者可以将其设计得更美观。

下面来制作这个能生成静态页面的新闻发布系统,具体步骤是:首先制作一个添加新闻的页面,用户在该页面中输入新闻内容并提交新闻后,服务器端获取该页面表单中的新闻信息,一方面将这些信息添加到 news 表中,另一方面替换模板页中的相关位置字符,再用 fopen()和 fwrite()方法将替换后的模板页生成为 HTML 文件。

3. 连接数据库

新闻系统需要访问数据库,该例中数据库名为 htmldb,新建一个数据库连接文件 conn.php,该文件的代码如下,以后网站内其他文件需要连接数据库只要包含 conn.php 即可。

```
<?    $conn = mysql_connect("localhost","root","111");
       mysql_query("set names 'gb2312'");
       mysql_select_db("htmldb");?>
```

6.3.2 新闻添加页面和程序的制作

1. 制作新闻添加的前台页面 addnews.php

新闻添加页面 addnews.php 实际上是一个纯静态页面,该页面中只有一个表单,供用户添加新闻。代码如下,显示效果如图 6-5 所示。

```
<h2 align = "center">添加新闻页面</h2>
<form method = "post" action = "add.php">
  <table width = "600" border = "0" align = "center" cellpadding = "4" cellspacing = "1" bgcolor
= "#333333"> <tbody bgcolor = "#ffffff">
    <tr><td width = "125">新闻标题:</td>
      <td width = "475"><input type = "text" name = "title" size = "30"></td></tr>
    <tr><td>发布者:</td>
      <td><input type = "text" name = "author"></td></tr>
    <tr><td>所属栏目:</td>
      <td><input type = "text" name = "lanmu"></td></tr>
    <tr><td>新闻内容:</td>
      <td><textarea name = "content" cols = "30" rows = "3"></textarea></td></tr>
    <tr><td></td><td><input type = "submit" name = "Submit" value = "提交"></td></tr>
    </tbody>
</table></form>
```

2. 保存新闻到 news 表的程序(add.php)

接下来,获取用户在 addnews.php 表单中输入的内容,一方面将这些内容替换掉模板

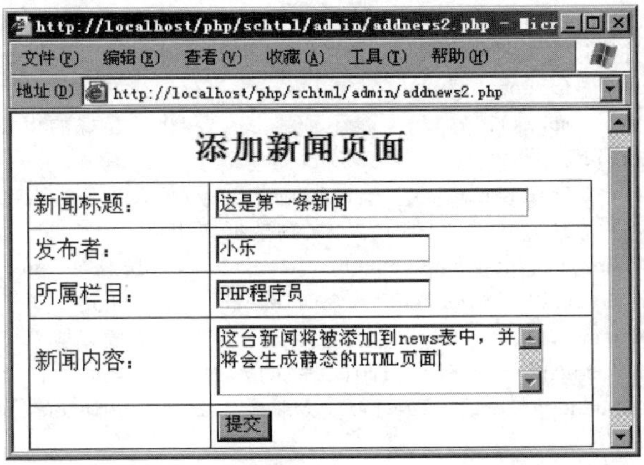

图 6-5　新闻添加页面 addnews.php 的运行结果

页代码中相应位置的标识符,再将替换后的模板页代码用 fwrite()方法写入到一个后缀名为.html 的文本文件中,该文件即是生成的静态 HTML 页面。另一方面将这些内容作为一条记录插入到 news 表中。这两步的顺序最好是先生成静态页面,再往数据库中插入记录。代码如下:

```php
<?    require("conn.php");
      $ title = $ _POST["title"];                  //获取用户在表单中输入的内容
      $ author = $ _POST["author"];
      $ lanmu = $ _POST["lanmu"];
      $ content = $ _POST["content"];
      $ time = date("Y - m - d H:i:s");
          //创建存放当天静态 HTML 文件的目录
      $ root = $ _SERVER['DOCUMENT_ROOT'];
      $ foldername = date("Y - m - d");
      $ folderpath = "../list/". $ foldername;      //目录形式是"list\2013 - 07 - 01"
      if(!file_exists( $ folderpath))               //如果该目录不存在
          mkdir( $ folderpath);                     //创建该目录
          //用时间创建 HTML 文件的文件名
      $ filename = date("H - i - s").".html";
      $ filepath = $ folderpath."/". $ filename;    //得到文件相对于网站根目录的 URL(路径
                                                    //名加文件名)
      if(!file_exists( $ filepath)){                //如果待生成的文件不存在
          //从 moban 表中读取模板页代码
          $ sql = "select html from moban where id = 2";
          $ rs = mysql_query( $ sql);
          $ rows = mysql_fetch_row( $ rs);
          $ moban = $ rows[0];                      //将模板页代码保存到 $ moban
          //替换模板页中相应的标识符
          $ moban = str_replace(" - lanmu - ", $ lanmu, $ moban);
          $ moban = str_replace(" - title - ", $ title, $ moban);
          $ moban = str_replace(" - time - ", $ time, $ moban);
          $ moban = str_replace(" - content - ", $ content, $ moban);
```

```
        $ moban = str_replace(" - author - ", $ author, $ moban);
            //把替换过了的模板页写入文件
        $ fp = fopen( $ filepath,"w");                    //创建 HTML 文件
        fwrite( $ fp, $ moban);                          //将替换好的模板页内容写入到文件中
        fclose( $ fp);
        $ filepath = $ foldername."/". $ filename;        //保存生成的 HTML 文件的路径
            //将用户在表单中输入的内容插入到数据表中
        $ sql = " insert  into newscontent ( bigclass, title, content, filepath, author, time)
values (' $ lanmu',' $ title',' $ content',' $ filepath',' $ author',' $ time')";
        if(mysql_query( $ sql))                          //如果插入成功
            echo " < script > if (confirm('添加成功!是否继续添加·继续添加 ·返回查看'))
{window. location = 'addnews2.php'}else {window. location = 'adminnews.php'} </script>";
        else
            echo " < script > alert('添加失败!');location. href = 'adminnews.php';</script>";
}    ?>
```

为了运行该程序,首先必须在该程序所在目录的上一级目录下建立一个名为 list 的子目录,这个子目录用于存放所有自动生成的 HTML 文件。但是随着时间的推移,用该程序生成的 HTML 文件可能会越来越多,如果都直接放在 html 目录下,则该目录下的文件太多太乱,不好管理。

为此该程序在 html 目录下根据当天的日期新建子目录,把当天生成的新闻文件都放在这个子目录下。这样打开这些静态页面时就能看到诸如 http://localhost/list/2013-07-02/18-16-26. html 这样的 URL。

而文件名是根据当前的系统时间得到的,程序中采用了 date("H-i-s")."". html 来生成文件名。执行 addnews. php 并单击"提交"按钮后,就会发现在 list 目录下生成了如图 6-6 所示的文件夹和 HTML 文件,双击该 HTML 文件就可打开如图 6-7 所示的新闻页。

图 6-6 生成的文件夹和文件

图 6-7 打开生成的静态 HTML 文件

可见,每个 HTML 文件的文件名就是由当前日期和时间值(精确到秒)组成,只要不在同一秒钟之内发布两条新闻,则每个文件的文件名都不会重复,新建的文件就不会覆盖以前的文件。当然,为防止生成的文件名重复,更安全的做法是在日期时间值后用 rand() 函数再生成一个几位的随机字符串作为文件名的一部分,这样文件名更加不可能重复,而且还可防止文件名被浏览者猜测到。

6.3.3　新闻后台管理页面的制作

除了能发布新闻外,一个完整的新闻系统还应具有新闻修改和新闻删除的功能。为此,需要先制作一个新闻后台管理页面(admin.php),该页面用来显示所有新闻的列表,并能链接到新闻静态页面,还提供了"编辑"和"删除"的链接供用户执行修改或删除操作。整个程序完全是读取 news 表中的数据(类似于 5.3.1 节中的 5-6.php 文件),没有涉及 fopen 方法对文件的操作。关键代码如下,运行效果如图 6-8 所示。

```
<h2 align = "center">新闻系统后台管理</h2>
<p align = "right"><a href = "addnews2.php">添加新闻</a></p>
<table width = "600" border = "0" align = "center" cellpadding = "6" cellspacing = "1" bgcolor
= "#FF00FF"><tbody bgcolor = "#ffffff">
   <tr><th>ID</th><th>新闻标题</th><th>发布者</th>
       <th>发布时间</th><th>操作</th></tr>
<?  require("conn.php");
$ sql = "select * from newscontent order by id desc";
$ rs = mysql_query( $ sql);
if(mysql_num_rows( $ rs)){
   while( $ row = mysql_fetch_assoc( $ rs)){ ?>
       <tr><td rowspan = "2"><? = $ row['id']?></td>
       <td><a href = "../list/<? = $ row['filepath']?>"><? = $ row['title']?></a></td>
       <td><? = $ row['author']?></td><td><? = $ row['time']?></td>
       <td rowspan = "2"><a href = "editnews.php?id = <? = $ row['id']?>">编辑</a>
       <a href = "del.php?id = <? = $ row['id']?>">删除</a></td></tr>
       <tr><td colspan = "3">内容:<? = $ row['content']?></td></tr>
   <? } }
   else echo '<p>没有找到任何新闻</p>'; ?>
</tbody></table>
```

可见,与 5-6.php 相比,该程序每条新闻的标题都是链接到生成的静态 HTML 文件的 URL 上($ row['filepath']保存了静态文件的 URL 地址),这样用户才能通过链接打开这些 HTML 文件。

图 6-8　新闻后台管理页面(admin.php)

6.3.4　新闻修改页面的制作

当单击图 6-8 中的"编辑"时,就会链接到新闻修改页面(editnews. php),该页面首先提供一个表单供用户修改信息(表单中要显示原来的信息)。当提交修改后的信息后,程序一方面更新这条新闻在 news 表中的对应记录,另一方面还要重新生成同名的 HTML 文件,这样会自动覆盖原来的 HTML 文件。

因此 editnews. php 中的 PHP 程序主要有以下三方面的功能:①获取 admin. php 页传过来的 ID 值,根据 ID 读取原来的记录,显示在该页的表单中供用户修改;②当用户提交该页的表单后,用用户提交的信息更新 news 表中对应的记录;③用用户提交的信息替换模板页中的相应字符,再重新生成同名的 HTML 文件。具体代码如下,运行效果如图 6-9 所示。

```php
<? require("conn.php");
$ id = $ _GET["id"];
if( $ _POST["Submit"]) {                          //如果单击了"提交"按钮
    $ title = $ _POST["title"];                   //获取用户输入的内容
    $ author = $ _POST["author"];
    $ lanmu = $ _POST["lanmu"]; $ content = $ _POST["content"];
    $ path = $ _POST["path"]; $ time = $ _POST["time"];
        //获得已生成的静态 HTML 文件路径
    $ root = $ _SERVER['DOCUMENT_ROOT'];
    $ filepath = "../list/ $ path";
    if(file_exists( $ filepath)){                  //如果静态 HTML 页面存在
    $ sql = "select html from moban where id = 2"; //读取模板页
        $ rs = mysql_query( $ sql);
        $ rows = mysql_fetch_row( $ rs);
        $ moban = $ rows[0];
        //替换模板页中对应字符串
        $ moban = str_replace(" - lanmu - ", $ lanmu, $ moban);
        $ moban = str_replace(" - title - ", $ title, $ moban);
        $ moban = str_replace(" - time - ", $ time, $ moban);
        $ moban = str_replace(" - content - ", $ content, $ moban);
        $ moban = str_replace(" - author - ", $ author, $ moban);
        $ fp = fopen( $ filepath,"w");
        fwrite( $ fp, $ moban);                    //将依据模板页生成的 HTML 代码写入到文件中
        fclose( $ fp);}
        //修改数据表中对应的记录
    $ sql = "update newscontent set title = ' $ title',content = ' $ content',author = ' $ author',
bigclass = ' $ lanmu' where id = $ id";
    if(mysql_query( $ sql))                        //如果 SQL 语句执行成功
        echo " < script language = javascript > alert('修改成功!'); location. href = 'adminnews.
php'</script>";
        elseecho " < script language = javascript > alert('修改失败!');location. href = 'adminnews.
php'</script>";
    die();                                        //退出程序
}
$ sql = "select * from newscontent where id = $ id";   //读取 ID 对应的记录
$ rs = mysql_query( $ sql);
$ row = mysql_fetch_assoc( $ rs);                 //接下来将记录显示在表单中
```

```
?>
< h3 align = "center">新闻修改页面</h3 >
< form method = "post" action = "?id = <? =  $ row['id'] ?>"><! -- 提交表单将发送 URL 字符串 -->
   < table width = "480" border = "0" align = "center" cellpadding = "4" cellspacing = "1" bgcolor
 = "＃333333"> < tbody bgcolor = "＃ffffff">
< tr > < td width = "125">新闻标题: </td>
   < td width = "375">< input type = "text" name = "title" size = "30" value = <? =  $ row['title']
?>></td > </tr>
< tr > < td >发布者: </td>
   < td >< input type = "text" name = "author" value = <? =  $ row['author'] ?>></td></tr>
< tr > < td >所属栏目: </td>
   < td >< input type = "text" name = "lanmu" value = <? =  $ row['bigclass'] ?>></td > </tr>
< tr > < td >新闻内容: </td>
   < td >< textarea name = "content" cols = "30" rows = "3"><? =  $ row['content'] ?></textarea >
</td > </tr>
   < tr > < td >< input name = "time" type = "hidden" value = "<? =  $ row['time'] ?>">
< input name = "path" type = "hidden" value = "<? =  $ row['filepath'] ?>"></td>
   < td >< input name = "Submit" type = "submit" value = "提 交"></td > </tr>
</tbody > </table >
</form >
```

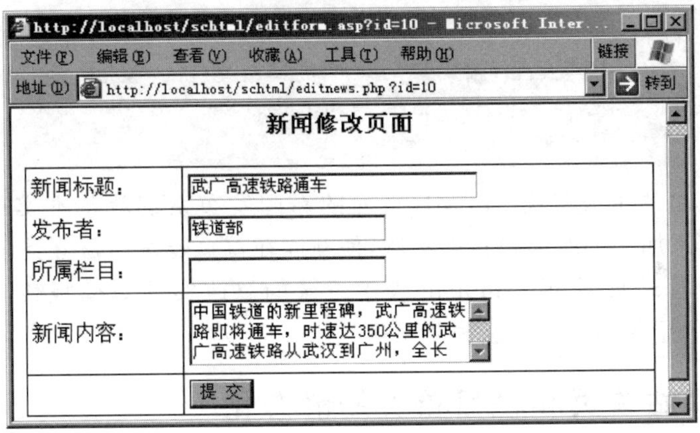

图 6-9　新闻修改页面的制作

说明: 该文件将显示表单的程序和获取表单并修改数据的程序写在了同一个页面, 通过是否按了"提交"按钮来判断是否提交了表单。表单中有两个隐藏域, 用于发送新闻的发布时间(time)和新闻页面的路径(filepath)两个信息, 这两个信息不要求用户可见, 但对找到对应的静态 HTML 文件是必要的。

6.3.5　新闻删除页面的制作

当用户单击图 6-8 中的"删除"链接时, 就会链接到新闻删除页面(del. php), 该页面的功能也是分为两部分: 其一是将这条新闻对应的记录从 news 表中删除; 其二是删除该新闻对应的静态 HTML 文件。这是必要的, 否则浏览者还可以通过直接输入 HTML 文件的URL 访问该新闻页面。del. php 的代码如下:

```php
<?   require("conn.php");
     $ id = $ _GET["id"];                        //获取新闻的 ID
     $ sql = "select * from newscontent where id = $ id";
     $ rs = mysql_query( $ sql);
     $ rows = mysql_fetch_assoc( $ rs);
     $ path = $ rows["filepath"];                //找到待删除新闻对应的静态 HTML 文件的 URL
     $ root = $ _SERVER['DOCUMENT_ROOT'];
     $ filepath = "../list/". $ path;
     if(file_exists( $ filepath))
         unlink( $ filepath);                    //删除静态 HTML 文件
         //找到为存放静态 HTML 文件而创建的目录
     $ path = substr( $ path,0,10);
     $ folderpath = "../list/ $ path";
     $ folder = opendir( $ folderpath);          //打开该目录
     $ n = 0;
     while( $ f = readdir( $ folder)){
         if( $ f <>"."&& $ f <>"..")            //如果目录中还有其他文件
             $ n++;
     }
     closedir();
     if( $ n == 0)                               //目录中已经没有任何文件
         rmdir( $ folderpath);                   //删除该目录
     $ sql = "delete from newscontent where id = $ id";//删除数据表中的记录
     if(mysql_query( $ sql))
         echo "< script >alert('删除成功!');window. location = 'admin.php'</script >";
     else echo "< script >alert('操作错误!');window. location = 'admin.php'</script >";
?>
```

至此,一个简单的生成静态 HTML 页面的新闻发布系统就基本实现,读者还可以在 news 表中给新闻添加一个所属栏目的字段,使新闻在首页能按栏目分类显示。并增加模板代码管理页,模板管理页通过对 moban 表中记录的修改实现对模板代码的修改,以及向 moban 表中添加新记录实现增加新模板页等。

6.3.6 网站首页和栏目首页的静态化

上节中实现新闻页面静态化的方法是先制作一个模板页,再用动态数据替换模板页中的相应内容,如果需要替换的内容较少,上述方法是可行的。但对于网站的首页或栏目首页,其需要替换的的动态内容相当多,而且其要替换内容的数量可能还不是固定的。

为此,实现首页和栏目首页的静态化通常采用另一种更为简便的办法。即使用 file_get_contents()函数将 PHP 文件的执行结果读入到一个字符串变量中,由于 PHP 程序的执行结果是一串静态 HTML 代码,因此可将执行后得到的静态页代码写入到一个字符串中,再将该字符串写入到文本文件中,即得到一个静态页面。

1. file_get_contents()函数

file_get_contents()函数的语法如下:

```
string file_get_contents(string $ url)
```

其中,参数 $url 是要执行的文件的 URL,如果该文件是动态网页文件,则该参数必须是绝对 URL 地址,而不能是相对 URL 地址。因为,要执行一个动态网页文件,我们只能在浏览器地址栏中输入该文件的绝对 URL(如 http://localhost/1.php),而不能输入相对 URL(如 1.php),否则该函数会把 PHP 文件的源代码(而不是执行后生成的 HTML 代码)作为返回的字符串。

下面是一个用 file_get_contents()执行动态 PHP 文件,生成静态 HTML 网页的例子。

```
<?  ob_start();                       //打开缓冲区
//执行 PHP 文件 news.php,将执行结果(HTML 格式字符串)赋给变量 $str
 $str = file_get_contents("http://localhost/php/news.php");
 $fp = fopen("test.html","w");        //创建文件 test.html
fwrite( $fp, $str);                   //将字符串 $str 写入 test.html 中,test.html 即为静态页文件
ob_end_clean();                       //清空缓冲区内容并关闭缓冲区
echo '静态 HTML 文件生成成功,请打开目录查看';
?>
```

该程序执行成功后,在当前目录下,就会生成一个 test.html 的文件,其内容正是 news.php 的执行结果。

说明:如果 file_get_contents()要执行的 URL 中有特殊字符,例如汉字或空格,就需要用 urlencode()进行 URL 编码。

2. 用 include()和 ob_get_contents()方法生成静态文件

生成静态文件还可在打开缓冲区的前提下,用 include()方法去包含要执行的动态文件,这样该动态文件就会在缓冲区中执行,执行完毕后的静态 HTML 代码就保存在缓冲区中,然后用 ob_get_contents()方法去获取缓冲区中的内容,将这些内容保存到一个字符串中,再将该字符串写入到文件中即可。示例代码如下:

```
<?  ob_start();                       //打开缓冲区
include('news.php');                  //包含 PHP 文件 news.php
 $str = ob_get_contents();            //获取缓冲区中的内容
 $fp = fopen("tt.html","w");          //创建文件 tt.html
fwrite( $fp, $str);                   //将字符串 $str 写入 tt.html 中,tt.html 即为静态页文件
ob_end_clean();                       //清空缓冲区内容并关闭缓冲区
echo '静态 html 文件生成成功,请打开目录查看';
?>
```

3. 生成静态首页文件

为了方便生成静态页面,可以把生成静态页的代码写在一个函数 createhtml()中,该函数接受两个参数:$sourcePage 是将执行的动态文件的 URL 地址,$targetPage 是生成的静态文件的文件名。函数代码如下:

```
function createhtml( $ sourcePage, $ targetPage)  {
    ob_start();
    $ str = file_get_contents( $ sourcePage);
    $ fp = fopen( $ targetPage,"w") or die("打开文件". $ targetPage."出错");
    fwrite( $ fp, $ str);                //将字符串 $ str 写入目标文件中
    ob_end_clean();                      //清空缓冲区内容并关闭缓冲区
    echo '静态 HTML 文件生成成功,请打开目录查看';
    fclose( $ fp);   }
//下面将生成静态的首页文件,只要调用该函数执行动态首页文件即可
createhtml("http://localhost/index.php","index.html");
```

4. 生成静态栏目首页文件

如果已存在一个动态栏目首页文件(如 list.php),要生成静态栏目首页文件,也只需调用 createhtml()函数即可,这对于没有分页显示功能的栏目首页是可行的。

但是,一个栏目中可能有很多条新闻,栏目首页需要分页显示,在这种情况下,必须为每个分页都生成一个静态文件,所以栏目首页的静态文件是类似 list_1.html、list_2.html……的形式。为此,需要首先获得该栏目总共有多少条记录,然后根据记录数计算有多少个分页,利用循环语句将每个分页都使用 createhtml()函数生成栏目首页的分页。

另一方面:每个栏目都有栏目首页,它们都有像 list_1.html 这样的文件名。如果把每个栏目的栏目首页都放在同一个目录下,则会因为文件同名而相互覆盖。为了避免这种情况,也为了方便网站文件管理,比较好的办法是为每个栏目建立一个子目录,这个子目录的目录名可以使用栏目名或栏目 ID 命名,但由于栏目名通常是中文,因此使用栏目 ID 来命名更合适些。这样每个栏目对应的目录都不会同名,从而实现了不同栏目文件的分门别类存放。

生成栏目首页的流程是:①计算该栏目有多少分页;②为栏目生成目录;③利用循环语句执行每个栏目分页(这种栏目分页的 URL 形如:http://localhost/list.php? page=n),就生成了每个分页的静态 HTML 文件。下面是生成栏目首页的完整代码。

```
<?   $ lanmu = $ _GET["lanmu"];                    //获取栏目名
require("conn.php");
$ PageSize = 4;
//根据栏目名创建结果集
$ result = mysql_query("Select * from news where bigclass = '$ lanmu'", $ conn);
$ RecordCount = mysql_num_rows( $ result);         //计算该栏目有多少条记录
$ PageCount = ceil( $ RecordCount/ $ PageSize);    //计算有多少页
    //根据栏目名创建目录
  if(!file_exists( $ lanmu))                        //如果该目录不存在
    mkdir( $ lanmu);
for( $ i = 1; $ i <= $ PageCount; $ i++){           //生成每个栏目分页的静态 HTML 文件
    $ url = 'http://localhost/list.php?lanmu = $ lanmu&page = '. $ i;
                                                   //要执行的源文件
    $ target = $ lanmu.'/list'. $ i.'.html';       //待生成的文件的文件名和所在目录
    createhtml( $ url, $ target);                   //生成静态 HTML 文件
    echo '静态 html 文件 list'. $ i.'.html 生成成功< br >';
```

```
    }
function createhtml( $ sourcePage, $ targetPage)  {
    ob_start();
    $ str = file_get_contents( $ sourcePage);
    $ fp = fopen( $ targetPage,"w") or die("打开文件". $ targetPage."出错");
    fwrite( $ fp, $ str);                    //将字符串 $ str 写入目标文件中
    ob_end_clean();                          //清空缓冲区内容并关闭缓冲区
    fclose( $ fp);  }
?>
```

该程序执行成功后,运行结果如图 6-10 所示,此时打开当前脚本所在目录,就会发现已根据栏目名创建了一个子目录,在子目录下生成了很多 HTML 文件(形如 list1.html~list12.html)。

5．批量生成静态新闻详细页面

我们还可按照批量生成静态栏目分页的思路,使用 createhtml()函数来批量生成新闻详细页面,只要

图 6-10 生成静态栏目分页的运行效果

利用循环同时生成网站内所有新闻详细页的静态页面,并将它们分别保存在所属栏目对应的目录中。假设新闻详细页面动态页的 URL 是 shownews.php,则要生成某个静态新闻页面,只需要将 createhtml()的 $ sourcePage 参数设置为 shownews.php? id=123 即可。

这样就可以生成网站中所有页面了,但生成的首页和栏目首页上的链接还是链接到动态页面,为此,可以在数据表中添加一个 filepath 字段,将生成的静态页面的 URL 保存到该字段中,然后将原来到动态页的链接:

```
< a href = "shownews.php?id = <? =  $ row['id']?>"><? =  $ row['title']?></a>
```

修改成:

```
< a href = "../list/<? =  $ row['filepath']?>"><? =  $ row['title']?></a>
```

如果要链接到静态的栏目首页,只要将链接地址修改为"栏目名/list_1.html"即可。而"上一页"的链接就链接到"栏目名/list_n-1.html"。

另外需要注意的是:由于首页静态文件和栏目页静态文件处于不同级的文件夹下,必须保证它们引用的 CSS 文件和图片文件的路径正确,因此一般将这些文件放在一个单独的文件夹下。

6.4 cURL 技术简介

cURL(Client URL)是由瑞典 cURL 组织开发的用于获取远程文件信息或传输文件的工具,它支持很多协议,如 HTTP、FTP 和 Telnet 等,PHP 也支持 cURL 库——libcurl,cURL 支持命令行方式和 PHP 脚本代码两种工作模式。cURL 的官方网站(http://curl.haxx.se)提供了 cURL 技术的源程序和使用文档下载。

　　cURL 一般用来抓取远程网页,与 file_get_contents() 函数相比,其优势在于:①能发送 GET 或 POST 数据给远程网页;②能实现多线程任务式抓取网页(即同时抓取多个网页)。

6.4.1　cURL 的安装和使用

　　安装 PHP 5.1 以上版本会默认安装 cURL 扩展库,但在使用之前,仍需要进行一些相关配置。打开 PHP 的配置文件 php.ini,找到:

```
;extension = php_curl.dll
```

　　将前面的“;”号去掉。然后把 D:\AppServ\php5 目录下的 libeay32.dll、ssleay32.dll、php5ts.dll 和 php5\ext 目录中的 php_curl.dll 4 个文件复制到 C:\windows\system32 目录下,再重启 Apache 服务,即完成了 cURL 扩展的安装。这时可以查看 phpinfo() 函数,如果看到图 6-11 所示的结果,就表明 cURL 扩展库可以使用了。

cURL

cURL support	enabled
cURL Information	libcurl/7.16.0 OpenSSL/0.9.8e zlib/1.2.3

图 6-11　使用 phpinfo() 函数查看 cURL 状态

　　在 PHP 中使用 curl 函数的步骤为:①初始化 cURL;②使用 curl_setopt 设置目标 URL,和其他选项;③使用 curl_exec 方法执行 cURL 请求;④执行完后,使用 curl_close 关闭 cURL;⑤将执行结果输出。

　　下面是一个最简单的 cURL 程序,该程序可抓取(grab)百度网页的内容,并将内容显示在当前网页中。代码如下:

```php
<?
  $ ch = curl_init();                                        //初始化 cURL 对象(资源类型)
  curl_setopt( $ ch, CURLOPT_URL, "http://www.baidu.com/");  //设置请求的 URL
  curl_setopt( $ ch, CURLOPT_HEADER, 0);                     //设置其他参数,将文件头输出
  curl_exec( $ ch);                                          //抓取 URL 对应的网页
  curl_close( $ ch);                                         //关闭 cURL 资源
?>
```

　　上例把另外一个网站的内容,获取过来后自动输出到浏览器,实际上,如果希望获取内容但不输出到当前网页中,可以使用 curl_setopt,设置它的 CURLOPT_RETURNTRANSFER 参数为非 0 或 true 即可,代码如下:

```php
<?
  $ ch = curl_init();
  curl_setopt( $ ch, CURLOPT_URL, "http://www.baidu.com/");
  curl_setopt( $ ch, CURLOPT_RETURNTRANSFER, true);          //不输出内容
  curl_setopt( $ ch, CURLOPT_HEADER, 0);
  curl_exec( $ ch);
  curl_close( $ ch);
?>
```

　　这样浏览器就不会输出任何获取的内容了。浏览器需不需要输出内容取决于具体的应用情况,例如要实现模拟登录就不需要输出获取的内容了。

　　有时可能希望对获取的内容进行修改,再显示在浏览器中,这需要将 curl_exec 执行的结果赋给一个变量,然后可修改该变量的值,再在网页中输出该变量,代码如下,运行结果如

图 6-12 所示。

```
<?
   $ ch = curl_init();
   curl_setopt( $ ch, CURLOPT_URL, "http://www.baidu.com/");
   curl_setopt( $ ch, CURLOPT_RETURNTRANSFER, true);          //不输出内容
   curl_setopt( $ ch, CURLOPT_HEADER, 0);
   $ output = curl_exec( $ ch);                               //将获取的内容赋给变量 $ output
   curl_close( $ ch);
   $ output = iconv('utf - 8','gb2312', $ output);            //将获取内容转换为 GB2312 编码
   $ output = str_replace('百度','快乐', $ output);           //将获取内容中的"百度"换成"快乐"
   $ output = strip_tags( $ output);                          //去除获取内容中的 HTML 标记
   echo $ output;                                             /* 输出修改后的获取内容 */
?>
```

由图 6-12 可见,上述程序将百度首页中的"百度一下"替换成了"快乐一下",并过滤掉了网页中的所有 HTML 标记。实际上,采用这种方法,我们可以提取出目标网页中需要的内容,并将这些内容放置到自己网页中,这称为网页采集。

图 6-12 对 cURL 获取的内容进行修改

6.4.2 cURL 发送请求的方式

cURL 除了可获取远程网页的内容外,其最大的优势在于还可使用 GET 或 POST 方式发送数据给远程网页。例如远程网页是一个查询网页,则可使用 cURL 技术发送一个关键词给远程网页,再获取远程网页返回的查询结果,从而实现了不打开某个网页也能查询该网站的内容,并可进一步将该网站的查询结果嵌入到自己的网页中。

1. GET 方式发送数据

cURL 默认以 GET 方式发送数据,发送 GET 数据的方法是,把需要发送的数据附在远程网页的 URL 后即可,下面的例子将发送数据"Web 标准"给百度首页,然后获取该关键词在百度的查询结果,代码如下,运行结果如图 6-13 所示。

图 6-13 cURL GET 方式
发送数据

```
<?
   $ ch = curl_init("http://www.baidu.com/s?wd = web 标准");
   curl_setopt( $ ch, CURLOPT_RETURNTRANSFER, true);
                                                    // 获取数据返回
   curl_setopt( $ ch, CURLOPT_BINARYTRANSFER, true);
   echo $ output = curl_exec( $ ch);
                                                    // 输出获取的结果
   curl_close( $ ch);
?>
```

如果要在某出版社网站查询书名含有"Web 前端"的书籍,只需把上例中请求的 URL 改为如下 URL 即可。

```
$ ch = curl_init("http://www.ryjiaoyu.com/search?q = web 前端");
```

其中"q=web前端"将会以 GET 方式发送给 URL 为 http://www.ryjiaoyu.com/search 的页面。

2. POST 方式发送请求

很多表单中的数据是以 POST 方式发送给远程网页的,尤其是用户登录之类的表单。cURL 以 POST 方式发送数据的示例代码如下,运行结果如图 6-14 所示。

图 6-14　cURL POST 方式发送数据

```php
<?
$uri = "http://localhost/php/phpbook/chapter4/4-2.php";
$fields = array(                              //将要发送的 POST 请求数据保存在一个数组中
        'userName'=>'tang',
        'PS'=>'1235',
        'submit'=>'' );
$ch = curl_init ();
curl_setopt ( $ch, CURLOPT_URL, $uri );
curl_setopt ( $ch, CURLOPT_POST, 2);          //以 POST 方式发送请求
curl_setopt ( $ch, CURLOPT_HEADER, 0 );
curl_setopt ( $ch, CURLOPT_RETURNTRANSFER, 1 );
curl_setopt ( $ch, CURLOPT_POSTFIELDS, $fields);     //设置发送的 POST 数据
$return = curl_exec ( $ch );
curl_close ( $ch );
echo $return;
?>
```

可见,要发送 POST 数据,一般将数据放在一个数组中,该数组元素的索引名是表单元素的 name 属性值,元素值是表单元素的 value 属性值。

与 GET 方式相比,POST 方式发送请求需要额外设置 CURLOPT_POST 和 CURLOPT_POSTFIELDS 两个参数。CURLOPT_POST 启用时会发送一个常规的 POST 请求,类型为:application/x-www-form-urlencoded,就像表单提交的一样。一般设置该参数的值为表单元素的个数,只要值为非 0 就表示该次请求为 POST。CURLOPT_POSTFIELDS 用来设置提交POST 请求的参数内容,值一般为数组名。

6.4.3　cURL 的多线程函数

cURL 拥有一个高级特性——多线程函数。这一特性允许用户同时或异步地打开多个URL 链接,从而可以同时获取多个网页的内容。例如需要同时采集很多个网站的内容,或者要同时探测多个网站的运行状态。这些情况下都可使用 cURL 的多线程函数,cURL 提供了一组多线程函数,使用步骤如下。

第一步:调用 curl_multi_init(),初始化多线程函数。

第二步:循环调用 curl_multi_add_handle(),添加资源句柄(handle),这一步需要注意的是,curl_multi_add_handle()的第二个参数是由 curl_init 而来的子句柄。

第三步:循环调用 curl_multi_exec(),同时执行多个 cURL 请求。

第四步:根据需要循环调用 curl_multi_getcontent()获取结果。

第五步：调用 curl_multi_remove_handle()，并为每个子 handle 调用 curl_close()结束资源。

第六步：调用 curl_multi_close()，关闭多线程函数。

下面是一个例子，该例使用多线程函数同时访问三个网站，并将获取到的这些网站的内容保存到 $res 数组中，然后输出 $res 数组的值，代码如下：

```php
<?
$connomains = array(                                      //设置请求的 URL(将这些 URL 保存到
                                                          //数组中)

    "http://www.cnn.com/",
    "http://www.canada.com/",
    "http://www.yahoo.com/ "
    );
$mh = curl_multi_init();
foreach ( $connomains as $i => $url) {
    $conn[$i] = curl_init($url);
    curl_setopt( $conn[$i],CURLOPT_RETURNTRANSFER,1);    //不输出内容
    curl_multi_add_handle ( $mh, $conn[$i]);             //添加 cURL 资源句柄
}
do { $n = curl_multi_exec( $mh, $active); }
while ( $active);
foreach ( $connomains as $i => $url) {
    $res[$i] = curl_multi_getcontent( $conn[$i]);        //将获取的内容保存在数组元素中
    curl_close( $conn[$i]);     }                        //循环关闭每个 cURL 请求
print_r( $res);                                          //输出获取的内容
?>
```

cURL 多线程函数还能用来检测网站中有多少个页面链接打不开，当需要检查大量的网页时，cURL 相对于手工检测可节约大量的时间和人力。

cURL 检测网页是否能正常显示的原理是，使用 curl_getinfo($ch)函数对 cURL 获取网页的执行结果进行检测，该函数的参数是一个 cURL 句柄，返回值是一个数组，该数组包含了返回网页的各种信息，其中一个数组元素的索引值是[http_code]，如果该[http_code]的值为 404 或空就表明该网页打不开。下面是一个示例程序，关键代码如下：

```php
if( $mhinfo = curl_multi_info_read( $mh)){              //如果获取网页成功
    $chinfo = curl_getinfo( $mhinfo['handle']);         //获取网页执行的信息
    if(! $chinfo['http_code']){                          //如果 http_code 值为空
        $dead_urls[] = $chinfo['url'];}                  //将网页的 URL 保存到死链的数组中
    else if(! $chinfo['http_code'] == 404){             //如果网页找不到了
        $notfound_urls[] = $chinfo['url']; }             //将网页的 URL 保存在找不到的
                                                         //数组中

    else{
        $good_urls[] = $chinfo['url'];
    }}
```

习题

一、选择题

1. (　　)函数可以用来打开或创建一个文件。

　　A. open　　　　　　B. fopen　　　　　　C. fwrite　　　　D. write

2. fopen 函数的(　　)参数值表示打开一个文件进行读取并写入。

　　A. w　　　　　　　B. r　　　　　　　　C. w+　　　　　　D. r+

3. 如果要从文本文件中读取一个单独的行,应使用(　　),如果要读取二进制数据文件,应使用(　　)。

　　A. fgets,fseek　　B. fread,fgets　　　C. fgets, fgetss　　D. fgets,fread

4. file()函数返回的数据类型是(　　)。

　　A. 数组　　　　　　　　　　　　　B. 字符串

　　C. 整型　　　　　　　　　　　　　D. 根据文件而定

5. PHP 中删除文件的函数是(　　)。

　　A. rm　　　　　　　B. del　　　　　　　C. unlink　　　　D. drop

6. PHP 中用来获取当前目录的函数是(　　)。

　　A. cd　　　　　　　B. chdir　　　　　　C. rmdir　　　　D. getcwd

7. 使用 fopen 函数刚打开一个文件时,文件指针指向(　　)。

　　A. 文件开头　　　　　　　　　　　B. 文件末尾

　　C. 文件中间　　　　　　　　　　　D. 根据该函数参数而定

二、填空题

1. 使用 fopen 函数时,打开文件的基本模式有_____、_____、_____。

2. _____函数将文件指针移动到文件开头;_____函数可检测文件指针是否到达了文件末尾的位置。

3. rename()函数除了可以重命名文件或目录外,还有_____功能。

4. 若要列出一个目录中的所有文件和子目录,可以使用_____函数或_____函数。

三、问答题

1. 在 PHP 中,读取文件内容有哪 4 种方式?

2. fopen()函数访问文件模式中的"w+"和"a+"有什么区别?

3. 如果知道一个网页的网址(如 http://www.hynu.cn/index.jsp),如何将该网页的内容保存到一个字符串中?

四、编程题

1. 编写 PHP 程序,显示 C 盘根目录下的所有文件夹和文件的完整路径。

2. 编写程序,打开一个英文文本文件,然后将英文中的所有字母转换成大写字符,再存入到一个新的文本文件 target.txt 中。

3. 不使用数据库,通过将留言保存在文本文件中,实现一个完整的网页留言板的功能。

4. 编写程序用文件的方式实现投票系统,即将每个投票项目的票数均保存在一个文本文件中。

第7章

JavaScript

网站的某些功能可以利用客户端编程直接完成,例如响应用户的鼠标键盘操作、动态改变 HTML 元素的内容和外观等。还有些操作既可以在浏览器端完成也可以在服务器端完成,例如验证用户在表单中输入的内容,那么也推荐尽量在浏览器端编程实现,以减轻服务器的操作负担。JavaScript 是一种浏览器端的脚本编程语言,专门用来编写浏览器程序(也称为客户端脚本)。

7.1 JavaScript 的代码结构

JavaScript 是事件驱动的语言。当用户在网页中进行某项操作时,就产生了一个"事件"(event)。事件几乎可以是任何事情:单击一个网页元素、拖动鼠标等均可视为事件。JavaScript 是事件驱动的,当事件发生时,它可以对之做出响应。具体如何响应某个事件由编写的事件处理程序决定。

因此,一个 JavaScript 程序一般由"事件+事件处理程序"组成。根据事件处理程序所在的位置,在 HTML 代码中嵌入 JavaScript 有三种方式。

1. 将脚本嵌入到 HTML 标记的事件中(行内式)

HTML 标记中可以添加"事件属性",其属性名是事件名,属性值是 JavaScript 脚本代码。例如(7-1. html):

```html
<html><body>
    <p onclick = "alert('Hello,The Web World!');">Click Here</p>
</body></html>
```

其中,onclick 表示单击鼠标事件,它是一个 JavaScript 事件名,也是一个 HTML 事件属性。alert();是事件处理代码,作用是弹出一个警告框。因此,当在这个 p 元素上单击鼠标时,就会弹出一个警告框,运行效果如图 7-1 所示。

图 7-1 7-1. html 和 7-2. html 的运行效果

2. 使用< script >标记将脚本嵌入到网页中(嵌入式)

在 HTML 文档中,通过< script >标记可以嵌入 JavaScript 代码,这是标准的嵌入

JavaScript 代码的方式,建议将所有的 JavaScript 代码都写在< script ></script >标记之间,而不要写在 HTML 标记的事件属性内。这可实现 HTML 代码与 JavaScript 代码的分离。下面的代码(7-2. html)采用嵌入式 JavaScript,其运行效果与 7-1. html 完全相同。

```
< html >< head >         <! -- 7 - 2.html -->
< script >
    function msg () {                              //定义函数 msg
        alert ("Hello, the WEB world!") ;}
</script ></head >
< body >< p onclick = "msg()">Click Here </p>        <! -- 通过事件调用函数 -->
</body ></html >
```

其中,"onclick＝"msg()""表示调用函数 msg。可见,调用 JavaScript 函数可写在 HTML标记的事件属性中,但函数的代码必须写在< script ></script >标记之间。

将 JavaScript 代码写成函数的一个好处是,可以让多个 HTML 元素或不同事件调用同一个函数,从而提高了代码的重用性。

3. 使用< script >标记的 src 属性链接外部脚本文件(链接式)

如果有多个网页文件需要共用一段 JavaScript,则可以把这段脚本保存成一个单独的".js"文件(JavaScript 外部脚本文件的扩展名为"js"),然后在网页中调用该文件,这样既提高了代码的重用性,也方便了维护,修改脚本时只需修改 js 文件中的代码。

引用外部脚本文件的方法是使用< script >标记的 src 属性来指定外部文件的 URL。示例代码如下(7-3. html 和 7-3. js 位于同一目录下),运行效果如图 7-1 所示。

```
---------------------------- 7 - 3.html 的代码 ----------------------------
< html >< body >
    < script src = "7 - 3.js "></script >
    < p onclick = "msg()">Click Here </p>
</body ></html >
---------------------------- 7 - 3.js 的代码 ----------------------------
function msg () {//定义函数 msg
    alert ("Hello,the WEB world!") ; }
```

7.2　JavaScript 的事件编程

JavaScript 程序是事件驱动的。编写 JavaScript 程序要考虑三个问题:①触发程序执行的事件是什么;②获取事件作用的 DOM 对象(HTML 元素);③如何编写事件处理程序。

7.2.1　JavaScript 语言基础

JavaScript 代码是严格区分大小写的,每条语句以";"号结束。语法类似于 Java。

1. 变量和数组的声明

JavaScript 任何类型的变量声明都用 var,甚至可以不声明直接使用。数组使用关键字 Array 来声明,同时还可以指定这个数组元素的个数,即数组的长度(length),例如:

```
var name = "Six Tang";                      //定义了一个字符串变量
var age = 28;                               //定义了一个数值型变量
var male = True;                            //将变量赋值为布尔型
var rank = new Array(12);                   //第 1 种声明数组的方法
var Map = new Array("China", "USA", "Britain");  //第 2 种声明数组的方法
```

2. 数据类型

JavaScript 支持字符串、数值型和布尔型三种基本数据类型,支持数组、对象两种复合数据类型,在 JavaScript 中,每一种数据类型都是对象,可以用"对象.属性"或"对象.方法()"对该数据类型的变量进行操作。例如:

```
var course = "data structure";             //字符串数据类型,course 为字符串变量
pos = course.indexOf("str");               //返回子串的位置,返回 5
str1 = course.substr(5,3);                 //返回"str",5 表示开始位置,3 表示长度
len = course.length;                       //返回字符串长度 14
alert(pos + str1 + len);                   //"+"是连接符,弹出"5str14"
```

7.2.2 常用 JavaScript 事件

编写 JavaScript 程序需要考虑三个问题:①触发程序执行的事件是什么;②如何编写事件处理程序;③获取事件作用的 DOM 对象(HTML 元素)。

对于用户而言,常用的 JavaScript 事件可分为鼠标事件、HTML 事件和键盘事件三类,其中常用的鼠标事件如表 7-1 所示,常用的 HTML 事件如表 7-2 所示。

表 7-1 鼠标事件的种类

事 件 名	描　　述
onclick	单击鼠标左键时触发
ondbclick	双击鼠标左键时触发
onmousedown	鼠标任意一个按键按下时触发
onmouseup	松开鼠标任意一个按键时触发
onmouseover	鼠标移动到元素上时触发
onmouseout	鼠标移出该元素边界时触发
onmousemove	鼠标指针在某个元素上移动时持续触发

表 7-2 常用的 HTML 事件

事 件 名	描　　述
onload	页面完全加载后在 window 对象上触发,图片加载完成后在其上触发
onunload	页面完全卸载后在 window 对象上触发,图片卸载完成后在其上触发

续表

事　件　名	描　　述
onerror	脚本出错时在 window 对象上触发,图像无法载入时在其上触发
onselect	选择了文本框的某些字符或下拉列表框的某项后触发
onchange	文本框或下拉框内容改变时触发
onsubmit	表单提交时(如单击"提交"按钮)在表单 form 上触发
onblur	任何元素或窗口失去焦点时触发
onfocus	任何元素或窗口获得焦点时触发
onscroll	浏览器的滚动条滚动时触发

对于某些元素来说,还存在一些特殊的事件,例如 body 元素就有 onresize(当窗口改变大小时触发)和 onscroll(当窗口滚动时触发)这样的特殊事件。

键盘事件相对来说用得较少,主要有 keydown(按下键盘上某个按键触发)、keypress(按下某个按键并且产生了字符时才触发,即忽略 Shift、Alt 等功能键)和 keyup(释放按键时触发)。通常键盘事件只有在文本框中才显得有实际意义。

提示:JavaScript 事件名应该全部小写,因为 JavaScript 代码是区分大小写的,尽管 HTML 标记中的事件属性名是不区分大小写的。

7.2.3　事件监听程序

实际上,事件除了可写在 HTML 标记中,还可以"对象.事件"的形式出现,这称为事件监听程序。其中对象可以是 DOM 对象、浏览器对象或 JavaScript 内置对象。下面采用事件监听程序的方式重写 7-2.html,代码(7-4.html)如下:

```
< html >< head >
< script >
    var demo = document.getElementById("demo"); /* 获取 ID 为 demo 的 HTML 元素,由于该 HTML 元
                                                素的代码在后面,此时尚未载入,会发生"对
                                                象不存在"的错误 */
    demo.onclick = msg;                         //demo 对象单击时执行 msg 函数
    function msg()  {
        alert ("Hello, the WEB world!");  }
</script ></head >
< body >
< p id = "demo">Click Here </p>
</body ></html >
```

其中,为 p 元素添加了一个 id 属性,是为了使 JavaScript 脚本方便获取该元素。通过 document.getElementById("demo")方法就可根据 id 访问这个元素,该方法返回的结果是一个 DOM 对象:demo。

然后,通过"DOM 对象.事件名＝函数名"就能设置该对象在事件发生时将执行的函数。

但是,该程序运行会出错,原因在于:浏览器是从上到下依次执行网页代码的。当执行

到获取 ID 为 demo 的 HTML 元素时,由于该 HTML 元素的代码在下面,浏览器此时尚未载入该元素,就会发生对象不存在的错误。要解决该错误,有以下两种办法。

（1）把 JavaScript 脚本放在 HTML 元素代码的下面。修改后的代码(7-5.html)如下:

```
<p id = "demo">Click Here</p>
<script>
    var demo = document.getElementById("demo");      //放在 demo 元素的后面
    demo.onclick = msg;
function msg()  {
        alert ("Hello, the WEB world!");  }
</script>
```

运行该程序,就能得到图 7-1 的运行结果了。

（2）把获取 HTML 元素的代码写在 window.onload 事件中,这样就可避免只能把 JavaScript 代码写在 HTML 元素下面的麻烦,其中,window.onload 事件表示浏览器载入网页完毕时触发,这时所有的 HTML 元素都已经载入到浏览器中,无论 JavaScript 代码位置在哪,都不会产生找不到对象的错误。修改后的代码(7-6.html)如下:

```
<script>
window.onload = function(){                      //表示在网页载入完毕后执行函数
    var demo = document.getElementById("demo");
demo.onclick = msg;   }                          //调用函数,函数名不能加括号
function msg()  {
        alert ("Hello, the WEB world!");  }
</script>
<p id = "demo">Click Here</p>
```

提示:

① 程序中的"对象.事件名"后只能接函数名,而绝对不能接函数名加括号。例如 demo.onclick＝msg 绝对不能写成 demo.onclick＝msg(),因为函数名表示调用函数,而函数名带括号表示运行函数。

② demo.onclick＝msg; 可放在 window.onload＝function(){…}语句外,因为单击事件发生时网页肯定已载入完毕了。

（3）用事件监听程序调用有参函数

通过上例,已经知道,"对象.事件名"后只能接函数名,不能加括号,对无参函数来说没什么问题。但如果是有参函数,其括号内有参数无法省略,要怎么调用呢? 方法是把有参函数放在一个匿名函数中调用,代码(7-7.html)如下:

```
<script>
window.onload = function(){                      //表示在网页载入完毕后执行函数
    var demo = document.getElementById("demo");
demo.onclick = function(){msg("张三");} }        //调用有参函数的方法
function msg(sname){
        alert ("Hello," + sname);}
</script>
<p id = "demo">Click Here</p>
```

7.3　JavaScript DOM 编程

把使用 JavaScript 程序操纵 HTML 元素的编程称为 JavaScript DOM 编程。

7.3.1　动态效果的实现

很多网页中都存在一些动态效果,例如鼠标滑动到某个文本或图像上时,文本或图像会发生变化,或者消失,或者变大变小等,这些都是用 JavaScript 程序实现的。编写动态效果程序的一般步骤是:①找到要实现动态效果的对象(网页元素);②为其添加事件;③编写事件处理函数;④在事件处理函数中通过改变网页元素的属性或内容来实现动态效果。

下面是一个例子,当鼠标滑动到标题文字上时,标题文字和它下方的图片就会发生变化,效果如图 7-2 所示,代码(7-8. html)如下:

```
<h2 id = "tit">会变的图片</h2>
<img src = "images/pic1.jpg" id = "pic1"/>
<script>                                    //必须写在 pic1 元素后面
var img1 = document.getElementById("pic1");  //获取 id 为 pic1 的元素
var tit = document.getElementById("tit");    //获取 id 为 tit 的元素
tit.onmouseover = change;                     //当鼠标滑动到 tit 元素上时调用 change 函数
function change(){
    img1.src = "images/pic2.jpg";             //设置 img1 的 src 属性为另一张图片
    tit.innerHTML = "看到变化了吗";           //设置 tit 的内容为另一个文本
}</script>
```

图 7-2　鼠标滑动到标题上文字和图片发生变化

下面分别讲述动态效果程序编写的实现步骤及方法。

7.3.2　获取指定元素

在 JavaScript 中,通常根据 HTML 元素的 id、name 或标记名来获取指定的元素,并返回一个 DOM 对象(或数组)。document 对象提供了 4 个相关方法,如表 7-3 所示。

表 7-3　获取 HTML 元素对象的方法

方　法	描　述	返回值类型
getElementById()	返回拥有指定 Id 属性的元素	对象
getElementsByName()	返回拥有指定 name 属性的元素集合	数组
getElementsByTagName()	返回拥有指定标记名的元素集合	数组
getElementsByClassName()	返回拥有指定 class 属性值的元素集合	数组

其中，getElementById()是最常用的方法，只要给 HTML 元素设置了 ID 属性，就可用该方法访问元素。而其他 3 个方法由于返回的是数组，要使用它们获取单个 HTML 元素必须添加数组下标，例如：

```
var tj = document.getElementsByName("tj")[1];      //获取第 2 个 name 属性为 tj 的元素
var mul = document.getElementsByTagName("ul")[0];  //获取第一个<ul>标记的元素
```

1. 添加事件

在获取了要发生交互效果的 HTML 元素后，就可给它添加事件。添加事件可采用 HTML 事件属性、或事件监听程序添加。推荐使用事件监听程序，以实现 HTML 代码与 JavaScript 代码的分离。例如：

```
var tit = document.getElementById("tit");      //获取 ID 为 tit 的元素
tit.onmouseover = change;                       //为 tit 元素添加事件，并设置事件处理函数
```

接下来，就可编写事件处理函数，在事件处理函数中，动态效果一般是通过改变 HTML 元素的内容、属性或 CSS 属性实现的。

2. 访问元素的 HTML 属性

当获取到指定的 HTML 元素（DOM 对象）后，就可使用"DOM 对象. 属性名"来访问元素的 HTML 属性了。该属性是可读写的，读取和设置元素的 HTML 属性的方法是：

```
变量 = DOM 对象.属性名              //读取元素的 HTML 属性
DOM 对象.属性名 = 属性值           //设置元素的 HTML 属性
```

下面是一个例子(7-9. html)，当鼠标滑动到文字上（p 元素）时，改变该元素的 align 属性，使文字左右跳动，效果如图 7-3 所示，代码如下：

图 7-3　文字左右移动效果

```
<p id="mov" align="left">跳动的文字</p>
<script>                              //必须写在 mov 元素后面
```

```
var mov = document.getElementById("mov");        //获取 ID 为 mov 的元素
mov.onmouseover = change;                         //当鼠标滑动到 mov 元素上时调用 change 函数
function change(){
    if(mov.align == "left"){                      // 读取 mov.align 属性并比较
        mov.align = "right";}                     // 设置 mov.align 属性的值
    else mov.align = "left";}
</script>
```

提示：该例中 mov.align 也可写为 this.align，在 JavaScript，如果 this 放置在函数体内，那么 this 指代调用该函数的事件前的对象。

7.3.3 访问元素的 CSS 属性

访问元素的 CSS 属性可以使用"DOM 对象.style.CSS 属性名"的方法。该 CSS 属性也是可读写的，读取和设置元素的 CSS 属性的方法如下：

```
变量 = DOM 对象.style.CSS 属性名        //读取元素的 CSS 属性
DOM 对象.style.CSS 属性名 = 属性值       //设置元素的 CSS 属性
```

下面是一个例子(7-10.html)，当鼠标滑动到文字"沙漠古堡"上时，第一张图片就会变大，同时第二张图片会消失，效果如图 7-4 所示，代码如下：

图 7-4 图片变大或消失的效果

```
<html><body>
<b id="tit">沙漠古堡</b> <b id="tit2">天山冰湖</b><br>
<img src="images/pic1.jpg" id="pic1" width="75"/>
<img src="images/pic2.jpg" id="pic2" width="75"/>
<script>                                              //必须写在 HTML 元素后面
var pic1 = document.getElementById("pic1");           //获取 ID 为 pic1 的元素
var pic2 = document.getElementById("pic2");           //获取 ID 为 pic2 的元素
var tit = document.getElementById("tit");             //获取 ID 为 tit 的元素
tit.onmouseover = change;                             //当鼠标滑动到 tit 元素上时调用 change 函数
function change(){
    pic2.style.display = "none";                      //隐藏 pic2
    pic1.style.width = "140px";                       //设置 pic1 的宽度值,使它变大
    pic1.style.borderLeft = "10px solid red";}        //设置 pic1 的左边框值
</script>
</body></html>
```

说明：

（1）CSS样式设置必须符合CSS规范，否则该样式会被忽略。

（2）如果样式属性名称中不带"-"号，例如color，则直接使用style.color就可访问该属性值；如果样式属性名称中带有"-"号，例如font-size，对应的style对象属性名称为fontSize。转换规则是去掉属性名称中的"-"，再把后面单词的第一个字母大写。又如border-left-style，对应的style对象属性名称为borderLeftStyle。

（3）对于CSS属性float，不能使用style.float访问，因为float是JavaScript的保留字，要访问该CSS属性，在IE中应使用style.styleFloat，在Firefox中应使用style.cssFloat。

（4）使用style对象只能读取到元素的行内样式，而不能读取元素所有的CSS样式。如果将HTML元素的CSS样式改为嵌入式的话，那么style对象是访问不到的。因此style对象获取的属性与元素最终显示效果并不一定相同，因为可能还有非行内样式作用于元素。

（5）如果使用style对象设置元素的CSS属性，而设置的CSS属性和元素原有的CSS属性冲突，由于style会对元素增加一个行内CSS样式属性，而行内CSS样式的优先级最高，因此通过style设置的样式一般为元素的最终样式。

7.3.4 访问元素的内容

如果要访问或设置元素的内容，一般使用innerHTML属性。innerHTML可以将元素的内容（位于起始标记和结束标记之间）改变成其他任何内容（如文本或HTML元素）。innerHTML虽然不是DOM标准中定义的属性，但大多数浏览器却都支持，因此不必担心浏览器兼容问题。

下面是一个例子（7-11.html）。当勾选表单中的复选框后，将在span元素中添加内容（文字和文本框），取消勾选则清空span元素的内容。效果如图7-5所示。代码如下：

图 7-5　利用innerHTML改变元素的内容

```
< form name = "userInfo" method = "post" action = "">您有小孩吗?有:
< input type = "checkbox" name = "hasBoy" id = "hasBoy" value = "1" onclick = "check()" />
  < span id = "add"> </span></form>
< script >
function check(){
    var hasboy = document.forms["userInfo"].hasBoy;
    var add = document.getElementById("add");              //获取add元素
    if(hasboy.checked)
        add.innerHTML = "有几个< input type = 'text' name = 'textfield' />";
    else  add.innerHTML = ""; }                            //设置add元素的内容
</script >
```

7.4 使用浏览器对象

JavaScript 是运行在浏览器中的,因此提供了一系列对象用于与浏览器进行交互。这些对象主要有:window、document、location、history 和 screen 等,它们统称为 BOM(Browser Object Model,浏览器对象模型)。

window 对象是整个 BOM 的核心,所有其他对象和集合都以某种方式与 window 对象关联,如图 7-6 所示。

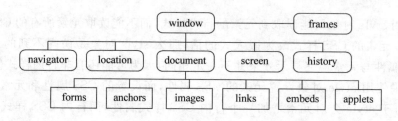

图 7-6 BOM 对象关系图

下面介绍几个最常用对象的含义和用途。

1. document 对象

document 对象表示网页文档,该对象具有很多集合,如 forms、links、images 等,分别表示网页中所有的表单、超链接和图像等集合。因此访问表单和表单中的元素可以使用 forms 集合,例如:

```
document.forms[0].user.value;         //网页第一个表单中 name 属性为 user 元素的 value 值
document.forms["data"].mail;          //名称为 data 的表单中 name 属性为 mail 的元素
```

document 对象还具有 write 方法,用来向网页中动态输出文本,例如:

```
<script>document.write("这是第一行" + "<br />");</script><!-- 在网页中输出一行文本 -->
```

但要注意的是,document.write 方法只能在文档尚未载入到浏览器时输出文本,如果文档已载入完毕,则 document.write 会清空当前文档内容再输出,例如(7-12.html):

```
<script>
function msg() {
    document.write("Hello!");}        //输出时会清空原网页内容
</script>
<p onclick="msg()">Click Here</p>
```

由于单击 p 元素时,文档内容已载入完毕,所以单击时,原网页内容会被清空,再输出字符串"Hello!"。因此,document.write()方法不适合于在程序调试时输出中间结果,在 JavaScript 中,这个任务一般是由 alert()方法完成。

2. location 对象

location 对象表示浏览器的 URL 地址,该对象主要用来设置或分析浏览器的 URL,使浏览器发生转向,例如要使浏览器跳转到 login. htm 页面,代码如下:

```
< script > location. href = "login. htm";</script >
```

其中 location. href 是最常用的属性,用于获得或设置窗口的 URL,改变该属性的值就可以导航到新的页面。实际上,DW 中的跳转菜单就是采用下拉菜单结合 location. href 属性实现的。下面是一个跳转菜单的代码(7-13. html):

```
< select name = "select" onchange = "location. href = this. options[this. selectedIndex]. value">
        < option >请选择需要的网址</option >
        < option value = "http://www. sohu. com">搜狐</option >
        < option value = "http://www. sina. com">新浪</option >
</select >
```

如果不希望跳转后用户可以用"后退"按钮返回原来的页面,可以使用 replace()方法,该方法也能转到指定的页面,但不能返回到原来的页面了,这常用在注册成功后禁止用户后退到填写注册资料的页面。例如:

```
< p onclick = "location. replace('http://www. sohu. com');">搜狐</p>
```

可以发现转到新页面后,"后退"按钮是灰色的了。

3. history 对象

history 对象主要用来控制浏览器后退和前进。它可以访问历史页面,但不能获取到历史页面的 URL。下面是 history 对象的一些用法:

```
history. back();                        //浏览器后退一页,等价于 history. go( - 1);
history. forward();                     //浏览器前进一页,等价于 history. go(1);
history. go(0);                         //刷新当前网页,等价于 location. reload();
document. write(history. length);       //输出浏览历史的记录总数
```

4. window 对象

window 对象对应浏览器的窗口,使用它可以直接对浏览器窗口进行各种操作。window 对象提供的主要功能可以分为 5 类:①调整窗口的大小和位置;②打开新窗口或关闭窗口;③产生系统对话框;④状态栏控制;⑤定时操作。下面举几个例子(7-14. html):

```
window. open("pop. html", "new", "width = 400, height = 300");   //打开一个新窗口
window. moveTo(200, 300) ;                                      //移动窗口到指定坐标位置
window. close ();                                              //关闭当前窗口
window. status = "看看状态栏中的文字变化了吗?";                   //修改状态栏内容
```

5．系统对话框

window 对象有三个生成系统对话框的方法，分别是 alert([msg])、confirm([msg])和 prompt([msg][,default])。由于 window 对象可以省略，因此一般直接写方法名。

（1）alert()方法用于弹出警告框，在框中显示参数 msg 的值，其效果如图 7-1 所示。

（2）confirm()方法用于生成确认提示框，其中包括"确定"和"取消"按钮。当用户单击"确定"按钮时，该方法将返回 true；单击"取消"按钮时，则返回 false，其效果如图 7-7 所示，代码(7-15.html)如下。

```
if (confirm("确实要删除吗?"))                          //弹出确认提示框
    alert("图片正在删除…");
else alert("已取消删除!");
```

（3）prompt()方法用于生成消息提示框，它可接受用户输入的信息，并将该信息作为函数的返回值。该方法接受两个参数，第一个参数是显示给用户的文本，第二个参数为文本框中的默认值（可为空）。其效果如图 7-8 所示，代码(7-16.html)如下：

```
var nInput = prompt ("请输入:\n 你的名字","");          //弹出消息提示框
if(nInput!= null)                                     //如果用户输入的值不为空
    document.write("Hello! " + nInput);
```

图 7-7　确认提示框 confirm()

图 7-8　消息提示框 prompt()

6．定时函数

window 对象提供了两个定时函数，它们是 setInterval()和 setTimeout()。定时函数是 JavaScript 制作网页动画效果的基础，例如网页上的漂浮广告，就是每隔几毫秒更新一下漂浮广告的显示位置。下面分别介绍这两个函数。

（1）setInterval()函数用于每隔一段时间执行指定的代码。需要注意的是，它会创建间隔 ID，若不取消将一直执行，直到页面卸载为止。因此如果不需要了应使用 clearInterval 取消该函数，以防止它占用不必要的系统资源。

利用 setInterval()周期性地执行显示当前时间的脚本，就可在页面上显示不停走动的时钟，其效果如图 7-9 所示，代码(7-17.html)如下。

图 7-9　时钟显示效果

```
< body onload = "init()">
    < div id = "clock"></div>
```

```
<script>
var clock = document.getElementById("clock");          //获取 clock 元素
function disp() {
//将时间显示在 clock 的 div 中,new Date()获取系统时间,并转换为本地格式
    clock.innerHTML = "<b>" + (new Date()).toLocaleString() + "</b>"; }
function init() {
    setInterval(disp, 1000);                           // 每隔 1 秒钟执行一次 disp()}
</script></body>
```

(2) setTimeout()函数用于在一段时间之后执行指定的代码,这可用于某些需要延时的场合。如果通过递归调用,该函数也能实现周期性的执行脚本。

 题

一、选择题

1. 计算一个数组 x 的长度的语句是(   )。

    A. var aLen=x.length();   B. var aLen=x.len();

    C. var aLen=x.length;   D. var aLen=x.len;

2. 下列 JavaScript 语句将显示(   )结果。

```
var a1 = 10; var a2 = 20; alert("a1 + a2 = " + a1 + a2);
```

    A. a1+a2=30   B. a1+a2=1020

    C. a1+a2=a1+a2   D. "a1+a2="1020

3. 表达式"123abc"−123 的计算结果是(   )。

    A. "abc"   B. 0   C. −122   D. NaN

4. 产生当前日期的方法是(   )。

    A. Now();   B. date();   C. new Date();   D. new Now();

5. 下列(   )可以得到文档对象中的一个元素对象。

    A. document.getElementById("元素 id 名")

    B. document.getElementByName("元素名")

    C. document.getElementByTagName("标记名")

    D. 以上都可以

6. 如果要改变元素< div id="userInput">…</div>的背景颜色为蓝色,代码是(   )。

    A. document.getElementById("userInput").style.color="blue";

    B. document.getElementById("userInput").style.divColor="blue";

    C. document.getElementById("userInput").style.background-color="blue";

    D. document.getElementById("userInput").style.backgroundColor="blue";

7. 通过 innerHTML 的方法改变某一 div 元素中的内容,(   )。

    A. 只能改变元素中的文字内容   B. 只能改变元素中的图像内容

C. 只能改变元素中的文字和图像内容　　　D. 可以改变元素中的任何内容

8. 下列选项中,(　　)不是网页中的事件。

A. onclick　　　　　B. onmouseover　　　C. onsubmit　　　　D. onmouseclick

9. JavaScript 中自定义对象时使用关键字(　　)。

A. Object　　　　　　　　　　　　　　　B. Function

C. Define　　　　　　　　　　　　　　　D. 以上三种都可以

10. (　　)不能为对象 obj 定义值为 22 的属性 age。

A. obj."age"=22;　　　　　　　　　　　B. obj.age=22;

C. obj["age"]=22;　　　　　　　　　　D. obj={age：22};

11. (　　)语句不能定义函数 f()。

A. function f(){};　　　　　　　　　　B. var f=new Function("{}");

C. var f=function(){};　　　　　　　　D. f(){};

二、填空题

1. _____对象表示浏览器的窗口,可用于检索关于该窗口状态的信息。

2. _____对象表示浏览器的 URL 地址,并可用于将浏览器转到某个网址。

三、问答题

1. var a=10; var b=20; var c=10; alert(a=b); alert(a==b); alert(a==c); 结果是什么?

2. 试说明以下代码输出结果的顺序,并解释其原因,最后在浏览器中验证。

```
<script> setTimeout (function(){ alert("A"); },0);
    alert("B");</script>
```

3. jQuery 中的 html()和 text()方法有何区别,html(val)和 text(val)方法有何区别?

四、编程题

1. 编写代码实现以下效果：打开一个新窗口,原始大小为 400px×300px,然后将窗口逐渐增大到 600px×450px,保持窗口的左上角位置不变。

2. 写 jQuery 代码,给网页中所有的<p>元素添加 onclick 事件。当单击时弹出该 p 元素中的内容。

3. 对于网页中的所有<p>元素,当第 1 次单击时弹出"您是第一次访问",当以后每次单击时则弹出"欢迎您再次访问",请用 jQuery 代码实现。

第8章

jQuery框架

随着 JavaScript、CSS、Ajax 等技术的不断进步,越来越多的开发者将一个又一个丰富多彩的程序功能进行封装,可以供其他人调用这些封装好的程序组件(框架)。这使得 Web 程序开发变得简洁,并能显著提高开发效率。

8.1　jQuery 框架使用入门

jQuery 框架的主要功能可以归纳为以下几点:

(1) 访问页面的局部。这是前面介绍的 DOM 模型所完成的主要工作之一,通过第 3 章的示例可以看到,DOM 获取页面中某个节点或者某一类节点有固定的方法,而 jQuery 则大大地简化了其操作的步骤。

(2) 修改页面的表现(Presentation)。CSS 的主要功能就是通过样式风格来修改页面的表现。然而由于各个浏览器对 CSS 3 标准的支持程度不同,使得很多 CSS 的特性没能很好地体现。jQuery 很好地解决了这个问题,它通过封装好的 jQuery 选择器代码,使各种浏览器都能很好地使用 CSS 3 标准,极大地丰富了 CSS 的运用。

(3) 更改页面的内容。jQuery 可以很方便地修改页面的内容,包括修改文本的内容、插入新的图片、修改表单的选项,甚至修改整个页面的框架。

(4) 响应事件。引入 jQuery 之后,可以更加轻松地处理事件,而且开发人员不再需要考虑复杂的浏览器兼容性问题。

(5) 为页面添加动画。通常在页面中添加动画都需要开发大量的 JavaScript 代码,而 jQuery 大大简化了这个过程。jQuery 库提供了大量可自定义参数的动画效果。

(6) 简化常用的 JavaScript 操作。jQuery 还提供了很多附加的功能来简化常用的 JavaScript 操作,如数组的操作、迭代运算等。

8.1.1　下载并使用 jQuery

jQuery 的官方网站(http://jquery.com)提供了最新的 jQuery 框架下载。通常只需要下载最小的 jQuery 包(Minified)即可。

jQuery 是一个轻量级(Lightweight)的 JavaScript 框架,所谓轻量级是说它根本不需要安装,因为 jQuery 实际上就是一个外部 js 文件,使用时直接将该 js 文件用< script >标记链接到自己的页面中即可,代码如下:

```
< script src = "jquery.min.js"></script>
```

将 jQuery 框架文件导入后,就可以使用 jQuery 的选择器和各种函数功能了。下面是一个最简单的 jQuery 程序:

```
< script src = "jquery.min.js"></script>        <! -- 引入 jQuery 环境 -->
< script >
  $ (document).ready(function(){              //等待 DOM 文档载入后执行类似于 window.onload
alert("Hello World!");                         //弹出一个对话框
});
</script>
```

8.1.2 jQuery 中的 $ 及其作用

在 jQuery 中,最频繁使用的莫过于美元符 $,它能提供各种各样的功能,包括选择页面中的一个或一类元素、作为功能函数的前缀、创建页面的 DOM 节点等。

jQuery 中的 $ 实际上等同于 jQuery,例如 $("h2")等同于 jQuery("h2"),为了编写代码的方便,才采用 $ 来代替 jQuery。$ 的功能主要有以下几方面。

1. $ 用作选择器

在 CSS 中选择器的作用是选中页面中某些匹配元素,而 jQuery 中的 $ 作为选择器,同样可选中单个元素或元素集合。

例如在 CSS 中,h2>a 表示选中 h2 的所有直接下级元素 a,而在 jQuery 中同样可以通过如下代码选中这些元素,作为一个对象数组,供 JavaScript 调用。

```
$ ("h2>a")                                  //jQuery 的子选择器,引号不能省略
```

jQuery 支持所有 CSS 3 的选择器,也就是说可以把任何 CSS 选择器都写在 $("")中,像上面的 h2>a 这种子选择器本来 IE 6 是不支持的,但把它转换成 jQuery 的选择器 $("h2>a")后,则所有浏览器都能支持。下面的代码利用 jQuery 实现 CSS 选择器的功能。

```
< script src = "jquery.min.js"></script>        <! -- 引入 jQuery 环境 -->
< script >
  $ (document).ready(function(){                  //页面载入后执行
        $ ("h2>a").css("color","red");
        $ ("h2>a").css("textDecoration","none");
  });
</script>
```

jQuery 选择器除了能实现 CSS 选择器的功能外,更重要的是,jQuery 选择器能够为选中的元素添加行为。例如:

```
$ ("#buttonid").click(function() { alert("你单击了按钮"); }
```

这就是通过 jQuery 的 id 选择器选中了某个按钮,接着为它添加单击时的行为。

还可以通过 jQuery 选择器获取元素的 HTML 属性,或修改 HTML 属性,方法如下:

```
$("a#somelink").attr("href");          //获取到了元素的 href 属性值
$("a#somelink").attr("href","index.html");   //将元素的 href 属性值设置为 index.html
```

2. $ 用作功能函数前缀

图 8-1 $.each()方法
遍历数组

在 jQuery 中,提供了一些 JavaScript 中没有的函数,用来处理各种操作细节。例如 $.each() 函数,它用来对数组或 jQuery 对象中的元素进行遍历。为了指明该函数是 jQuery 的,就需要为它添加 "$." 前缀。例如下面的代码在浏览器中结果如图 8-1 所示。

```
$.each([1,2,3],function(index,value){     //用 $.each()方法遍历数组[1,2,3]
  document.write("<br>a[" + index + "] = " + value);});
```

说明:

(1) $.each() 函数用来遍历数组或对象,因此它的语法有如下两种形式:

① $.each(对象,function(属性,属性值){…});

② $.each(数组,function(元素序号,元素的值){…})。

$.each() 函数的第一个参数为需要遍历的对象或数组,第二个参数为一个函数 function,该函数为集合中的每个元素都要执行的函数,它可以接受两个参数,第一个参数为数组元素的序号或者是对象的属性,第二个参数为数组元素或者属性的值。

(2) 调用 $.each() 时,对于数组和类似数组的对象(具有 length 属性,如函数的 arguments 对象),将按序号从 0 到 length−1 进行遍历,对于其他对象则通过其命名属性进行遍历。

(3) 此处的 $.each() 函数与前面的 jQuery 方法有明显的区别,上节中的 jQuery 方法都需要通过一个 jQuery 对象进行调用(如 $("#buttonid").click),而 $.each() 函数没有被任何 jQuery 对象所调用,我们称这样的函数为 jQuery 全局函数。

(4) $.each() 函数不同于 each() 函数。后者仅能用来遍历 jQuery 对象。例如,可以利用 each() 方法配合 this 关键字来批量设置或获取 DOM 元素的属性。下面的代码首先利用 $("img") 获取页面中所有 img 元素的集合,然后通过 each() 方法遍历这个图片集合。通过 this 关键字设置页面上 4 个空<img/>元素的 src 属性和 title 属性,使这 4 个空的 <img/>标记显示图片和提示文字。运行效果如图 8-2 所示。

```
$(function(){
  $("img").each(function(i){
    this.src = "pic" + (i+1) + ".jpg";          //this 等价于 $("img")[n]
    this.title = "这是第" + (i+1) + "幅图";
  });
});
<img /><img /><img /><img />      <!-- 用 each方法设置它们的属性 -->
```

提示:代码中的 this 指代的是 DOM 对象而非 jQuery 对象,如果想得到 jQuery 对象,可以用 $(this)。

3. 用作 $(document).ready()解决 window.onload 函数冲突

在 jQuery 中,采用 $(document).ready() 函数替代了 JavaScript 中的 window.onload

图 8-2　each()方法

函数。

其中(document)是指整个网页文档对象(即 JavaScript 中的 window. document 对象),那么 \$ (document). ready 事件的意思是:在文档对象就绪的时候触发。

\$ (document). ready()不仅可以替代 window. onload 函数的功能,而且比 window. onload 函数还具有很多优越性,下面我们来比较两者的区别:

例如要将 ID 为 loading 的图片在网页加载完成后隐藏起来,window. onload 的写法是:

```
function hide(){
    document.getElementById("loading").style.display = "none";}
window. onload = hide;                    //注意 hide 不能写成 hide()
```

由于 window. onload 事件会使 hide()函数在页面(包括 HTML 文档和图片等其他文档)完全加载完毕后才开始执行,因此在网页中 ID 为 loading 的图片会先显示出来,等整个网页加载完成后执行 hide 函数才会隐藏。

而 jQuery 的写法是:

```
$ (document).ready(function(){
    ("♯loading").css("display","none");
})
```

jQuery 的写法则会使页面仅加载完 DOM 结构后就执行(即加载完 HTML 文档后),还没加载图像等其他文件就执行 ready()函数,给图像添加"display:none"的样式,因此 ID 为 loading 的图片不可能被显示。所以说 \$ (document). ready()比 window. onload 载入执行更快。

第二,如果该网页的 HTML 代码中没有 ID 为 loading 的元素,那么 window. onload 函数中的 getElementById("loading")会因找不到该元素,导致浏览器报错。所以为了容错,最好将代码改为:

```
function hide(){
if(document.getElementById("loading")){
    document.getElementById("loading").style.display = "none";
}}
```

而 jQuery 的 \$ (document). ready()则不需要考虑这个问题,因为 jQuery 已经在其封装好的 ready()函数代码中做了容错处理。

第三,由于页面的 HTML 框架需要在页面完全加载后才能使用,因此在 DOM 编程时 window. onload 函数被频繁使用。倘若页面中有多处都需要使用该函数,将会产生冲突。

而 jQuery 采用 ready()方法很好的解决了这个问题,它能够自动将其中的函数在页面加载完成后运行,并且在一个页面中可以使用多个 ready()方法,不会发生冲突。

总之,jQuery 中的 $(document).ready()函数有以下三大优点:

(1) 在 DOM 文档载入后就执行,而不必等待图片等文件载入,执行速度更快。

(2) 如果找不到 DOM 中的元素,能够自动容错。

(3) 在页面中多个地方使用 ready()方法不会发生冲突。

4. 创建 DOM 元素

在 jQuery 中通过使用 $ 可以直接创建 DOM 元素,下面的代码用于创建一个段落,并设置其 align 属性以及段落中的内容。

```
var newP = $("<p align = 'center'>航空母舰即将下水!</p>");
```

当然,创建了 DOM 元素后还必须使用其他方法将其插入到文档中,否则文档中不会显示新创建的元素。

8.1.3 jQuery 对象与 DOM 对象

当使用 jQuery 选择器选中某个或某组元素后,实际上就创建了一个 jQuery 对象,jQuery 对象是通过 jQuery 包装 DOM 对象后产生的对象。但 jQuery 对象和 DOM 对象是有区别的。例如:

```
$("#qq").html();                    //获取 ID 为 qq 的元素内的 HTML 代码
```

这条代码等价于:

```
document.getElementById("qq").innerHTML;
```

1. jQuery 对象转换成 DOM 对象

也就是说,如果一个对象是 jQuery 对象,那么它就可以使用 jQuery 里的方法,例如 html()就是 jQuery 里的一个方法。但 jQuery 对象无法使用 DOM 对象中的任何方法,同样 DOM 对象也不能使用 jQuery 里的任何方法。因此下面的写法都是错误的。

```
$("#qq").innerHTML;                 //错误写法
document.getElementById("qq").html();   //错误写法
```

但如果 jQuery 没有封装想要的方法,不得不使用 DOM 方法的时候,有如下两种方法将 jQuery 对象转换成 DOM 对象。

(1) jQuery 对象是一个数组对象,可以通过添加数组下标的方法得到对应的 DOM 对象,例如:$("#msg")[0],就将 jQuery 对象转变成了一个 DOM 对象。

(2) 使用 jQuery 中提供的 get()方法得到相应的 DOM 对象,例如:$("#msg").get(0)。

2. DOM 对象转换成 jQuery 对象

相应地，DOM 对象也可以转换成 jQuery 对象，只需要用 $() 把 DOM 对象包装起来就可以获得一个 jQuery 对象。例如：

```
$(document.getElementById("msg"))
```

转换后就可以使用 jQuery 中的各种方法了。因此，以下几种写法都是正确的：

```
$("#msg").html();                    //jQuery 对象
$("#msg")[0].innerHTML;              //添加下标转换成 DOM 对象
$("h2>a").eq(0).html();             //eq(n)方法返回的仍然是 jQuery 对象
$("h2>a").eq(0)[0].innerHTML;       //添加下标转换成 DOM 对象
$("h2>a").get(0).innerHTML;         //get(n)方法直接返回 DOM 对象
```

3. jQuery 对象的链式操作

jQuery 对象的一个显著优点是支持链式操作。所谓链式操作是指基于一个 jQuery 对象的多数操作将返回该 jQuery 对象本身，从而可以直接对它进行下一个操作。例如，对一个 jQuery 对象执行大多数方法后将返回 jQuery 对象本身，因此，可以对返回的 jQuery 对象继续执行其他方法。下面是一个例子。

```
------------------------------- 清单 8-1.html -------------------------------
$(function(){                                    // $(document).ready(function(){的简写形式
$("p").click(function(){alert($(this).html())})  //设置 click 事件的处理函数
.mouseover(function(){alert('mouse over event')}) //设置 mouseover 事件的处理函数
.text($("p").eq(0).text() + "好啊")              //设置元素中的文本内容
.each(function(i){this.style.color = ['#f00','#0f0','#00f'][ i ] //设置前 3 个元素的颜色
});
<p id="jp">移进来!</p><p id="jp2">移进来!</p><p>移进来!</p>
```

显然，通过上述链式操作，可以避免不必要的代码重复，使 jQuery 代码非常简洁。其中 ['#f00','#0f0','#00f'] 是一个 JavaScript 数组，给数组加下标就能得到该数组中的某个元素。.text($("p").eq(0).text()+"好啊")表示设置选中元素的文本内容为第一个 p 元素的文本内容再连接一个字符串常量。

提示：本书接下来在介绍某些 jQuery 方法时，如果说该方法可以返回 jQuery 对象，主要就是说可以对该方法执行链式操作。

8.2　jQuery 的选择器

要使某个动作应用于特定的 HTML 元素，需要有办法找到这个元素。在 jQuery 中，执行这一任务的方法称为 jQuery 选择器。选择器是 jQuery 的根基，在 jQuery 中，对事件的处理，遍历 DOM 和 Ajax 操作都依赖于选择器。因此很多时候编写 jQuery 代码的关键就是怎样设计合适的选择器选中需要的元素。jQuery 选择器把网页的结构和行为完全分离。利用 jQuery 选择器，能快速地找出特定的 HTML 元素并得到一个 jQuery 对象，然后就可

以给对象添加一系列的动作行为。jQuery 选择器的优点表现在以下两方面。

（1）简洁的写法，下面是 jQuery 选择器与 DOM 方法的比较：

```
$("#id1")                          //document.getElementById("id1")
$("div")                           //document.getElementsByTagName("div")
```

（2）完善的错误处理机制：

若在网页中没有 id 为"id1"的元素，则使用 document.getElementById("id1")后，浏览器会报错，因此需要先判断 document.getElementById("id1")是否存在；而使用 jQuery 选择器获取元素时即使元素不存在也不会报错。

jQuery 的选择器主要有三大类，即 CSS 3 的基本选择器、CSS3 的位置选择器和过滤选择器。

8.2.1 支持的 CSS 选择器

jQuery 支持大多数 CSS3 中的选择器，并自定义了一些选择器，包括如下几类。

1. 基本选择器

基本选择器包括标记选择器、类选择器、ID 选择器、通配符、交集选择器、并集选择器。写法就是把原来的 CSS 选择器写在 $(" ")内，例如：$("p")、$(".c1")、$("#one")、$(" * ")、$("p.c1")、$("h1,#one")。

如果选择器选择的结果是元素的集合，则可以用 eq(n)来选择集合中的第 n+1 个元素，例如要改变第一个 p 元素的背景色为红色，可用下面的代码：

```
$("p").eq(0).css("backgroundColor","red");         // eq(0)选择集合中的第 1 个元素
```

2. 层次选择器

层次选择器包括后代选择器、子选择器、相邻选择器、弟妹选择器，例如：$("#one p")、$("#one>p")、$("h1+p")、$("h1~p")。

其中，弟妹选择器如 $("h1~p")是 jQuery 新增的，用于选择 h1 元素后面的所有同辈 p 元素，而相邻选择器如 $("h1+p")只能选择紧邻在 h1 元素后面的一个同辈 p 元素。这是它们的区别。另外，jQuery 中的方法 siblings()与前后位置无关，只要是同辈元素就可以选取。下面是一些例子：

```
$("#qq~ * ").css("backgroundColor","red");      //选择#qq 后面的所有同辈元素
$("#qq+ * ").css("backgroundColor","red");      //选择#qq 后面第一个同辈元素
$("#one>p").css("backgroundColor","red");       //选择#one 元素内的子 p 元素
```

提示：jQuery 中没有动态伪类选择器（如 E：hover），因为它提供了 hover()方法模拟该功能。

8.2.2 过滤选择器

使用 jQuery 基本选择器后，返回的 jQuery 对象通常会包含一组 DOM 元素。但在实

际中,往往还需要根据特定的条件从获取的元素集合中筛选出一部分 DOM 元素,在这种情况下,可以在基本选择器的基础上添加过滤选择器来完成筛选任务。根据具体情况,在过滤选择器中可以使用元素的索引值、内容、属性、子元素位置、表单域属性以及可见性等作为筛选条件。

1. 位置过滤选择器

jQuery 支持的 CSS 3 位置选择器可以看成是 CSS 伪对象选择器的一种扩展,例如它也有∶ first-child 这样的选择器,但能选择的某个位置上的元素更多了。表 8-1 罗列了所有 jQuery 支持的 CSS 3 位置选择器。

表 8-1   jQuery 支持的 CSS 3 位置选择器

选 择 器	说 明
∶first	第一个元素,例如 div p∶first 选中 div 中所有 p 元素的第 1 个,且该 p 元素是 div 的子元素
∶last	最后一个元素,例如 div p∶last
∶not(selector)	去除所有与给定选择器匹配的元素
∶first-child	第一个子元素,例如 ul∶first-child 选中所有 ul 元素,且该 ul 元素是其父元素的第一个子元素
∶last-child	最后一个子元素,例如 ul∶last-child 选中所有 ul 元素,且该 ul 元素是其父元素的最后一个子元素
∶only-child	所有没有兄弟的子元素,例如 p∶only-child 选中所有 p 元素,如果该 p 元素是其父元素的唯一子元素
∶nth-child(n)	第 n 个子元素,例如 li∶nth-child(3)选中所有 li 元素,且该 li 元素是其父元素的第 3 个子元素(从 1 开始计数)
∶nth-child(odd|even)	所有奇数号或偶数号的子元素
∶nth-child(nX+Y)	利用公式来计算子元素的位置,例如∶ nth-child(5n+1)选中第 5n+1 个子元素(即 1,6,11,…)
∶odd 或∶even	对于整个页面而言选中奇数或偶数号元素,例如 p∶even 为页面中所有排在偶数位的 p 元素(从 0 开始计数)
∶eq(n)	页面中第 n 个元素,例如 p∶eq(4)为页面中的第 5 个 p 元素
∶gt(n)	页面中第 n 个元素之后的所有元素(不包括第 n 个元素)
∶lt(n)	页面中第 n 个元素之前的所有元素(不包括第 n 个元素)

(1) 下面是几个位置过滤选择器的例子。

```
$ ("div:first").css("backgroundColor","#bbffaa");         //第一个 div 元素
$ ("p:not('#one')") .attr("align","center");              //id 不为 one 的所有 p 元素
$ ("tr:even").css("backgroundColor","#bbffaa");           //索引值为偶数的 tr 元素
$ ("p:gt(3):odd").css("color","red"));                    //索引值大于 3 且为奇数
$ ("tr:not(:first,:last)").css("backgroundColor","#bbffaa"); //除第一行和最后一行外的行
$ (" input:not(:radio)") .css("backgroundColor","#bbffaa");  //表单中所有非 radio
$ (" p:not(:first)") .css("backgroundColor","#bbffaa");      //除第一个 p 元素外的 p 元素
```

注意:："not(filter)"的参数 filter 只能是位置选择器或过滤选择器,而不能是基本的选择器,例如这是一个典型的错误:div:not(p:first)。

(2) 有了位置选择器,使制作表格的隔行变色效果变得非常简单,只需要一行代码就能实现,下面是实现表格隔行变色的代码。

```
$(function(){                                               //页面载入时执行
    $("table tr:nth-child(odd)").css("backgroundColor","red"); //改变奇数行的背景色
});
```

2. 内容过滤选择器

内容过滤选择器的过滤规则主要体现在它所包含的子元素和文本内容上。常见的内容过滤选择器见表 8-2 所示。

表 8-2 jQuery 中的内容过滤选择器

选 择 器	说　　明	返　回
:contains(text)	选取含有文本内容为 text 的元素	集合元素
:empty	选取不包含子元素或文本(空格除外)的空元素	集合元素
:has(selector)	选取含有选择器所匹配的元素的元素	集合元素
:parent	选取含有子元素或者文本的元素	集合元素

下面是一些 jQuery 内容过滤选择器用法的例子。

① 改变含有文本"不"的#test 元素的背景色为#bfa。

```
$("#test:contains(不)").css("backgroundColor","#bfa");
```

② 改变不包含子元素(或者文本元素)的 div 空元素的背景色为#bfa。

```
$("div:empty").css("backgroundColor","#bfa");
```

③ 改变含有 class 为 mini 元素的 p 元素的背景色为#bfa。

```
$("p:has(.mini)").css("backgroundColor","#bfa");
```

④ 改变含有子元素(或者文本元素)的 div 元素的背景色为#bfa。

```
$("div:parent").css("backgroundColor","#bfa");
```

包含选择器"E:has(F)",它和后代选择器"E F"的区别是后代选择器选中的是后面一个元素 F,而包含选择器选中的是前面这个元素 E。

3. 属性过滤选择器

在 HTML 文档中,元素的开始标记中通常包含多个属性,在 CSS 或 jQuery 中,除了使用 id 和 class 属性作为选择器外,还可以根据各种属性对由选择器查询得到的元素进行过滤。属性选择器用于选中具有某个属性或属性的属性值匹配给定值的元素集合。属性选择器包含在中括号内,而不是以冒号开头。属性选择器如表 8-3 所示。

表 8-3　jQuery 中的属性选择器

选　择　器	名　　称	说　　明
E[A]	属性选择器	具有了属性 A 的元素
E[A=V]	属性等于选择器	属性 A 值等于 V 的元素
E[A!=V]	属性不等于选择器	属性 A 值不等于 V 的元素
E[A*=V]	属性包含选择器	属性 A 的值中包含 V 的元素
E[A~=V]	属性包含单词选择器	属性 A 的值包含单词 V 的元素
E[A^=V]	属性开头选择器	属性 A 的值以 V 开头的元素
E[A$=V]	属性结尾选择器	属性 A 的值以 V 结尾的元素

下面是属性选择器的一些应用举例。

(1) 含有属性 title 的 p 元素：$("p[title]")。

(2) 属性 title 值等于"test"的 div 元素：$("div[title=test]")。

(3) 属性 title 值不等于"test"的 div 元素(没有属性 title 的也将被选中)：$("div[title!=test]")。

(4) 属性 title 值以"te"开始的 div 元素：$("div[title^=te]")。

(5) 属性 title 值含有"es"的 div 元素：$("div[title*=es]")。

(6) 属性 class 值包含单词"lone"的 p 元素：$("p[class~=lone]")。

(7) 含有 id 属性且 name 属性以"es"结尾的 input 元素：$("input[id][name$=es]")。

4. 表单域属性过滤选择器

表单域过滤选择器是 jQuery 自定义的,不是 CSS 3 中的选择器,它用来处理更复杂的选择,表 8-4 列出了 jQuery 常用的过滤选择器。

表 8-4　jQuery 常用的过滤选择器

选　择　器	说　　明
:animated	所有处于动画中的元素
:button	所有按钮,包括 type 属性为 button、submit 和 reset 的<input>标记和<button>标记
:checkbox	所有复选框,等同于 input[type=checkbox]
:file	表单中的文件上传元素,等同于 input[type=file]
:header	选中所有标题元素,例如<h1>~<h6>
:image	表单中的图片按钮,等同于 input[type=image]
:input	表单输入元素,包括<input>、<select>、<textarea>、<button>
:password	表单中的密码域,等同于 input[type=password]
:radio	表单中的单选按钮,等同于 input[type=radio]
:reset	表单中的重置按钮,包括 input[type=reset]和 button[type=reset]
:submit	表单中的提交按钮,包括 input[type=submit]和 button[type=submit]
:text	表单中文本域,等同于 input[type=text]
:hidden	匹配所有的不可见元素
:visible	页面中的所有可见元素
:selected	下拉菜单中的被选中项
:checked	选择被选中的复选框或单选框
:disabled	页面中被禁用了的元素
:enabled	页面中没有被禁用的元素

说明：":hidden"选择器可选中两种元素，一种是 CSS 属性设置为 display：none 或 visibility：hidden 的元素，另一种是表单中的文本隐藏域(< input type＝"hidden" />)元素。

有时希望判断用户当前选中的复选框和单选框，这可以通过 checked 选择器判断，而不能通过 checked 属性的值来判断，那样只能获得初始状态下的选中情况，而不是当前的选择情况。如果要判断用户在列表框中选中了哪几项，可通过 :selected 选择器得到。下面的代码 8-2.html 将用户选中的复选框和单选框添加红色背景，将用户选中的列表项的内容显示在 b 元素中，运行结果如图 8-3 所示。

图 8-3　jQuery 的过滤选择器

```
----------------------------- 清单 8 - 2.html -----------------------------
function ShowChecked(oCheckBox){
    $ ("input").css("backgroundColor","");
    //使用:checked 过滤出被用户选中的
    $ ("input[name = " + oCheckBox + "]:checked").css("backgroundColor","red");
    var a = [];
    $ ("select option:selected").each(function(){
    a[a.length] = $ (this).text();
    });
    $ ("b").text(a.join(","));                //将数组 a 中的每个元素连接成字符串
}
爱好:< input type = "radio" name = "sports" id = "football">足球< input type = "radio" name = "
sports" id = "basketball">篮球< input type = "radio" name = "sports" id = "volleyball">排
球< br >
< input type = "checkbox" name = "sports" id = "gofu">武术< br >
< select name = "select" size = "3" multiple = "multiple">
  < option value = "1">长沙</option >< option value = "2">湘潭</option >
  < option value = "3">衡阳</option >
</select >< b ></b>
< input type = "button" value = "显示选中项" onclick = "ShowChecked('sports')" >
```

8.3　遍历和筛选 DOM 元素

遍及 DOM 元素用来获取一组元素，这样可以对一组元素进行统一操作(例如某个元素的组有子元素)，筛选 DOM 元素用来获取指定的多个元素。

8.3.1　遍历 DOM 元素的方法

虽然用 jQuery 的选择器能选中文档中的大多数元素，但有时还是需要使用 jQuery 提供的遍历元素的方法从匹配元素出发进一步搜索其祖先元素、父元素、同辈元素、子元素以及后代元素。表 8-5 列出了几种 jQuery 中最常使用的遍历 DOM 元素的方法。

表 8-5　jQuery 遍历元素的方法

方　　法	说　　明
parent()	获取当前匹配元素集合中每个元素的父元素
parents()	获取当前匹配元素集合中每个元素的祖先元素
closest()	从当前元素开始向上遍历 DOM 树并获取与选择器匹配的第 1 个元素
next()	获取紧跟在每个匹配元素之后的单个同辈元素
prev()	获取紧邻在每个匹配元素之前的单个同辈元素
siblings()	用于搜索每个匹配元素的所有同辈元素
children()	获取每个匹配元素的子元素集合
not()	从匹配的元素集合中删除所有符合条件的元素集合

1. parent()、children()、next()、prev()方法

这几个方法分别用于获取当前匹配元素集合中每个元素的父元素、子元素集合、下一个同辈元素和上一个同辈元素。例如：

(1) 在每个单元格中显示其父元素的标记名。

```
$("td").append("<b>" + $("td").parent()[0].tagName + "</b>");
```

提示：虽然任何元素的父元素只可能有一个，但由于 $("td") 匹配的是一个元素集合，因此这些元素的父元素也是一个集合，必须加[0]得到第一个匹配元素的父元素，同时，加[0]还可以使这个 jQuery 对象转换为 DOM 对象，这样就可以使用 DOM 中的属性 tagName 了。

(2) children()方法的用法举例。

```
$("form").children();                      //获取表单内所有的子元素
$("form").children(":checkbox:checked");    //获取表单内所有选中的复选框
$("form").children(":selected");            //获取列表框中所有选中的选项
```

(3) next()、prev()方法的用法举例。

假设有这样的代码：< input type＝"text" name＝"user" />< b ></b >，则可以用下面的代码为 b 元素添加文本内容。

```
$("input[name = 'user']").next().text("请输入用户名");
```

下面的代码可以使单击 b 元素时前面的文本框获得焦点：

```
$("b").click(function(){ $(this).prev("input").focus();});
```

2. find()方法

find()方法用于从每个匹配元素内搜索符合指定选择器表达式的后代元素。

```
$("div").find("p");
```

这条代码表示在页面所有 div 元素中搜索其包含的 p 元素，将获得一个新的元素集合，它完全等同于以下代码：

```
$("p", $("div"));
```

find()方法与children()方法类似,所不同的是,children()方法只搜索子元素而不是后代元素。

8.3.2 用slice()方法实现表格分页

如果要通过索引值筛选元素则可以使用slice()方法,slice()方法用于从匹配元素集合中获取索引值位于指定范围内的元素子集。语法为:

```
slice(start [,end])
```

其中,start和end参数都必须是整数,指定开始选取子集的位置和结束选取子集的位置,如果未指定end参数,则子集结束于集合末尾。

例如有时如果只想显示表格中指定范围的几行,则可以使用如下代码,其运行效果如图8-4所示,可看到只显示了表格中的第4～6行。

```
$ (function(){
    $ ("table").find('tbody tr').hide()              //先隐藏tbody元素中所有的行
.slice(4,7).show();                                  //再显示第4行到第6行
})
< table width = "200" border = "1" cellspacing = "4">
  < thead >< tr >< th >姓名</th >< th >手机号</th ></tr ></thead >
  < tbody >< tr >< td >1</td >< td ></td ></tr >< tr >< td >2</td >< td ></td ></tr >…
< tr >< td >11</td >< td ></td ></tr ></tbody ></table >
```

提示:slice()方法从集合中选取一个子集,其第1个元素在原集合中的索引值等于start,最后一个元素在原集合中的索引值等于end-1。由于集合中的元素索引值从0开始,而单元格中的文本序号从1开始,因此第4行到第6行的文本序号就是5～7。

1. 设置表格分页并显示第1页

不难发现,通过slice()方法我们可以在客户端对数据表格进行分页显示。为了分页需要定义两个变量,即当前显示的页cur、每页显示的行数pagesize。修改后的代码如下:

```
$ (function(){                                                    //设置表格分页并显示第1页
    var cur = 1;                                                   //当前页显示第1页
    var pagesize = 3;                                             //每页显示的行数
    $ ("table").find('tbody tr').hide()
.slice((cur - 1) * pagesize + 1,cur * pagesize + 1) .show();     //显示当前页的所有行
    $ ("table").find('tr:has(th)').show();                        //显示表头
//代码段A
});
```

运行效果如图8-5所示。这样,只要改变变量cur的值就能显示指定的分页页面了。

图 8-4 显示指定范围的行　　图 8-5 设置表格分页并显示第一页

2．给表格添加分页页码按钮

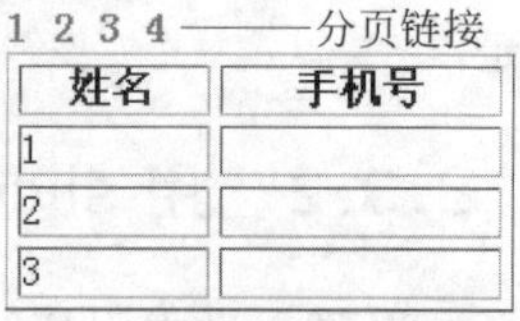

接下来，我们给它添加分页页码按钮。使用户能通过单击页码选择页面。只要将下面的代码插入到代码段 A 处即可，运行效果如图 8-6 所示。

图 8-6   添加分页页码后

```
    //--------------- 代码段 A(添加分页页码) -----------------------
var trcount = $ ("table").find('tbody tr').length;        //除表头外总共有多少行
var pagecount = Math.ceil(trcount/pagesize);              //总共有多少页,(行数/每页行数再取顶)
var $ pager = $ ('< div class = "pager"></div>');          // $ pager 是放置页码的 div
for (var page = 0;page < pagecount; page++){              //给页码添加样式并插入到 $ pager 中
    $ ('< b > ' + (page + 1) + '</b>').appendTo( $ pager).addClass('clickable');
}
$ pager.insertBefore( $ ("table"));                       //将 $ pager 插入到 table 元素前
```

3．启用分页按钮

最后，需要使这些分页链接可以供用户单击，我们给这些链接设置单击时的事件处理程序，当单击某个页码时，就使 cur 等于当前页码。修改上述代码如下：

```
$ (function(){                              //启用分页按钮
var cur = 1                                //页面加载时显示第一页
var pagesize = 3                           //每页显示的行数
var renewpage = function(){               //将显示分页的代码写在函数 renewpage 中
    $ ("table").find('tbody tr').hide()
    .slice((cur - 1) * pagesize + 1, cur * pagesize + 1).show();
    $ ("table").find('tr:has(th)').show();
};
var trcount = $ ("table").find('tbody tr').length;
var pagecount = Math.ceil(trcount/pagesize);
var $ pager = $ ('< div class = "pager"></div>');
for (var page = 0;page < pagecount; page++){
    $ ('< b > ' + (page + 1) + '</b>').appendTo( $ pager).addClass('clickable')
    .click(function(){                     //单击分页链接时(即启用分页按钮)
        cur = page;                        //使当前页等于 page 变量
        renewpage();                       //重新显示分页
    });
}
$ pager.insertBefore( $ ("table"));
renewpage();                               //页面载入时也执行一次分页代码,将显示第一页
    })
```

运行上述代码，会发现无论单击哪个页码，总是显示最后一页(第 4 页)的记录。这是因为，我们在单击的事件处理程序的定义中创建了一个闭包。单击处理程序引用了 page 变量，该变量定义在 click 函数体的外部，当每次循环改变这个变量的值时，新的值会影响我们早先为按钮设置的单击处理程序。最终结果是，单击任何一页时，page 的值都为 4。

为了修正这个问题,需要使用事件绑定程序,并通过事件对象的
参数 event. data 来传递 page 变量的值,这样可以避免闭包的影响。
下面是实现表格分页的最终代码。它的运行效果如图 8-7 所示,可见
当单击任一页码时都能正确显示对应的分页。

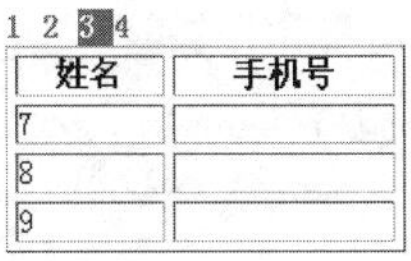

1 2 **3** 4	
姓名	手机号
7	
8	
9	

图 8-7 启用分页按钮

```
< style > .clickable{color:red;}
.active{ background:red;color:white;}</style >
< script >
 $ (function(){                                     //启用分页按钮的最终方案
var cur = 1;                                        //页面加载时显示第 1 页
var pagesize = 3;                                   //每页显示的行数
 $ ("table").bind('renewpage', function(){          //为表格元素绑定 renewpage 函数
     $ ("table").find('tbody tr').hide()
    .slice((cur - 1) * pagesize + 1,cur * pagesize + 1).show();   //显示当前页的所有行
     $ ("table").find('tr:has(th)').show();
});                                                 // bind 方法结束
var trcount = $ ("table").find('tbody tr').length;  // 显示分页页码的代码开始
var pagecount = Math.ceil(trcount/pagesize);
var $ pager = $ ('< div class = "pager"></div >');
for (var page = 0;page < pagecount; page++){
    //发送被单击的页码的值 newPage 给事件对象 event
    $ ('< b >' + (page + 1) + '</b >').bind('click', {'newPage': page + 1}, function(event) {
    cur = event.data['newPage'];                    //让当前页等于 newPage 的值
    $ ("table").trigger('renewpage');               //触发执行 renewpage 函数
    $ (this).addClass('active').siblings().removeClass('active');
    }).appendTo( $ pager).addClass('clickable');
}
$ pager.insertBefore( $ ("table"));
$ ("table").trigger('renewpage');                   //页面载入时也执行 renewpage
                                                    //函数

})
</script >
```

8.4 jQuery 对 DOM 文档的操作

通过对文档中的元素进行操作来动态更新网页,是实现动态网页编程的一个重要途径。
一旦从文档中获取了某个元素,就可以对该元素进行复制、移动、替换、删除以及包裹等操
作,也可以根据需要在文档中创建并插入新的元素。

8.4.1 创建元素

在 jQuery 中使用 $ 可以直接创建 DOM 元素,下面的代码用于创建一个段落,并设置
其 align 属性和 title 属性以及段落中的内容。

```
var newP = $ ("< p align = 'center' title = '这是一条新闻'>武广高速铁路即将通车!</p >");
```

这行代码等价于如下的 JavaScript 代码:

```
var newP = document.createElement("p");
var text = document.createTextNode("武广高速铁路即将通车!")
newP.appendChild(text);
```

为了确保跨平台的兼容性,$()中的 HTML 代码段必须是格式良好的。包含其他元素的标记应当有一个结束标记。此外,jQuery 还允许类似 XML 的标记语法,例如:

```
$("<a/>"); $("<img />"); $("<input>");
```

对于元素中属性的写法,还可以将一个属性映射传递给第二个参数。这个参数可传递.attr()方法的属性的一个超集。例如,下面的代码用于创建一个 div 元素,并对其设置文本内容、HTML 属性、CSS 属性以及 click 事件处理程序进行设置。

```
$("<div/>", {id:"ceng",text:"单击我",width:80,height:80,
css:{textAlign:"center", backgroundColor:"#99f",border:"1px solid #ccc", padding:"3px"},
click:function(){alert("Hello!");}
}).appendTo( $("body"));
```

8.4.2　插入到指定元素的内部

当使用 $ 直接创建 DOM 元素后,这些元素并不会自动呈现在页面中,为此,还必须将新建的元素插入到文档中,使用表 8-6 中的几种方法可以在指定元素的内部插入 HTML 元素或文本。

表 8-6　内部插入元素的方法

方　　法	描　　述
append()	向每个匹配元素的内部的结尾处追加内容
appendTo()	将内容追加到指定元素的内部的结尾处
prepend()	向每个匹配元素的内部的开始处插入内容
prependTo()	将内容插入到指定元素的内部的开始处

考虑下面的 HTML 代码(8-3.html):

```
<div id = "main">
    <h2>高铁开通</h2>
</div>
```

如果要在 #main 元素内部的结尾处插入一个 p 元素,可以使用下面方法:

```
$ (function(){
    var newP = $("<p>武广高速铁路即将通车!</p>");
    $("#main").append(newP);          // 或 newP.appendTo( $("#main"));
});
```

上述代码中 $("#main").append(newP)表示"在 #main 元素中插入 newP 元素"。也可以将其换成注释中的语句 newP.appendTo($("#main")),它可读作"newP 元素被插入

到了♯main 元素中",可看到 append()和 appendTo()方法就
相当于汉语中的"把"字句和"被"字句。prepend()和
prependTo()方法的关系也是如此。

　　下面是一个在表格中使用 prepend()或 append()方法动
态添加行,以及使用 remove()方法删除行的实例,它的运行
效果如图 8-8 所示。

图 8-8　插入和删除表格行

```
------------------------------ 清单 8 - 4.html ------------------------------
< script src = "jquery.min.js"></script>
< script>
 $ (function(){
     $ ("♯start").click(function(){                          //单击"在前面插入"按钮时
         $ ("♯make").prepend('<tr><td>前面插入的行</td><td><a href = "javascript:;"
onclick = "del(this)">删除此行</a></td></tr>');              //插入新行
   });
   $ ("♯endp").click(function(){                             //单击"在末尾插入"按钮时
         $ ("♯make").append('<tr><td>末尾插入的行</td><td><a href = "javascript:;" onclick
= "del(this)">删除此行</a></td></tr>');                       //插入新行
   });
 });
function del(obj){                                           //单击"删除此行"链接时
     // a 的父元素的父元素即 tr 元素,remove()方法用来删除元素
         $ (obj).parent().parent().remove();}
</script>
< table width = "232" border = "1" cellpadding = "3" cellspacing = "1" id = "make">
 <tr><td width = "98">第一行</td>
     <td><a href = "javascript:;" onclick = "del(this)">删除此行</a></td></tr>
 <tr><td>第二行</td>
     <td><a href = "javascript:;" onclick = "del(this)">删除此行</a></td></tr>
 <tr><td>第三行</td>
     <td><a href = "javascript:;" onclick = "del(this)">删除此行</a></td></tr>
</table>
< input type = "button" id = "start" value = "在前面插入行"/>
< input type = "button" id = "endp" value = "在末尾插入行"/>
```

8.4.3　插入到指定元素的外部

　　在上节中介绍的方法可以用来在指定元素内部插入内容,若要在指定元素的相邻位置
(之前或之后)插入内容,则需要使用表 8-7 中的方法来实现。

表 8-7　外部插入元素的方法

方　　法	描　　述
after()	向每个匹配的元素之后插入内容
insertAfter()	将每个匹配的元素插入到指定元素之后
before()	向每个匹配的元素之前插入内容
insertBefore()	将每个匹配的元素插入到指定元素之前

例如,对于8.4.2节中的HTML代码(8-4.html),使用下面的代码仍然能在h2元素后面插入一个p元素,实现相同的效果。

```
$ (function(){
    var newP = $ ("<p align = 'center' title = '新闻'>武广高速铁路通车!</p>");
     $ ("#main h2").after(newP);              //或 newP.insertAfter( $ ("#main h2"));
} );
```

8.4.4 删除元素

jQuery提供了以下三种方法,可以用来从文档中删除指定的DOM元素,或从指定元素中删除所有子节点。

1. remove()方法

从DOM中删除所有匹配的元素,如果这些元素中包含任意数量的内部嵌套元素,则它们也将被一起删除。这个方法不会把匹配的元素从jQuery对象中删除,因而可以在将来再使用这些匹配的元素。可以通过一个可选的表达式对要删除的元素进行筛选。

例如,对于如下HTML代码:

```
<p class = "city">衡阳</p>抗日战争 <p>纪念塔</p>
```

如果要删除所有p元素,可执行如下jQuery语句:

```
$ ("p").remove();                //执行结果是:抗日战争
```

remove()方法也可以带一个选择器作为参数,对匹配元素进行筛选。例如要删除类名为city的p元素,可执行如下jQuery语句:

```
$ ("p").remove(".city");         //执行结果是:抗日战争 <p>纪念塔</p>
```

2. detach()方法

detach()方法与remove()方法基本相同,也是从DOM中删除所有匹配的元素,但与remove()方法不同的是,被删除元素的所有绑定的事件、附加的数据等都会保留下来。因此,如果以后要将移除的元素重新插入到DOM中,detach()方法非常有用。例如:

```
$ ("p").detach();
```

3. empty()方法

empty()方法将删除所有匹配的元素中的子节点。例如,对于如下HTML代码:

```
<div class = "content">
    <p class = "city">衡阳</p><b>抗日战争</b><p>纪念塔</p></div>
```

若要删除类名为content元素中的所有子元素,则代码如下:

```
$(".content").empty();          //执行结果是:<div class = "content"></div>
```

8.4.5 包裹元素

所谓包裹元素是指用另外一个指定的标记将匹配的元素包裹起来。通过下列方法,可以使用指定的 HTML 内容或 DOM 元素对目标元素或其子内容进行包裹,即在现有内容的周围添加新内容。

1. wrap()方法

把所有匹配的元素用其他元素的标记包裹起来。这种包裹对于在文档中插入额外的结构化标记最有用,而且它不会破坏原始文档的语义内容。例如,对于如下 HTML 代码:

```
<p>第一段.</p><div id = "content"></div>
```

执行如下 jQuery 语句:

```
$("p").wrap( $("#content") );          //或者 $("p").wrap( "<div id = 'content' />");
```

得到的结果是:

```
<div id = "content"><p>第一段.</p></div><div id = "content"></div>
```

由此可见,如果从页面中选择一个结构来包裹目标元素,那么不会移走该结构,而是克隆出它的一个副本,再用该副本来包装目标元素。

2. unwrap()方法

unwrap()方法从 DOM 中删除匹配元素中每个元素的父元素(直接上级元素)。而使匹配元素保留在其原来的位置并返回 jQuery 对象。unwrap()方法的作用与 wrap()方法正好相反。例如,对于如下 HTML 代码:

```
<div id = "content"><div><p>第一段</p></div></div>
```

执行如下 jQuery 语句:

```
$("p").unwrap();
```

得到的结果是:

```
<div id = "content"><p>第一段.</p></div>
```

3. wrapAll()方法

此方法使用一个 HTML 结构包裹在所有匹配元素的周围,并且返回 jQuery 对象。例如,对于如下 HTML 代码:

```
< div id = "content"><p>第一段</p><p>第二段</p></div >
```

执行如下 jQuery 语句：

```
$("#content p").wrapAll("< div class = 'inner' />");
```

得到的结果是：

```
< div id = "content"><div class = "inner">
<p>第一段</p><p>第二段</p></div></div >
```

由此可见，wrapAll()方法将所有匹配元素视为一个整体进行包裹，而 wrap()方法分别对每个匹配元素进行包裹。

4. wrapInner()方法

此方法使用一个 HTML 结构来包装匹配集合中每个元素的内容(包括文本节点在内)，并且返回 jQuery 对象。例如，对于如下 HTML 代码：

```
< div id = "content"><p>第一段.</p><p>第二段.</p></div >
```

执行如下 jQuery 语句：

```
$("#content p").wrapInner("< b class = 'bold' />");
```

得到的结果是：

```
< div id = "content"><p><b class = "bold">第一段.</b></p>
<p><b class = "bold">第二段.</b></p></div >
```

从 jQuery 1.4 开始，wrap()和 warpInner()方法的参数还可以是一个回调函数。它将生成一个用来包裹匹配元素内容的 HTML 结构。例如，对于如下 HTML 代码：

```
< div id = "content"><p>Hello</p><p>Bye</p></div >
```

执行如下 jQuery 语句：

```
$("#content p").wrap(function(){
    return "< div class = '" + $(this).text() + "' />";
}
```

得到的结果是：

```
< div id = "content"><div class = "Hello"><p>Hello</p></div >
< div class = "Bye"><p>Bye</p></div></div >
```

8.4.6 替换和复制元素

替换元素有两种方法，除了可以将原来的元素删除后再插入一个新元素外，还可以使用

jQuery 提供的两个替换元素的方法,即 replaceWith 方法和 replaceAll 方法。

1. replaceWith()方法

此方法使用提供的新内容来替换所有匹配元素集合中的每个元素并返回 jQuery 对象。

```
<p><a href = "＃" id = "vote">投一票</a></p>
$ (function(){ $ ("＃vote").click(function(){
  $(this).replaceWith("<b>您已投票,谢谢</b>");
} ); } );
```

当单击 a 元素时,a 元素会被替换成 b 元素。

2. replaceAll()方法

此方法使用匹配元素集合来替换每个目标元素,并且返回 jQuery 对象。例如上例中的 replaceWith 语句可改写成如下语句,实现同样的功能。

```
$ ("<b>您已投票,谢谢</b>").replaceAll(this);
```

3. 使用 clone()方法复制元素

使用 clone 方法可执行复制元素的操作,以创建匹配元素集合的副本。由于 clone()方法复制元素后需要将新元素插入到文档中才能显示,因此 clone()方法通常和某种插入方法结合使用。例如下面的代码,当单击.vote 元素时,将复制该元素,并添加到该元素的后面。

```
$ (function(){
    $ (".vote").parent().click(function(){
        $ (this).clone().insertAfter(this);          //改成 appendTo 试试
    } ); } );
<p><a href = "＃" class = "vote">投一票</a></p>
```

clone 方法可以带一个布尔类型的参数,如果该参数为 True 则表示复制元素的同时也复制元素包含的事件处理程序。

8.5 DOM 属性操作

除了对 DOM 元素的操作以外,读取和设置 DOM 元素的属性也是客户端脚本编程的重要内容。jQuery 提供了一些方法,可以用来设置 DOM 元素的通用属性和 CSS 属性,或者用来设置元素的 HTML 内容、文本和值。

8.5.1 获取和设置元素属性

1. attr()方法

HTML 标记通常定义了各种各样的属性。在 jQuery 中,可以使用 attr()方法获取和设置元素的 HTML 属性,当为该方法传递一个参数时,即为获取某元素的指定属性。当为该方法传递两个参数时,即为设置某元素指定属性的值。

(1) 下面的代码用来从页面中获取第一个 img 元素的 src 属性值,和第一个 a 元素的 href 属性值。

```
var src = $("img").attr("src");
var href = $("a").attr("href");
```

(2) 下面的代码是设置匹配元素属性的几种语法格式。

```
$("img").attr("src","test.jpg");                    //设置 src 属性为 test.jpg
$("img").attr({ src: "test.jpg", alt: "Test Image" }); //设置多个属性
$("img").attr("title", function() { return this.src });//把 src 属性值设置为 title 属性的值
```

当设置多个属性时,可以省略属性名两边的引号。但要注意,当设置"class"属性时,则其两边的引号不能省略。

2. removeAttr()方法

该方法可以从每个匹配元素中删除一个属性并返回 jQuery 对象。例如:

```
$("p").removeAttr("align");                    //从所有段落中删除 align 属性
```

3. val()方法

虽然使用 attr()方法可以对元素的大多数属性进行设置。但是,当获取或设置表单元素的 value 属性时,我们通常使用另一个专用的方法——val(),根据是否传递参数,val()方法可以用来获取 value 属性或设置 value 属性。例如:

```
$("#Submit").val()                    //获取表单元素#Submit 的 value 属性值
$("#Submit").val("新设置的值");         //设置表单元素#Submit 的 value 属性值
$('input:text.items').val(function() {  //传递函数设置元素的 value 属性
  return this.value + '' + this.className;
});
```

8.5.2 获取和设置元素的内容

获取和设置元素的内容是 DOM 编程中经常进行的操作,jQuery 提供了 html()方法获取匹配元素的 HTML 内容,text()方法获取匹配元素中的文本内容。这两个方法分别对应 JavaScript 中的 innerHTML 和 innerText 方法。

1. html()方法

html()方法用于获取或设置匹配元素的 HTML 内容,它不适合于 XML 文档。根据传递的参数不同,html()方法有以下三种语法格式。

（1）不提供参数时可用于获取匹配元素集合中第一个元素的 HTML 内容并返回字符串。例如：

```
$("#main").html();
```

（2）根据传递的字符串来设置匹配元素集合中每个元素的 HTML 内容并返回 jQuery 对象。设置元素内容后会清空元素以前的内容。例如：

```
$("#main").html("<p>这是新添加的段落</p>");
```

（3）根据传递的函数来设置匹配元素集合中每个元素的 HTML 内容并返回 jQuery 对象。例如：

```
$("#tab li").html(function(index,html){
    return "<a href = '#'>这是第" + (index + 1) + "个 Tab 项</a>";
});
```

2. text()方法

text()方法用于获取或设置匹配元素的文本内容。它具有类似于 html()方法的三种语法格式。假设有如下 HTML 代码：

```
<div><p>航空母舰<span>即将<b>下水</b></span></p></div>
```

如果使用不带参数的 text()方法来获取 div 元素的文本内容,此时将删除所有 HTML 标记,结果为"航空母舰即将下水",使用下面的代码可使这个字符串作为另一个段落插入到文档中。

```
$("body").append("<p>" + $("div").text() + "</p>");
```

提示：text()方法不带参数时将获取匹配元素集合中所有元素的文本内容,而不像 html()方法只获取第一个元素的 HTML 内容。

如果 text()方法带有参数,则根据传递的字符串来设置匹配元素集合中每个元素的文本内容,并返回 jQuery 对象。如果传递的字符串中含有 HTML 代码,会自动对 HTML 代码进行转义。例如：

```
$("div").text('<font color = "red">航空母舰</font>');
```

执行这个语句后,该 div 元素中的文本并不会变红色,而是在网页上按原样显示 text()方法中的 HTML 代码。因为该 HTML 代码已转义为：

```
&lt;font color = &quot;red&quot;&gt;航空母舰 &lt;/font&gt;
```

8.5.3 获取和设置元素的 CSS 属性

1. 使用 css()方法设置和获取样式属性

jQuery 提供一个名为 css()的方法,可以用来获取或设置元素的 CSS 样式属性。如果该方法带有一个参数,则可以获取匹配元素的 CSS 属性,如果该方法带有两个参数,则可以设置匹配元素的 CSS 属性。例如:

```
$("h2>a").css("color");                            //获取字体颜色
$("h2>a").css("color","red");                      //设置字体颜色
```

使用 jQuery 选择器设置 CSS 样式需要注意两点。

(1) CSS 属性应写成 JavaScript 中的形式,如 text-decoration 应写成 textDecoration。

(2) 如果要在一条 jQuery 选择器的 css()方法中同时设置多条 CSS 样式,可以使用下面的语法格式:

```
$("h2>a").css({color:"red",textDecoration:"none"});    //设置字体颜色和下画线
```

2. 设置和切换 CSS 类

还可以将元素的 CSS 属性写在元素的类选择器中,通过切换类选择器来改变元素的 CSS 样式。而 class 是元素的一个 HTML 属性,所以获取 class 和设置 class 都可以使用 attr()方法来完成,但我们通常用以下 4 种专用的方法对 class 属性进行操作。

(1) addClass()方法,用来对匹配元素集合中的每个元素追加指定的类名,它不会删除匹配元素的任何原有类名。若要对匹配元素同时添加多个类,可以使用空格来分隔类名,例如:

```
$("p:last").addClass('footer highlight');
```

(2) removeClass()方法,从匹配元素集合的每个元素中删除一个、多个或全部类,例如:

```
$("div:even").removeClass('blue');                 //删除匹配元素的 blue 类
$("div:even").removeClass();                       //删除匹配元素所有的类
```

如果要在两个不同的类之间进行切换,则可以将此方法与 addClass()方法一起使用。

```
$("div:even").removeClass('blue').addClass('red');
```

(3) toggleClass()方法:用于切换元素的样式。匹配的元素如果没有使用类名,则对该元素加入类名;如果已经使用了该类名,则从元素中删除该类名。

下面的代码可以实现鼠标滑过时单元格背景变色,鼠标离开时恢复原色。

```
<style>td.hover{background:#fee}</style>
<script>
$(function(){
    $("td").hover(
        function () { $(this).toggleClass("hover");        //鼠标滑上时切换一次类
    },
        function () { $(this).toggleClass("hover");        //鼠标离开时切换一次类
}); });</script>
```

(4) hasClass()方法:检查匹配元素中是否含有指定的类,并返回一个布尔值。如果有,则返回 true;否则返回 false。

8.6　事件处理

8.6.1　页面载入时执行任务

在原始的 JavaScript 中,如果希望页面载入时就执行一个任务,通常把这个任务写在一个函数中,如 function test(){…},然后在< body >标记中使用< body onload = "test()">加载该函数,或者在 JavaScript 脚本中使用 window. onload = test; 加载该函数。这都是使用事件处理函数 onload 来绑定事件。但使用这种方法只能绑定一个事件处理程序。

为了解决上述事件绑定方式存在的问题,jQuery 提供一个叫做 ready 的事件处理方法,它可以用来响应 window 对象的 onload 事件并执行各种任务。ready 方法不仅具有浏览器兼容性,而且允许注册多个事件处理程序,并在加载页面后立即执行任务。

例如,若要在页面载入就绪时调用一个函数,代码如下:

```
$(document).ready(function(){
    alert("Hello");                    //这里是代码
});
```

它的功能基本上等价于如下 JavaScript 代码:

```
function test(){
    alert("Hello");}
window.onload = test;                  //或者使用< body onload = "test()">
```

也可以将方法名称(document). ready 省略掉,而直接将一个函数作为 $() 的参数,在这种情况下 jQuery 会在内部隐式调用一次 ready 方法。例如:

```
$(function(){                          // $(document).ready(function(){的简写形式
    alert("Hello");                    //这里是代码
});
```

在使用 ready 方法时,应注意以下几点。

(1) 如果对< body >标记的 onload 属性设置了事件处理程序,或者使用了 window. onload 设置了事件处理程序,则用 $(document).ready()方法设置的事件处理程序将优先运行(因为它在加载了 DOM 文档后就运行),然后才会运行通过 onload 属性指定的事件处理程序。

(2) 如果在页面中同时设置了 body 元素的 onload 属性和 window 对象的 onload 属性,则后者中指定的事件处理程序将不会运行。

(3) 应当将 CSS 代码写在 ready 函数的脚本之前,以保证在执行 jQuery 代码前所有元素的 CSS 属性都能被正确地定义,否则会导致一些问题,特别是在 Safari 浏览器中。

8.6.2　jQuery 中的常见事件

除了页面载入时执行任务之外,有很多任务是在鼠标单击、表单提交、按下按键等事件发生时触发的。jQuery 提供了各种事件,包括鼠标事件(见表 8-8)、浏览器事件(见表 8-9)、表单事件(见表 8-10)和键盘事件等,可看出这些事件名与标准 DOM 中的事件名很相似,而与 IE 事件名的区别是前面没有"on"开头。

表 8-8　jQuery 中的鼠标事件

事 件 名	说 明
click	当鼠标指针位于一个元素上时,如果按下并释放鼠标按钮,则会向元素发送 click 事件
dbclick	当双击一个元素时,就会向该元素发送 dbclick 事件
mousedown	按下鼠标按键时触发
mouseup	释放鼠标按键时触发
mousemove	当鼠标在某个元素内移动时触发
mouseenter	当鼠标进入某个元素时
mouseleave	当鼠标离开某个元素时
mouseover	当鼠标指针进入某个元素时
mouseout	当鼠标指针离开某个元素时
hover	当鼠标移入到一个元素上面及移出这个元素时

表 8-9　jQuery 中的浏览器事件

事 件 名	说 明
load	当某个元素及其所有子元素完全加载时触发
unload	当用户离开当前页面时(关闭或转到了其他页面)触发
error	未正确加载文档中某个元素时触发
resize	当对象的大小将要发生变化时触发
scroll	当滚动元素的滚动条时触发

表 8-10　jQuery 中的表单事件

事 件 名	说 明
blur	当一个元素失去焦点时触发
change	当一个元素的值发生变化时触发(仅适用于文本框、文本区域和选择框)
focus	当一个元素获得焦点时触发
select	当用户在一个元素内选定文本内容时触发(仅适用于文本框和文本区域)
submit	当用户提交表单时触发

1. JavaScript 事件处理代码与 jQuery 事件处理代码的转换

JavaScript 中的事件处理程序可以很容易地转换成 jQuery 的事件处理程序,例如:

```
function test(){alert("Hello");}
<p id = "jp" onclick = "test()">单击我</p>
```

用 jQuery 语句改写后就是:

```
$ (function(){                      //页面载入时执行
    $ ("♯jp").click(function(){      //任何事件都必须写在页面载入的函数内
        alert("Hello");             //这里是代码
    } );
} );
```

2. jQuery 中的 mouseenter 与 mouseleave 事件

jQuery 额外提供了 mouseenter 与 mouseleave 事件。其中，mouseenter 与 mouseover 事件比较相似，mouseleave 与 mouseout 事件也比较相似。它们的区别在于 mouseenter 事件仅在鼠标进入某个元素边界之内时会被触发，而鼠标在该元素内移动时绝对不会再触发。而 mouseover 事件在两种情况下会被触发：一是鼠标进入某个元素边界之内时，二是如果该元素内还含有子元素，则鼠标进入该元素的子元素边界之内时又会被触发，这是因为触发了子元素的 mouseover 事件之后，由于事件冒泡，子元素会将 mouseover 事件传递给外层元素。而 mouseenter 与 mouseleave 事件则不存在冒泡现象。

下面是一个用来测试 mouseenter 与 mouseover 事件区别的例子，当使用 mouseenter 时，只会在鼠标进入元素 div 边界之内时触发，而换成 mouseover 事件后，则鼠标在进入元素 div 和其子元素 span 时都会被触发。

```
.demo {
color: red;background-color: yellow;}
$("div").mouseenter(function (e) {            //将此事件改为 mouseover 事件再试试
    $(this).toggleClass("demo");
})
<div>jQuery<span>这是内层元素</span></div>
```

因此，相对于 mouseover 和 mouseout，mouseenter 和 mouseleave 具有性能上的优势（不会反复触发），在一般情况下应尽量使用 mouseenter 和 mouseleave 事件。

3. hover 事件

hover(fn1,fn2)是一个模仿悬停事件（鼠标移动到一个对象上面及移出这个对象）的方法。它带有两个参数，当鼠标移动到一个匹配的元素上面时，会触发指定的第一个函数 fn1；当鼠标移出这个元素时，会触发指定的第二个函数 fn2。下面的代码利用 hover 方法实现当鼠标滑动到某个单元格，单元格变色的效果：

```
.hover{background-color: #99CCFF;}
$(function(){
    $("td").hover(                              //使用 hover 方法，接受两个参数
    function () { $(this).addClass("hover");
      },
    function () { $(this).removeClass("hover");
    }); });
```

提示：hover 方法实际等价于 mouseenter 与 mouseleave 事件的组合。

8.6.3　附加事件处理程序

jQuery 提供了多个方法，可以用来向 DOM 元素的事件附加事件处理程序。通过附加事件，可以在一个元素上绑定多个事件，也可以对绑定的事件取消绑定，还可以附加一次性

的事件处理程序,即在执行一次事件处理程序后就取消绑定。而简单的事件处理函数一旦绑定了事件,就不可以再取消绑定了。绑定事件通常使用 bind()方法、取消对事件的绑定通常使用 unbind()方法,绑定一次性事件使用 one()方法,下面分别来介绍。

1. bind()方法

bind()方法用于将一个事件处理程序附加到每个匹配元素的事件上并返回 jQuery 对象。它最多可以带有三个参数,语法如下:

```
.bind(事件类型 [, 事件数据], 处理函数(事件对象))
```

其中,事件类型是一个字符串,可以是一个或多个 jQuery 的事件类型,例如 click、blur 等事件名称。如果有多个事件名称时用空格分隔各个名称;事件数据给出要传递给事件处理程序的数据;处理函数指定触发该事件时要执行的函数,它可以带一个参数,该参数表示事件对象。

下面是一个例子,用来演示 bind()方法的基本用法。

```
$(function(){
    $("#test").bind("click", function(){alert($(this).text());});
})
```

其中,function(){…}称为 bind()方法的回调函数,该函数中的代码会在事件触发后执行。上述 bind()方法的语句作用等价于:

```
$(function(){
    $("#test").click( function() { alert($(this).text()); } );
})
```

那为什么还需要 bind()方法呢,因为有时可能需要同时绑定多个事件,使用 bind()方法就可以将绑定多个事件的代码写在一行里,而且用 bind()方法绑定的事件还可以用 unbind()方法取消绑定,例如:

```
.entered{font-size:36px;}
$(function(){                                        //绑定多个事件
$("#test").bind("mouseenter mouseleave", function(){$(this).toggleClass("entered");});
$(document).click(function(){
    $("#test").unbind('mouseenter mouseleave');      //在页面上单击时就取消绑定
});
})<div id="test">移进来! </div>
```

上述代码让一个 #test 元素在鼠标滑过的时候,在 class 中加上 entered,而当鼠标移出这个元素时,则去除 entered 这个 class 值。在页面上单击之后,这些绑定的事件就被移除了。

由于 bind()方法返回的是一个 jQuery 对象,所以还可以在 bind()方法后再添加多个 bind()方法,例如:

```
$("#test").bind("mouseenter", function(){$(this).toggleClass("entered");}).
bind("mouseleave", function(){$(this).toggleClass("entered");});
```

2. on()方法

从 jQuery 1.8 开始,官方推荐的事件绑定方法是 on()方法,on()与 bind()类似,例如上述程序中的 bind()可直接替换为 on()。但 on()比 bind()多一个可选参数,语法如下:

```
.on(事件类型 [, 选择器], [, 事件数据], 处理函数(事件对象))
```

例如要筛选出 ul 下的 li 元素并给其绑定 click 事件,则代码如下:

```
$('ul').on('click', 'li', function(){console.log('click');})
```

3. one()方法

one()方法为每一个匹配元素的特定事件(像 click)绑定一个一次性的事件处理函数。这个方法绑定的事件处理函数只会被执行一次,其他规则与 bind()方法相同,例如:

```
$("p").one("click", function(){
  alert( $(this).text() );             //只在第一次单击时才会显示元素中的文本
});
```

4. 使用事件对象的属性

对于事件处理方法来说,当触发事件时,这些方法(如 bind())会执行回调函数,并可以向回调函数传递事件对象作为它的第一个参数,例如:function(event){}。其中回调函数的参数 event 就是事件对象。事件对象 event 具有一些常用属性,如表 8-11 所示。

表 8-11 事件对象的常用属性

属　　性	含　　义
event.pageX	鼠标指针相对于文档左边缘的位置
event.pageY	鼠标指针相对于文档上边缘的位置
event.target	引发该事件的 DOM 元素
event.data	包含 bind()方法传递给事件处理函数的数据

下面的示例向回调函数传递事件对象 event 作为参数,并返回 event 的 pageX 和 pageY 属性。这样当用户进入或离开 ID 为 test 的元素时,将会报告鼠标指针进入或离开时的页面坐标。程序运行效果如图 8-9 所示。

```
.entered{font-size:36px;}
#test{border:2px solid red;background:#fdd;width:60px;height:60px;}
$("#test").bind("mouseenter mouseout", function(event){        // event 为事件对象
     $(this).toggleClass("entered");
     alert("鼠标指针位于(" + event.pageX + ", " + event.pageY + ")");
});
```

图 8-9　使用事件对象属性的示例程序

5. 发送数据给事件处理函数

如果要在事件处理函数中获取数据,则可以调用 bind()方法的可选参数 eventData。该参数可以向事件处理程序传递一些附加信息,例如:

```
$("#test").bind("mouseenter mouseout", {msg:"Hello!"},function(event){
alert(event.data.msg);});                  //弹出框显示 Hello!
```

提示:如果提供 eventData 参数,则该参数只可以是 bind()方法的第二个参数。

6. 事件对象的应用举例——制作可拖动的 div

在有些网站中,带有可以用鼠标自由拖动的 div 层,通常在其中可以放置登录窗口、弹出公告等内容。鼠标拖动的过程是:首先按下鼠标(对应 mousedown 事件),然后移动鼠标(对应 mousemove 事件),最后松开鼠标(对应 mouseup 事件),如图 8-10 所示。实现 div 可随鼠标拖动的思路是:在按下鼠标时获取 div 层在网页中的原始坐标,移动鼠标时就给元素的 left 和 top 属性重新赋值,让其等于鼠标指针在文档中的当前位置减去鼠标在元素中的位置,这样就得到了元素相对于文档的位置,元素就会移动到这个位置上。当鼠标松开时,取消对元素绑定 mousemove 和 mouseup 事件,这样鼠标再在 div 层中移动,div 层也不会跟着移动了。

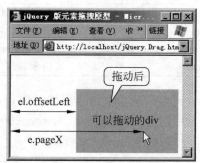

图 8-10　可拖动的 div 效果

由此可见,在这里 mousemove 和 mouseup 事件一定要使用 bind()方法来进行事件绑定,这样就可以通过 unbind()方法在某种事件中取消对这些事件的绑定,否则 mousemove 和 mouseup 事件中的代码会一直对该事件进行处理。代码如下:

```
< script src = " jquery.min.js"></script >
< script >
    $ (function(){
        bindDrag( $ ("♯test")[0]);            //绑定拖动元素对象,并转换为 DOM 元素
    });
    function bindDrag(el){                        //初始化参数,el 对应 $ ("♯test")[0],是 DOM
                                                 //元素
        var els = el.style,                      //鼠标的 X 和 Y 轴坐标
            x = y = 0;
        $ (el).mousedown(function(e){            //按下元素后,计算当前鼠标位置
            x = e.pageX - el.offsetLeft;         //鼠标相对于当前元素左边缘的位置
            y = e.pageY - el.offsetTop;
            el.setCapture && el.setCapture();    //IE 下捕捉焦点
            $ (document).bind('mousemove',mouseMove).bind('mouseup',mouseUp);    //绑定事件
        });
    function mouseMove(e){                        //移动事件
            els.left = e.pageX - x + 'px'; //鼠标相对于文档左边缘的位置减去相对于元素
                                                 //左边
                                                 //缘的位置,得到元素相对于文档左边缘的位置
            els.top = e.pageY - y + 'px';
        }
    function mouseUp(){                           //停止事件
        el.releaseCapture && el.releaseCapture(); //IE 下释放焦点
        $ (document).unbind('mousemove',mouseMove).unbind('mouseup',mouseUp);
        }    }
</script >
♯test{
    position:absolute;top:0;left:0;
    width:200px;height:100px;background: ♯ccc;
    text - align:center;line - height:100px;
}
< div id = "test">可以拖动的 div </div >
```

说明:

(1) offsetLeft 和 offsetTop 都是 DOM 元素的属性,因此为了使用这两个属性,必须把 jQuery 对象 $ ("♯test")先转换成 DOM 对象 $ ("♯test")[0]。

(2) offsetLeft 是指当前元素相对于其设置了定位属性的父元素的左边缘的位置。如果其父元素未设置定位属性(本例中就是这种情况),则是元素相对于 body 元素左边缘的相对位置(但是在 IE 6 和 IE 7 中存在 Bug,offsetLeft 总是指元素相对于 body 元素左边缘的位置),也就是当前元素的左边缘到文档左边缘之间的距离。

(3) e.pageX 是鼠标指针相对于文档左边缘的位置,因此 e.pageX-el.offsetLeft 就是鼠标指针相对于当前元素 $ ("♯test")[0]左边缘的距离。

(4) setCapture()方法的作用是将鼠标事件捕获到当前文档的指定 DOM 对象上。这个对象会为当前应用程序或整个系统接收所有鼠标事件。如果不设置的话,则鼠标只有在当前浏览器窗口内拖动 div 层才会触发事件,如果设置,则在整个浏览器范围内有效,即使鼠标已经拖动到浏览器窗口的外面,div 层也会跟着移动。

习 题

一、问答题

1. ＄(function(){})是什么的简写？其功能是什么？

2. 在元素内部插入内容有哪些方法？

3. 在元素的相邻位置上插入内容有哪些方法？

4. 如何对所有匹配元素批量设置一组属性？

5. html()和 text()方法有何区别？html(val)和 text(val)方法有何区别？

6. 使用 ready 方法需要注意哪些问题？

7. 在调用 bind 方法时，如何对多个事件绑定相同的处理程序？如何对多个事件绑定不同的事件处理程序？

8. jQuery 中的 each()方法与＄.each()方法有什么区别？

9. 搜索同辈元素有哪些方法，搜索父元素和子元素有哪些方法？

二、编程题

1. 编写 jQuery 代码,给网页中所有的 p 元素添加 onclick 事件。当单击时弹出该 p 元素中的内容。

2. 用 jQuery 对一组多选框进行操作,输出选中的多选框的个数。

3. 对于网页中的所有 p 元素,第一次单击时弹出"您是第一次访问",以后每次单击时则弹出"欢迎您再次访问",请用 jQuery 代码实现。

第9章
基于jQuery的Ajax技术

Ajax 是异步 JavaScript 与 XML(Asynchronous JavaScript and XML)的缩写。它是由被誉为 Ajax 之父的 Jesse James Garrett 于 2005 年提出的概念。Ajax 是一种创建交互式 Web 应用程序的网页开发技术,它本质上是将下列技术组合应用的技巧。

(1) 使用 XHTML 和 CSS 处理网页的内容和表现形式。

(2) 使用 DOM(Document Object Model)进行动态显示及交互。

(3) 使用 XML 和 XSLT 进行数据交互和操作(可选,也可以使用其他格式)。

(4) 使用 XMLHttpRequest 对象在浏览器和服务器之间异步交换数据。

(5) 使用 JavaScript 将上述几项绑定在一起。

9.1 Ajax 技术的基本原理

"老技术,新技巧"是对 Ajax 恰如其分的描述。Ajax 本质就是使用 XMLHttpRequest 对象在浏览器和服务器间交换数据。但是,XMLHttpRequest 对象并不是由 Garrett 设计出来的,而是微软在 1999 年就已提出来并内置到了 IE 浏览器中,但微软并没有意识到 XMLHttpRequest 对象有如此大的用途,直到 Garrett 提出 Ajax 的概念后,这个对象才随着 Ajax 技术受到开发者的追捧。

9.1.1 浏览器发送 HTTP 请求的三种方式

为了理解 Ajax 技术的基本原理,必须深入了解浏览器发送 HTTP 请求的方式,在传统的 Web 应用程序中,浏览器向服务器发送一个 HTTP 请求,一般有两种方式:

(1) 在浏览器地址栏中输入网址并回车。这将向服务器发送载入一个页面的请求。如果 URL 中带有查询字符串,则还会将查询字符串中的数据发送给服务器。

(2) 提交表单。这将把表单中的数据发送给服务器并且载入 action 属性中指定的页面。

这两种方式发送 HTTP 请求有一个共同点,即无论是输入网址还是提交表单,都会使页面刷新。服务器会返回给浏览器一个完整的页面,如图 9-1 所示。

实际上,浏览器向服务器发送 HTTP 请求,还有第三种方式,即使用 XMLHttpRequest 对象发送异步 HTTP 请求。所谓"异步",是指浏览器与服务器交互过程中(即浏览器发送请求和服务器返回响应的过程),用户仍然可以在浏览器上进行其他一些操作,而不必等待

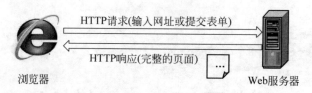

图 9-1 传统方式发送 HTTP 请求

服务器响应完成后才能操作,这就好比人们在煮饭的同时仍然可以炒菜一样。

异步方式发送 HTTP 请求与前两种方式发送 HTTP 请求有明显的不同。因为服务器返回给浏览器的不再是一个完整的页面,而是一些字符串(图 9-2),因此浏览器不会刷新页面(但为了更新页面上的局部区域,通常把服务器返回的数据载入到页面的某些元素中)。

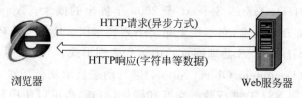

图 9-2 异步方式发送 HTTP 请求的过程

具体来说,异步方式与传统方式发送 HTTP 请求的区别可总结如下:

(1) 传统方式发送 HTTP 请求时一个 HTTP 请求对应一个页面,因此每次发送请求后页面会刷新,而异步方式发送 HTTP 请求不再对应一个页面,发送 HTTP 请求后页面不会刷新。

(2) 传统方式发送 HTTP 请求后,由于页面会刷新,因此在刷新的过程(载入服务器返回的页面)中,浏览器处于白屏状态,用户无法在浏览器上进行任何操作。而异步方式发送 HTTP 请求后,页面不会刷新,因此用户仍然可以继续在浏览器上进行其他一些操作。

在很多时候,使用异步方式发送 HTTP 请求可以给用户带来很大便利。例如一个用户注册的网页,服务器需要检查用户输入的用户名是否已经被注册过,这需要查询数据库,如果使用传统方式发送 HTTP 请求的话,则在"发送 HTTP 请求→服务器查询数据库→服务器返回查询结果的网页"这个过程中,用户都无法在浏览器上进行任何其他操作。而改用异步方式发送的话,则在"发送 HTTP 请求→服务器查询数据库→服务器返回查询结果的字符串→载入字符串到某个页面元素中"这个过程中,用户仍然能在浏览器中进行其他一些操作,例如继续输入后面的注册项等。

9.1.2 基于 Ajax 技术的 Web 应用程序模型

Ajax 技术是对传统 Web 应用程序的一次革命,因为传统的 Web 应用程序(如普通的 ASP 程序)的运行过程是:发送请求给服务器→服务器对请求进行处理(此时客户端需等待)→处理完成后服务器发送回全新的页面。

人们发现,Web 应用程序的这种处理方式较桌面应用程序的响应速度要慢(因为数据要在 Web 服务器和客户端之间来回传输)。为此,人们想出了一种方案,就是在与 Web 服务器交互的过程中只传输页面上需要做更改的区域,而不传输整个页面,这样可使传输的数据量减少,缩短传输时间;并且,在与服务器交互的过程中,客户端仍然可以在当前页面继续操作,正常使用应用程序,而不必等待服务器的响应。这就是 Ajax 技术的原理,它使用户对 Web 应用程序的操作看上去就像桌面应用程序,大大改善了用户体验。

也就是说,传统的 Web 应用程序每次都要刷新整个页面,而 Ajax 程序只需刷新页面的局部区域。实现了真正意义上的"按需取数据",从而提高了应用程序效率,节约了网络带宽。

传统的 Web 应用程序在提交请求后必须等待服务器处理完毕(页面刷新完毕)才能继续操作(图 9-3)。而 Ajax 程序不需要等待服务器的响应就能继续操作,因为它具有 Ajax 引擎能在客户端对用户的操作进行处理(图 9-4)。这样客户端不需要等待,不会出现浏览器"白屏"现象。

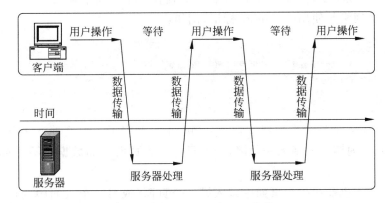

图 9-3 传统的 Web 应用程序模型

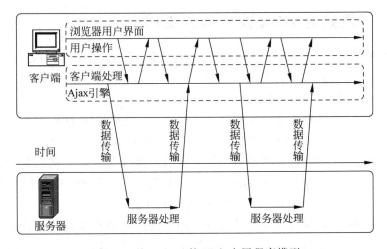

图 9-4 基于 Ajax 的 Web 应用程序模型

总的来说,Ajax 技术具有如下一些优点:

(1)更好的用户体验,用户感觉响应速度更快。

(2)可以把一些由服务器负担的工作转嫁到客户端,利用客户端闲置的处理能力来处理,减轻服务器和带宽的负担,节约空间和带宽租用成本。

(3)Ajax 由于可以调用外部数据,能方便地实现网站间数据的共享。

(4)基于标准化的并被广泛支持和技术,并且不需要插件或下载小程序。

（5）Ajax 使 Web 中的界面与应用分离（也可以说是数据与呈现分离）。

当然，Ajax 技术也是有缺点的，虽然使用 Ajax 技术后客户端与服务器之间每次传输的数据量减少了（只需传输页面上需要更改的区域代码），但一旦使用 Ajax 技术，客户端通常会频繁地请求服务器，服务器要处理的请求数量将大大增加，所以有时很难简单地说 Ajax 技术到底是降低了服务器负荷，还是增加了服务器负荷。

一般来看，Ajax 适用于交互较多，频繁读数据，数据分类良好的 Web 应用。

9.1.3　载入页面的传统方法

为了使读者能逐步了解 Ajax 技术，下面从如何在一个页面中载入另一个页面中的内容说起，传统的方法通常是使用< iframe >标记，例如：

```
< div id = "target">
    < iframe src = "test. php" width = "250" height = "200" scrolling = "no" frameborder = "0"
name = "main"></iframe>
</div>
```

这样就将 test. php 这个页面载入到了 ♯target 元素中了。但这种方法有些过时了，其缺点是载入的页面内容和表现无法分离，例如只想载入页面中的数据而不想载入页面的外观就无法实现。

使用 Ajax 技术也能在一个页面中载入另一个页面（或另一个页面中的局部代码）。这是通过 XMLHttpRequest 对象实现。

9.1.4　用原始的 Ajax 技术载入文档

Ajax 技术的核心是 XMLHttpRequest 对象，任何 Ajax 技术的实现都离不开它。XMLHttpRequest 对象是浏览器对象模型 BOM（图 7-6）中 window 对象的一个子对象（注：IE 6 不支持，但它可以用其他方式实现）。

该对象主要功能是向服务器异步发送 HTTP 请求，并能接收 HTTP 响应的数据（即载入文档）。本节只学习如何使用该对象载入文档到页面中。

XMLHttpRequest 对象可以在不重新加载页面的情况下更新页面的局部，也就是在页面加载后仍然能向服务器请求数据，并接收服务器端返回的数据，XMLHttpRequest 对象本质上是具备 XML 发送/接收能力的 HttpRequest 对象。

XMLHttpRequest 对象载入文档的过程和用户使用自动售水机的过程非常相似（如果把用户想象成浏览器，自动售水机想象成服务器的话）。①用户首先需要投币给自动售水机，这就相当于用该对象的 send()方法发送异步请求给服务器；②然后用户需要监视售水机是否出水，这就相当于用该对象的 onreadystatechange 事件监听服务器是否返回了HTTP 响应；③自动售水机出水了，相当于 XMLHttpRequest 对象通过 responseText 属性将数据返回给浏览器；④用一个容器去接售水机出来的水。相当于把 responseText 的属性值赋给一个 DOM 对象的 innerHTML 属性，这样这个 DOM 对象就接住了 XMLHttpRequest 对象返回的内容。图 9-5 是这两个过程的对比。

下面具体来看 XMLHttpRequest 对象异步获取服务器数据的全过程。包括以下几个

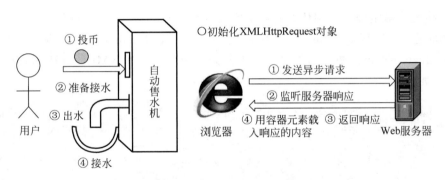

图 9-5 自动售水机与 XMLHttpRequest 对象工作过程的对比

步骤：

（1）在使用 XMLHttpRequest 对象前，必须先创建该对象的实例。代码如下：

```
var xmlHttpReq;
if (window.ActiveXObject){                    //针对 IE 6
    xmlHttpReq = new ActiveXObject("Microsoft.XMLHTTP");}
else if (window.XMLHttpRequest){              //针对除 IE 6 以外的浏览器
    xmlHttpReq = new XMLHttpRequest();        //实例化一个 XMLHttpRequest
}
```

这样就创建了一个 XMLHttpRequest 对象的实例 xmlHttpReq。由于 IE 6 浏览器是以 ActiveXObject 的方式引入 XMLHttpRequest 对象的，而在其他现代浏览器（如 IE 7、Chrome、Safari）中 XMLHttpRequest 对象是 window 对象的子对象。为了兼容这两类浏览器，必须用上述代码中的两种方式创建该对象的实例。

（2）然后使用 XMLHttpRequest 对象的实例的 open()方法指定载入文档的 HTTP 请求类型、文件名以及是否为异步方式。代码如下：

```
xmlHttpReq.open("GET", "9 - 2.html", True);        //调用 open()方法并采用异步方式载入文档
```

其中 open 方法可以有三个参数：第 1 个参数表示 HTTP 请求的类型（GET 或 POST）；第 2 个参数表示请求文件的 URL 地址；第 3 个参数表示请求是否以异步方式发送（默认值为 True，表示是异步方式）。

提示：XMLHttpRequest 对象出于安全性考虑，规定 open()方法中的 URL 地址必须是相对 URL 地址，而不能是绝对 URL，这使得 Ajax 发送异步请求无法实现跨域（Cross-Origin，即跨网站的意思）请求。要实现跨域请求，必须使用 JSONP（JSON with Padding）技术。

（3）使用 send()方法将 open()方法指定的请求发送出去，该方法只有一个参数，该参数可以为空或 null，建议 null 一定要写，否则程序只能在 IE 中运行，在 Firefox 中无法运行。代码如下：

```
xmlHttpReq.send(null);
```

（4）用 send()方法发送了一个载入文档的请求后，还要准备接收服务器端返回的内容。

但是客户端无法确定服务器端什么时候会完成这个请求。这时需要使用事件监听机制来捕获请求的状态,XMLHttpRequest 对象提供了 onreadystatechange 事件实现这一功能。

onreadystatechange 事件可指定一个事件处理函数来处理 XMLHttpRequest 对象的执行结果,例如:

```
xmlHttpReq. onreadystatechange = RequestCallBack;     //onreadystatechange 一定要全部小写
function RequestCallBack(){                            //一旦 readyState 值改变,将会调用这个
                                                      //函数
    if(xmlHttpReq. readyState == 4 && xmlHttpReq. status == 200){
        //将 xmlHttpReq. responseText 的值赋给＃target 元素
        document. getElementById("target"). innerHTML = xmlHttpReq. responseText;
    }    }
```

说明:

(1) onreadystatechange 属性中的事件处理函数只有在 readyState 属性发生改变时才会触发,readyState 的值表示服务器对当前请求的处理状态,在事件处理函数中可以根据这个值来进行不同的处理。

readyState 有 5 种可取值(0:尚未初始化;1:正在加载;2:加载完毕;3:正在处理;4:处理完毕)。一旦 readyState 属性的值变成了 4,就表明服务器已经处理完毕。

status 属性表明请求是否已经成功,如果 status 属性值为 200 表明一切正常,服务器已成功接收了客户端的请求,如果为其他值则表明有错误发生(如 404 表示资源未找到)。

因此 readyState 属性的值变成了 4 并且 status 属性的值为 200 就表明服务器已经处理完毕并且没有发生错误,这时客户端就可以访问从服务器返回的响应数据了。

(2) 服务器在收到客户端的请求后,根据请求返回相应的内容。返回的内容可以有两种形式,一种是文本形式,将存储在 responseText 中,另一种是 XML 格式,存储在 responseXML 中。responseText 和 responseXML 都是只读属性,只有当 readyState 属性值为 4 的时候,才能通过 responseText 获取完整的响应信息。如果设置服务器端响应内容类型为"text/xml",responseXML 才会有值并被解析成一个 XML 文档。

(3) 由于上述程序是向服务器请求载入文档 9-2. html,因此服务器处理请求完毕后,返回的就是 9-2. html 的全部内容,它以字符串形式保存在 responseText 属性中,因此可设置＃target 元素的 innerHTML 为 xmlHttpReq. responseText,这样＃target 元素中就载入了9-2. html 中的内容。

将上述几步代码合在一起,并在页面中添加一个按钮和一个＃target 元素。设置单击该按钮就执行上述代码。就得到了一个采用 Ajax 技术载入文档的完整程序。代码如下:

```
------------------------------ 清单 9 - 1. html ------------------------------
< html >< body >
< script >
function Ajax(){                                    //定义一个函数来异步获取信息
    var xmlHttpReq;
    if (window. ActiveXObject){                     //针对 IE 6
        xmlHttpReq = new ActiveXObject("Microsoft. XMLHTTP");
    }
```

```
        else if (window.XMLHttpRequest){          //针对除 IE 6 以外的浏览器
            xmlHttpReq = new XMLHttpRequest();     //实例化一个 XMLHttpRequest
        }
        if(xmlHttpReq!= null){                     //如果对象实例化成功
            xmlHttpReq.open("get","9-2.html");     //设置异步请求的方式和请求的 URL
            xmlHttpReq.send(null);                 //用 send()方法发送请求
            xmlHttpReq.onreadystatechange = RequestCallBack; //设置回调函数
        }
        function RequestCallBack(){                //一旦 readyState 值改变,将会调用这个函数
            //如果服务器处理完毕并且没有出错
            if(xmlHttpReq.readyState == 4 && xmlHttpReq.status == 200){
            //将服务器返回的内容载入到#target 元素中
document.getElementById("target").innerHTML = xmlHttpReq.responseText;
            }
    } }
</script>
< input type = "button" value = "Ajax 载入" onclick = "Ajax();" />
< div id = "target"></div>
</body></html>
```

其中,被载入的文档(9-2.html)的代码如下:

```
-------------------------------- 清单 9-2.html --------------------------------
<h2>被加载的文件 9-2.html</h2>
<p>这是被加载的文件的内容</p>
```

然后运行 9-1.html,结果如图 9-6 所示,可看到 9-2.html 中的 HTML 代码已经被加载到 9-1.html 中的 #target 元素中了。

说明:

(1) 9-1.html 是载入文档的页面,9-2.html 是被载入的文档,可以看出,9-2.html 是一个普通的 HTML 文档,只是它没有< html >< body >等标记,因为这些标记不能放置在< div id="target"></div>元素中。也可以理解为,使用 Ajax 技术后,服务器返回的不再是完整的页面,因此没有< html >< body >等标记。

图 9-6 在 IE 中载入文档

(2) 运行之前必须将这两个文件都保存为 utf-8 编码方式。因为 XMLHttpRequest 对象传输数据默认采用的编码方式是 UTF-8。页面的编码方式可以在 DW 中设置,方法是:执行菜单命令"修改"→"页面属性",选择"标题/编码",如图 9-7 所示。将"编码"设置为 Unicode(UTF-8)即可。此时,如果页面头部有< meta >标记,则它的 charset 属性值也会自动更改为 utf-8,如果不是,可手工改过来。

9.1.5 解决 IE 浏览器的缓存问题

下面将 9-2.html 的代码修改一下,例如将第二行修改为"< p >已经修改了这里的内容</p>",然后在 IE 中刷新 9-1.html,单击按钮,结果仍然如图 9-6 所示,可看到在 IE 中 9-1.

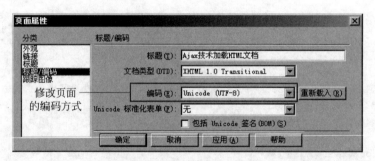

图 9-7   在 DW 中设置页面的编码方式

html 加载的内容仍然没变。这是因为在 Ajax 应用中,当用户访问一次后,再进行访问时,如果 XMLHttpRequest 请求中的 URL 不变,在 IE 中就会发生这样的现象,那就是 URL 中的网页不会到服务器端取,而是直接从 IE 的缓存中取。为了解决 IE 的这个问题,必须保证每次发送给服务器端的 URL 都不相同,这可以通过在 URL 后加一个随机数或时间戳来实现。

（1）加随机数方法可使用 Math. random()函数产生一个随机数。具体可将代码中的 xmlHttpReq. open("get","9-2. html");修改为如下语句即可:

```
xmlHttpReq.open("get","9 - 2.html?t = " + Math.random());
```

（2）加时间戳方法可使用时间函数获取当前的时间。可将代码修改如下:

```
xmlHttpReq.open("get","9 - 2.html?t = " + new Date().getTime());
```

（3）另外,还可以在发送 Ajax 请求之前,即 xmlHttpReq. send(null)语句之前,添加一条语句:

```
xmlHttpReq.setRequestHeader("If - Modified - Since","0");
```

也能解决 IE 浏览器运行 Ajax 程序时的缓存问题。

再次运行 9-1. html,就会发现 IE 每次都能加载到最新的 9-2. html 文件了。

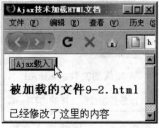

图 9-8   在 Firefox 中载入修改后的文档

提示:Ajax 缓存问题是 IE 浏览器才有的问题,Firefox 等其他浏览器不存在该问题。修改 9-2. html 后再运行 9-1. html,在 Firefox 中的效果如图 9-8 所示,显示的是修改后的内容。

9.1.6   载入 PHP 文档

用 Ajax 技术可以载入任何网页文档,如果载入的是 PHP 动态网页,则服务器端会先执行动态网页,再将生成的静态 HTML 代码发送给客户端,因此客户端网页加载的是动态网页执行后的静态 HTML 代码。下面是一个动态网页文件(9-3. php),代码如下:

```
--------------------------------- 清单 9 - 3.php ---------------------------------
<?  echo "<b>Hello Ajax!</b>".date('h:i:s');?>
```

然后将 9-1.html 中的 xmlHttpReq.open("get","9-2.html");修改成：

```
xmlHttpReq.open ("get","9 - 3.php");
```

并将这两个文件的编码方式存为 UTF-8 编码方式。当单击按钮时,就可以看到当前页面的 target 元素里载入了 9-3.php 执行完后生成的 HTML 代码。运行结果如图 9-9 所示。

1. Ajax 程序与传统 PHP 程序的区别

请仔细体会图 9-9 中程序和传统 PHP 程序的显著区别。9-1.html 在获取并显示服务器端数据时,页面并没有刷新(注意 9-1.html 中的按钮并非提交按钮,因此单击该按钮不会使页面刷新),只是更新了页面的局部。而传统的 PHP 程序只要获取了服务器端数据,页面必然要刷新。

图 9-9　用 Ajax 技术载入 PHP 文档

另外,虽然用纯客户端的 JavaScript 脚本也能做出类似 9-1.html 中的的效果,例如将 9-1.html 中的函数 Ajax() 的代码改成下面的形式:

```
function Ajax(){
    document.getElementById("target").innerHTML = "Hello Ajax!" + new Date();
}
```

也可以有相似的输出,但这样就没有实现和服务器交互了,数据本来就是在客户端的,与 9-1.html 也有本质上的不同。

以上就是实现 XMLHttpRequest 对象功能的所有细节。它使用 JavaScript 启动一个请求并处理相应的返回值,然后使用浏览器的 DOM 方法更新页面的局部区域。

2. 关于 Ajax 的编码问题

对于前面出现的代码,都应将其保存成 UTF-8 的编码方式,否则程序会出现乱码或者不能运行。这是因为,通过 XMLHttpRequest 对象获取的数据,默认的字符编码方式是 UTF-8。为了使 Ajax 程序不出现编码错误问题,实际上有以下两种解决方案:

(1) 将服务器端程序和客户端页面的编码方式都设置为 UTF-8。

(2) 对于中文网页来说,默认的字符编码是 GB2312。如果不想修改页面的编码类型,也是可以的,只要在服务器端程序(如 9-3.php)的首行添加一句:

```
header("Content - type: text/html; charset = gb2312");
```

这样,客户端页面和服务器端程序都可使用 GB2312 编码方式了。

由于国内使用的开发软件一般是 Dreamweaver 8 中文版,新建文档时默认的编码方式是 GB2312。因此用第二种方法更方便,本书接下来的实例都采用这种方法。

9.1.7　XMLHttpRequest 对象发送数据给服务器

在 9.1.6 节中,载入服务器端发来的文档,本质是利用 XMLHttpRequest 对象来接收服务器端的数据。除此之外,XMLHttpRequest 对象还可以发送客户端的数据给服务器,从而实现客户端与服务器的双向交互。

XMLHttpRequest 对象发送数据给服务器有两种方式,即 GET 方式和 POST 方式。

1. GET 方式发送数据

只要在请求的 URL 地址后添加查询字符串,查询字符串就会以 GET 方式发送给服务器。将代码 9-1.html 中的 xmlHttpReq.open("get","9-2.html");修改为:

```
xmlHttpReq.open ("get","9-4.php?user = tang&n = " + Math.random());
```

则会将 URL 变量 user 和 n 发送给服务器,服务器端脚本 9-4.php 使用 $_GET 数组就可获取这些 URL 变量的值。代码如下,运行 9-1.html,效果如图 9-10 所示。

```
------------------------------ 清单 9-4.php ------------------------------
<?  header("Content-type: text/html; charset = gb2312");      //设置编码方式
$ user = $_GET['user'];                                        //获取 GET 方式发送的数据
echo "欢迎您, $ user 先生";                                     //返回数据给浏览器    ?>
```

2. POST 方式发送数据

将 XMLHttpRequest 对象 open 方法的第一个参数设置为 post,就可以使用该对象的send()方法发送数据了,这些数据将以 POST 的方式发送给服务器。将 9-1.html 中相关代码修改为:

```
xmlHttpReq.open("post","9-5.php");                            //以 post 方式发送数据给 9-5.php
xmlHttpReq.setRequestHeader('Content-type','application/x-www-form-urlencoded');
xmlHttpReq.send("user = tang&n = " + Math.random());
```

则会将变量 user 和 n 发送给服务器,服务器端脚本可以使用 $_POST 数组获取这两个变量的值。代码如下,9-1.html 的运行效果类似于图 9-10。

```
------------------------------ 清单 9-5.php ------------------------------
<?  header("Content-type: text/html; charset = gb2312");
$ user = $_POST['user'];
echo "欢迎您, $ user 先生";?>
```

说明:

(1)通过 send 方法以 POST 方式发送数据,必须先用 setRequestHeader 方法设置请求头的格式。

(2)由于服务器一般需要对接收的数据进行处理,因此是将数据发送给动态页面。

(3)上述程序直接发送定义好的变量给服务器,实际程序中,通常先获取表单中的数据,再将表单中的数据发送给服务器,这样服务器就能获取用户提交的数据了。

图 9-10　GET 方式发送数据

3. XMLHttpRequest 对象与服务器端通信的步骤

Ajax 技术与服务器端异步交互主要依靠 XMLHttpRequest 对象,XMLHttpRequest 对象与服务器端通信的过程如图 9-11 所示,步骤可总结如下。

(1) 创建 XMLHttpRequest 对象。

(2) 使用 open()方法设置 XMLHttpRequest 对象请求的 URL、发送 HTTP 请求的方式以及是否为异步模式等。

(3) 使用 send()方法发送 HTTP 请求。

(4) 使用 onreadystatechange 事件监听服务器端的反馈,根据 readyState 属性来判断服务器是否已经对请求处理完成,一旦完成则接收服务器端传回的数据。

由于页面没有刷新,浏览器不知道服务器什么时候完成了对请求的处理,所以需要第(4)步进行监听,这是 Ajax 程序和普通 PHP 程序运行过程中最明显的区别。

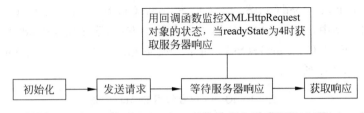

图 9-11 XMLHttpRequest 对象与服务器通信的过程

实际上,通常也可将第(4)步放在第(3)步之前,也就是在发送 HTTP 请求之前,就将接收服务器端数据的"装置"准备好。防止发送 HTTP 请求后服务器端返回数据过快,onreadystatechange 事件来不及监听和接收。

提示:

(1) XMLHttpRequest 对象虽然名称中含有 XML,但它并不限于和 XML 文档一起使用,它可以接收任何格式的文本,包括普通文本、HTML 文本、JSON 文本、XML 文本等。

(2) XMLHttpRequest 对象与 PHP 中的 $ _REQUEST 数组的功能也完全不同,$ _REQUEST 是服务器端的数组,它的作用是获取从客户端发送来的数据;而 XMLHttpRequest 对象是客户端浏览器中的对象,它的作用是发送数据给服务器后再从服务器获取传回来的数据。

4. 传统 Web 程序与 Ajax 程序的区别

(1) 客户端发送请求的方式不同。

传统 Web 应用发送请求通常有两种方式:采用提交表单的方式发送 POST 或 GET 请求;让浏览器直接请求网络资源发送 GET 请求。而采用 Ajax 技术后,Web 应用需要使用 XMLHttpRequest 对象来发送请求,这不需要提交表单。表单中的数据会先发送给 JavaScript 代码而不是发送给服务器,由 JavaScript 代码捕获表单数据并向服务器发送异步请求。

(2) 服务器生成的响应不同。

传统的 Web 应用中服务器的响应总是完整的 HTML 页面。在采用 Ajax 技术后,服务器响应的不再是完整的 HTML 页面,而只是必须更新的数据,因此服务器生成的响应可能只是简单的字符串(或 XML 文档、JSON 文档等)。

（3）客户端加载响应的方式不同。

传统的 Web 应用具有每个请求对应一个页面的关系,而且服务器响应的就是一个完整的 HTML 页面,因此浏览器每刷新一次就会自动加载并显示服务器的响应。而采用 Ajax 技术后,服务器响应的只是必须更新的数据,浏览器不会刷新,故客户端必须通过事件监听程序来监测服务器的响应是否完成,如果响应完成,再动态加载服务器的响应。

9.2 jQuery 中的 Ajax 方法与载入文档

由于在传统的 Ajax 中,XMLHttpRequest 对象有很多的属性和方法,对于想快速入门 Ajax 的用户来说,并不是个容易的过程。jQuery 对 Ajax 操作进行了封装,使用 jQuery 可大大简化开发 Ajax 程序的过程。

jQuery 主要通过提供一些针对 Ajax 的方法和属性来实现 Ajax。jQuery 中常用的 Ajax 方法只有 6 个,即 load()、$.get()、$.post()、$.ajax()、$.getJSON()和$.getScript()方法。其中,$.ajax()方法属于最底层的方法,第 2 层是 load()、$.get()和$.post()方法,第 3 层还有 $.getJSON()和 $.getScript()方法。这些 jQuery 中最常用的 Ajax 方法功能如表 9-1 所示。

表 9-1　jQuery 中最常用的 Ajax 方法

方　　法	功　　能
load(url, [data], [callback])	载入远程 HTML 文件代码并插入至 DOM 元素中
$.get(url,[data],[callback],[type])	使用 GET 方式发送数据并载入信息
$.post(url,[data],[callback],[type])	使用 POST 方式发送数据并载入信息
$.ajax(options)	通用的 Ajax 方法,可发送数据并载入信息
$.getJSON(url,[data],[callback],type])	以 GET 方式发送请求并载入 json 格式的数据
$.getScript(url,[data],[callback],type])	以 GET 方式发送请求并载入 JavaScript 格式的数据

9.2.1　使用 load()方法载入 HTML 文档

Ajax 的本质特征就是刷新页面的局部,这是通过将远程文档载入到页面的局部元素中实现的。从本节开始我们将介绍载入各种类型文档到页面局部元素中的方法。

load()是 jQuery 中最为简单的 Ajax 方法。它能载入远程 HTML 文档并将其插入到指定的 DOM 元素中。它的语法为:

```
load( url [, data ] [, callback])
```

这些参数的含义如表 9-2 所示。

表 9-2　load()方法参数的含义

参 数 名 称	类　　型	说　　明
url	String	请求 HTML 文档的 URL 地址
data(可选)	Object	发送至服务器的 key: value 数据(Json 类型数据)
callback(可选)	Function	请求完成时的回调函数,无论请求成功或失败

1. 载入整个 HTML 文档

下面我们使用 load()方法改写 9-1. html 中的脚本,同样实现载入 HTML 文档。代码如下:

```
----------------------------清单 9 - 4. html ----------------------------
< script src = "jquery.min. js"></script>        <! -- 引入 jQuery 环境 -->
< script >
function Ajax(){
    $ ("#target").load("9 - 3. php");          //用 load()方法载入 9 - 3. php
}
</script>
< input type = "button" value = "Ajax 提交" onclick = "Ajax();" />
< div id = "target" ></div>
```

9-4. html 的运行结果如图 9-9 所示,可见,load()方法只用了一行代码就完成了 9-1. html 中很繁琐的工作。我们只需使用 jQuery 选择器为加载的 HTML 代码指定目标位置,然后将要加载的文件 URL 作为参数传递给 load()方法即可。

如果要在 load()方法后添加一条弹出警告框的语句,可将代码修改如下:

```
function Ajax(){
    $ ("#target").load("9 - 3. php");          //用 load()方法载入 9 - 3. php
    alert("正在加载中");}
```

就可发现警告框是先于文档加载完之前弹出的,这验证了 Ajax 在获取服务器端的数据时确实是采用了异步方式,异步加载意味着在发出取得 HTML 片段的 HTTP 请求后,会立即继续执行后面的脚本,无须等待。在之后的某个时刻,当浏览器接收到服务器响应时,再对响应的数据进行处理。因此在和服务器端传输数据的过程中,客户端仍然可以继续运行接下来的程序。

提示:如果要避免 IE 浏览器的缓存问题,可以在向服务器端发送 URL 时同时发送一个随机数,例如 $ ("#target").load("9-3. php",{sid:Math. random()});,这样每次发送请求时会将该随机数也发送给服务器,当然也可以直接通过 URL 字符串的方式加随机数。

2. 载入 HTML 文档中的指定元素

上面的例子将 9-3. php 中的所有内容都加载到了 #target 元素里。但有时可能只需加载文档中的某些元素,这时可以通过修改 load()方法的 URL 参数来达到目的,通过对 URL 参数指定选择器,就可以很方便地从加载过来的 HTML 文档中筛选出所需要的内容。

load 方法的 URL 参数的语法为:"url selector"。注意,URL 和选择器之间有一个空格。

例如,只需要载入 9-5. html 中 class 为"title"的内容,可以将 9-4. html 的代码修改如下:

```
function Ajax(){                                    //对 9 - 4. html 中的 Ajax()函数进行修改
    $ ("#target").load("9 - 5. html .title");      // URL 和选择器之间必须有一个空格
}
```

其中 9-5.html 的文档代码如下,修改后的 9-4.html 运行效果如图 9-12 所示。

```
------------------------------ 清单 9-5.html ------------------------------
    <h3>Ajax 技术的关键</h3>
<h3 class="title">Ajax 的默认编码是 utf8</h3>
    <p class="layer">沙发.</p>
<h3 class="title">如何修改文件的编码方式</h3>
    <p class="layer">板凳.</p>
<h3 class="title">responseText 存放着服务器响应的内容</h3>
    <p class="layer">地板.</p>
```

图 9-12　Ajax 载入 HTML 文档片段

提示:如果客户端页面(9-4.html)中包含有 CSS 样式,那么被载入的文档中的元素将会应用客户端页面中的 CSS 样式。

从以上实例可以看出,载入 HTML 文档或文档片段只需要很少的工作量,但这种固定的数据结构并不一定能够在其他的 Web 应用程序中得到重用。因此有时我们可能需要载入 JSON 文档或 XML 文档。

由此可见,load()是 jQuery 中最简单的 Ajax 函数,但是它的使用具有下列局限性。

(1) load()方法是用于直接返回 HTML 的 Ajax 接口,不能返回其他格式的文档。

(2) load()是一个 jQuery 对象的方法,需要在 jQuery 对象上调用,并且会将返回的 HTML 加载到这个对象内,即使设置了回调函数也还是会加载,因此不方便对返回的 HTML 代码先进行处理后再加载。

9.2.2　JSON 数据格式

JSON 是 JavaScript Object Notation 的缩写,意即:JavaScript 对象表示法。JSON 是一种轻量级的数据交换格式,它使用 JavaScript 提供一种灵活而严格的存储和传输数据的方法。非常便于阅读和编写,也易于被程序获取。在进行 Ajax 开发时,很多场合使用 JSON 作为数据格式比使用 XML 更加方便,尤其是使用 jQuery 开发 Ajax 时,JSON 格式数据应用得非常普遍。

JSON 可用来创建 JavaScript 对象或数组,下面分别来介绍 JSON 对象和 JSON 数组。

1. JSON 对象

我们知道,一个对象是由若干属性和方法构成的。JSON 使用一些"键—值"对来描述

JavaScript对象，("键—值"对就相当于是对象的"属性名—属性值"，JSON也可以描述对象的方法，但一般很少用)。JSON使用大括号{}将一组"键—值"对包括在一起形成一个对象。例如：

```
var user = { "username":"andy", "age":20, "sex":"male" };
```

说明：

(1) 一个JSON对象以"{"开始，"}"结束。对象中包含若干个属性，属性分为键和值两部分。键和值之间用"："(冒号)隔开；多个"'键：值'对"之间用"，"(逗号)分隔。键或值如果是字符串常量则必须用引号(单引号或双引号)引起来，数值型或变量则不需要。

(2) 最后一个属性值之后不能再有"，"(逗号)，否则会出错。

如果要用JSON来描述对象的方法，也是可以的，下面是一个例子。

```
var user = { name: "张三",              //属性
             show: function(){          //方法
             alert ( this.name); }      }
< p onclick = "user.show()">单击我引用对象</p>      <! -- 调用对象的方法 -->
```

2. JSON数组

JavaScript的数组可以使用中括号[]进行动态定义。使用JSON将JSON对象和JSON数组的两种语法组合起来，可以轻松地表达复杂而且庞大的数据结构。例如：

```
var user = {
    "username":"andy",
    "age":20,
    "info": { "tel": "123456", "cellphone": "98765"},
    "address": [
        {"city":"beijing","postcode":"222333"},
        {"city":"newyork","postcode":"555666"}
    ]   }
```

说明：

(1) 数组是值(value)的有序集合。一个JSON数组以"["开始，"]"结束。值之间使用"，"(逗号)分隔，最后一个值之后不允许有"，"(逗号)。

(2) JSON对象允许嵌套，即某个属性值可以是简单数据，也可以是一个JSON对象或数组，例如"info"和"address"属性的值。

(3) 该JSON数据中有4个元素，即username、age、info和address，元素又可以由其他元素组成，如"info"由"tel"和"cellphone"两个子元素组成。

3. JSON对象和JSON字符串的转换

在数据传输过程中，JSON是以文本，即字符串的形式传递的，而JS操作的必须是JSON对象，所以，有时候必须对JSON对象和JSON字符串进行相互转换。对于下面的JSON字符串和JSON对象：

```
//JSON 字符串:
var str1 = '{ "name": "cxh", "sex": "man" }';
//JSON 对象:
var obj = { "name": "cxh", "sex": "man" };
```

（1）JSON 字符串转换为 JSON 对象。

要将上面的 JSON 字符串 str1 转换成 JSON 对象，可以使用 eval()函数，eval()函数会把一个字符串当成一个表达式并去执行它。例如：document. write("5＋3")将会输出字符串"5＋3"，但 document. write(eval("5＋3"))将会输出数字 8，原因就是 eval()把字符串"5＋3"当成了一个算术表达式 5＋3 并且执行了它。

eval()会试图去执行包含在字符串里的一切表达式或者一系列合法的 JavaScript 语句。并把最后一个表达式或者语句所包含的值或引用作为它的返回值。因此，alert(eval("5＋3,6,7＋2"));会返回 9。

将 JSON 字符串 str1 转换成 JSON 对象通常使用如下语句：

```
var obj = eval('(' + str1 + ')');
```

其中，表达式中的"＋"是连接运算符，因此代码首先在字符串 str1 的左右两边添加了一对小括号"()"。我们知道，加了小括号之后，JavaScript 就会把其中的内容当成一个表达式并去执行它，而不加的话，eval 会将大括号识别为 JavaScript 代码块的开始和结束标记，那么"{}"将会被认为是一条空语句并去执行它。

提示：为了返回常用的"{}"这样的对象声明语句，必须用小括号将其括住，以转换为表达式，才能返回其值。对于原始的 Ajax 开发来说，由于其只能返回字符串（通过 responseText 属性）或 XML 格式（通过 responseXML 属性）的数据，无法返回 JSON 格式的数据，因此为了得到 JSON 数据，通常要对返回的字符串使用 eval()方法转换成 JSON 对象。但对于 jQuery 开发 Ajax 来说，可以设置返回的数据是 JSON 格式，因此 eval()方法用得并不多。

除了使用 eval()函数外，JSON 官方网站还提供了一个开源的 JSON 解析器和字符串转换器专用文件"json. js"。在百度上搜索下载到该文件后，将其引入到当前文件中，即在代码中加入< script src ＝"json. js"></script >，就可以使用其中的 parseJSON()或 JSON. parse(str)方法将 JSON 字符串转换成 JSON 对象。例如：

```
var obj = str1.parseJSON();
var obj = JSON. parse(str);
```

然后，就可以这样读取了：

```
alert(obj.name);alert(obj.sex);
```

说明：如果 obj 本来就是一个 JSON 对象，那么使用 eval()函数转换后（哪怕是多次转换）还是 JSON 对象，但是使用 parseJSON()函数处理后会有问题（抛出语法异常）。

（2）JSON 对象转换为 JSON 字符串。

使用"json. js"中提供的方法，可以将 JSON 对象转换成 JSON 字符串。例如：

```
var last = obj.toJSONString();              //转换成 JSON 字符串
var last = JSON.stringify(obj);             //转换成 JSON 字符串
alert(last);
```

9.2.3　使用 $.getJSON()方法载入 JSON 文档

在实际开发中,通常把 JSON 格式的数据保存成一个后缀名为".json"的单独的外部文件,例如,可以把下面的 JSON 格式数据保存成"9-6.json"文件。

```
------------------------------ 清单 9 - 6.json ------------------------------
[ { "username": "张三",
    "content": "沙发."},
  { "username": "李四",
    "content": "板凳." },
  { "username": "王五",
    "content": "地板." }]
```

1. 载入 JSON 文档

使用 $.getJSON()方法可以在网页中加载 JSON 文档。$.getJSON()方法前面没有任何一个 jQuery 对象,可见它是一个全局的 jQuery 函数,不需要用 jQuery 对象进行调用。因此,$.getJSON()是作为全局 jQuery 方法定义的,也就是说,它不是某个 jQuery 对象实例的方法。为了容易理解,在这里称它为全局函数。下面是一个使用 $.getJSON()载入 json 文件的例子。

```
function Ajax(){              //对 9 - 4.html 中的 Ajax()函数进行修改,得到 9 - 6.html
    $.getJSON("9 - 6.json");
}
```

这样就使用 $.getJSON 函数加载了这个 JSON 文档。但是当单击按钮后,我们看不到任何效果。这是因为 JSON 文档不像 HTML 文档,内容可以直接显示在页面上(因为浏览器不能直接解析 JSON 文档)。

2. 显示 JSON 文件中的数据内容

为了能在页面上显示 JSON 文件中的内容,需要使用回调函数对 JSON 文档中的数据进行适当处理后再显示在页面上。因此,$.getJSON 方法通常还需要一个回调函数作为它的参数。这个参数是当加载完成时调用的函数。如上所述,Ajax 请求都是异步的,回调函数提供了一种等待数据返回的方式,当服务器端返回数据完成后才会执行回调函数中的代码。

回调函数也需要一个参数,该参数中保存着返回的数据(相当于 XMLHttpRequest 对象的 responseText 属性)。该参数建议命名为 data,但也可使用其他变量名。为了能在页面上显示返回的数据,上述代码应改写成:

```
function Ajax(){     //对 9-4.html 中的 Ajax()函数进行修改,得到 9-6.html
    //function(data){…}是回调函数,其中 data 是回调函数的参数
    $.getJSON("9-6.json", function(data){
        $("#target").html(data[1].username);
    }); }
```

图 9-13 $.getJSON()方法
载入 JSON 数据

这样单击按钮后,就会发现 #target 元素中载入了 9-6.json 中的数据"李四",这是因为,9-6.json 中的内容是一个 JSON 数组,因此在 9-6.html 中用 $.getJSON 加载它完成后,回调函数的参数 data 中保存的也是这个数组。由于 data 是一个数组,对于数组来说,通过对其加下标(data[1])可以获取数组中的某个元素,而该数组中每个元素都是一个对象。因此可以用 data[1].username 引用这个对象的相应属性。

3. 输出 JSON 文档中的所有内容

如果要输出 9-6.json 中的所有数据,则可以使用循环语句遍历该 json 数组。代码如下,运行结果如图 9-13 所示。

```
function Ajax(){     //对 9-4.html 中的 Ajax()函数进行修改,得到 9-6.html
    $.getJSON("9-6.json", function(data){
        for(i=0;i<data.length;i++){ //此处 data 是一个数组
            $("#target").append("<h3>" + data[i].username + "</h3>");
            $("#target").append("<p>" + data[i].content + "</p>");
        }
    }); }
```

也可使用 jQuery 提供的 $.each 方法来遍历 json 数组 data。代码如下:

```
function Ajax(){     //对 9-4.html 中的 Ajax()函数进行修改,得到 9-7.html
    $.getJSON("9-6.json", function(data){
        $.each(data, function(i, item) {
            $("#target").append("<h3>" + item.username + "</h3>");
            $("#target").append("<p>" + item.content + "</p>");
        });
    }); }
```

其中参数 i 是数组 data 中元素的索引值,item 是数组元素的值,由于 9-6.json 中每个数组元素都是一个对象,因此 item 是一个 json 对象。引用 json 对象的属性有两种方法:①用 item.username;②用 item['username']。

说明:

(1) 回调函数 function(data)中的 data 参数可以将服务器输出的数据转换成客户端的数据,是 Ajax 技术中服务器与浏览器之间传递数据的桥梁。

(2) 遍历数组可采用循环的方法,也可采用 $.each 方法,程序将每个数组元素中的对象属性取出后,将其放置在不同的 HTML 标记中,属性就会以不同的表现形式显示出来。可见,JSON 格式数据由于具有规范的格式,使 JSON 文档中的任何数据都可以按需取出,

而 HTML 文档中的代码作为一个整体,要单独取出其中的一些会有些麻烦。这是 JSON 数据相比 HTML 数据所具有的优势。

(3) append()是内部插入数据的方法,这样每循环一次,新添加的数据将追加到原有数据的末尾处。

总结:

(1) $.getJSON()方法必须带有回调函数才能显示所加载的 JSON 文档中的数据,而 load()方法却可以不带有回调函数,这是因为 HTML 文档的内容可以直接显示在浏览器中,而 JSON 文档是不能被浏览器直接解析的。

(2) 虽然 JSON 格式很简洁,但它却不容许有任何错误。所有中括号、大括号、引号和逗号都必须合理而且适当地存在,否则会引起文件不被加载,并且不会提示任何错误信息,脚本只是静默地终止运行。

9.2.4 使用 $.getScript()方法载入 JS 文档

jQuery 提供了 $.getScript()方法直接加载外部 js 文件,像加载一个 HTML 文档一样简单方便,并且不需要对 JavaScript 文件进行任何处理,Javascript 文件就会自动执行。加载 js 文档的示例代码如下:

```
function Ajax(){              //将 9-4.html 中的 Ajax()函数进
                             //行修改,得到 9-8.html
    $.getScript('9-8.js');
}
```

图 9-14 $.getScript()方法加
载 JavaScript 文档

其中,9-8.js 的代码如下,9-8.html 的运行结果如图 9-14 所示。

```
------------------------------ 清单 9-8.js ------------------------------
var comments = [
  {    "username": "张三",
    "content": "沙发." },
  {    "username": "李四",
    "content": "板凳." },
  {    "username": "王五",
    "content": "地板." }];
var html = "< table border = '1' cellpadding = '2'>"; //第 8 行
  $.each(comments , function(Index, comment) {
      html += '< tr>< td>' + comment['username'] + ':</td>< td>' + comment['content'] +
'</td></tr>';
  })
html += "</table>"
$ ("♯target").html(html);
```

如果需要,与 load()、$.getJSON()方法一样,$.getScript()方法也可设置回调函数,它会在 JavaScript 文件加载完成后运行。例如可将 9-8.js 中从第 8 行开始的代码删除,然后将这些代码放到 $.getScript()方法的回调函数里。代码如下:

```
function Ajax(){         //将 9 - 4.html 中的 Ajax()函数进行修改,得到 9 - 8.html
    $.getScript('9 - 8.js', function(data){      //function(data){…}为回调函数
    var html = "< table border = '1' cellpadding = '2'>";
  $.each(comments , function(Index, comment) {
     html += '<tr><td>' + comment['username'] + ':</td><td>' + comment['content'] +
'</td></tr>'; })
     html += "</table>";
      $("#target").html(html);
    });     }
```

其中,comment['content']也可写成 comment.content,因为 comment 是一个 JSON 对象。

9.2.5 使用 $.get()方法载入 XML 文档

本节使用 $.get()方法来载入 XML 文档。需要注意的是,$.get()方法实际上可载入任何类型的文档。XML 是 Ajax 缩写词中的一部分,但 XML 文档相对于 JSON 文档过于复杂,因此在实际 Ajax 开发中比较少用。加载 XML 文档和加载 JSON 文档比较类似。下面是一个 XML 文档,代码如下:

```
--------------------------------- 清单 9 - 9.xml ---------------------------------
<? xml version = "1.0" encoding = "utf - 8"?>
< stulist >
    < student email = "zhangsan@1.com">
     < name >张三</name >
     < id > 1 </id >
     < comment >沙发</comment >
    </student >
     < student email = "lisi@2.com">
     < name >李四</name >
     < id > 2 </id >
     < comment >板凳</comment >
     </student >
</stulist >
```

然后新建一个 9-9.html 的文档,并使用 $.get()方法载入 9-9.xml,代码如下:

```
function Ajax(){         //对 9 - 4.html 中的 Ajax()函数进行修改,得到 9 - 9.html
    $.get("9 - 9.xml");
}
```

这样就使用 $.get()方法加载了这个 XML 文件。但是当单击按钮时,我们看不到任何效果。这是因为 XML 文档像 JSON 文档一样,加载了之后并不能直接被浏览器解析。

1. 加载并显示 XML 文档中的单条数据

为了能在页面上显示 9-9.xml 文档中的内容,需要用回调函数对 XML 文档中的数据进行适当处理,才能显示在页面上。因此,$.get()方法通常还需要一个回调函数作为它的另一个参数。这个参数是当加载完成时调用的函数。将上述代码改写如下:

```
function Ajax(){           //对9-4.html中的Ajax()函数进行修改,得到9-9.html
    $.get("9-9.xml", function(data) {
        $("#target").html( $(data).find("name").eq(0).text());
        $("#target").append( $(data).find("student").attr("email"));
    });          }
```

运行9-9.html,当单击按钮后,就加载了9-9.xml文档中的部分数据,如图9-15所示。

说明:

(1)处理加载完成的XML文档和处理JSON文档有些相似,但最大的不同在于:XML文档可看成是一个元素(如9-9.xml的< stulist >…</student >),因此回调函数的data参数中保存的也就是stulist元素,XML元素和HTML元素一样,可以将其放置在$()中转换成一个jQuery对象。因此$(data)是一个jQuery对象,相当于$("stulist")。

(2)处理XML文档中的节点和处理HTML文档的节点一样,可以利用JavaScript或jQuery的DOM遍历方法,因为DOM模型本来就是用于遍历XML文档的,例如find()、filter()及attr()等方法。

(3)本例中通过$(data).find("name")可获取到所有< name >标记的元素组成的集合,对它加eq(0)就获取到了第一个< name >标记的元素,再通过text()方法就获取到了该元素中的文本内容。而$(data).find("student")可获取所有< student >标记的元素组成的集合,由于attr("email")方法可以获取元素集合中第一个元素的属性值,因此就不需要在该集合后加eq(0)了。可见,find()方法可搜索指定元素的所有后代元素,而不局限于子元素。

2. 加载并显示XML文档中的所有数据

如果要输出XML文档中的所有数据,同样可以利用循环语句或$.each()方法。例如:

```
function Ajax(){                              //将9-4.html中的Ajax()函数进行修改
    $.get("9-9.xml", function(data) {
        $("#target").html("<table />");          //在#target中创建一个table元素
        $(data).find("student").each(function(){
            var tr = "<tr><td>" + $(this).find("name").text() + "</td>"
            tr += "<td>" + $(this).attr("email") + "</td>"
            tr += "<td>" + $(this).find("comment").text() + "</td></tr>"
            $("table").attr({"border": 1, "cellpadding": 4}).append(tr);
        })   });   }
```

单击9-9.html中的按钮后,运行结果如图9-16所示,可看到XML文档中的数据按照我们指定的格式输出了,也就是说使用XML可实现数据和表现分离。

图9-15 加载XML文档中的数据

图9-16 遍历载入XML文档中的所有数据

3. 加载动态生成的 XML 文档

如果用 PHP 文件动态生成 XML 文档,则同样可用 $.get()方法加载生成的 XML 文档。这在实际中很常用,因为有时需要将数据库中的数据转换成 XML 数据。下面是一个生成 XML 文档的 PHP 程序 9-10.php。

```
------------------------------- 清单 9－10.php -------------------------------
<?   header('Content－type:text/xml');
echo "<?xml version = '1.0' encoding = 'GB2312' ?>\n" ;
echo '< comments >';
include('../chapter10/conn.php');
$ result = $ conn－>query("Select * From lyb limit 4 ");
while( $ row = $ result－>fetch_assoc()){ ?>
    < comment id = "<? = $ row['ID']?>">
    < title ><? = $ row['title']?></title >
    < content ><? = $ row['content']?></content >
    < author ><? = $ row['author']?></author >
    </comment >
<?   }
$ result－>close(); ?>
</comments >
```

说明:

(1) 9-10.php 中,页面文件的编码类型一定要与 XML 文件头中 encoding 属性中的编码类型相同。

(2) 如果要测试 9-10.php 输出的 XML 文档是否正确,最好每次在 URL 后手工加个不同的 URL 字符串,如 http://localhost/9-10.php?n=5,这样可防止 IE 从缓存中取 XML 文档。

加载 9-10.php 的文件 9-10.html 的代码如下,运行结果如图 9-17 所示。

```
function Ajax(){                      //将 9－4.html 中的 Ajax()函数进行修改,得到 9－10.html
$ .get("9－10.php", function(data) {
    $ ("♯target").html("< table />");
    $ ("table").attr({"border": 1,"cellpadding":4});
    $ (data).find("comment").each(function(){
        var tr = "<tr><td>" + $ (this).find("title").text() + "</td>"
        tr += "<td>" + $ (this).find("author").text() + "</td>"
        tr += "<td>" + $ (this).find("content").text() + "</td></tr>"
        $ ("table").append(tr);
    });
}); }
```

4. 制作天气预报程序

使用 RSS 可以在各个网站之间共享数据,这是因为 RSS 是一个 XML 文件,其他网站只要用 Ajax 技术加载某个网站提供的 RSS 文件就可以共享该网站的数据。而过去的方法通常是使用< iframe >标记将某个网站的页面嵌入到自己网站中,但这样的缺点是页面和数

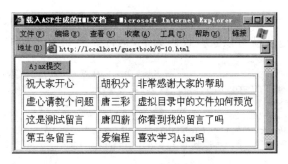

图 9-17 载入 PHP 程序生成的 XML 文档

据无法分离,也就无法按自己网页的风格显示其他网页中的数据。

目前,有些网站提供了天气预报信息的 RSS 数据源,我们找到以下网址:http://weather.raychou.com/? /detail/57777/rss,在浏览器中输入该网址就可以看到如图 9-18 所示的关于"衡山天气预报"的 RSS 文件,我们只要在自己的网页中用 Ajax 技术加载该 XML 文档,再显示需要的内容就可以调用天气预报了。

图 9-18 提供衡山天气预报的 RSS 文件

具体制作步骤是使用 $.get()方法载入图 9-18 中的 RSS 文件,然后在回调函数中获取该 RSS 文件中的 channel 元素下的 title 元素的内容,item 元素下的 title 和 description 元素的内容,并显示在页面的相应元素中。代码如下,运行效果如图 9-19 所示。

```
<script>
function Ajax(){    //对 9-4.html 中的 Ajax()函数进行修改
  $.get("http://weather.raychou.com/?/detail/57777/rss",
      function(data) {
        $("#date").append($(data).find("item").eq(0).find("title").text());
        $("#weather").append($(data).find("item").eq(0).find("description").text());
        $("#city").html($(data).find("channel").children("title").text());
    }); }
</script>
<input type="button" value="查询天气" onclick="Ajax();" />
<h3 id="city"></h3><p id="date">日期:</p><p id="weather">天气:</p>
```

当然,还可以设计一个下拉框,让用户自己选择城市进行查询,只要知道这些城市对应的 RSS 文件的 URL 地址就可以了。代码如下,运行效果如图 9-20 所示。

```
function Ajax(){                      //对 9 - 4.html 中的 Ajax()函数进行修改
  $.get("http://weather.raychou.com/?/detail/" + $("#sel").val() + "/rss",
    function(data) {
        $("#date").html( $(data).find("item").eq(0).find("title").text());
        $("#weather").html( $(data).find("item").eq(0).find("description").text());
        $("#city").html( $(data).find("channel").children("title").text());
    }); }
旅游景点:<select id="sel" onchange="Ajax();">
  <option value="0">请选择旅游景点</option>
  <option value="57777">衡山</option>
  <option value="57771">韶山</option><!-- 韶山的 RSS 文件 URL 对应 57771 -->
</select>
<h3 id="city"></h3><p id="date"></p><p id="weather"></p>
```

图 9-19 载入天气预报的 RSS

图 9-20 提供下拉框选择的载入 RSS

说明:data 参数中保存的是 XML 文档的根元素 rss 元素,因此可以用 $(data)将这个 DOM 元素转换成 jQuery 对象。要找 rss 元素的后代元素使用 find()方法即可。但由于 rss 元素下有多个 item 元素,要获得第一个 item 元素就要在其后添加 eq(0),而要找 channel 元素的子元素 title 只能用 children()方法,而不能用 find()方法,因为 find()方法会把所有后代元素(包括孙元素)都获取进来。

9.2.6 各种数据格式的优缺点分析

使用 Ajax 技术可以载入 HTML、JSON、JavaScript 和 XML 等各种数据格式的文档,那么如何选择载入文档的格式呢?这需要考虑以下几条原则:①在不需要与其他应用程序共享数据的时候,使用 HTML 片段来提供返回数据一般来说是最简单的;②如果数据需要重用,则 JSON 文件是不错的选择,它在性能和文件大小方面具有明显的优势;③当远程应用程序未知时,XML 文档是明智的选择,因为它是 Web 服务领域的"通用语言"。

当然,具体选择哪种数据格式,并没有严格的规定,我们可以根据需求来选择最合适的返回格式来进行开发。

JSON 文件的结构使它可以方便地重用。而且,它非常简洁,也容易阅读。这种数据结构必须通过遍历来提取相关信息,然后再将信息呈现在页面上。本书接下来的程序大多采用 JSON 格式数据。

提示:加载 HTML 格式数据后,回调函数的参数 data 中保存的是一个字符串,加载

JSON 数据后,回调函数的参数 data 中保存的通常是一个数组,加载 XML 文档后,回调函数的参数 data 中保存的是一个 XML 元素(XML 文档的根元素)。

9.3 发送数据给服务器

在 9.2 节中,我们主要从服务器上取得服务器端的各种数据文件。然而,Ajax 技术通常还需要发送数据给服务器,例如在表单中输入查询数据,就需要将这些查询数据异步发送给服务器进行查询,然后服务器再异步返回查询结果。实际上,上节介绍的方法只要经过修改之后(主要是设置这些方法的 data 参数),就能实现浏览器与服务器间的双向数据传送。

9.3.1 使用 $.get() 方法执行 GET 请求

在 9.2.4 节中,我们使用 $.get() 方法请求载入远程页面,实际上,如果使用 $.get() 方法的 data 参数,则该方法就还能发送数据给远程页面。$.get() 方法的完整结构如下:

```
$.get( URL [, data] [, callback] [, type] )
```

如果省略了中间某个参数,该参数后面的逗号也可省略。各参数的说明见表 9-3。

表 9-3 $.get() 方法的参数解释

参 数 名 称	类 型	说 明
URL	String	请求的远程文件的 URL 地址
data(可选)	Object	发送给服务器的 key: value 数据
callback(可选)	Function	回调函数,载入成功后会执行该函数中的代码
type(可选)	String	服务器端返回内容的格式,可以是 html、json、xml、script、jsonp、text 等

例如:

```
$.get("9-11.php", {user: "tang",comment: "Hello"});
```

就会将 user 和 comment 两个变量和值以 GET 方式发送给 9-11.php。它等价于:

```
$.get("9-11.php?user = tang&comment = Hello"});
```

显然,9-11.php 可以使用 $_GET[] 集合获取这两个变量的值。

发送数据给服务器的目的,通常是为了让服务器根据发送的数据进行查询以便返回特定的内容给浏览器,浏览器为了载入服务器返回的内容就需使用回调函数。因此,发送数据给服务器还需要设置 $.get() 方法的第三个参数(回调函数)来接收服务器返回的内容。

1. 发送表单中的数据给服务器

在 Ajax 应用中,发送数据给服务器通常是发送用户在表单中填写的数据给服务器。下面是一个例子,将用户输入的评论通过 $.get() 方法发送给服务器。

```
----------------------------- 清单 9-11.html -----------------------------
function Ajax(){
    $.get("9-11.php",                    //第一个参数,请求文件的 URL
```

```
            {user:$("#user").val(),comment:$("#comment").val()},
                                    //第二个参数,发送给服务器的数据
        function(data){             //第三个参数,回调函数,在请求完成后执行
            $("#target").append(data);
        });
    }
<p>姓名:<input type="text" id="user" /></p>
<p>评论:<textarea id="comment" cols="20" rows="2"></textarea></p>
<input type="button" value="Ajax 提交" onclick="Ajax();" />
<div id="target"></div>
```

说明:

(1) 9-11.html 中的 $.get()方法与 9-9.html 中的 $.get()方法相比,主要是增加了 data 参数,用于向服务器发送数据。data 参数必须是一个形如{key1:val1,key2:val2,…}的 JSON 对象。

(2) $("#user").val()可以获取 ID 为 user 的表单元素的 value 属性值。由于这些表单元素不需要用传统方式提交,因此可以不设置 name 属性,也可以不要<form>标记。

图 9-21 $.get()方法发送数据

(3) $.get()方法除了使用 data 参数发送数据给服务器外,也可以使用传统的 URL 字符串的方式发送。因此,9-11.html 中的 $.get(…);语句可改写为:

```
$.get("9-11.php?user="+$('#user').val()+
"&comment="+$('#comment').val(),
function(data){…});
```

9-11.php 可以用 $_GET 集合获取 9-11.html 用 $.get()方法发送来的数据。代码如下,运行 9-11.html,结果如图 9-21 所示。

```
------------------------------- 清单 9-11.php -------------------------------
<?  header("Content-type: text/html; charset=gb2312");
    $user = $_GET['user'];
    $comment = $_GET['comment'];
    echo "<h3>评论人:".$user."</h3>";
    echo "<p>内容:".$comment."</p>";?>
```

2. 对表单中数据进行编码和解码

上述程序有个缺陷,就是用户只能在表单中输入英文字符,如果输入的是中文字符,那么服务器接收到的信息将会是乱码。为了解决这个问题,需要在使用 $.get()方法发送数据之前,先用 escape 方法对信息进行编码,而服务器端获取了数据之后,再用 unescape 方法进行解码。将 9-11.html 中 $.get()方法的 data 参数修改如下:

```
{user:escape($("#user").val()),comment:escape($("#comment").val())},
```

再将 9-11.php 的代码修改如下,则运行效果如图 9-22 所示。

```php
<?   header("Content - type: text/html; charset = gb2312");
    $ user = unescape( $ _GET['user']);
    $ comment = unescape( $ _GET['comment']);
    echo "< h3 >评论人:".$ user."</h3 >";
    echo "< p>内容:".$ comment."</p >";
function unescape( $ str) { //定义 unescape()函数
    $ str = rawurldecode( $ str);
    preg_match_all("/ % u.{4}|&amp;♯x.{4};|&amp;♯d + ;|. + /U", $ str, $ r);
    $ ar = $ r[0];
foreach( $ ar as $ k = > $ v) {
    if(substr( $ v,0,2) == " % u")
        $ ar[ $ k] = iconv("UCS - 2","GBK",pack("H4",substr( $ v, - 4)));
    elseif(substr( $ v,0,3) == "&amp;♯x")
        $ ar[ $ k] = iconv("UCS - 2","GBK",pack("H4",substr( $ v,3, - 1)));
    elseif(substr( $ v,0,2) == "&amp;♯")
        $ ar[ $ k] = iconv("UCS - 2","GBK",pack("n",substr( $ v,2, - 1)));   }
return join("", $ ar);
} ?>
```

由于接下来很多程序都要使用 unescape()解码函数,我们将该函数的定义保存在一个公用文件 conn.php 中,其他程序要使用该函数,只要包含 conn.php 即可。

提示:

(1) escape()方法会将参数中的字符串编码成 Unicode 格式的字符串,例如"学习Ajax"将被编码成"%D1%A7%CF%B0Ajax",使它们能在所有计算机上可读,而 unescape()方法又会将 Unicode 格式的字符串转换回原来的字符串。

(2) 在 Ajax 中,虽然 GET 方式发送数据仍然是将数据作为 URL 地址的参数发送,但由于页面不会刷新,所以 URL 地址栏中并不会显示这些 URL 参数。这是 GET 在 Ajax 中作为异步请求方式与传统 GET 方式请求的明显区别。

3. 接收 JSON 格式的数据

在 9-11.php 中,也可以输出 JSON 格式数据给客户端,这样传输的就是纯粹的数据,以便 9-11.html 对这些数据设置特定的格式。代码如下,运行结果如图 9-22 所示。

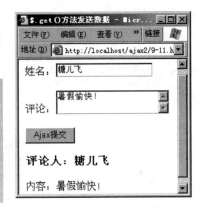

图 9-22 对信息进行编码后的效果

```php
<?                  //9 - 11 - 3.php
header("Content - type: text/html; charset = gb2312");
 $ user = unescape( $ _GET['user']);
 $ comment = unescape( $ _GET['comment']);
echo "{ user: '".$ user."', comment:'".$ comment."'}";
                // 输出 JSON 格式数据
?>
```

9-11.html 文件的代码可修改如下:

```javascript
function Ajax(){     //9 - 11 - 3.html
    $ .get("9 - 11 - 3.php",
    {user:escape( $ ("♯user").val()),comment:escape( $ ("♯comment").val())},
    function(data){ //第三个参数,回调函数,在请求完成后执行
```

```
                var html = "<h3>评论人:" + data.user + "</h3><p>内容:" + data.comment + "</p>";
                $("#target").append(html);
        },"json");          //第四个参数,设置服务器返回内容的格式
}
```

注意 9-11-3.html 设置了 $.get() 的第四个参数,即设置服务器返回的内容格式为
"json",这是必要的。如果不设置,服务器返回的内容默认是字符串形式,那就需要先将
JSON 字符串转换成 JSON 对象,即需要在"var html=…"语句之前添加一句:

```
data = eval("(" + data + ")");
```

提示:如果 $.get() 方法的第四个参数设置为"json",则它等价于 $.getJSON(URL[,data]
[,callback])方法,如果 $.get() 方法的第四个参数设置为"script",则它等价于 $.
getScript(URL[,data][,callback])方法。这两个方法
实际上也可以设置 data 参数向服务器发送数据。

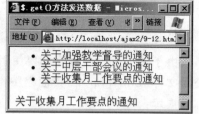

4. 发送超链接中的数据给服务器

有时需要将超链接中的内容发送给服务器,服务器
再据此返回不同的结果。下面是一个通过 $.get() 方
法实现的例子。代码如下,运行效果如图 9-23 所示。

图 9-23 发送 a 元素中的内容给服务器

```
---------------------------- 清单 9 - 12.html ----------------------------
<script>
$(document).ready(function() {
    $('#news a').click(function() {
        $.get("9 - 12.php", {'title': escape($(this).text())},function(data){
            $("#target").append(data);
        });
    return false;          //使单击超链接不发生跳转
    });});
</script>
<ul id = "news">
    <li><a href = "9 - 12.php?id = 1">关于加强教学督导的通知</a></li>
    <li><a href = "9 - 12.php?id = 2">关于中层干部会议的通知</a></li>
    <li><a href = "9 - 12.php?id = 3">关于收集月工作要点的通知</a></li>
</ul>
<div id = "target"></div>
---------------------------- 清单 9 - 12.php ----------------------------
<?   header("Content - type: text/html; charset = gb2312");
$title = unescape($_GET['title']);
echo $title.'<br>';?>
```

通过上述实例不难看出,$.get() 方法主要是依靠 URL、data、callback 参数完成与服
务器交互的(发送和接收数据),各参数的作用如图 9-24 所示。

9.3.2　使用 $.post() 方法执行 POST 请求

$.post() 方法用来以 POST 方式向服务器发送数据。$.post() 方法的参数、选项及

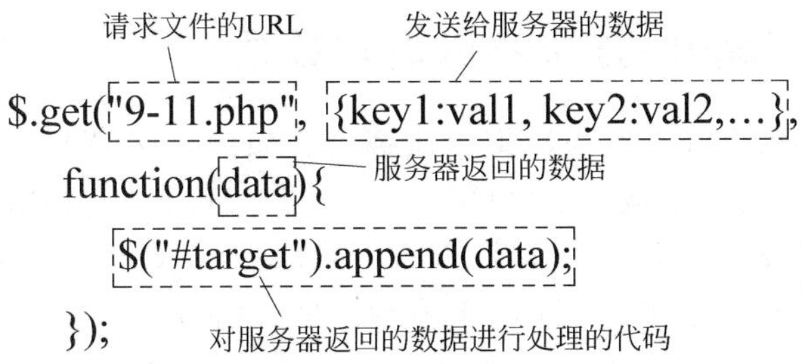

请求文件的URL 发送给服务器的数据

$.get("9-11.php", {key1:val1, key2:val2,...},

function(data){ ———服务器返回的数据

$("#target").append(data);

}); 对服务器返回的数据进行处理的代码

图 9-24 $.get()方法各个参数的功能示意图

使用方法与 $.get()完全相同,其语法如下:

```
$.post( URL [, data] [, callback] [, type] )
```

GET 方式和 POST 方式在发送数据时的差异如下:

(1) GET 请求会将参数跟在 URL 后进行传递,而 POST 请求则是作为 HTTP 消息的实体内容发送给 Web 服务器。当然,在 Ajax 请求中,用户看不到这种区别(因为页面未刷新)。

(2) GET 方式对传输的数据有大小限制,通常不能超过 2KB,而使用 POST 方式传递的数据量要比 GET 方式大得多,理论上没有限制。

(3) GET 方式请求的数据会被浏览器缓存起来,因此其他人就可以从浏览器的历史记录中读取这些数据,如账号和密码等,在某些情况下,GET 方式会带来严重的安全问题,而 POST 方式请求的数据不会被浏览器缓存,不存在上述安全问题。

(4) 通过 GET 方式和 POST 方式传递给服务器端的数据,服务器端需要采用不同的方式获取,对于 ASP 来说,GET 方式发送的数据可以用 $_GET 数组获取,而 POST 方式发送的数据就要用 $_POST 数组获取,当然,两种方式都可以用 $_REQUEST 数组来获取。

由此可见,GET 方式和 POST 方式有显著区别,虽然普通用户可能感觉不到这些区别。

下面使用 $.post 方法改写 9.3.1 节中的程序 9-11. html 和 9-11. php。其运行结果见图 9-21。

```
---------------------------- 清单 9 - 13.html ----------------------------
function Ajax(){        //对 9 - 11.html 中的 Ajax()函数进行修改,得到 9 - 13.html
$.post("9 - 13.php",   //第一个参数,请求文件的 URL
   {user: $("#user").val(),comment: $("#comment").val()},   //第二个参数,发送给服务
                                                            //器的数据
   function(data){     //第三个参数,回调函数,在请求完成后执行
      $("#target").append(data);
   });}
---------------------------- 清单 9 - 13.php ----------------------------
<?   header("Content - type: text/html; charset = gb2312");
  $ user = unescape( $_POST['user']);
  $ comment = unescape( $_POST['comment']);
  echo "<h3>评论人:". $ user."</h3>";
  echo "<p>内容:". $ comment."</p>";        ?>
```

可见,9-13. html 只是将 9-11. html 中 $.get()换成了 $.post(),9-13. php 只是将 9-11. php 中 $_GET 换成了 $_POST,就实现了发送和获取 POST 方式的数据。

9.3.3　使用 load()方法发送请求数据

实际上,load()方法也可以发送数据给服务器。如果 load()方法在载入 HTML 文档时,URL 后带有参数,则这些参数将采用 GET 方式或 POST 方式传递给服务器。默认是采用 GET 方式传递数据,但如果 load()方法带有 data 参数(形如{key1：val1，key2：val2,…}),则带有的参数会采用 POST 方式传递,而 URL 参数总是以 GET 方式传递。例如:

```
function Ajax(){              //对 9-4.html 中的 Ajax()函数进行修改,得到 9-14.html
    $("#target").load("9-14.php?user=张三 &comment=很好",{nick:"rain", age:22})
}
```

9-14.php 文件的内容如下,9-14.html 运行效果如图 9-25 所示。

```
---------------------------- 清单 9-14.php ----------------------------
<?  header("Content-type: text/html; charset=gb2312");
$user = unescape( $_GET['user']);              //URL 字符串中的数据采用 GET 方式传递
$comment = unescape( $_GET['comment']);
$nick = unescape( $_POST['nick']);             //data 参数中的数据默认采用 POST 方式传递
echo "<h3>评论人:". $user."</h3>";
echo "<p>内容:". $comment."</p>";
echo "<p>签名:". $nick."</p>";?>
```

说明:

(1) 该程序使用了 URL 字符串和 data 参数两种方法向服务器发送数据,但对于 Ajax 异步方式发送数据来说,由于单击按钮后页面没有刷新,因此 URL 字符串并不会显示在地址栏中。

(2) 对于 Get 方式传送的数据,要用 $_GET 获取,对于 Post 方式传送的数据,要用 $_POST 获取,获取了数据之后,9-14.php 输出的 HTML 代码会自动被载入到 #target 元素中。

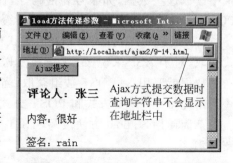

图 9-25　用 load()方法传递参数给服务器

load()方法发送的数据也可来自于表单。下面使用 load()方法来改写 9-13.html。代码如下:

```
function Ajax(){                    //用 load()方法改写 9-13.html
    $("#target").load("9-13.php",
    {user:escape( $("#user").val()),comment:escape( $("#comment").val())})
                         //发送表单数据
}
```

上例表示用 load()方法载入 9-13.php,并向 9-13.php 发送一些来自表单的 JSON 格式数据。

9.3.4　使用 $.ajax()方法设置 Ajax 的细节

使用 load()、$.get()或 $.post()方法可以完成绝大多数常规的 Ajax 程序功能。但如果要使 Ajax 程序能控制错误和很多交互的细节,那么就要用到 $.ajax()方法。

$.ajax()是 jQuery 中最底层的 Ajax 实现,前面用到的 load()、$.get()、$.post()等方法,都是基于 $.ajax()方法构造的,因此用 $.ajax()方法可以代替上述所有这些方法。

$.ajax()除了能实现上述方法的功能外,还可以设定 beforeSend、error、success 以及complete 的回调函数。通过这些回调函数,可以给用户更多的 Ajax 提示信息。另外,还有一些参数,可以设置 Ajax 请求的超时时间或者页面的"最后更改"状态等。

$.ajax()方法只有一个参数,它的语法为:

```
$.ajax(options)
```

参数 options 中包含了该方法所需要的请求设置以及回调函数等信息。options 参数中的数据是 JSON 格式的数据,均以 key:value 的形式存在,它的所有数据都是可选的。

例如,下面的代码可代替 $.getScript()方法,它的作用等价于"$.getScript('9-8.js');"。

```
$.ajax({
    type: "GET",               //设置请求方式
    url: "9 - 8.js",            //设置请求的 URL
    dataType: "script"          //设置返回数据的类型,最后一个数据后面没有","
})
```

从上例并不能看出 $.ajax(options)比其他方法有什么优势。实际上,使用 $.ajax()方法是为了使用该方法中的多个回调函数,如使用 beforeSend 的回调函数在正在载入服务器端内容时提示用户"正在载入",以防止用户在等待时不知所措,这比让用户对着白屏要好得多。

下面是一个例子,运行结果如图 9-26 和图 9-27 所示。

```
------------------------------- 清单 9 - 15.html -------------------------------
function Ajax(){                    //对 9 - 11.html 中的 Ajax()函数进行修改,得到 9 - 15.html
$.ajax({
        type: "GET",
        url: "9 - 15.php",
        data: "user = " + escape( $ ("#user").val()) + "&comment = " + escape( $ ("#comment").
val()),
        beforeSend:function(){         //发送请求之前
            $ ("#target").html("< img src = 'loading.gif' /><br>正在载入…");},
        error:function(){ $ ("#target").html("<p>载入失败</p>");},
        success: function(data){        //请求成功时
            $ ("#target").html(data); }
});}
--------------------------- 清单 9 - 15.php ---------------------------
<?  header("Content - type: text/html; charset = gb2312");
$ user = unescape( $ _GET['user']);
$ comment = unescape( $ _GET['comment']);
for( $ i = 1; $ i < 10000000; $ i++);   //用于延时,以看到正在载入的图标
echo "< h3 >评论人:". $ user."</h3 >";
echo "<p>内容:". $ comment."</p>";
?>
```

图 9-26 正在载入时

图 9-27 载入完成后

说明:

(1) $.ajax()方法的 data 参数可以接受两种类型的数据,除了上面这种"key1＝val1＆key2＝val2"形式外,还可以是 JSON 格式,即 9-15.html 中的 data 参数可改为:

```
data: {user: escape( $ ("＃user").val()),comment: escape( $ ("＃comment").val())},
```

(2) load()、$.get()、$.post()方法都只能有一个回调函数,在请求完成时执行的,而 $.ajax()方法可以有多个回调函数,这些回调函数前加了 beforeSend,表示发送请求之前调用的回调函数,加 success,表示请求成功时调用的回调函数。

$.ajax()方法中可以用到的回调函数如表 9-4 所示。

表 9-4 $.ajax()方法中的参数说明

回调函数	说 明
beforeSend	发送请求之前调用的回调函数,该函数接受一个唯一的参数,即 XMLHttpRequest 对象作为参数
success	在请求成功时调用的回调函数,该函数接受两个参数,第一个参数为服务器返回的数据 data,第二个参数为服务器的状态 textStatus
error	请求失败时调用的回调函数,该函数可接受三个参数,第一个参数为 XMLHttpRequest 对象,第二个参数为相关的错误信息 textStatus,第三个参数可选,表示错误类型的字符串
dataFilter	对 Ajax 返回的原始数据进行预处理的函数。提供 data 和 type 两个参数:data 是 Ajax 返回的原始数据,type 是调用 $.ajax()时提供的 dataType 参数。函数返回的值将由 jQuery 进一步处理,并且必须返回新的数据(可能已改变),以传入 success 回调函数
complete	请求完成时调用的回调函数(无论请求是成功还是失败),如果同时设置了 success 或 error,则在它们执行完之后才执行 complete 中的回调函数

9.3.5 全局设定 Ajax

当一个页面中有多个地方都需要利用 $.ajax()方法进行异步通信时,如果对每个 $.ajax()方法都设置它的细节将有些麻烦。这时可以直接利用 $.ajaxSetup(options)方法统一设定所有 $.ajax()方法中的参数,它的 options 参数与 $.ajax(options)中的完全相同,例如可以对 9-15.html 中的 $.ajax()参数中的相同部分进行统一设置,代码如下:

```
--------------------------------- 清单 9 - 15 - 2. html ---------------------------------
$.ajaxSetup({                        //统一设置$.ajax()方法中的相同部分
    type: "GET",
    beforeSend:function(){ $("#target").html("<img src = 'loading.gif' /><br>正在载入
...");},
    error:function(){ $("#target").html("<p>载入失败</p>");},
  success: function(data){          //第三个参数,回调函数,在请求完成后执行
   $("#target").html(data); }
});
function Ajax(){
    $.ajax({
        data: {user:escape( $("#user").val()),comment:escape( $("#comment").val())},
        url: "9 - 15. php"
    })              }
```

说明:

(1) $.ajax()方法中的 data 数据一般不能用$.ajaxSetup(options)方法统一设定,因为传送给服务器的数据是用户在表单中输入的,每次都不同,而$.ajaxSetup(options)方法只会在页面初始化时运行一次,此时用户还没有输入数据,因此会获取不到。

(2) $.ajaxSetup(options)方法不能对 load()方法进行设置,如果对$.post()方法设置请求类型 type 为"GET",也不会改变$.post()采用 POST 方式发送。

9.4 表单的序列化方法

我们经常使用表单向服务器提交数据,例如注册、登录等。传统的方法是将表单提交到另一个页面,整个浏览器就会被刷新。而使用 Ajax 技术则能够异步地提交表单,并将服务器返回的数据显示在当前页面中。

在表单中输入框较少的情况下,可以通过“键:值”对参数向服务器端发送数据,例如 9-11. html 中的这段代码的第三行:

```
function Ajax(){
$.get("9 - 11. php",               //第一个参数,请求文件的 URL
  {user: $("#user").val(),comment: $("#comment").val()},
  function(data){                   //第三个参数,回调函数,在请求完成后执行
      $("#target").append(data);
});                }
```

可以看到由于只需提交两个表单元素的数据,因此 data 参数的内容{user: $("#user"). val(),comment:$("#comment"). val()}较短,但如果表单中有 10 个输入框,那么 data 参数中的内容将会非常多。因此,上面这种方式在只有少量字段的表单中,还可以使用,一旦表单中的元素非常多,则这种方式在代码冗余的同时也会使对表单的操作缺乏灵活性。

1. serialize()方法

jQuery 为获取表单中所有数据这种常用的操作提供了一个简化的方法——serialize()。

serialize()方法将创建一个以标准 URL 编码方式表示的文本字符串并返回该字符串,在 Ajax 请求中可将该字符串发送给服务器。通过使用 serialize()方法,可以把 9-11. html 改写为:

```
-------------------------------- 清单 9 - 16. html --------------------------------
function Ajax(){
    $ .get("9 - 11 - 2.php",              //第一个参数,请求文件的 URL
    $ (" #form1").serialize(),             //第二个参数,发送给服务器的数据
    function(data){                        //第三个参数,回调函数,在请求完成后执行
        $ (" #target").append(data);
    });          }
< form id = "form1">        <! -- 必须添加 form 标记 -->
<p>姓名:< input type = "text" name = "user" /></p><! -- 必须添加 name 属性 -->
<p>评论:<textarea name = "comment" cols = "20" rows = "2"></textarea></p>
< input type = "button" value = "Ajax 提交" onclick = "Ajax();" /></form>
< div id = "target"></div>
```

说明:

(1) serialize()方法通常用来获取某个 form 元素内所有表单元素的 name/value 属性值,因此必须添加一对< form >标记,将需要序列化的表单元素包含起来。并且该元素必须是< form >,如果将上述代码中的< form >改成< div >等其他元素就不行了。

图 9-28   serialize()方法序列化表单后提交数据

(2) serialize()方法必须通过元素的 name 属性才能获取到元素的 value 值,因此必须把表单中每个表单域的 id 属性改为 name 属性。

因此,如果在文本框中输入了姓名"tang"和评论"Hello",则 $ (" #form1"). serialize()方法会将这些内容序列化为"user＝tang&comment＝Hello"。运行结果如图 9-28 所示。

实际上,serialize()方法可作用于任何 jQuery 对象,所以不光只有 form 元素能使用它,其他选择器选取的元素也能使用它,例如下面的 jQuery 代码:

```
$ (":checkbox, :radio").serialize());
```

这将把页面中所有被选中的复选框和单选框的值序列化为 URL 字符串形式。

提示:serialize()方法会自动对表单中的内容采用 encodeURIComponent()方法进行编码,该方法是针对 UTF-8 文档的编码方式。因此如果当前页面是 GB2312 格式编码,则在表单中输入中文内容后,服务器端页面获取的将是乱码。为了解决这个问题,可以修改 jQuery 的源文件,找到 jquery. min. js 下面的代码:

```
if(a. constructor == Array || a. jquery) jQuery. each(a, function( ){s. push(encodeURIComponent
(this. name) + " = " + encodeURIComponent(this. value));});
```

将两处"encodeURIComponent"都修改成"escape"即可。

2. serializeArray()方法

serializeArray()方法和 serialize()方法用法类似。唯一区别在于该方法不是返回字符串,而是将一组表单元素编码为一个名称和值的 JSON 对象数组(形如[{key1:val1,key2:val2},{key1:val3,key2:val4}])。

由于服务器端页面既可接收 URL 编码方式的字符串,也可接收 JSON 格式的数据,因此,要使 9-17.html 发送给服务器的数据转换为 JSON 格式,只需将 $("#form1").serialize()改为 $("#form1").serializeArray()即可,其他地方及服务器接收页都无需做任何更改。

图 9-29 输出 serializeArray()方法
返回的数据

因为 serializeArray()方法返回的是 JSON 格式的数组,因此如果想在客户端对用户在表单中输入的数据进行提取再按指定格式显示的话,使用该方法会比较方便。下面是一个例子,它使用 $.each()方法对 serializeArray()返回的数据进行循环输出,运行结果如图 9-29 所示。

```
function Ajax(){
    var data = $("#form1").serializeArray();          //序列化表单为 json 数组
    $.each(data, function(i, item) {
        $("#target").append(item.name + " : " + item.value + "<br>"); //按指定格式显示数据
    });          }
```

说明:serialize()方法和 serializeArray()方法是表单序列化的方法,可以用在任何客户端程序中,而不仅是 Ajax 程序。例如上例就和本章讨论的 Ajax 技术没有任何关系了。

3. $.param()方法

$.param()方法是实现 serialize()方法的核心,它用来对一个数组或对象按照"键:值"对进行序列化。例如将一个 JSON 对象序列化。代码如下:

```
$(function(){
        var obj = {a:1,b:2,c:3};          // obj 是一个 JSON 对象
        var k = $.param(obj);
        alert(k);                         // 输出 a = 1&b = 2&c = 3
})
```

可见它能够将 serializeArray()方法返回的 JSON 数据转换为 serialize()方法返回的数据。

9.5 使用 JSONP 发送跨域 Ajax 请求

JSONP 是 JSON with Padding 的缩写,它是一个非官方的协议,允许在服务器端集成 <script>标记返回至客户端,通过 JavaScript callback 的形式实现跨域访问(这仅仅是

JSONP 简单的实现形式)。

在 9.1.4 节中提到,XMLHttpRequest 对象出于安全性考虑,不能发送跨域的请求。但是,利用< script >标记是可以载入跨域的 js 文档的,因为该标记的 src 属性中的 URL 可以是绝对 URL。下面是一段加载外部网站 js 脚本的代码。

```
---------------------------- 清单 9 – 18. html ----------------------------
< script >
    function callback(data) {
        alert(data.message);}
</script>
< script src = "http://yoursite.cn/test.js"></script> <! -- 载入外部 js 文件,必须放在下面 -->
---------------------------- 清单 http:// yoursite.cn/test. js ----------------------------
callback({message:"success"});
```

运行 9-18. html,将弹出内容为"success"的消息框。上述代码就是 JSONP 的简单实现模式,或者说是 JSONP 的原型。其过程是:客户端页面创建一个回调函数,然后在远程服务器页面调用这个函数并且将 JSON 格式的数据作为函数的参数,客户端页面通过< script >标记调用远程 js 文档就可以获取其中的 json 数据,完成回调。

一般情况下,不希望在页面载入时就调用外部 js 文档(即发送跨域请求),而是希望在某些事件触发(如单击按钮)时才发送跨域请求。为此,可以通过动态创建< script >标记来加载外部 js 文档。利用 jQuery 在文档中插入< script >标记是非常简单的,例如:

```
$ (document.createElement('script')).attr('src','http://outer.cn/test.js').appendTo('head');
```

由于 JSON 代码本质上也是 JavaScript 代码,因此也可以用这种方法加载外部 JSON 文档。但是,这需要对服务器端输出的 JSON 代码稍加修改。在实现这一技术的众多方案中,jQuery 提供了对 JSONP 的直接支持,jQuery 可通过 JSONP 来实现跨域请求。

JSONP 格式是把标准的 JSON 代码包含在一对小括号内,并在小括号前放置了一个任意字符串。例如:callback({message:"success"}),其中"callback"即是所谓的 P(Padding,填充),它由请求数据的客户端来决定。而且,由于 JSON 数据外有一对小括号,因此返回的数据在客户端会导致一次函数调用执行,或者是为某个变量赋值,这取决于客户端请求中发送的填充字符串。

在 jQuery 中,通常使用 $. getJSON 或 $. ajax()方法来发送 JSONP 请求,下面是一个例子。运行该程序,会获取远程页面中生成的 JSON 数据,并显示在文本域中。

```
---------------------------- 清单 9 – 19. html ----------------------------
< script src = "jquery.min. js"></script>
< script >
function do_jsonp() {
    $ .getJSON("http://yoursite.cn/9 – 19.php?callback = ?");
}
function demo(data){    //该函数名必须与 JSONP 代码中的函数名一致
    $ ('#result').val('My name is: ' + data.name);
}
</script>
< a href = "javascript:do_jsonp();">Click me </a>< br />
```

```
<textarea id = "result" cols = "40" rows = "3"></textarea>

----------------------- 清单 http://yoursite.cn/9-19.php --------------------
<?     header("Content - type: text/html; charset = gb2312");
$ strJsonp = "demo({name:'alonely', age:24, email:['ycplxl1314@163.com', 'ycplxl1314@
gmail.com'],family:{parents:['父亲','母亲'],toString:function(){return '家庭成员';}}})";
  echo $ strJsonp;        //输出 JSONP 格式代码
?>
```

说明：

（1）在 9-19.html 中，当单击超链接，就会执行 do_jsonp() 函数，该函数使用 $.getJSON() 发送跨域请求，调用服务器执行 9-19.php 生成的 JSONP 格式代码。

（2）使用 JSONP 格式时，应该在请求的 URL 之后添加"? callback＝?"，其中 callback 将作为回调函数。这样 $.getJSON() 方法才会用 JSONP 方式去访问服务端，将用户在客户端定义的回调函数的函数名（demo）传送给服务端，服务端则会返回用户定义的回调函数名的方法，将获取的 JSON 数据传入这个方法完成回调。

（3）callback 后的问号表示内部自动生成的回调函数名。这个函数名可以用浏览器 debug 一下看，例如 jQuery1720748177 形式。如果想自己指定回调函数名，则只能使用 $.ajax() 方法实现，例如：

```
$.ajax({url:"http://ec.hynu.cn/test-2.php", dataType:"jsonp", jsonpCallback:"person" })
```

其中，jsonpCallback 选项用来指定专门的回调函数名 person，这样远程服务接受 callback 参数的值就不再是自动生成的回调函数名，而是 person，dataType 选项用来指定按照 JSONP 方式访问远程服务。

JSONP 是构建 Mashup 的强大技术（Mashup 即糅合，指将两种以上使用公共或者私有数据库的 Web 应用，糅合在一起，形成一个整体应用），但 JSONP 是一种脚本注入（Script Injection）行为，要特别注意其安全性。

 习 题

一、选择题

1. 下面不是 jQuery 用于实现 Ajax 技术的方法是（   ）。

    A. $.load()   B. $.get()   C. $.post()   D. $.ajax()

2. 关于 jQuery 中的 $.get() 方法和 get() 方法，下面说法中正确的是（   ）。

    A. $.get() 方法可简写成 get() 方法

    B. $.get() 方法最多可带 4 个参数

    C. $.get() 方法是某个 jQuery 对象的方法

    D. get() 方法按照 GET 方式发送数据

3. 当 Ajax 程序正在载入服务器端传来的数据时，如果要在目标元素中显示"正在载入"之类的提示信息，应使用 $.ajax() 函数的（   ）事件。

    A. beforeSend   B. success   C. error   D. complete

4. 如果要将用户在表单中输入的信息异步提交给服务器,则在 $.ajaxSetup()方法不能设置(　　)。

    A. type   B. data   C. url   D. beforeSend

5. 在 Ajax 技术中,如果要对服务器返回的数据进行处理,必须将处理代码写在(　　)。

    A. open 方法中   B. send 参数中   C. 回调函数中   D. load 方法中

二、填空题

1. 使用 Ajax 技术发送中文字符给服务器时,需要在客户端用＿＿＿＿＿＿方法对中文进行编码,服务器收到后,用＿＿＿＿＿＿方法进行解码(假设网页编码方式为 GB2312)。

2. XMLHttpRequest 对象在传输数据时,采用的默认编码方式是＿＿＿＿＿＿。

三、问答题

1. $.get()方法以 URL 字符串的形式发送数据给服务器,因此在发送数据时浏览器地址栏中可看到提交的 URL 查询字符串,这种说法对吗? 为什么?

2. 在 Ajax 程序中,要避免 IE 从浏览器缓存中取网页有哪几种常用的方法?

3. 使用 Ajax 技术后不需要表单就能发送数据给服务器吗?

4. 如果要在网页中载入百度首页中的搜索框,使用 Ajax 技术该如何编写代码?

5. 如果使用 $.get()方法获得服务器端传来的 JSON 对象,有哪两种方法?

6. 生成 JSON 字符串时,去除最后一条记录后的逗号","有哪几种方法?

四、编程题

编写程序,在网页上放置一个文本框,在文本框中显示表中 title 字段的值。当用户修改了文本框中的值,并离开文本框时(文本框失去焦点),将新的值保存到 title 字段中去。

Ajax方式访问数据库

Web 应用程序只有和数据库进行交互才能体现出其强大的功能，如果再配合 Ajax 技术则能设计出更加友好的交互效果。通过 Ajax 方式访问数据库，可以在静态页面上载入数据库中的数据，也可以在页面无刷新的情况下查询数据库并更新显示查询结果等。

10.1 Ajax 方式显示数据

我们知道，如果用 Ajax 程序去加载一个动态页，加载的实际上是这个动态页执行完毕后生成的静态 HTML 代码字符串。如果这个动态页能显示数据表中的数据，则用 Ajax 程序载入该动态页也就能显示数据表中的数据了。

10.1.1 以原有格式显示数据

使用 Ajax 程序显示数据表中数据的思路是：首先制作一个显示数据表中数据的动态页面（10-1.php），该页面的代码类似于 5-2.php，唯一区别是代码中没有< html >、< body >等标记，因为它要被加载到别的页面中。

```php
//—————————————————————————— 清单 10－1.php ——————————————————————————
<?header("Content－type: text/html; charset = gb2312");
include('conn.php');              //用 mysqli 方式连接数据库,代码在 5.6.2 节的 conn.php 中
$ result = $ conn－>query("Select * From lyb limit 4 ");
while( $ row = $ result－>fetch_assoc()){
    echo "< tr >< td >". $ row['title']."</td>";
    echo "< td >". $ row['content']."</td>";
    echo " < td >". $ row['author']."</td>";
    echo " < td >". $ row['email']."</td>";
    echo " < td >". $ row['ip']."</td></tr>";
}?>
```

然后制作静态页面 10-1.html，在该页面中放置一个容器元素（♯disp），编写 Ajax 程序将动态页面 10-1.php 载入到该容器中即可。10-1.html 的运行效果如图 10-1 所示。

```
//—————————————————————————— 清单 10－1.html ——————————————————————————
< script src = "jquery.min.js"></script >
< script >
 $ (function(){              //页面载入时执行
```

```
    $.get("10-1.php", function(data){
        $("#disp").append(data);
         // alert(data);          //仅作测试,看服务器端数据是否已传来
    });})
</script>
<h2 align="center">以 Ajax 方式显示数据</h2>
<table border="1" width="100%"><tbody id="disp">      <!-- 载入到该容器里 -->
    <tr bgcolor="#e0e0e0">
        <th>标题</th><th>内容</th><th>作者</th>
        <th>email</th><th>来自</th>
    </tr></tbody></table>
```

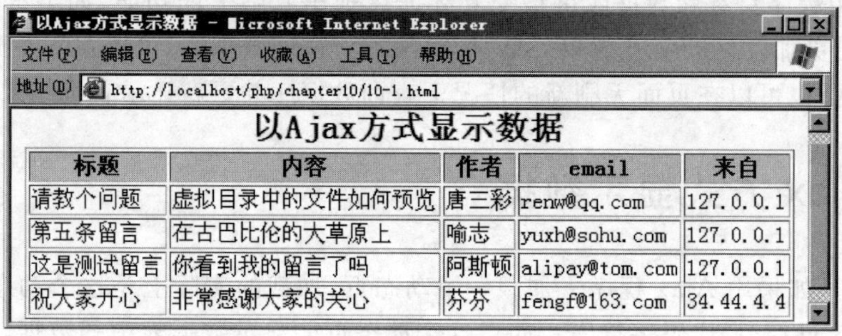

图 10-1   以 Ajax 方式显示数据的执行结果

说明:

(1) 上述程序中 $.get()方法也可以改为 $.post()或 load()等其他 Ajax 方法。

(2) 10-1.php 中既能使用 echo 输出<tr><td>标记,也能写成<tr><td><?= $row
['title']?></td>的形式。由于在 IE 6 的 DOM 模型中<table>标记是只读的,因此只能向
tbody 元素添加内容,而不能向<table>中添加内容,所以本例中容器元素 #disp 只能为
tbody。

10.1.2   以自定义的格式显示数据

10.1.1 节中只能按动态页面中固定的表格形式显示数据,即数据和数据的显示形式
(如表格)没有分离。假如想在静态页面中对接收到的数据按指定的格式输出的话,有以下
两种方法:

(1) 返回 JSON 格式的字符串,将 JSON 数据以需要的格式显示。

(2) 输出用某个特殊字符分隔的字符串,在客户端用 split()方法切分获取的数据,然后
将这些数据以需要的格式显示。

1. 输出和获取 JSON 格式数据

为了让数据和表格相分离,在服务器端可以只输出纯 JSON 格式数据,而不输出表格标
记。代码如下:

```
-------------------------------- 清单 10-2.php --------------------------------
<?header("Content-type: text/html; charset=gb2312");
```

```
include('conn.php');
$ result = $ conn -> query("Select * From lyb limit 4 ");
echo '[';
$ i = 0;
while( $ row = $ result -> fetch_assoc()){ ?>     <! -- 不能添加 HTML 注释,运行前请删除 -->
    {title:"<? = $ row['title'] ?>",
    content:"<? = $ row['content'] ?>",
    author:"<? = $ row['author'] ?>",
    email:"<? = $ row['email'] ?>",
    ip:"<? = $ row['ip'] ?>"}
<?if( $ result -> num_rows!= ++ $ i) echo ',';              //如果不是最后一条记录
}
echo ']'?>
```

如果直接运行 10-2.php,将输出如下形式的 json 字符串:

[{title:"祝大家开心", content:"非常感谢大家的帮助", author:"胡积分", email:"xta@tom.com", ip:"202.103.56.6"}, …, {title:"虚心请教个问题", content:"虚拟目录中的文件如何预览", author:"唐三彩", email:"renren@qq.com", ip:"127.0.0.1"}]

然后制作客户端页面 10-2.html,将获取的服务器端 JSON 数据先进行处理后再加载到页面的 ♯disp 元素中。10-2.html 的运行结果类似于图 10-1,但 email 一列中字体为红色。

```
------------------------------ 清单 10 - 2.html ------------------------------
$ (function(){                              //修改 10 - 1.html 的该函数,得到 10 - 2.html
    $ .getJSON("10 - 2.php", function(data) {
        $ .each(data, function(i, item) {   //循环输出 JSON 数据到表格行
            var tr = "<tr><td>" + item.title + "</td><td>" + item.content + "</td><td>"
+ item.author + "</td><td style = 'color:red'>" + item.email + "</td><td>" + item.ip +
"</td></tr>";
            $ ("♯disp").append(tr);
        });
    });})
```

可以看到,由于 JSON 数据已经独立,因此可以很容易地将 email 这一列数据的字体颜色设置为红色。也就是可自定义这些数据的显示格式了。另外,上面的 $.getJSON()方法也可替换成 $.get()方法,但要设置 $.get()方法的 type 参数为""json""。

2. 按指定的特殊字符串格式输出一条记录

服务器端也可以在一条记录的每个字段之间掺入一个特殊字符作为分隔符。然后客户端使用 split()函数按照分隔符切分该字符串得到一个数组,则数组中每个元素就是一个字段值。这样也能将数据进行分离。10-3.php 将一条记录的各个字段用"|"分隔开,代码如下:

```
------------------------------ 清单 10 - 3.php ------------------------------
<?header("Content - type: text/html; charset = gb2312");
include('conn.php');
$ result = $ conn -> query("Select * From lyb limit 4 ");
$ row = $ result -> fetch_assoc();
```

```
    $ str = implode('|', $ row);           //将数组各元素用"|"连接起来
    echo $ str;                            //输出用"|"分隔的特殊字符串
?>
```

注意：字符串分割符不要使用"@""."","等文本中可能会出现的符号,一般用"|"或"$"比较保险。

接下来制作一个静态页面 10-3.html,用 Ajax 程序获取 10-3.php 输出的字符串,这样回调函数的参数 data 中保存的就是个字符串,可以用 data.split("|")分割该字符串得到一个数组,则每个数组元素中就保存了一个字段值。运行 10-3.html 的结果如图 10-2 所示。

```
------------------------------- 清单 10 - 3.html -------------------------------
    $ (function(){                    //修改 10 - 1.html 的该函数,得到 10 - 3.html
        $.get("10 - 3.php", function(data) {
        str = data.split("|");         //分割获取到的字符串
        var tr = "<tr><td>" + str[1] + "</td><td>" + str[2] + "</td><td>" + str[3]
+ "</td><td style = 'color:red'>" + str[4] + "</td><td>" + str[5] + "</td></tr>";
            $ ("#disp").append(tr);
        });
    })
```

图 10-2　分割显示一条记录中的数据

3. 按指定的特殊字符串格式输出所有记录

如果要对数据表中每条记录和每个字段值进行分隔,则需要两种分隔符,本例用"$"作为分隔符将每条记录分隔开,再用"|"将一条记录中的各个字段分隔开。代码如下:

```
------------------------------- 清单 10 - 4.php -------------------------------
<?header("Content - type: text/html; charset = gb2312");
include('conn.php');
$ result = $ conn -> query("Select * From lyb limit 4 ");
$ i = 0;
while( $ row = $ result -> fetch_assoc()){
    $ str = $ str.implode('|', $ row);        //将数组各元素用"|"连接起来
    if( $ result -> num_rows!= ++ $ i)
        $ str = $ str.'$';                     //如果不是最后一条记录
}
echo $ str;                                    //输出用"$"分隔的特殊字符串
?>
```

直接运行该程序,将得到如下的字符串:

祝大家开心|非常感谢大家的帮助|胡积分|xta@tom.com|202.103.56.6 $ 虚心请教个问题|虚拟目录中的文件如何预览|唐三彩|renren@qq.com|127.0.0.1 $ 第五条留言|喜欢学习 Ajax 吗|爱编程|shifan@163.com|127.0.0.1

接下来用 Ajax 程序获取 10-4.php 输出的字符串,然后用 data.split("$")将每条记录分隔开,再用 tstr[i].split("|")将记录中的每个字段分割开,分别放在不同的单元格中。代码如下,运行结果类似于图 10-1,但每条记录的 email 字段值将以红色显示。

```
------------------------------- 清单 10-4.html -------------------------------
    $(function(){              //修改 10-1.html 中的该函数,得到 10-4.html
      $.get("10-4.php", function(data) {
        tstr = data.split("$");
        for (i in tstr){
            str = tstr[i].split("|");
            var tr = "<tr><td>" + str[0] + "</td><td>" + str[1] + "</td><td style =
'color:red'>" + str[2] + "</td><td>" + str[3] + "</td><td>" + str[4] + "</td></tr>";
            $("#disp").append(tr);
        }});
    })
```

总之,输出 JSON 格式数据或输出特殊字符串的方法都可以使结果集中的各个数据分离,只要将这些数据以不同的形式显示就能取得各种不同的效果。

提示:为了减少服务器与浏览器之间传输的数据量,Ajax 技术建议服务器端只输出纯数据给客户端(如 JSON 数据、XML 数据或特殊字符串),而不是数据和表现形式的混合体(如 HTML 代码)。

10.2 Ajax 方式查询数据

查询数据是动态网页中常见的功能。查询数据和显示数据的区别在于,查询数据先要发送一个关键字(关键字通常是用户在表单中输入的)给服务器端程序,服务器根据该关键字进行查询,得到特定的结果集,再将查询结果发送给客户端。在 Ajax 中,可以参照 9.3 节中的方法发送查询数据给服务器,然后再用回调函数接收服务器返回的查询结果。

10.2.1 无刷新查询数据的实现

查询数据是动态网页中常见的功能。查询数据和显示数据的区别在于,查询数据先要发送一个查询关键字(关键字通常是用户在表单中输入的)给服务器端程序,服务器根据该关键字进行查询,得到特定的结果集,再将查询结果发送给客户端。在 Ajax 中,可以参照 9.3 节中的方法发送查询数据给服务器,然后再用回调函数接收从服务器返回的查询结果。

图 10-3 是一个查询数据的例子,当用户单击"查询"按钮后,就会按用户输入的查询条件进行查询,与传统的查询程序相比,该例子在显示查询结果时,页面不会刷新。因为它是通过异步方式将查询关键字发送给服务器,再将服务器返回的查询结果载入到页面元素中。

首先制作一个客户端页面 10-5.html,当用户单击查询按钮后,用 $.get()方法将用户输入的查询关键字发送给10-5.php,再使用回调函数载入10-5.php返回的结果到♯disp元素中。代码如下,运行结果如图10-3所示。

```
------------------------------ 清单10-5.html ------------------------------
$(function(){                          //页面载入时执行
$("#Submit").click(function(){         //当下拉框中值发生变化时执行
       var key = escape($('#key').val()); //得到下拉菜单的选中项的value值
    var sel = $('#sel').val();
    if (key!= 0)                       //如果下拉框中内容不为空
       {                               //发送记录id和sid两个参数到getweb.php,math.random()避免缓存
       $.get("10-5.php",{key:key,sel:sel,sid:Math.random()},
          function(data){
              $("#disp").html(data); //载入返回的查询结果到♯disp中
       });}
       else $("#disp").html("搜索内容不能为空!");
});    })
</script>
<h2 align="center" style="margin:4px">以Ajax方式查询数据</h2>
<div style="border:1px solid gray; background:♯eee;padding:4px;">
查询留言:请输入关键字 <input id="key" type="text">
  <select id="sel">
    <option value="title">文章标题</option>
    <option value="content">文章内容</option>
  </select>
  <input type="button" id="Submit" value="查询">
</div>
<div id="disp"></div>
```

图10-3 以Ajax方式查询数据

然后制作服务器端程序10-5.php,它的功能是根据10-5.html传来的关键字进行查询,再输出查询结果。代码如下:

```
------------------------------ 清单10-5.php ------------------------------
<?header("Content-type: text/html; charset=gb2312");
include('conn.php');
$result = $conn->query("Select * From lyb limit 4 ");
  $key = unescape(trim($_GET["key"]));    //获得10-5.html发送来的key
  $sel = $_GET["sel"];                     //获得10-5.html发送来的sel
```

```
$ sql = "select * from lyb";
if( $ key!= "") $ sql = $ sql ." where $ sel like '% $ key%'"; //根据查询关键字构造 SQL 语句
$ result = $ conn->query( $ sql);          //执行查询得到结果集
if( $ result->num_rows>0) { ?>          //如果结果集不为空
<p>关键字为"<? = $ key ?>",共找到<? = $ result->num_rows ?>条留言</p>
< table border = "1">
    < tr bgcolor = "#e0e0e0"><th>标题</th>< th>内容</th>…<th>来自</th></tr>
<? while( $ row = $ result->fetch_assoc()) { ?>
  < tr><td><? = $ row['title'] ?></td><td><? = $ row['content'] ?></td>
    <td><? = $ row['author'] ?></td><td><? = $ row['email'] ?></td>
    <td><? = $ row['ip'] ?></td></tr>
        <? } ?>
</table>
<? }
else echo "<p>没有搜索到任何留言</p>";
?>
```

10.2.2 查询数据的应用举例

在 Ajax 开发中应用最广泛的莫过于查询数据了。很多 Ajax 应用实际上就是异步发送查询关键词给服务器,服务器查询后再返回查询结果给客户端页面。

1. 根据下拉框的值异步查询信息

图 10-4 是一个根据用户在下拉框中选择的网站名称,查找数据表 link,再异步显示网站具体信息的例子。首先编写 10-6. php,用 $.get()方法将用户选择的网站 id 值发送给 10-7. php。

图 10-4 10-6. php 的运行结果

```
------------------------------ 清单 10-6.php ------------------------------
< script >
$ (function(){                          //页面载入时执行
$ ("#key").change(function(){          //当下拉框中值发生变化时执行
      var cc1 = $ ('#key').val();        //得到下拉菜单的选中项的 value 值
   if (cc1!= 0) {                       //如果下拉框中内容不为空
       //发送记录 id 和 sid 两个参数到 10-7.php,其中 sid 用于避免缓存
       $ .get("10-7.php",{id:cc1,sid:Math.random()},
          function(data){              //回调函数,data 中保存了 10-7.php 传回的数据
             $ ("#disp").html(data);});
   }
   else $ ("#disp").html("还没选择!");
});     })
</script >
<? include('conn.php');
$ result = $ conn->query("Select * From link Order By id Desc");
?>
请选择网站:< select id = "key">
   < option value = "0">== 请选择 ==</option>
   <? while( $ row = $ result->fetch_assoc()){ ?>     <! -- 填充下拉框中的数据 -->
```

```
    < option value = "<? = $ row['id'] ?>"><? = $ row['name'] ?></option>
<?      }?>
</select>
< ul id = "disp"><b>网站信息…</b></ul>
```

10-7.php 代码如下,它在获取到 ID 值后,将该 ID 值作为 SQL 语句的参数进行查询,然后将查询的结果放在 li 元素中输出给 10-6.php,10-6.php 将这些信息载入到 ♯disp 元素中,运行结果如图 10-4 所示。

```
------------------------------- 清单 10-7.php -------------------------------
<?header("Content-type: text/html; charset = gb2312");
include('conn.php');
$ id = $ _GET["id"];                         //获得 $.get()发送来的 ID
$ sql = "Select  *  From link Where id = $ id";   //根据 ID 进行查询
$ result = $ conn->query($ sql);
if( $ result->num_rows > 0){
    while( $ row = $ result->fetch_assoc()){
        echo "<li>编号: ". $ row['id']."</li>";
        echo "<li>网站名: ". $ row['name']." </li>";
        echo "<li>URL 地址: ". $ row['URL']." </li>";
        echo "<li>介绍: ". $ row['intro']." </li>";
    }}
else echo "没有搜索到信息";
?>
```

如果希望将查找到的数据在客户端以表格的形式输出出来,则可以在 10-7.php 中输出 JSON 格式数据或特殊格式字符串,然后在 10-6.php 中将每个数据单独取出放在单元格中。

2．制作级联下拉框

级联下拉框是右边下拉框中的选项会随左边下拉框中选项的改变而改变的多级下拉框,通常用于省市等关联数据选择的时候。如图 10-5 所示,当左边下拉框中选择"吉林省"后,右边下拉框就会随之改变成吉林省的城市了。

在 Ajax 技术出现以前,为了实现用户选择左边下拉框的某个选项时,右边下拉框的选项随之改变的功能,页面必须在一开始就加载右边下拉框中所有可能出现的选项(即所有省的所有市),通常会一次性地将右边下拉框中的全部数据取出来并存入数组中,然后根据用户的选择,通过 JavaScript 控制显示对应的列表项。

这可能不是实际想看到的效果:假设用户操作时只选择了一次(一个省),他根本不可能选择其他省的城市,那么该页面加载的其他 30 多个省的城市数据就白白浪费了。因此,这种一次加载的方式将读取大量冗余数据,既增加了服务器负载,也浪费了网络带宽,更浪费了客户机的内存(浏览器 JavaScript 必须定义大数组来存放数据)。

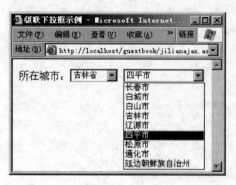

图 10-5　基于 Ajax 的级联下拉框示例

如果遇到更多级的下拉框,每一级下拉框又有上百个选项,那么这种资源的浪费将呈几何级增长。

　　如果换成 Ajax 方案,则可以完全避免上述问题:页面无需一次加载所有的子选项(城市),可以在加载时只加载左边下拉框中的父选项,当用户选择了左边省的某个选项后,将这个省的 ID 异步发送给服务器,服务器根据省 ID 查找到属于该省的城市数据后,发送给当前页面,当前页面再将这些市的数据加载到右边下拉框即可。当用户改变左边下拉框的值时(触发下拉框的 change 事件),再次异步向服务器发送请求,重新从服务器获取属于另一个省的所有城市。通过这种方法,可避免一次加载全部列表项,从而提供更好的性能。

　　下面的代码(10-8.php 和 10-9.php)是一个采用 Ajax 技术实现级联下拉框的例子,省的数据和市的数据分别保存在 Province 表和 City 表中,这样可以方便对省市数据进行更新。两个表中包含的字段如下:Province(shengid, ShengName, shengorder),City(id, shiname, shiorder, shengid)。每次当下拉框的值变化时,10-8.php 就将 shengid(省 ID)发送给 10-9.php 进行查询,10-9.php 再将属于该省的所有市的数据以 JSON 格式输出,10-8.php 获取到这些 JSON 数据后,将它们载入到右边列表框的< option >标记中,运行结果如图 10-5 所示。

```
----------------------------- 清单 10-8.php -----------------------------
< script src = "jquery.min.js"></script >
< script >
 $ (function(){
    $ ("#szSheng").change(function(){                   //左边列表框值改变时触发
       $.getJSON("10-9.php",{index: $ (this).val()},     //发送列表值给 10-9.php
       function(data){                                   //接收 10-9.php 返回的数据
       var city = "";                                    //根据返回的 JSON 数据,创建< option >项
       for (var i = 0; i < data.length; i++) {
       city += '< option value = "' + data[i].ID + '">' + data[i].shi + '</option>';
       };
          $ ("#szShi").html(city);                       //在第二个下拉菜单中显示数据
       });
    });
    $ ("#szSheng").change();                             //让页面第一次显示的时候也有数据
})
</script >
  所在城市: < select id = "szSheng">
<? include('conn.php');
    $ result = $ conn->query("select * from province order by shengorder");
    while( $ row = $ result->fetch_assoc()){ ?><!-- 在左边列表框中加载所有省的信息 -->
  < option value = "<? = $ row["id"] ?>" ><? = trim( $ row["shengname"]) ?></option>
  <? } ?>
    </select >
  < select id = "szShi"></select > <!-- 右边列表框,用于加载市的信息 -->

----------------------------- 清单 10-9.php -----------------------------
<?header("Content-type: text/html; charset = gb2312");
include('conn.php');
$ shengid = $ _GET["index"];                             //获得 $.getJSON 发送来的数据
$ sql = "select * from city where Shengid = $ shengid order by shiorder";
$ city = "[";                                            // $ city用来保存 JSON 格式字符串
$ i = 0;
```

```
$ result = $ conn -> query( $ sql);
while( $ row = $ result -> fetch_assoc()){          //循环输出 JSON 格式数据
    $ city = $ city."{ID:". $ row["shiorder"]." , shi: '". $ row["shiname"]."'}";
    if( $ result -> num_rows!= ++ $ i)
        $ city = $ city.',';                        //如果不是最后一条记录
}
$ city = $ city."]";
echo $ city;                                        //输出 JSON 格式字符串
?>
```

提示：如果要单独调试 10-9. php,则可将代码中的 $ sql＝"select ＊ from city where Shengid＝ $ shengid order by shiorder" 修改为 sql＝"select ＊ from city order by shiorder",然后运行 10-9. php,看输出的 JSON 代码的格式是否正确,正确格式如下：

```
[{optionValue: 1, optionDisplay: '银川市'},{optionValue:1, optionDisplay: '南昌市'},
{optionValue:1, optionDisplay:'重庆市'}, … ,{optionValue:21, optionDisplay:'江门市'}]
```

3. 制作异步加载子菜单项的树型菜单(Treeview)

树型菜单是管理信息系统及网站论坛中常见的一种菜单,如图 10-6 所示。树型菜单的制作原理和级联下拉框的原理有些相似,当用户单击某个顶层菜单项时,就将该菜单项的值异步发送给服务器端进行查询,服务器将属于该菜单项的所有子菜单项返回给浏览器,浏览器再将这些子菜单项载入到该顶层菜单项下。

Ajax 树形菜单的实现代码分为 10-10tree. php 和 10-10. php,其中,10-10tree. php 是客户端页面,用来读取数据库中的省记录,并加载到一级菜单项中,然后将一级菜单项对应的 a 标记 href 属性中保存的省 ID 值发送给 10-10. php,10-10. php 根据该 ID 值进行查询,返回一个 JSON 字符串 $ city,该字符串保存了该省中所有市的记录。客户端页面将该 JSON 字符串转换成 JSON 对象后,再将其中的市记录载入到对应的省下面的 ul 标记中。为了美观,载入市级子菜单的过程还

图 10-6　Ajax 树形菜单

采用了滑入和滑出的动态效果。

10-10tree. php 的代码如下,服务器端程序 10-10. php 与上例中的 10-9. php 代码完全相同。

```
---------------------------- 清单 10 – 10tree. php ----------------------------
< script src = "jquery.min. js"></script>
< script >
$ (function(){
    //对所有第一层 a 元素绑定单击事件
    $ ("＃accordion > li > a").click(function(){
        var abc = $ (this);              //将 $ (this)对象保存到变量 abc 中
        // substr(1)用来去掉 href 属性值中的第一个字符,即＃号
        $ .get("10 – 10.php",{index: $ (this).attr("href").substr(1)},
```

```
            function(data){                        //接收 10-10.php 返回的数据
                data = eval('(' + data + ')');      //将返回的 JSON 字符串转化为 JSON 对象
                var city = "";                      //根据返回的 JSON 数据,创建列表项<li>
                for (var i = 0; i < data.length; i++) {  //将返回的数据放入 li 元素中
                    city += '<li><a href="">' + data[i].shi + '</a></li>';
                };
            $("ul",abc.parent()).html(city);        //在下级菜单 ul 元素中载入数据
        });
        $(this).parent().parent().each(function(){
                $("> li > a + *",this).slideUp();    //隐蔽所有元素
                $("> li > a",this).css("backgroundImage","url(images/Lplus.gif)");
            });
            $("+ *",this).slideDown();               //展开当前单击的元素
            $(this).css("backgroundImage","url(images/Lminus.gif)");
        });});
</script>
<ul id="accordion">
    <? include('conn.php');
    $result = $conn->query("select * from province order by shengorder limit 4");
while($row = $result->fetch_assoc()){ ?>              <!-- 在一级菜单中加载省的信息 -->
    <li>
        <a href="#<? = $row["id"] ?>"><? = trim($row["shengname"]) ?></a>
        <ul></ul>                                     <!-- 二级菜单,用来存放市的信息 -->
    </li>
    <? } ?>
</ul>
```

上述代码中,通过 var abc=$(this)将 jQuery 对象$(this)保存在了变量 abc 中,因为此时$(this)对象代表被单击的$("#accordion > li > a")对象,但是如果在$.get()方法中再书写$(this),那么$(this)将指其他的对象了,因为$.get()方法是一个全局函数的方法,在该函数里面使用$(this),则$(this)将指代全局函数。为了在$.get()方法中继续使用原来的$(this)对象,该程序将 jQuery 对象$(this)保存在了变量 abc 中,请读者注意这种保存 jQuery对象的技巧。

4. 异步方式检测用户名是否可用

在有些用户注册表单中,当用户在当前文本框输入用户名,转到下一个文本框的时候(这称为当前文本框失去焦点),就对该用户名是否已经被注册进行检测,以便让用户提前知道用户名是否可用。

这种技术是通过 Ajax 异步发送查询请求实现的,当用户名文本框失去焦点时(对应 blur事件),就获取该文本框的值,将该值异步发送给服务器进行查询,如果发现数据表中已存在该用户名的记录,就返回"此用户名已经注册",否则返回"可以注册"的信息(图 10-7)。

实现异步方式检测用户名是否可用的代码(10-11.html 和 10-11.php)如下。其中,10-11.html 使用$.get()方法将用户名发送给 10-11.php 进行查询,10-11.php 根据查询的结果返回相应的信息。即如果查询得到的结果集为空就表明数据表 admin 中没有该用户名,否则表明数据表中已经存在这个用户名。运行结果如图 10-7 所示。代码如下:

图 10-7   检测用户名是否已经被注册(10-11.html 的运行效果)

```
------------------------------ 清单 10 - 11. html ------------------------------
< script >
 $ (function(){                                    //在页面载入时加载
 $ ("#user").blur(function(){                       //在文本框失去焦点时检测
    user = $ ("#user").val();
    if (user != ""){
    $ .get('10 - 11.php', {username: user}, function (data){
     $ ("#prompt").html(data);});}
    else { $ ("#prompt").html("请输入用户名");};
    });})
</script >
< form >< table border = 1 cellpadding = 4 cellspacing = 0 width = "364">
< tr >< td width = "44">用户名</td>
    < td width = "169">< input type = "text" id = "user"></td>
    < td width = "119">< div id = "prompt">请输入用户名</div></td></tr>
< tr >< td >密码</td>
    < td >< input type = "text" id = "pwd"></td>< td ></td></tr>
< tr >< td ></td>
    < td >< input type = "button" value = "注册" id = "reg"></td>
    < td id = "show"></td></tr>
</table ></form >

------------------------------ 清单 10 - 11. php ------------------------------
<? header("Content - type: text/html; charset = gb2312");
include('conn.php');
$ username = $ _GET["username"];                    //获得 10 - 11.html 发送来的数据
$ sql = "select * from admin where user = '$ username'";
$ result = $ conn -> query( $ sql);
if( $ result -> num_rows == 0)                      //判断结果集是否为空
    echo "< font color = #0000ff >可以注册</font >";
else
    echo "< font color = #ff0000 >此用户名已经注册</font >";
?>
```

提示：如果将表单元素的值赋给了变量(如 10-11. html 中的 user＝ $ ("#user").val())，则页面中的< form >标记不可省略。否则在 IE 中会出错,但在 Firefox 中正常。

上述代码只能检测用户名是否已经注册,我们还可以给它添加一个功能,即如果用户输入的用户名和密码合法,则在不刷新页面的情况下完成用户注册,也就是单击"注册"时将用户名和密码异步发送给服务器并插入到 admin 表中,并返回注册成功的信息,效果如图 10-8 所示。代码(10-12.html 和 10-12.php)如下:

图 10-8　单击"注册"按钮用户注册
成功后的效果

```
————————————————— 清单 10 - 12.html —————————————————
<script>
$(function(){                                        //在页面载入时加载
$("#user").blur(function(){                          //在文本框失去焦点时检测
    user = $("#user").val();
    if (user != ""){
    $.get('10 - 12.php', {username:user,n:Math.random()}, function (data){
        if (data == 1)                               //返回 1 表示用户名没有注册
            $("#prompt").html("<font color = #0000ff>可以注册</font>");
        else { $("#user").focus().select();
        $("#prompt").html("<font color = #ff0000>此用户名已经注册</font>"); }
    });}
    else $("#prompt").html("请输入用户名");
    });
    $("#reg").click(function(){                       //单击"注册"按钮时
      user = $("#user").val();password = $("#pwd").val();
    if (user != "" && password != ""){
        $.get('10 - 12.php', {username: user,password:password,act:"login"},
        function (data){
            $("#user").val("");$("#pwd").val("");    //清空文本框
            $("#show").html(data); });}
    else $("#prompt").html("请输入用户名和密码");});
})
</script>

————————————————— 清单 10 - 12.php —————————————————
<? header("Content - type: text/html; charset = gb2312");
require('conn.php');
$username = $_GET["username"];                        //获得 10 - 12.html 发送来的数据
$password = $_GET["password"];
$act = $_GET["act"];
if( $act == "login"){                                 //处理单击"注册"按钮的代码
    $sql = "insert into admin(`user`,`password`) values('$username','$password')";
    if( $conn -> query( $sql))
        echo "欢迎 $username , 注册成功";
    else echo '注册失败,原因:'. $conn -> errno. $conn -> error;
    die();}
$sql = "select * from admin where user = '$username'";  //处理检测用户名的代码
$result = $conn -> query( $sql);
if( $result -> num_rows == 0)                         //如果没有记录则输出1,表示可以注册
    echo 1;
?>
```

5. 制作带自动提示功能的输入框

百度和 Google 等网站的搜索框,都具有自动提示(也叫自动完成)功能,用户只需在表单中输入内容开头的信息,程序就会根据这些键入信息,自动在下拉框中显示用户可能要输入的内容,如图 10-9 所示。用户可以在下拉框中进行选择,这样减少了用户键盘输入的工作量,带来了更好的用户体验。

图 10-9　使用 Ajax 技术实现自动
　　　　　提示的文本框

实现自动提示功能的具体思路是:每当用户在文本框中输入字符后(根据文本框中的值是否改变),就调用 findroutes() 函数,该函数将获取用户输入的内容,然后将其异步提交到服务器查询以它开头的内容,将查询到的结果以 JSON 格式返回,前台页面再将这些 JSON 数据添加到文本框下面的下拉框(♯route_ul)中。

下面的代码(10-13. html 和 10-13. php)是一个实现自动提示功能的例子,用于查询上海市的公交线路,当用户每次输入公交线路名的时候,它就会把用户输入的内容异步提交给 10-13. php 进行查询,再返回匹配的内容给客户端页面 10-13. html。当用户选中匹配的结果时,就会让查询框的值等于匹配结果。10-13. html 的运行效果如图 10-9 所示。

```
------------------------------ 清单 10 - 13. html ------------------------------
< link href = "10 - 13. css" type = "text/css" />
< script src = "jquery. min. js"></script >
< script >
function findroutes(){                    //发送文本框♯routes中信息给10-13.php
    if( $ ("♯routes"). val(). length > 0){ //如果文本框内容不为空
        rout = escape( $ ("♯routes"). val());
        $ .get("10 - 13. php",{sBus:rout},  //发送变量 sBus 给 10 - 13. php
            function(data){
            var aResult = new Array();
            if(data. length > 0){           //如果查询结果不为空
            aResult = data. split(",");
            setroutes(aResult);             //调用 setroutes 函数将每条提示结果放入 li 标记中
                }
                else clearroutes();
        });
    }
    elseclearroutes();                      //无输入时清除提示框(例如用户按 Delete 键)
}
function setroutes(aResult){                 //显示提示框,传入的参数为所有提示结果组成的数组
    clearroutes();                           //每输入一个字母就先清除原先的提示,再继续
    $ ("♯popup"). addClass("show");
    for(var i = 0;i < aResult. length;i++)
        //将匹配的提示结果逐一显示给用户
        $ ("♯route_ul"). append( $ ("<li>" + aResult[i] + "</li>"));
    $ ("♯route_ul"). find("li"). click(function(){  //当用户选中某条提示结果时
        $ ("♯routes"). val( $ (this). text());        //让查询框的值等于提示结果
```

```
            clearroutes();
        }).hover(                          //添加鼠标滑过时的高亮效果
            function(){ $(this).addClass("mouseOver");},
            function(){ $(this).removeClass("mouseOver");}
        );}
    function clearroutes(){               //清除提示框
        $("#route_ul").empty();
        $("#popup").removeClass("show");
    }
}
</script>
<form method="post">公交线:
<input type="text" id="routes" onkeyup="findroutes();" />  <!--松开按键时开始查询-->
</form>
<div id="popup">
    <ul id="route_ul"></ul>   <!--放置提示内容-->
</div>
```

由于提示内容被放置在一个 ul 列表中,需要设置该列表的样式,并且当鼠标滑到某个提示项上时会高亮显示,这些都需要 CSS 代码来实现,10-13.html 调用的 CSS 代码如下:

```
-------------------------------- 清单 10-13.css --------------------------------
input{                                  /* 路线输入框的样式 */
    font-size:12px; border:1px solid #000000;
    width:160px; padding:1px; margin:0px;}
#popup{                                 /* 提示框 div 块的样式 */
    position:absolute; width:162px;
    color:#004a7e; font-size:12px;      /* 设置文本颜色和字体大小 */
    left:63px; top:34px;}
#popup.show{                            /* 显示提示框的边框 */
    border:1px solid #004a7e;}
ul{                                     /* 清除列表的默认样式 */
    list-style:none;margin:0px; padding:0px;
    color:#004a7e;}
li.mouseOver{                           /* 鼠标经过列表项时的高亮样式 */
    background-color:#004a7e;color:#fff;
    height:1em; }
```

10-13.php 主要是接收 $.get()方法传递过来的数据 sBus,再根据 sBus 进行查询,将查询结果以特殊字符串(用","分隔的字符串)的方式返回给 10-13.html。由于用户在文本框中输入的内容可能是中文,10-13.html 用 escape 方法对所传值编码了一下,因此 10-13.php 在获取了所传值后,用 unescape 方法进行了解码。具体代码如下:

```
-------------------------------- 清单 10-13.php --------------------------------
<? header("Content-type: text/html; charset=gb2312");
require('conn.php');
$sInput = trim(unescape($_GET["sBus"]));          //获得 10-13.html 发送来的数据
    $sResult = "";                                //用来保存提示结果
        //查询以 sInput 开头的信息
    $sql = "select routename from route where routename like '$sInput%' limit 10";
$result = $conn->query($sql);
```

```
while( $ row = $ result - > fetch_assoc())
 $ sResult = $ sResult. $ row["routename"].",";          //将每条提示结果用","分隔

if (strlen( $ sResult)>0)
 $ sResult = substr( $ sResult, 0, - 1);                 //去掉最后的","号
echo $ sResult;                                          //输出所有的提示结果
?>
```

提示: 请注意该程序中去掉最后一条记录后的","号的方法,它首先不考虑是否是最后一条记录,给每条记录后都加逗号,然后再用字符串截取函数 substr 去掉最后一个逗号。

6. 制作 Ajax 无刷新登录系统

传统的用户登录程序无论用户登录成功还是失败都会跳转到另一页面,页面会刷新。利用 Ajax 技术,可以将用户输入的登录信息异步发送给服务器进行检测。服务器端对这些信息进行查询,如果找到记录,就表明用户名和密码合法,输出登录成功的信息,客户端页面获取到返回的信息后,在原来显示登录框的容器中载入这些登录成功的信息即可,实现了页面不刷新就完成用户登录过程。

下面的代码(10-14. html 和 10-14. php)是一个实现无刷新登录系统的例子,单击"登录"按钮后,先判断是否输入了用户名和密码,如果输入了,就将用户名和密码发送给 10-14. php 进行查询。10-14. html 在登录成功和失败时的运行效果如图 10-10 和图 10-11 所示。

```
------------------------------ 清单 10 - 14. html ------------------------------
< script src = "jquery. min. js"></script >
< script >
 $ (document). ready(function(){
    $ ("#btnLogin"). click(function(){                //单击"登录"按钮后
       if( $ ("#User"). val() == "") {              //判断是否输入了用户名
      alert("用户名不能为空"); $ ("#User"). focus();
      return false; }
    if( $ ("#Pwd"). val() == "") {
      alert("密码不能为空") ; $ ("#Pwd"). focus();
      return false; }
     $ . ajax({
     type:"POST", url:"10 - 14. php",
     data:{userName: $ ("#User"). val(),userPwd: $ ("#Pwd"). val()},
     beforeSend:function(){ $ ("#msg"). html("正在登录中…");},
     success:function(data){
        $ ("#msg"). html(data); }
       }); });
});
</script >
    < div >用户名: < input id = "User" type = "text"/><br/>
    密 码 : < input id = "Pwd" type = "text" /></div >
    < div id = "msg"></div ><! -- 在该容器中显示登录是否成功的信息 -->
    < div >< input id = "btnLogin" type = "button" value = "登录" /></div >

------------------------------ 清单 10 - 14. php ------------------------------
<? header("Content - type: text/html; charset = gb2312");
require('conn. php');
```

```
$ username = $ _POST[ 'userName' ];              //获得10-14.html 发送来的数据
$ pwd = $ _POST[ 'userPwd' ];
$ sql = "select * from admin where user = ' $ username' and password = ' $ pwd'";
$ result = $ conn -> query( $ sql);
if( $ result -> num_rows == 0)                   //如果结果集为空
    echo "用户名或密码错误,登录失败";
elseecho "登录成功,欢迎: $ username";
?>
```

图 10-10   登录成功时   图 10-11   登录失败时

　　上述用户登录程序只具有判断用户名和密码是否正确的功能。但是,一个实用的用户登录程序还必须能为登录成功的用户设置 Session 变量,以便让已经登录的用户在访问其他页面时不必再次登录。下面的代码(10-15. html 和 10-15. php)可实现这种功能。

　　由于已经获得 Session 变量的用户不需要输入用户名和密码就可以直接登录,因此 10-15. html 在页面加载时不能够显示登录表单,而是根据用户是否具有 Session 或是否输入了正确的密码来判断是载入登录成功的界面(loginok())还是载入未登录时的表单界面(loginno())。 10-15. html 的运行结果如图 10-12 所示。实际使用时,只需要将 10-15. html 的代码嵌入到网站内多个不同的网页中即可测试设置了 Session 的效果。

(a) 未登录时的效果　　　(b) 登录成功时的效果　　　(c) 登录失败时的效果

图 10-12   无刷新用户登录程序

```
------------------------------ 清单 10-15.html ------------------------------
< script src = "jquery.min.js"></script>
< script >
 $ (function(){loadlogin(); })                   //页面载入时执行 loadlogin()函数
function loadlogin(){                            //加载登录界面的函数
        $ .post('10-15.php', function (data){
            $ ("#maker").html(data); } );
}
function login(){                                //发送登录信息的函数
        var name = $ ("#name").val();
```

```
            var pass  =  $ ("#pass").val();
            if(name == "")alert("用户名不可以为空!");
            $ .post('10 - 15.php', {name: name,pass:pass}, function (data){
                $ ("#maker").html(data); });
    }
function outlogin(){                              //注销登录函数
            $ .post('10 - 15.php', {action: 'outlogin'}, function (data){
                $ ("#maker").html(data); });
    }
</script>
< div id = "box">
    < div id = "box_title"><h3>用户登录</h3></div>
    < div id = "box_1">
        < div id = "maker"></div>
    </div>
</div>
```

10-15.php 首先获取 10-15.html 传过来的用户名和密码,如果获取不到,就会再获取
$ _SESSION["adminlogin"]变量的值,如果也获取不到,则输出未登录时的登录表单代码。
10-15.html 利用回调函数将这些界面代码加载到 #maker 元素中,否则的话,就会查询数据
库验证用户名和密码,如果正确则输出登录成功的界面代码,10-15.html 同样会利用回调
函数将这些代码加载到 #maker 元素中。

```
----------------------------- 清单 10 - 15.php -----------------------------
<? session_start();
header("Content - type: text/html; charset = gb2312");
require('conn.php');
if( $ _POST['action'] == "outlogin") {          //处理单击"注销"按钮的程序段
    $ _SESSION["adminid"] = "";                 //清空 Session 变量
    $ _SESSION["adminlogin"] = "";
    loginno();                                   //返回未登录界面
    die();                                       //退出程序
}
$ adminid = $ _POST["name"];                     //获取用户名
$ adminpws = $ _POST["pass"];
if( $ adminid == ""){                            //如果获取不到用户名
    if ( $ _SESSION["adminlogin"] == "ok")       //但是 Session 变量不为空
        loginok();                               //显示登录成功界面
    else
        loginno();                               //显示未登录界面
}
else {                                           //获取到了用户名
    $ sql = "select * from admin where user = ' $ adminid ' and password = ' $ adminpws'";
    $ result = $ conn -> query( $ sql);          //对用户名和密码进行查询
    if( $ result -> num_rows == 0)               //如果查询不到
        echo "用户名或者密码错误< br >< input onclick = 'javascript: loadlogin();' type =
'button' name = 'ok' value = '返回登录' />";
    else{                                        //否则表明查询得到,登录成功
        $ row = $ result -> fetch_assoc();
        $ _SESSION["adminid"] = $ row["user"];   //登录成功,设置 Session 变量
        $ _SESSION["adminlogin"] = "ok";
        loginok();                               //显示登录成功界面
    }
    $ result -> close();}
```

```
function loginok(){                    //输出登录成功的界面代码
    echo "欢迎您,". $ _SESSION["adminid"]."< br >< input onclick = 'javascript:outlogin();
' type = 'button' name = 'ok' value = '注销' />";
}
function loginno(){                    //输出未登录的界面代码
    echo "< form style = 'padding:0px; margin:0px;' name = 'form'>< div id = 'sitename'>用户名:
< input style = 'WIDTH: 70px' id = 'name' /></div>< div id = 'siteurl'>密  码: < input id =
'pass' type = 'password' style = 'WIDTH: 70px' /></div >< div id = 'sitesub'>< input onclick =
'javascript:login();' type = 'button' name = 'ok' value = '登录' /></div></form>";
}?>
```

7. 制作异步加载新闻的新闻网站首页

传统的新闻显示首页,数据库中的新闻和页面代码是同时加载进来的。我们也可以使用 Ajax 技术在首页上异步加载新闻,即首先将新闻页的网页显示出来,然后再通过 Ajax 函数异步加载各个栏目框中的新闻。由于加载新闻数据的速度很快,用户也看不出这和普通的新闻首页有多少区别。

下面是一个例子,它的原理是客户端页面 10-16.html 将某个栏目的栏目名(Bigclass)发送给 10-16.php,10-16.php 根据该栏目名找到最新的 n 条属于该栏目的新闻并输出,10-16.html 使用回调函数获取到这些新闻数据后将其载入到指定的栏目框中。关键代码如下,运行效果如图 10-13 所示。

```
—————————————————————————— 清单 10 - 16.html ——————————————————————————
< script >
$ (function(){
  $ .ajaxSetup({                         //统一设置 $.ajax()方法中的相同部分
      type: "GET",
      url:"10 - 16.php"
  });(
  $ .ajax({                              //加载头条新闻的函数
    data:{Bigclass:escape("头条"),n:1},   //发送的参数 n 为 1 表示是头条新闻
    beforeSend:function(){ $ (".top2").html("正在加载中…");},
    success:function(data){
        str = data.split("|");
        $ (".top").html(str[1]);
        $ (".top2").html('< a href = "onews.php?id = ' + str[0] + '">' + str[2] + '</a >[' +
str[3] + ']');
    } });
      $ .ajax({                          //加载近期工作栏目中的新闻
        //发送栏目名 Bigclass 和显示新闻的条数 n 参数给 10 - 14.php
        data:{Bigclass:escape("近期工作"),n:6},
        beforeSend:function(){ $ ("♯jqgz").html("正在加载中…");},
        success:function(data){
        $ ("♯jqgz").html(data); }
      });
      $ .ajax({                          //加载德育园地栏目中的新闻
        data:{Bigclass:escape("德育园地"),n:5},
        beforeSend:function(){ $ ("♯tzgg").html("正在加载中…");},
        success:function(data){
        $ ("♯tzgg").html(data); }
      });
      $ .ajax({                          //加载学生工作栏目中的新闻
        data:{Bigclass:escape("学生工作"),n:5},
```

```
            beforeSend:function(){ $ ("♯xsgz").html("正在加载中…");},
            success:function(data){
            $ ("♯xsgz").html(data); }
        });
})</script>
<div class = "top"></div><div class = "top2"></div>
<table id = "jqgz">…</table>
<table id = "♯tzgg ">…</table>
<table id = "♯xsgz ">…</table>
```

```
—————————————————————————— 清单 10 – 16.php ——————————————————————————
<? header("Content – type: text/html; charset = gb2312");
require('conn.php');
$ Bigclass = unescape( $ _GET["Bigclass"]);          //获取 10 – 16.html 传过来的数据
$ n = unescape( $ _GET["n"]);
if( $ n == 1) {                                      //如果是要加载头条新闻
    $ sql = "select * from news where BigClassName in('学生工作','德育园地','科研成果','近期
工作') order by ID desc limit 1";
    $ result = $ conn -> query( $ sql);
    $ row = $ result -> fetch_assoc();
    echo $ row['ID'].'|'.Trimtit( $ row['title'],12).'|'.Trimtit(strip_tags( $ row['content']),
40).'|'. noyear( $ row['infotime']);
    die();}
$ sql = "select * from news where BigClassName = ' $ Bigclass' order by ID desc limit $ n";
$ result = $ conn -> query( $ sql);                   //查询栏目中的新闻
while( $ row = $ result -> fetch_assoc())
echo "<tr><td class = 'xinwen'><a href = 'onews.php?id = ". $ row['ID']."'>". Trimtit( $ row
['title'],23)."</a></td></tr>";
?>
```

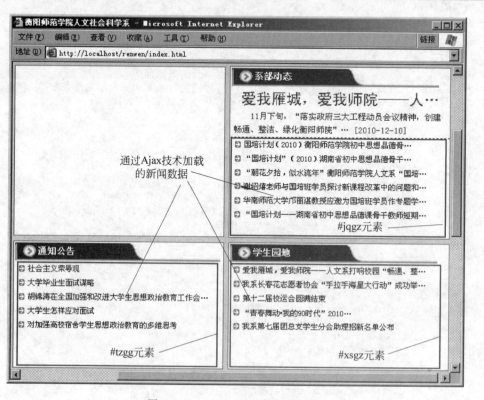

图 10-13   10-16.html 的运行效果

使用这种方式在首页上加载新闻数据,首页可以保存为.html 的扩展名,只要制作一个独立的输出栏目新闻的文件 10-16.php,就可以通过 Ajax 函数调用 10-16.php 往各个栏目加载新闻(并且可以很容易地设置各个栏目显示几条新闻),在栏目很多时,这种方式的代码更精简,并可提高网站的开发速度。

8. 制作股票查询系统

目前,有很多网站提供股票的实时价格数据查询,其中有些网站还提供了获取股票数据的接口。我们可以通过异步请求的方式向这些网站发出请求,则它会返回相应的实时股票数据。以"中国国航"(股票代码:601111)为例,如果要获取它的最新行情,只需访问新浪的沪市股票数据接口 http://hq.sinajs.cn/list=sh601111 这个 URL(但不能直接在地址栏中输入 URL 访问),就会返回一串文本,内容如下:

```
var hq_str_sh601111 = "中国国航,10.22,10.22,10.20,10.31,10.09,10.19,10.20,16243787,
165632560,8100,10.19,14700,10.18,55835,10.17,20735,10.16,33600,10.15,9767,10.20,48100,
10.21,55070,10.22,69200,10.23,41100,10.24,2011 - 07 - 08,15:03:08";
```

这个字符串由很多数据拼接在一起,数据之间用逗号隔开,如果用 split(",")对它进行切分,则数组中每个元素的含义如下:

```
0:"中国国航",股票名字;
1:"10.22",今日开盘价;
2:"10.22",昨日收盘价;
3:"10.20",当前价格;
```

因此,我们只要异步发送请求到股票数据接口的这个 URL,服务器就会返回上述字符串。我们可以在回调函数中,对该字符串进行切分,再把需要的数据载入到页面的 DOM 元素中即可,代码如下,运行效果如图 10-14 所示。当然,为了获取实时的股票行情,还必须使用定时函数每隔3s 重新发送请求给服务器查询一次。

图 10-14 Ajax 股票查询的程序(10-17.html)

```
------------------------------ 清单 10 - 17. html ------------------------------
--
< script src = "jquery.min.js"></script >
< script >
function stock(){                                        //单击"查询"按钮时执行
code1 = $ ("#code").val();                                //获取用户输入的股票代码
if(parseInt(code1).toString().length == 6 && code1.length == 6){ //判断股票代码是否合法
  $.ajax({                                               //发送异步请求
    type:"GET",
    url:"http://hq.sinajs.cn/list = sh" + $ ("#code").val(), //股票代码是用户输入的
    beforeSend:function(){ $ ("#price").html("正在查询")},
    success:function(data){
        //先截取字符串两个"之间的字符串(\"是"的转义字符),再通过","切分成数组
            str = data.substring(data.indexOf("\"") + 1,data.length-1).split(",");
```

```
                    $("#stock").html(str[0]);        //载入股票名称
                    $("#price").html(str[3]);        //载入当前价
                    }
            }); }
        else alert("输入有误");
    setTimeout(stock,8000);                          //每隔8s重新查询一次,刷新两个DOM元素的内容
}
</script>
股票代码:<input type="text" id="code" size="10" />
<input type="button" id="Search" onclick="stock()" value="查询" /><br />
股票名称:<span id="stock"></span> 当前价:<span id="price"></span>
```

但这个程序只能在 IE 中运行,Firefox 出于安全原因考虑,不允许 Ajax 请求中的 URL 地址来自外部网站(即使用绝对 URL),也就是不允许跨域请求。

如果要输出多只股票的实时信息,可以将 $.ajax()方法中的 URL 参数设置成'http://hq.sinajs.cn/list=sh000001,sh601939,sh600028',则会返回多条上述字符串,将字符串中的数据提取出来分别载入到多个 DOM 元素中就能显示多只股票的信息了。

9. 制作动态载入内容的弹出框

在 7.6.4 节中,曾实现了一个鼠标经过时显示大图的程序,但那个程序中,所有记录的图片从一开始就已经加载到了网页中,只是没显示出来。如果记录很多的话,会导致网页中加载的图片太多,为此,可以在当鼠标经过某条记录时,才异步载入这条记录带有的图片,如图 10-15 所示。这样在打开网页时,并没有加载任何图片,而是根据用户的操作再加载对应的图片。另一个好处是,这样可以不刷新网页就加载服务器端最新的内容。

图 10-15　鼠标移动到新闻上时异步加载记录中的图片和标题到弹出框

实现思路是,当鼠标经过某条记录时,就调用 showinfo()函数,并将这条记录的 ID 值传递给该函数,showinfo 函数将记录的 ID 值异步发送给服务器端页面进行查询,将服务器返回的该记录的图片和标题加载到 #target 元素中。代码如下:

```
---------------------------- 清单 10-17.php ----------------------------
<script>
function showinfo(id){
```

```
$.get("10 - 18.php",{id:id, n:Math.random()},
    function(data){
        $("#target").html(data);
    });}
</script>
<div style="border:1px solid #CCC;margin:5px; padding:6px;">
<? require('conn.php');
$sql = "select * from NEWS where firstImageName<>'' order by ID DESC limit 7";
$result = $conn->query($sql);
while($row = $result->fetch_assoc()) {                  //显示7条新闻?>
<p><a href='onews.php?id=<?= $row["ID"] ?>' onmouseover='showinfo(<?= $row["ID"] ?>)
'><?= $row["title"] ?> <?= $row["infotime"] ?></a></p>
<? }?>
</div>
<div id="target"><img src="loading.gif" style="margin:20px" />正在载入…</div>
```

而服务器端页面 10-18.php 就是根据这个 ID 查找对应的图片 URL 和标题并输出。

```
------------------------------ 清单 10 - 18.php ------------------------------
<? header("Content - type: text/html; charset = gb2312");
require('conn.php');
$id = $_GET["id"];                                    //获取 10 - 17.php 传过来的 ID
$sql = "select * from news where ID = $id";
$result = $conn->query($sql);
$row = $result->fetch_assoc();
echo "<img width = '280' src = 'uppic/". trim($row["firstImageName"])."'/><br/><a href =
'onews.php?id = ". $row["id"]."'>".Trimtit($row["title"],20)."</a>";
?>
```

上述代码可以使鼠标移动到新闻上时,在页面下方的 #target 元素中显示新闻中的图片,接下来我们要将 #target 元素设置为绝对定位元素,并且在默认状态下不显示,只有当鼠标移动到某条新闻上时,才显示 #target 元素,并且设置它的坐标(top、left 值)为鼠标所在的位置附近。这需要用到事件对象的 clientX 等关于鼠标位置属性。为此,将 10-17.php 的代码修改如下,而 10-18.php 的代码无须修改,它的运行效果如图 10-15 所示。

```
------------------- 清单 10 - 17 - 1.php 异步载入并弹出图片功能 -------------------
<style>
#target{position:absolute; display:none; z - index:2; border:5px solid #f4f4f4;
    width:280px; height:210px; background: #fee;}</style>
<script>
$(function(){
    $("#show a").mouseover(function(event){           //当鼠标移动到 a 元素上时
        event = event || window.event;                //兼容 IE 和 FF 的事件对象
        $("#target").css("display","block");          //显示 #target
        $("#target")[0].style.top = document.body.scrollTop + event.clientY + 10 + "px";
```

```
        $("#target")[0].style.left = document.body.scrollLeft + event.clientX + 10 + "px";
        id = parseInt($(this).attr("title"));        //从 a 元素 title 属性中获取记录 ID
        $.get("10-18.php",{id:id, n:Math.random()},
            function(data){
                $("#target").html(data);
        });
    });
    $("#show a").mouseout(function(){                 //当鼠标离开 a 元素上时
        $("#target").html("<img src = 'loading.gif' style = 'margin:20px' />正在载入…");
        $("#target").css("display","none");          //隐藏 #target
    });
})
</script>
<div id = "show" style = "border:1px solid #CCC;margin:5px; padding:6px;">
<? require('conn.php');
$sql = "select * from NEWS where firstImageName <>'' order by ID DESC limit 7";
$result = $conn->query($sql);
while($row = $result->fetch_assoc()) { ?>
    <p><a href = 'onews.php?id=<? = $row["ID"] ?>' title = '<? = $row["ID"] ?>'><? = $row
["title"] ?> <? = $row["infotime"] ?></a></p>
<? }?>
</div>
<div id = "target"><img src = "loading.gif" style = "margin:20px" />正在载入…</div>
```

　　这样，当鼠标移动到 a 元素上时，会在鼠标位置附近先显示 #target 元素，此时 #target 中还显示"正在载入"图标，再异步载入服务器端内容到 #target 中。

10.3　Ajax 方式添加记录

10.3.1　基本的添加记录程序

　　Ajax 技术可以实现在页面不刷新的情况下添加记录，实现的思路是：将用户在表单中输入的数据使用 $.post() 方法发送给服务器(如果用户在表单中输入的数据很多的话，最好用 POST 方式发送)，服务器端获取到数据后，先将这些数据作为一条记录插入表中，然后再重新读取更新后的整个表并输出给客户端。客户端页面将服务器返回的数据载入一个容器元素中，就可以显示添加记录后的数据表了。

　　下面的代码(10-19.php 和 10-20.php)是一个添加记录的程序，运行效果如图 10-16 所示。它的上半部分用来显示记录，通过 ASP 循环读取记录即可实现。下半部分是供用户添加记录的表单，当用户单击"添加"按钮时，将用户输入的数据发送给 10-20.php，10-20.php 将这些数据作为一条记录插入数据表中，再重新输出更新后的数据表给 10-19.php，10-19.php 将这些数据载入页面上半部分的 #make 元素中。

图 10-16　Ajax 方式添加记录

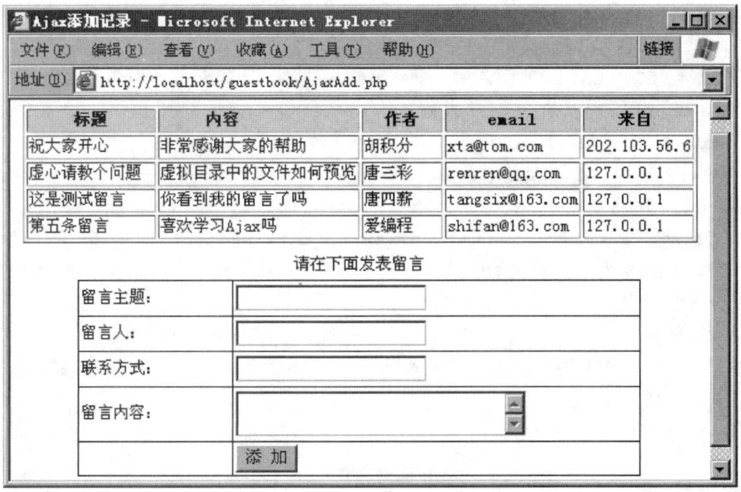

```
-------------------------------- 清单 10 - 19. php --------------------------------
< script src = "jquery. min. js"></script>
< script >
 $ (document). ready(function(){
    $ ("♯Submit"). click(function(){                    //单击"添加"按钮时
       title = $ ("♯title"). val();author = $ ("♯author"). val();      //获取表单中的数据
       email = $ ("♯email"). val(); content = $ ("♯content"). val();
        $. post("10 - 20. php",{                        //发送表单中的数据给 10 - 20. php
           title:escape(title), author:escape(author),
           email:escape(email), content:escape(content),
           act:"add" },
           function(data){
           $ ("♯title"). val(''); $ ("♯author"). val('');     //清空添加记录框中的内容
           $ ("♯email"). val(''); $ ("♯content"). val('');
              $ ("♯make"). html(data);
       } ); } ); } );
</script>
<?require('conn. php');                                 //上半部分显示留言的代码
 $ result = $ conn -> query("select * from lyb order by ID desc");
if( $ result -> num_rows > 0) { ?>
< table align = "center" border = "1">
  < tr bgcolor = "♯e0e0e0">
    < th>标题</th>< th width = "100">内容</th>< th width = "60">作者</th>
    < th> email </th> < th width = "80">来自</th></tr>
    < tbody id = "make">
  <? while( $ row = $ result -> fetch_assoc()){ ?>
  < tr >
    < td width = "100"><? = $ row["title"] ?></td> < td><? = $ row["content"] ?></td>
    < td><? = $ row["author"] ?></td> < td width = "80"><? = $ row["email"] ?></td>
    < td><? = $ row["ip"] ?> </td> </tr>
  <? } ?>
</tbody> </table>
<? }
```

```
else echo "<p>目前还没有用户留言</p>";?>
<form><!-- 添加留言的表单区域 -->
  <table width = "600" border = "0" align = "center" cellpadding = "4" cellspacing = "1" bgcolor
= "#333333"><caption>请在下面发表留言</caption>
  <tbody bgcolor = "#ffffff">
    <tr><td width = "125">留言主题:</td>
      <td width = "475"><input type = "text" id = "title"></td></tr>
    <tr><td>留言人:</td><td><input type = "text" id = "author"></td></tr>
    <tr><td>联系方式:</td><td><input type = "text" id = "email"></td></tr>
    <tr><td>留言内容:</td>
      <td><textarea id = "content" cols = "30" rows = "3"></textarea></td></tr>
    <tr><td></td><td><input type = "button" id = "Submit" value = "添 加"></td></tr>
  </tbody></table>
</form>
------------------------------ 清单 10 - 20.php ------------------------------
<?header("Content - type: text/html; charset = gb2312");
require('conn.php');
$ act = $ _POST["act"];
if( $ act == "add"){
    $ title = unescape( $ _POST["title"]);        //获取 10 - 19.php 传来的数据
    $ author = unescape( $ _POST["author"]);
    $ email = unescape( $ _POST["email"]);
    $ content = unescape( $ _POST["content"]);
    $ sql = "Insert into lyb(title,author,email,content) values('$ title','$ author','$ email',
'$ content')";
    if( $ conn -> query( $ sql)) {                //如果插入记录成功,则输出更新后的结果集
//------------------------------ 代码段 A 开始 ------------------------------
    $ result = $ conn -> query("select * from lyb order by ID desc");
    while( $ row = $ result -> fetch_assoc()){    //重新输出更新后的结果集到客户端
        echo "<tr><td width = '100'>". $ row["title"]."</td>";
        echo "<td>". $ row["content"]."</td>";
        echo "<td>". $ row["author"]."</td>";
        echo "<td width = '80'>". $ row["email"]." </td>";
        echo "<td>". $ row["ip"]." </td></tr>";
    }
//------------------------------ 代码段 A 结束 ------------------------------
    }}
?>
```

10.3.2 在服务器端和客户端分别添加记录

代码 10-20.php 在向数据表中插入一条记录后,又将整个更新了的数据表重新发送给浏览器,显然这样传输给浏览器的数据有些多。为此,我们可以在服务器端和客户端分别插入记录。

具体过程是:服务器端将该记录插入到数据表以后,并不将更新后的整个数据表回传给客户端,而是输出一个标志(如1)通知客户端记录已经成功插入到数据库中,客户端收到该标志后,通过动态插入表格行的方法在表格中插入记录,以显示给用户看。为此,可以将

10-20.php 文件中的代码段 A 修改为下面的代码段 B。

```
'——————————————————— 代码段 B 开始 ———————————————————
echo 1;                                    //输出标记 1,表示在服务器端记录插入成功
'——————————————————— 代码段 B 结束 ———————————————————
```

然后再修改 10-19.php 文件中的回调函数,主要思路是,如果回调函数接收到的数据是 1,就把用户输入的数据放在一行内插入到表格的所有行之前,代码如下:

```
function(data){        //对 10-19.php 的回调函数进行修改
  if(data == 1){        //收到标志 1,表明服务器端已插入成功
    $("#title").val(''); $("#author").val('');        //清空添加记录框中的内容
    $("#email").val(''); $("#content").val('');
    var newtr = "<tr><td width = '100'>" + title + "</td><td>" + content + "</td><td>" +
author + "</td><td>" + email + "</td></tr>";        //把用户输入的数据放在一行内
    $("#make").prepend(newtr);        //在表格的所有行之前插入一行,即插入新的记录
    } }
```

这样,服务器和客户端之间异步传输的数据量明显减少,对于显示不需要分页的结果集来说推荐用这种方式,但如果结果集要分页显示,并要求每页显示的记录数是固定的,则在插入一行新记录后,还要用 remove() 方法把表格中最下面一行删除。

10.3.3　制作无刷新评论系统

以 Ajax 方式添加记录的典型应用是制作无刷新评论系统或无刷新的留言板、用户注册程序、购物车程序等。

评论系统是在每条新闻的显示页面下方供用户发表评论的系统,类似于留言板,能显示所有用户发表的评论,但和留言板的区别在于:①评论系统通常不能对评论进行回复;②评论系统中每条记录要有该条评论属于哪条新闻的记录号。根据以上分析,评论系统的数据表设计为 lyb(id,title,content,author,date,newsid,email),其中 newsid 是该条评论所属的新闻记录的 id,通常根据 newsid 找到一条新闻的所有评论记录。评论系统的完整代码(10-21.html 和 10-21.php)如下,运行效果如图 10-17 所示。

```
——————————————————— 清单 10-21.html ———————————————————
<script>
$(function(){                                    //页面载入时载入评论信息
    $.ajax({type:"GET",
        url:"10-21.php?act = load&id = " + Math.random(),
        error:function(){ $("#comments").html("获取评论信息失败");},
        success:function(data){
            $("#comments").html(data);}
    });
    $("#Submit").click(function(){
        title = $("#title").val(); author = $("#author").val();        //获取表单中的数据
        email = $("#email").val(); content = $("#content").val();
        $.post("10-21.php",{                                    //发送表单中的数据给 10-21.php
            title:escape(title), author:escape(author),
            email:escape(email), content:escape(content),
```

```
                        act:"add" },
                    function(data){
                        if(data == 1){
                    $("#title").val(''); $("#author").val('');    //清空添加记录框中的内容
                    $("#email").val(''); $("#content").val('');
        var newcom = "<div style = 'border:1px solid #CCC;margin:5px;'>网友:" + author + " 发表于"
+ Date() + "<br/>标题:" + title + "<br/>" + content + " Email:" + email + "</div>";
        $("#comments").prepend(newcom);                        //插入到元素内部的最前面
            } } );
} );      } );
</script>
<h3>网友评论</h3>
<div id = "comments">              <!-- 用来载入评论的内容 -->
   <div style = "border:1px solid #CCC;margin:5px 5px;"><img src = "onLoad.gif" alt = "加载中
…" /> 评论加载中……</div>         <!-- 未加载完时显示加载中图标和文字 -->
</div>
<form style = "margin:8px;">       <!-- 用来发表评论的表单 -->
  <table border = "0" align = "center" cellspacing = "1" bgcolor = "#333333">
  <caption>请在下面发表你的高见吧</caption>
  <tbody bgcolor = "#ffffff">
      <tr><td>昵称:</td><td><input type = "text" id = "author"></td></tr>
      <tr><td>邮箱:</td><td><input type = "text" id = "email"></td></tr>
     <tr><td>标题:</td><td><input type = "text" id = "title"></td></tr>
     <tr><td>内容:</td>
      <td><textarea id = "content" cols = "30" rows = "2"></textarea></td></tr>
      <tr><td></td>
      <td><input type = "button" id = "Submit" value = "发表评论"></td></tr>
  </tbody></table></form>

------------------------------- 清单 10 - 21.php -------------------------------
<?
header("Content - type: text/html; charset = gb2312");
require('conn.php');
 $act = $_REQUEST["act"];                    //获取 act 变量的值
if( $act == "load") {                        //如果是请求载入评论
    $result = $conn->query("select * from lyb order by ID desc limit 3");
    if( $result->num_rows > 0) {
       while( $row = $result->fetch_assoc()){ ?>
  <div style = "border:1px solid #CCC;margin:5px;">
   网友:<?= $row["author"] ?> 发表于<?= $row["date"] ?><br/>
   标题:<?= $row["title"] ?><br/>
   <?= $row["content"] ?> Email:<?= $row["email"] ?> </div>
<? }}
elseecho "<p>目前还没有用户留言</p>";
}
if( $act == "add") {                        //'如果是发表评论
    $title = unescape( $_POST["title"]);     //获取 10 - 21.html 传来的数据
    $author = unescape( $_POST["author"]);
    $email = unescape( $_POST["email"]);
    $content = unescape( $_POST["content"]); $date = date("Y-m-d h:i:s");
    $sql = "Insert into lyb(title,author,email,content,date) values(' $title',' $author',
' $email', ' $content',' $date')";
```

```
    if($conn->query($sql)) echo 1;              //'如果插入成功,则输出 1 给客户端
} ?>
```

图 10-17　无刷新评论系统的运行效果

说明:上述代码和 10.3.1 节添加记录的程序(10-19. php、10-20. php)很相似,但区别在于:

(1) 10-21. html 中的新闻是在页面载入后采用 Ajax 技术载入进来的,因此 10-21. html 中没有任何用来读取 lyb 表中的评论数据的 PHP 代码。

(2) 载入评论的容器元素♯comments 中本来就含有一个"正在加载……"的图标和文字,当载入完成后,这些内容会被评论信息替换掉,达到了不用 $. ajax()方法的 beforeSend 函数也能实现显示"正在加载"图标的效果。

(3) 该评论系统也采用了在服务器端和客户端分别插入记录的方法,服务器端插入记录成功后,发送标志 1 给客户端,客户端采用 prepend()方法动态插入 div 元素。

10.3.4　制作无刷新购物车程序

购物车程序是电子商务网站的常见功能模块,用户单击某件商品的"购买"按钮后,就将这件商品添加到购物车中,用户可以转到其他商品页中继续购物,购物车中的商品不会丢失。在 Ajax 技术以前,通常将购物车中的商品信息暂存到 Cookie 或 Session 中,这样转到其他页面购物车中的商品就不会丢失。

使用 Ajax 技术后,每当往购物车中添加一件商品,可以将商品信息以异步方式添加到数据表中,这样页面不会刷新,而且将商品信息保存在数据库中,即使用户关闭浏览器,购物车中的信息也会永久保存下来。

下面来制作购物车程序。购物车程序的数据库中包含有两个表,一是商品表 shop(id, name,price,type,img),分别保存商品的 ID、商品名、价格、类型和商品图片文件的 URL。另一个是购物车表 cart(id,name,price,num,type,spid,user),分别保存购物记录 ID、所购

商品名、所购商品价格、所购商品数量、类型、商品 ID 及客户名。

购物车程序 10-22. php 用来根据 ID 显示一种商品的信息。当在 shop. php 上单击"放入购物车"按钮后,就会将该商品的 ID 和商品名等信息发送给 cart. php,cart. php 将商品添加到购物车中或该商品在购物车中的数量,规则是:① 如果购物车中没有这种商品,就会将该商品添加到购物车中;② 如果购物车中已有该商品,就修改该商品的订购数量,最后根据购物车中每件商品的数量和单价计算客户需要支付的总价格。代码如下,运行效果如图 10-18 所示。

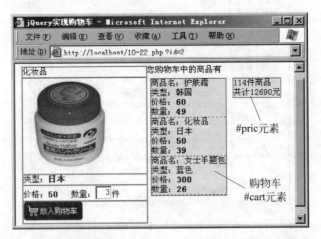

图 10-18　无刷新购物车程序(10-22. php? id＝2)的运行效果

```
------------------------------- 清单 10 - 22. php -------------------------------
<script>
$ (function(){
$ ("#order").click(function(){                          //当单击"放入购物车"按钮时
$ .get("cart.php",{id: $ ("#spid").val(),spn:escape( $ ("#spn").text()),spt:escape( $
("#spt").text()),spp: $ ("#spp").text(),num: $ ("#num").val(),sid:Math.random()},
                                                        //发送商品信息给 cart.php

function(data){
if(data == 1){                                          //如果购物车中没有这件商品
var newsp = "<div id = 'fff" + $ ("#spid").val() + "'>" + $ ("#spn").text() + "<br />" +
$ ("#spt").text() + "<br/><b>" + $ ("#spp").text() + "</b><br/><b>" + $ ("#num").val
() + "</b></div>";
$ ("#cart").prepend(newsp);                             //将新商品插入到购物车中
}
else{                                                   //如果购物车中已经有这件商品
    str = data.split("|");                              //得到商品 ID 和数量
    kk = "fff" + str[1];                                //获取商品 div 的 ID
    s = document.getElementById(kk);
    $ (s).find("b").eq(1).text(str[0]);                 //修改该商品的数量
}
var s = 0,n = 0;                                         //计算商品总价和商品总数量
$ ("#cart").children().each(function(){                 //对购物车中的每件商品
    p = parseInt( $ (this).find("b").eq(0).text());     //每件商品的单价
    y = parseInt( $ (this).find("b").eq(1).text());     //每件商品的数量
    s = s + y * p;        n = n + y;
```

```
  });
  $("#pric").html(n + "件商品<br>共计" + s + "元");
  });       });
})
</script>
<?      require('conn.php');
  $id = $_GET["id"];                        //从URL字符串获取商品的id,因此必须手工添加URL字符串
  $_SESSION["user"] = "tang";               //本来应从登录页面获取用户的用户名,这里直接设置
  $result = $conn->query("select * from shop where id = $id");        //显示ID对应的商品
  $row = $result->fetch_assoc();?>
<table width = "200" border = "1" cellspacing = "0" cellpadding = "0" style = "float:left">
  <tr><td id = "spn"><? = $row["name"] ?></td></tr>
  <tr><td><img src = "images/<? = $row["img"] ?>"/></td></tr>
  <tr><td>类型:<b id = "spt"><? = $row["type"] ?></b></td></tr>
  <tr><td>价格:<b id = "spp"><? = $row["price"] ?></b> 数量:
<input type = "text" value = "1" id = "num" size = "2" style = "text-align:right;"/>件</td>
</tr>
    <tr><td><input type = "image" src = "images/cart.png" id = "order"/>
    <input type = "hidden" id = "spid" value = "<? = $row["id"] ?>"/></td></tr>
</table>
<p style = "float:left">您购物车中的商品有</p><br />
<div style = " width:200; border:1px solid gray; background:#fee; height:200; float:left;
margin:5px" id = "cart"><!-- 该div表示购物车 -->
<? $result = $conn->query("Select * from cart where user = '". $_SESSION["user"]."' order
by id desc");
if($result->num_rows > 0) {
  while($row = $result->fetch_assoc()){ ?><!-- 循环输出购物车中的商品 -->
<div id = "fff<? = $row["spid"] ?>" style = "border-bottom:1px dashed red;">
商品名:<? = $row["name"] ?><br />类型:<? = $row["type"] ?><br />
价格:<b><? = $row["price"] ?></b><br />数量:<b><? = $row["num"] ?></b>
</div>
<? } }
else echo '当前购物车为空'; ?>
</div>
<div style = " width:200;border:1px solid gray; background:#fee; float:left; margin:5px" id
= "pric"></div><!—该div用来显示商品总数量和总价格 -->
           ----------------------------- 清单 cart.php-----------------------------
<? session_start();
header("Content-type: text/html; charset = gb2312");
require('conn.php');
$id = $_GET["id"];                  //获取商品ID
$spn = unescape($_GET["spn"]);      //获取商品名
$spt = unescape($_GET["spt"]);      //获取商品类型
$spp = $_GET["spp"]; $num = $_GET["num"];
$result = $conn->query("Select * from cart where spid = $id and user = '". $_SESSION
["user"]."'");
if($result->num_rows > 0) {              //如果购物车中有这种商品
        $sql = "update cart set num = num + ". $num." where spid = $id"; //将该商品数量增加
        $conn->query($sql);
        $result = $conn->query("Select * from cart where spid = $id and user = '". $_
SESSION["user"]."'");
```

```
            $ row = $ result -> fetch_assoc();
            echo $ row['num'].'|'. $ id; }              //输出该商品的 id 和最新的件数
else{                                    //如果购物车中没有这种商品,将该商品记录插入到 cart 表中
    $ sql = " insert into cart (spid, name, price, num, type, user) values ( $ id, '". $ spn."','".
    $ spp.",".$ num. ",'". $ spt."','". $ _SESSION["user"]."')";
    if( $ conn -> query( $ sql)) echo 1;               //如果插入记录成功则输出 1
} ?>
```

运行该程序时,需要在 10-22. php 后添加 ID 参数,如 http://localhost/10-22. php? id=1,将打开 ID 为 1 的商品页面。由于每个客户需要一个单独的购物车,因此 cart 表中必须有 user 字段,然后根据当前的登录用户查找 cart 表中该用户的购物车记录。但是本程序省略了用户登录模块,因此设置了一个 Session("user")="tang",在实际程序中可直接获取登录用户的 Session 变量值。

购物车程序一般还需要有清空购物车功能,也就是当单击"清空"按钮时,将清空 cart 表中某个用户的所有购物记录,清空购物车的代码留给读者思考。

10.4   以 Ajax 方式修改记录

10.4.1   基本的 Ajax 方式修改记录程序

修改记录的过程实际上可分为两步。

(1) 根据 ID 查找记录并将要修改的记录显示在表单中。当用户单击图 10-19 中每条记录后的"编辑"链接时,就会在页面下方的♯editbox 元素中动态加载供用户修改记录的编辑框,并将记录的各个字段显示在编辑框中。

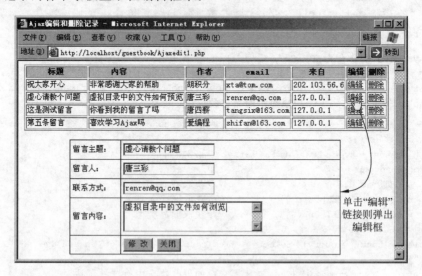

图 10-19   以 Ajax 方式编辑和删除记录的界面

制作步骤如下。

首先在客户端页面(10-23. php)的每条记录后放置一个"编辑"链接:

```
<tr id = "fff<? = $ row['ID'] ?>">  <! -- 给每行赋予一个不同的 ID 属性值 -->
    <td><? = $ row["title"] ?></td><td><? = $ row["content"] ?></td>…
    <td><a href = "javascript:;" onclick = "edit1(<? = $ row["ID"] ?>)">编辑</a></td></tr>
```

当单击该链接时,就会调用函数 edit1(id)并将这条记录的 ID 传递给该函数。为了方便通过记录 ID 找到记录所在的行,给每个 tr 标记增加了一个 ID 属性,其值为记录的 ID,由于 id 属性值不能以数字开头,故添加前缀 fff。

函数 edit1(id)的功能是:将 ID 值发送给服务器页面(10-24. php)进行查询,10-24. php 根据 id 查找到对应的记录并返回字符串,edit1()将返回的字符串进行切分后,放置在表单的各个表单域中,最后显示表单供用户对原记录进行修改。关键代码如下:

```
function edit1(id) {                            //根据传来的 ID 查询要修改的记录
    $ .post("10 - 24.php", {id:id,act:"edit"},
    function(data){
        str = data.split("|");                  //将返回的数据进行切分,并放置在表单文本框中
        str0 = '……< input type = "text" id = "title" value = "' + str[1] + '"></td></tr><tr>
<td>留言人:</td><td>< input type = "text" id = "author" value = "' + str[2] + '">……< input
type = "button" id = "Submit" value = "修 改" onClick = "javascript:modify1(' + str[0] + ');">
< input name = "reset" type = "reset" id = "reset" value = "关闭" onClick = "javascript:close2
();"/>';
        $ ("＃editbox").html(str0);
        $ ("＃editbox").fadeIn(300);            //以渐现方式显示弹出框
    }); }
```

(2) 用户在表单中修改信息并单击“修改”按钮后,就会调用函数 modify1(id),并将这条记录的 ID 传递给该函数,该函数首先获取用户在表单中输入的内容,将这些内容连同记录的 ID 一起发送给 10-24. php,10-24. php 根据 ID 找到记录进行修改,修改完成后发送数据 1 给客户端表示修改成功,客户端收到 1 后,就在页面上单独更新记录所在行的数据。最后关闭信息修改框的界面。关键代码如下:

```
function modify1(id)
{  title = $ ("＃title").val(); ……          //首先清空表单各输入框的内容
    $ .post("10 - 24.php",{
        title:escape(title),                    //发送表单中的内容和 ID 给 10 - 24.php
        id:id,… act:"modify" },
    function(data){
        if(data == 1)                           //如果服务器端修改成功
        { kk = "fff" + id;                      //找到记录对应的行
          s = document.getElementById(kk).firstChild;      //该行中的第一个单元格
          s.innerHTML = title;                  //逐个修改行中每个单元格的数据
          s = s.nextSibling; …… } } );
        close2()                                //关闭修改框
}
```

以 Ajax 方式修改记录的完整代码(10-23. php 和 10-24. php)如下,运行 10-23. php,并单击“编辑”链接后,页面下方将出现编辑框,如图 10-19 所示。用户在编辑框中输入了信息并单击“修改”按钮后,页面上方表格中的相应记录将会更新,同时编辑框会消失,整个过程

页面都不会刷新。

```
------------------------------ 清单 10 - 23.php ------------------------------
<script>
function edit1(id) {                              //显示该 ID 对应的记录到表单中
    $.post("10 - 24.php",{id:id,act:"edit"},    //发送 ID 给 10 - 24.php 进行查询
            function(data){
                    str = data.split("|");       //将服务器返回的数据进行切分
        //制作修改框,并将数据置在修改框中,\是将一行代码写成多行的分行符
str0 = '<table width = "600" border = "0" cellspacing = "1" bgcolor = "#999999">\
<form name = "form1"><tbody bgcolor = "#ffffff"><tr bgcolor = "#999999">\
<td width = "125">留言主题:</td>\
<td width = "475"><input type = "text" id = "title" value = "' + str[1] + '"></td></tr>\
    <tr><td>留言人:</td><td><input type = "text" id = "author" value = "' + str[2] + '">
</td></tr>\
    <tr><td>联系方式:</td>\
    <td><input type = "text" id = "email" value = "' + str[3] + '"></td></tr>\
    <tr><td>留言内容:</td><td>\
    <textarea id = "content" cols = "30" rows = "3">' + str[4] + '</textarea></td></tr>\
    <tr><td></td><td>\
    <input type = "button" id = "Submit" value = "修 改" onClick = "javascript: modify1(' + str
[0] + ');">\
    <input name = "reset" type = "reset" id = "reset" value = "关闭" onClick = "javascript:
close2();"/>\
    </td></tr></tbody></form></table>';     //字符串 str0 的内容到此才结束
            $("#editbox").html(str0);       //在弹出层中载入修改表单及其中的数据
            $("#editbox").fadeIn(300);      //以渐现方式显示修改弹出框
        });
}
function close2(){                               //关闭弹出框的函数
    $("#editbox").css("display","none");
}
function modify1(id){                            //修改记录的函数
    title = $("#title").val();author = $("#author").val();   //获取表单中的内容
    email = $("#email").val(); content = $("#content").val();
    $.post("10 - 24.php",{                       //发送 ID 和表单中的内容给 10 - 24.php
        title:escape(title), author:escape(author),
        email:escape(email), content:escape(content),
        id:id, act:"modify" },
            function(data){                      //在客户端修改记录
            if(data == 1){
                kk = "fff" + id;                 //根据 ID 找到记录对应的行
        s = document.getElementById(kk).firstChild;         //该行中的第一个单元格
        s.innerHTML = title;                     //修改第一个单元格的内容
        s = s.nextSibling;                       //该行中的第二个单元格
        s.innerHTML = content;
        s = s.nextSibling;                       //该行中的第三个单元格
        s.innerHTML = author;
        s = s.nextSibling;
        s.innerHTML = email; }
    close2(); });                                //关闭修改框
```

```
}
  function del1(id){}                         //根据ID删除记录的函数,在10.5.1节再加入代码
</script>
<? require('conn.php');                        //以下代码以表格形式显示记录
 $result = $conn->query("select * from lyb");
if( $result->num_rows>0) { ?>
<table align = "center" border = "1"><tr bgcolor = "#e0e0e0">
    <th>标题</th><th width = "100">内容</th><th width = "60">作者</th>
    <th>email</th><th width = "80">来自</th><th>编辑</th><th>删除</th></tr>
<tbody id = "make">
  <? while( $row = $result->fetch_assoc()){ ?>
    <tr id = "fff<? = $row['ID'] ?>"><!-- 不能加注释,该注释运行时必须删除 -->
    <td><? = $row["title"] ?></td>
    <td><? = $row["content"] ?></td><td><? = $row["author"] ?></td>
    <td><? = $row["email"] ?></td><td><? = $row["ip"] ?> </td>
    <td><a href = "javascript:;" onclick = "edit1(<? = $row["ID"] ?>)">编辑</a></td>
    <td><a href = "javascript:;" onclick = "del1(<? = $row["ID"] ?>)">删除</a></td>
  </tr>
  <? } ?>
</tbody></table>  <!-- 语句② -->
<? }
else echo "<p>目前还没有用户留言</p>";?><br/>
<div id = "editbox"></div>  <!-- 用来加载编辑框 -->、
```

10-24.php的功能分为两部分,即对于单击"编辑"链接时,就查找对应的记录,并以特殊字符串的形式输出该记录给10-23.php;对于单击"修改"按钮后,则修改对应的记录,并输出修改成功的标志1给10-23.php。

```
------------------------------ 清单10-24.php ------------------------------
<?    header("Content-type: text/html; charset = gb2312");
require('conn.php');
$id = $_POST["id"];                           //获取记录ID
$act = $_REQUEST["act"];
if( $act == "edit"){                          //显示记录中原有的内容到编辑表单中
    $sql = "select * from lyb where ID = $id order by ID desc";
    $result = $conn->query( $sql);
    if( $result->num_rows>0) {
        $row = $result->fetch_assoc();
        $id = $row["ID"]; $title = $row["title"];
        $author = $row["author"]; $email = trim( $row["email"]);
        $content = trim( $row["content"]);
        echo $id."|". $title."|". $author."|". $email."|". $content;
}}
if( $act == "modify"){                        //修改数据表中的相关数据,完成在服务器端的修改
    $id= $_POST["id"]; $title = unescape( $_POST["title"]);
    $author = unescape( $_POST["author"]);
    $email = unescape(trim( $_POST["email"]));
    $content = unescape(trim( $_POST["content"]));
    $sql = "Update lyb Set title = '$title',author = '$author',email = '$email',content =
'$content' Where ID = $id";
    if( $conn->query( $sql)) echo 1;          //输出1通知客户端记录已修改成功
```

```
}
if( $ act == "del"){}                    //删除记录,将在 10.5.1 节中实现
?>
```

这样就实现了在页面无刷新的情况下编辑和修改记录。为了有更好的用户体验,我们可以通过 CSS 属性将编辑框设置为绝对定位元素,然后设置它的偏移属性使其叠放在页面的指定位置上,效果如图 10-20 所示。为 #editbox 元素添加的 CSS 代码如下:

```
#editbox{
    width:402px;z - index:999;background:silver;
    position:absolute;top:20% ; left:30% ;
    border:1px #ccc solid;display:none;
    filter:dropshadow(color - #666666,offx - 3,offy - 3,positive = 2);
/*使用滤镜添加阴影效果*/
}
```

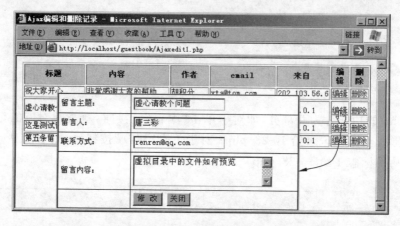

图 10-20   将编辑框设置成绝对定位元素后的效果

可以看出,一次修改记录的过程实际上与服务器进行了两次通信,第一次是发送 ID 给服务器查询对应的记录以显示在编辑框中,第二次是发送 ID 和编辑框中的内容给服务器以修改对应的记录。

10.4.2   制作无刷新投票系统

Ajax 方式修改记录的一个典型应用是制作无刷新投票系统。以制作一个书评投票系统为例,网页中列出了 5 条书评,你可以对它们投票。投票系统需要一个 news 表,在该表中有一个 dig 字段,记录了每条书评的票数。当用户为某条书评投票后,就使该书评记录中 dig 字段的值加 1,即该书评的票数加 1。普通的投票系统在投票后页面会刷新,使用 Ajax 技术后可以将用户投票的记录 ID 异步发送给服务器端,服务器端根据该 ID 查找到对应记录,再将该记录的 dig 字段值(票数)加 1。

为了防止用户重复投票,投票系统的一个基本要求是一个用户只能为一条新闻投一票,本例中采用 Session 判断是否是同一用户,如果 Session 变量不为空,表明是原来的用户,则不允许投票,显示"您已经投过票了"。

　　投票的过程是,当用户单击某条新闻后的"投一票"链接后,将调用函数 Dig(id),并将记录的 id 值传递给该函数,Dig(id)函数将该 id 值发送给 service.php 页面进行查询。如果存在该条记录,并且 Session 变量为空,表示可以投票,将该条记录的 dig 字段值加 1;否则输出"您已经投过票了"。如果找不到记录 id 对应的记录则显示参数错误。无刷新投票系统的代码(10-25.php 和 service.php)如下,10-25.php 的运行效果如图 10-21 所示。

```
---------------------------- 清单 10 - 25.php ----------------------------
< script >
function Dig(id) {                                        //当单击"投一票"链接时
    var content = document.getElementById("dig" + id);   // content 是显示"投一票"的元素
    // dig 是显示票数的元素,其 id 属性值为一个数字,如 id = "3"
    var dig = document.getElementById(id);
    $.ajax({
        type: "get", url: "service.php",
        data: {id:id,n:Math.random()},                   //发送记录 ID 给 service.php
        beforeSend:function(){ $(dig).html('< img src = "images/Loading.gif">');},
        success: function(data){                          //处理返回的数据
            r = data.split("|");
            if(r[0].indexOf("yt")!= -1 ) {      //已经投过票的情况,也可写成 r[0] == "yt"
                $(content).html("您已经投过票了!");
                $(dig).html(r[1]);                        //显示原来的票数
                }
            else if(data == "NoData")                     //没有找到记录
                {alert("参数错误!");}
            else{ $(dig).html(data);                      //服务器修改成功,更新票数
                $(content).html("投票成功");              //将投一票改成投票成功
                setTimeout("rightinfo(" + id + ")",3000); //3s 后调用 rightinfo(id)
                }}}); }
function rightinfo(id) {                                   //将"投票成功"还原成"查看"链接
    var content = document.getElementById("dig" + id);
    $(content).html('< a href = "shownew.php?id = ' + id + '">查看</a>');
}
</script>
<? require('conn.php');
$result = $conn -> query("Select * From News Order By ID Desc");
if( $result -> num_rows > 0) {
  while( $row = $result -> fetch_assoc()){
?>
< div class = "news" style = "padding:6px; border:1px solid green; margin:5px;width:450px;">
< div çlass = "dig" style = "float:right;clear:both">
    < h3 id = "<? = $row["ID"]?>"><? = $row["dig"]?></h3 ><! -- h3 是 $(dig)对象 -->
    < p id = "dig<? = $row["ID"]?>"><! -- p 是 $(content)对象 -->
    < a href = "javascript:Dig(<? = $row["ID"]?>);">投一票</a></p>
</div>
< div class = "content" style = "float:left; clear:both">
```

```php
    <h3><?=$row["ID"]?><a href="#"><?=$row["title"]?></a></h3>
    <?=substr($row["content"],0,30)?><br />作者:<?=$row["addname"]?> 评论:
    <?=$row["pinglun"]?>条 时间:<?=substr($row["addtime"],0,10)?></div>
</div>
<?}}?>
```

---------------------------- 清单 service.php ----------------------------

```php
<? session_start();
header("Content-type: text/html; charset=gb2312");
require('conn.php');
$id = $_GET["id"];                      //获取记录ID
$sql = "Select * From news Where id=$id";
if($_SESSION["id".$id]<>""){            //如果这条记录已经投过票了
    $result = $conn->query($sql);
    if($result->num_rows==0)
        echo "NoData";
    else{
        $row = $result->fetch_assoc();
        echo 'yt|'.$row["dig"];
    }}
else{                                    //尚未投过票的情况
    $result = $conn->query($sql);
    if($result->num_rows==0)
        echo "NoData";
    else { $row = $result->fetch_assoc();
        $dig = $row["dig"];
        $sql = "Update news Set dig=$dig+1 Where ID=$id";
        $conn->query($sql);             //将数据库中的票数加1
        $_SESSION["id".$id] = $id;      //写入Session变量
        echo ++$dig;
    }}
?>
```

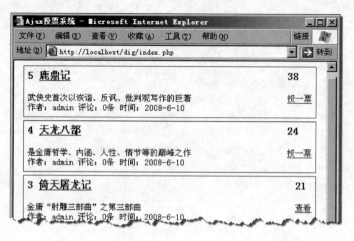

图 10-21　Ajax 投票系统(10-25.php)运行效果图

该实例中,单击"投一票"链接,如果投票成功后会显示"投票成功"提醒用户,但过 3s 之后"投票成功"又会恢复成"查看"链接。

10.5　以 Ajax 方式删除记录

10.5.1　基本的删除记录程序

在图 10-19(程序 10-23.php)中已经提供了"删除"记录的链接,当用户单击"删除"链接时,将调用函数 del1(id),并将记录的 ID 值传递给该函数,函数 del1(id)将 ID 用 $.get 方法发送给服务器端,服务器根据该 ID 删除对应的记录后,重新执行查询,将删除后记录表中的数据输出给客户端,客户端将这些数据载入到 DOM 元素中。

删除记录的程序可以和修改记录的程序(10-23.php)写在一起。首先把下面的代码替换 10-23.php 中 function del1(id) {}。

```
------------------ 清单 10-23p.php(添加到 10-23.php 中的代码) ------------------
function del1(id){
    $.get("10-24.php",{id:id,act:"del"},
        function(data){                         //回调函数
            $("#make").html(data);
    });  }
```

然后将下面的代码加到 10-24.php 的末尾,用来在服务器端删除记录。再运行 10-23.php 文件,单击图 10-22 中"删除"链接即可以实现不刷新网页"删除"记录。

```
------------------ 清单 10-24p.php(添加到 10-24.php 中的代码) ------------------
<? if( $act == "del"){
    $id = $_GET["id"];
    $sql = "delete from lyb where ID = $id"; //删除 id 对应的记录
    if( $conn->query( $sql)){
    //---------- 代码段 A 开始 --------------------
    $result = $conn->query("select * from lyb order by ID desc");
    while( $row = $result->fetch_assoc()){ ?>
        <tr id = "fff<?= $row['ID'] ?>">
<td><?= $row["title"] ?></td><td><?= $row["content"] ?></td>
<td><?= $row["author"] ?></td><td><?= $row["email"] ?></td>
<td><?= $row["ip"] ?> </td>
<td><a href = "javascript:;" onclick = "edit1(<?= $row["ID"] ?>)">编辑</a></td>
<td><a href = "javascript:;" onclick = "del1(<?= $row["ID"] ?>)">删除</a></td>
</tr>   <? }
        //-------------- 代码段 A 结束 --------------
} }?>
```

与添加记录一样,删除记录也可以不将删除后更新的结果集重新传给客户端,而是在 10-24p.php 删除记录成功后发送标志 1 给客户端,客户端页面简单地删除该条记录对应的表格行。为此,可以将上述代码中的代码段 A 替换成如下的代码:

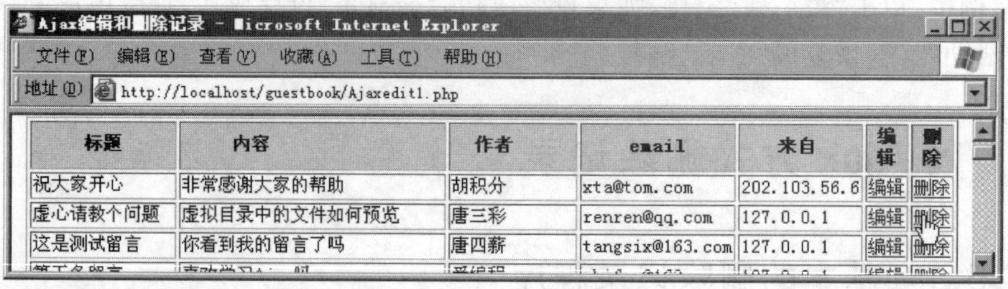

图 10-22　无刷新删除记录的程序运行效果

```
        echo 2;                                    //输出2通知客户端记录已修改成功
```

再将 10-23p.php 中函数 del1(id)的回调函数修改如下：

```
function del1(id){
    $.get("10-24.php",{id:id,act:"del"},
        function(data){
            if(data==2) {                          //如果收到数据2,表示服务器端已删除成功
                kk="fff"+id;
                s=document.getElementById(kk);     //找到被删除记录对应的表格行
                $(s).remove();                     //使用jQuery的remove()方法删除该tr元素
            } }
    );   }
```

这样删除记录后不需要重新载入更新后的数据表,删除操作的速度更快了。

10.5.2　同时删除多条记录的程序

在 5.3.4 节中,给出了同时删除多条记录的程序。本节我们用 Ajax 方式实现无刷新的同时删除多条记录。为此,首先修改图 10-22 的网页外观,将每条记录后的"删除"链接替换成一个复选框,只要将清单 10-23.php 中的"删除"超链接代码修改如下：

```
<td><input type="checkbox" name="sel" value="<%=rs("id")%>"></td>
```

然后在表格下方添加一行用来放置"删除"按钮,效果如图 10-23 所示。这只需在 10-23. php 中的语句②前添加如下代码：

```
<tr bgcolor="#E0E0E0"><td></td><td></td><td></td><td></td><td></td>
 <td><input type="button" value="删 除" onclick="del2()"></td></tr>
```

这样,当单击"删除"按钮时,将执行函数 del2()。该函数首先获取选中的所有复选框的 value 值(保存了记录的 id 值),然后将它们逐个添加到数组 delsel[]中,再将数组 delsel[]中的所有元素连接成字符串 idstr,这样 idstr 中就保存了形如"5,8,9"的多条记录 id,将 idstr 发送给 10-24.php 进行删除,如果收到 10-24.php 删除成功的标志 1,则在客户端删除每条记录对应的行。

函数 del2()的代码如下,将其添加到 10-23.php 文件中即可。

```
function del2(){                                      //单击"删除"按钮时执行
var delsel = new Array();                             //定义数组 delsel
$(":checkbox:checked").each(function(){               //对每个被选中的复选框
    delsel[delsel.length] = this.value;               //将选中记录的 ID 值保存到数组中
});
idstr = delsel.join();                                //将数组 delsel 转换成字符串
$.get("10 - 24.php",{id:idstr,act:"mutidel"},         //发送选中记录 id 组成的字符串给 10 - 24.php
function(data){
    if(data == 1){
        for(i in delsel){                             //对每个数组中保存的记录 ID 值
            kk = "fff" + delsel[i];
            s = document.getElementById(kk);          //被删除的记录对应的行
            $(s).remove();                            //删除行
        } }  } );
}
```

提示： 在上述代码中，数组 delsel 最初为空，因此 delsel.length 初值为 0，则 delsel[delsel.length]＝this.value 会把第一个选中元素的值保存到 delsel[0]中，这样 delsel.length 的值变为 1，则第二次遍历时，就会把第二个选中元素的值保存到 delsel[1]中，如此循环。

最后在 10-24.php 的代码中增加处理删除多条记录的程序：

```
if($act == "mutidel"){
    $id = $_GET["id"];
    $sql = "delete from lyb where ID in ($id)";       //删除多条记录
    if($conn->query($sql)) echo 1;
}
```

这样修改完成后，10-23.php 文件的运行效果如图 10-23 所示。

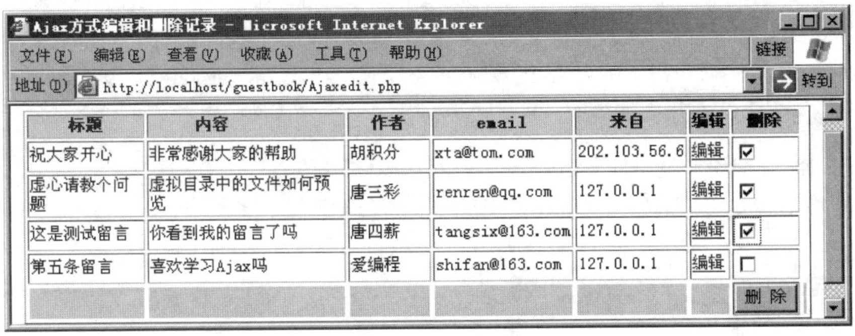

图 10-23　以 Ajax 方式同时删除多条记录

10.6　以 Ajax 方式进行结果集分页

使用 Ajax 技术实现无刷新分页的思路是这样的，客户端页面发送页码给服务器端，服务器端根据该页码进行查询，返回该页对应的结果集，客户端将返回的内容载入到 DOM 元素中即实现了分页,这从本质上看是以 Ajax 方式查询数据库。

10.6.1　基本的 Ajax 分页程序

传统的分页程序中,分页一般是将页码通过 URL 参数的形式传递给分页程序的,在 Ajax 中,可以将页码作为 $.get()方法的参数传递给动态页,然后动态页根据该参数回显某一页的内容给前台页面,前台页面再载入该分页的内容。为此,每个分页链接不再指向一个 URL 地址,而是链接到一个分页的函数,该函数中有一个参数用来传递页码给服务器。

制作步骤为:首先将 5.4.1 节中的分页程序稍作修改,主要是修改了分页链接的代码,单击分页链接后将调用 getweblist(n)函数,并将页码传递给该函数,修改后的代码如下:

```php
------------------------------ 清单 10-26.php ------------------------------
<? header("Content-type: text/html; charset=gb2312");
require('conn.php');
$act = $_GET["act"];
if( $act == "list"){
    $sql = "select * from lyb order by ID desc";
    $result = $conn->query($sql);
    $RecordCount = $result->num_rows;
    if( $RecordCount > 0) {
        if( $_GET["pageNo"] == "") $pageNo = 1;           //如果没有页码则显示第一页
        else $pageNo = intval( $_GET["pageNo"]);
$PageSize = 4;                                            //设置每页显示 4 条记录
$PageCount = ceil( $RecordCount/ $PageSize);
    $result->data_seek(( $pageNo-1) * $PageSize);
    for( $i=0; $i< $PageSize; $i++){
        $row = $result->fetch_assoc();
    if( $row){                                            //如果记录不为空,用来处理末页的情况
    echo "<tr><td width='100'>". $row["title"]."</td>";
    echo "<td>". $row["content"]."</td><td>". $row["author"]."</td>";
    echo "<td>". $row["email"]."</td><td>". $row["ip"]."</td>";
    echo "<td><a href='javascript:;' onclick='edit1(". $row["ID"].")'>编辑</a></td>";
    echo "<td><a href='javascript:;' onclick='del1(". $row["ID"].")'>删除</a></td></tr>";
    }}
        //下面是显示分页链接的代码
$Str = $Str . "<a href='javascript:void(getweblist(1))'><<</a> ";
    for( $i=1; $i<= $PageCount; $i++){
        if( $i == $pageNo)
$Str = $Str. "<span style='font-weight:bold;color:red;font-size:16px;'>". $i ."</span> ";
        else
        $Str = $Str."<a href=javascript:void(getweblist(". $i."))>". $i ."</a> "; }
$Str = $Str ." <a href='javascript:void(getweblist(" . $PageCount . "))'>>></a>";
echo "<tr><td colspan='7'>". $Str."</td></tr>";
} } ?>
```

需要注意的是,虽然该文件中没有 getweblist()函数,但是当 10-26.html 调用该页面时,会将该页面中的内容加载到 10-26.html 中,因此单击分页链接时仍然可以调用到 getweblist()函数。

调用该分页程序的页面 10-26.html 的代码如下，它的运行效果如图 10-24 所示。

```
------------------------------清单 10 - 26.html------------------------------
< script src = "jquery.min.js"></script>
< script>
 $ (function(){
    getweblist(1);                  //页面加载时显示第 1 页
 });
 function getweblist(str) {         //单击分页链接时执行的函数
   $ .get("10 - 26.php",{act:"list",pageNo:str,n:Math.random()},     //发送页码给 10 - 26.php
   function(data){
       $ (" # list").html(data);
   });
 }</script>
< table align = "center" border = "1"><tr bgcolor = " # e0e0e0">
    < th>标题</th><th width = "100">内容</th>……< th>删除</th></tr>
< tbody id = "list"> </tbody>
</table>
```

图 10-24 基本的 Ajax 分页程序

10.6.2 可设置每页显示记录数的分页程序

我们还可以给分页程序添加能让用户选择每页显示多少条记录的功能，如图 10-25 所示。

图 10-25 Ajax 分页显示记录带设置每页显示几条

制作步骤是：在 10-26. html 的页面中增加一个 p 元素得到 10-27. html，页面载入时调用 rightinfo()函数让 p 元素内显示"修改每页显示条数"的链接。单击该链接会调用 edit() 函数，edit()函数将 p 元素内的 HTML 内容修改为每页记录数的文本框和"保存"按钮。单击按钮，就会调用 save(n)函数，并将用户输入的每页记录数传递给该函数，save(n)函数将 pagesize 发送给 10-27. php，10-27. php 就会根据它的值作为每页记录数重新分页，并将 pagesize 值保存在 session("page")变量中，这样刷新后仍会按指定的每页记录数分页。save(n)函数再调用 getweblist(1)函数，10-27. php 就会返回修改每页记录数后的第一页结果集给 10-27. html。

可设置每页记录数的分页程序代码（10-27. html 和 10-27. php）如下，运行结果见图 10-25。

```
------------------------------ 清单 10 - 27. html ------------------------------
<script>
  $ (function(){                                //页面载入时执行
        getweblist(1);                          //显示第一页
        rightinfo();                            //显示修改每页条数链接
});
    function getweblist(str){                    //发送页码并显示某一页的函数
        $ .post("10 - 27.php",{act:"list",pageNo:str},
            function(data) {
                $ ("#list").html(data);});      //载入当前页
}
function rightinfo() {                            //设置#right 元素中显示修改分页条数链接
    $ ('#right').html('<a href = "javascript:edit()">修改每页显示条数</a>');
}
function edit() {                                 //供用户输入每页记录数的函数
    var str = '<form style = "margin:0">每页显示 <input type = "text" id = "pagesize" size = "3"> 条
<input type = "button" id = "savebtn" value = "保存" onclick = "save()"> <input type = "button"
id = "cancelbtn" value = "取消" onclick = "rightinfo()"></form>'
    $ ('#right').html(str);                      //将 str 变量的值写入#right 元素中
}
function save(n) {                                //发送每页显示记录数的函数
    n = $ ("#pagesize").val();                   //获取文本框中的值
    if (n == ''||/[0 - 9] + /.test(n) == false) { //判断用户输入的是否是数字
        alert("请正确填写每页显示条数! ");
        return;}
    $ .post("10 - 27.php",{act:"save",pagesize:n});
        getweblist(1);                           //重新获取修改后第一页的数据
        setTimeout("rightinfo()",3000);          //3s 后将#right 元素的原始内容写入
}
</script>
<h3 align = "center">Ajax 分页显示记录</h3><p align = "center" id = "right"></p>
<table align = "center" border = "1"><tr bgcolor = "#e0e0e0">
    <th>标题</th><th width = "100">内容</th>……<th>删除</th></tr>
<tbody id = "list"></tbody>
</table>
```

10-27. php 文件的功能分为两部分，即 $ act == "save"时和 $ act == "list"时的代码：

```php
—————————————————————————— 清单 10－27.php ——————————————————————————
<? session_start();
header("Content－type: text/html; charset＝gb2312");
require('conn.php');
$ act = $ _POST["act"];
if( $ act == "save") {                        //按了保存页数的按钮
    $ PageSize = $ _POST["pagesize"];
    $ _SESSION["PageSize"] = $ PageSize;      //将每页显示的记录数保存到 Session 变量中
}
if( $ act == "list") {                        //根据页码显示某一页的记录
        $ result = $ conn－>query("select * from lyb order by ID desc");
        $ RecordCount = $ result－>num_rows;
        if( $ RecordCount > 0) {              //如果有记录
            if(isset( $ _POST['pageNo']) && (int) $ _POST['pageNo']> 0)        //获取页码
                $ pageNo = $ _POST['pageNo'];
            else $ pageNo = 1;
//开始分页显示,指向要显示的页,然后逐条显示当前的所有记录
if( $ _SESSION["PageSize"] == "") $ _SESSION["PageSize"] = 4;
$ PageSize = $ _SESSION["PageSize"];          //从 Session 变量中获取每页显示记录数
$ PageCount = ceil( $ RecordCount/ $ PageSize);
$ result－>data_seek(( $ pageNo - 1) * $ PageSize);        //将结果集指针指到该页的第一条记录
for( $ i = 0; $ i< $ PageSize; $ i++){
        $ row = $ result－>fetch_assoc();
        if( $ row){                           //如果记录不为空,用来处理末页的情况
            echo "< tr>< td width = '100'>". $ row["title"]."</td>";
            echo "< td>". $ row["content"]."</td><td>". $ row["author"]."</td>";
            echo "< td>". $ row["email"]."</td><td>". $ row["ip"]."</td>";
            echo "< td>编辑</td><td>删除</td> </tr>";
    }}
//下面是显示分页链接的代码
$ Str = $ Str . "< a href = 'javascript:void(getweblist(1))'><<</a> ";
for( $ i = 1; $ i <= $ PageCount; $ i++){
    if( $ i == $ pageNo)
$ Str = $ Str. "< span style = 'font－weight:bold;color:red;font－size:16px;'>" . $ i .
"</span> ";
    else
$ Str = $ Str."< a href = javascript:void(getweblist(". $ i ."))>". $ i ."</a> ";
}
$ Str = $ Str . " < a href = 'javascript:void(getweblist(" . $ PageCount . "))'>>></a> ";
echo "< tr>< td colspan = '7'>". $ Str."</td></tr>";
} } ?>
```

10.6.3 添加、删除记录程序的分页显示

有时可能希望分页显示记录的程序同时还具有添加、编辑、删除记录或查找记录的功能。例如在图 10-24 中,当在某一页中执行添加或删除记录后,仍然能正确显示更新后这一页的记录。

以删除记录为例,当单击"删除"链接后,就执行 del1(id,str)函数,该函数比原来的 del1(id)函数增加了一个参数 str,用来保存当前页的页码。这样通过发送参数 ID 将记录删

除后,再调用分页的函数 fy(),分页函数获取到页码参数后,就发送当前页给客户端。制作步骤如下:

首先在分页程序的客户端页面(10-26.html)中添加处理删除的函数 del1(id,str)的代码。也就是把 10-26.html 的 JavaScript 代码修改如下,其他代码不变:

```javascript
$(function(){
    getweblist(1);                        //页面加载时显示第一页
});
function getweblist(str) {                //单击分页链接执行的函数
    $.get("10-28.php",{act:"list",pageNo:str,n:Math.random()},
    function(data){
        $("#list").html(data);});
    }
function del1(id,str){                     //单击"删除"链接将调用的函数,注意该函数有两个参数
    $.get("10-28.php",{id:id,act:"del",pageNo:str},
    function(data){
        $("#list").html(data); } );    //删除完毕后重新载入当前页的记录
    }
```

然后修改 10-26.php 的代码,主要改动是在删除记录后重新调用了分页程序。为此,可以将 10-26.php 中的分页代码写在一个函数 fy()中,在删除记录完成后调用函数 fy(),这就相当于重新载入了删除记录后的当前页。代码如下:

```php
----------------------------- 清单 10-28.php -----------------------------
<? header("Content-type: text/html; charset=gb2312");
require('conn.php');
    $act = $_GET["act"];
    $id = $_GET["id"];
if( $act == "del"){                               //如果是删除操作
        $sql = "delete from lyb where id = $id";
        if ($conn->query($sql)) fy();             //删除成功后调用分页函数}
if( $act == "list") fy();                         //如果是显示记录,调用分页函数
function fy() {                                   //fy()函数:用来对结果集进行分页
        $sql = "select * from lyb order by ID desc";
        global $conn;                             //为使用函数外的变量$conn,必须将其定义为全局变量
        $result = $conn->query($sql);
        $RecordCount = $result->num_rows;
if( $RecordCount > 0) {
    if(isset($_GET['pageNo']) && (int)$_GET['pageNo']>0) //获取页码
        $pageNo = $_GET['pageNo'];
else    $pageNo = 1;
//开始分页显示记录,指向要显示的页,然后逐条显示当前的所有记录
$PageSize = 4;                                    //设置每页显示 4 条记录
$PageCount = ceil($RecordCount/$PageSize);        //计算页数
$result->data_seek(($pageNo-1) * $PageSize);      //将结果集指针移到某页第一条记录
for($i = 0; $i < $PageSize; $i++){
        $row = $result->fetch_assoc();
        if($row){                                 //如果记录不为空,用来处理末页的情况
        echo "<tr><td width='100'>". $row["title"]."</td>";
        echo "<td>". $row["content"]."</td><td>". $row["author"]."</td>";
        echo "<td>". $row["email"]."</td><td>". $row["ip"]."</td>";
        echo "<td><a href='javascript:;' onclick='edit1(". $row["ID"].")'>编辑</a></td>";
```

```
            echo "< td >< a href = 'javascript:;' onclick = 'del1(". $ row["ID"].",". $ pageNo.")'>
删除</a></td></tr>"; //注意 del1 函数有两个参数
    }}
//下面是显示分页链接的代码,与 10 - 27.php 中显示分页链接代码完全相同,故省略
?>
```

对于添加记录或查找记录的 Ajax 程序,如果要使其具有分页功能,一般也是在客户端传递页码给服务器,服务器端添加或查找完成后重新调用 fy()函数。

10.7　Ajax 程序的转换与调试技巧

10.7.1　将原始 Ajax 程序转换成 jQuery Ajax 程序

实际上,原始的 Ajax 程序很容易转换成 jQuery Ajax 程序。在转换之前,我们不妨来对两者进行一个比较,如表 10-1 所示。

表 10-1　原始的 Ajax 程序与 jQueryAjax 程序的比较

	原始的 Ajax	jQuery Ajax 程序
载入文档	XMLHttpRequest 对象的实例的 open()方法,如:xmlHttpReq. open("GET", "9-2. html", True);	通过 $. get()方法的第一个参数
发送数据	① 通过 URL 字符串 ② 通过 XMLHttpRequest 对象的 send 方法	① 通过 $. get()方法的第二个参数 ② 通过 URL 字符串
服务器返回的数据	存放在 responseText 或 responseXML 中	回调函数 function(data)中的 data 参数

处理服务器返回数据的代码	function RequestCallBack(){
	if(xmlHttpReq. readyState == 4
	&& xmlHttpReq. status == 200){
	　//位于此处
	　} }
		function(data){
		　//位于此处
		　}

以异步检测用户名的程序 10-11. html 为例,如果要将其用原始 Ajax 程序编写,则代码如下:

```
< script >
  function check() {
     var xmlhttp;                      //创建 XMLHttpRequest 对象
     if (window. ActiveXObject){        //针对 IE 6
        xmlhttp = new ActiveXObject("Microsoft. XMLHTTP");}
     else if (window. XMLHttpRequest){    //针对除 IE 6 以外的浏览器
        xmlhttp = new XMLHttpRequest();   //实例化一个 XMLHttpRequest
     }
user = document. getElementById("user"). value;
```

```
      if (user == "") { msg = "用户名不能为空";
        var ch = document.getElementById("prompt");
        ch.innerHTML = "<font color = '♯aaaaaa'>" + msg + "</font>";
        return false; }
    //发送请求
    xmlhttp.open("get","10 - 11.php?username = " + user + "&n = " + Math.random());
    xmlhttp.onreadystatechange = function() {
      if(xmlhttp.readyState == 4) {
        if(xmlhttp.status == 200) {
          if (xmlhttp.responseText == 1) //如果返回的数据是1
            msg = "<font color = ♯0000ff>可以注册</font>";
          else msg = "<font color = ♯ff0000>此用户名已经注册</font>";
        }
        else msg = "网络连接失败";
        var ch = document.getElementById("prompt");
        ch.innerHTML = msg; } }
    xmlhttp.send(null); }
</script>
<!-- 下面仅给出对 10 - 11.HTML 作了修改的 HTML 代码,其他 HTML 代码同 10 - 11.html -->
<input type = "text" id = "user" size = "15" onblur = "check()">
```

由此可见,如果要将原始 Ajax 程序转换成 jQuery 的 Ajax 程序,可以将创建 XMLHttpRequest 对象的代码全部忽略,因为 jQuery 会自动创建。然后再找 xmlhttp.open()里面的内容,将 URL 地址中的文件名写在 $.get() 方法的第一个参数中;将"?"后的 URL 字符串写成 JSON 格式(如{username:user,n:Math.random()})作为 $.get() 方法的第二个参数;再将处理服务器返回数据的代码写在 $.get() 方法的第三个参数回调函数中即可。

最后可将 DOM 获取元素的方法(如 document.getElementById),DOM 设置元素内容的方法(如 ch.innerHTML)全部改写成 jQuery 获取元素或设置内容的方法。

为了使读者能深入了解 XMLHttpRequest 对象,表 10-2 和表 10-3 分别列出了 XMLHttpRequest 对象的所有方法和属性。

表 10-2　XMLHttpRequest 对象的方法

方　法	说　明
open()	创建一个新的 HTTP 请求,并指定此请求的方式、URL 以及是否异步发送
send()	发送请求给服务器
setRequestHeader()	在发送请求之前,单独指定请求的某个 HTTP 头
getAllResponseHeaders()	获取响应的所有 HTTP 头
getResponseHeader()	从响应信息中根据 HTTP 头的名字获取指定的 HTTP 头
abort()	停止发送当前请求

表 10-3　XMLHttpRequest 对象的属性

属　性	说　明
onreadystatechange	该属性用于指定 XMLHttpRequest 对象状态改变时的事件处理函数
readyState	XMLHttpRequest 请求的处理状态

属　　性	说　　明
responseText	将服务器对请求的响应表示为一个文本字符串
responseXML	将服务器对请求的响应表示为 XML 格式的文档
status	服务器返回的状态码,如 200 对应 OK,403 对应 Forbidden
statusText	服务器返回的状态文本信息,如 OK、Forbidden、Not Found

注：只有当服务器的响应已经完成,才能获取 status 和 statusText 属性的信息。

10.7.2　调试 Ajax 程序的方法

Ajax 程序的运行过程是,先运行前台的 HTML 页面,然后执行前台页面中的 JavaScript Ajax 代码,Ajax 代码通常会向后台页面发送请求,此时会执行后台的动态页面(如 PHP),动态页面执行完毕后,会输出结果,最后前台页面载入后台页面执行的结果。

1. 编写 Ajax 程序容易出错的地方

(1) 如果是要输出指定格式的字符串给客户端,则服务器端代码外面不能有多余的空格或空行,例如"<?"前面不能有空格,"?>"后面也不能有空格或空行,否则这些空格会与指定格式的字符串一起发送给客户端,导致客户端收到的字符串有空格,这可能使字符串格式不符要求。例如 10.4.2 节中的 service.php,如果 PHP 代码外面有空格就会出错。

(2) 如果要输出 JSON 或 XML 格式的字符串给客户端,则代码中不要添加 HTML 注释(但可以添加 PHP 注释,PHP 注释会被服务器解释后,不会发送给客户端),否则 HTML 注释会和 JSON 字符串混杂在一起发送给客户端,导致客户端收到的 JSON 字符串不正确。例如 10.1.2 节中的 10-2.php,如果在 PHP 代码外添加 HTML 注释将运行不正常。

2. 后台程序的调试

调试 Ajax 程序时,应从后台往前台进行,也就是说,首先执行后台页面,看后台页面运行是否正常。这是因为,如果后台页面有错误,则前台页面调用后台页面只是接收不到数据,前台页面并不会报任何错误。测试后台动态页面又分为两种情况。

(1) 如果该动态页面不需要获取参数就可以运行,那么直接运行该文件即可。

(2) 如果动态页面需要先获取参数才能运行,那么可以自己在地址栏中输入参数,如要运行 10-11.php,则直接在地址栏中输入 http://localhost/10-11.php? username＝tang,看运行结果是否正确。如果有错误(最常见的是访问数据库的错误),则根据提示的 ASP 脚本错误信息来调试解决。

3. 前台页面的调试

如果后台页面单独调试显示的信息正常,则表明错误是在前台页面发生的,此时可以在可能出错的位置添加 alert 语句,输出某些变量的信息。如在回调函数 function(data){}中,添加类似 alert(data)、alert(data[1].username)、alert($(data))之类的调试语句,看弹出的内容和后台动态页面输出的内容是否一致。如果不一致,应考虑是编码问题;如果一致,则应考虑字符串未转换成 JSON 对象,或数组未转换成字符串等。

4. 关于引用的 jQuery 框架版本的问题

jQuery 1.5 以上的版本将 Ajax 部分重写了,不再返回 XMLHttpRequest 对象,而是返回 jqXHR 对象。因此,本书中有少数程序只能在 jQuery 1.4 程序中通过(如级联下拉框的程序和股票查询系统程序),升级到 jQuery 1.5 以上版本后这些程序会出错。建议读者使用 jQuery 1.4 版本。但也不要选择更低的版本(如 jQuery1.2),否则因为有些 jQuery 方法不支持也会出错。

习 题

1. 在 Ajax 程序中,显示记录的程序和查询记录的程序有何区别?

2. 在 Ajax 程序中,如果要以自定义的格式显示从服务器传来的数据,通常有哪两种方法?

3. 用 Ajax 程序向数据表添加记录时,如何在客户端和服务器端分别添加记录?

4. 在网页上制作一个仿 Excel 可编辑表格的界面,它可读取数据库中的整个数据表到网页上,并且可以在网页上对该数据表进行编辑,数据表中的数据将同步更新。

MySQL数据库的迁移和转换

A.1 使用 phpMyAdmin 导出导入数据

1. MySQL 数据库的迁移

有时为了把 PHP 程序迁移到另一台计算机上运行，或上传到服务器上，需要将 PHP 程序访问的 MySQL 数据库也一起迁移。迁移 MySQL 数据库有两种方案。

（1）复制目录的方式：每个 MySQL 数据库对应一个目录，例如数据库 lyb 对应 D：\AppServ\MySQL\data\lyb 目录，该目录下保存了数据库中的相关数据。如果要移动数据库 lyb 到另一台机器，只需把该数据库对应的目录复制到另一台机器的\MySQL\data 目录下即可（注意：复制之前必须先停止 MySQL 服务器）。

（2）导出和导入".sql"文件的方式：可以将一个数据库（或表）导出成一个".sql"文件，该".sql"文件中包含了很多条 SQL 命令，用来创建所有表的结构和插入数据。在另一台机器上先创建一个空数据库，再将这个".sql"文件导入到空数据库中即可。

2. 使用 phpMyAdmin 导出和导入数据

（1）在 phpMyAdmin 中导出数据库的步骤是：①在图 5-3 的左侧单击选择要导出的数据库（或表），然后单击图 5-3 上方的"导出"选项卡，就会出现"查看数据库的转存"界面（图 A-1），选中"另存为文件"，单击"执行"按钮，就会生成并提示下载"*.sql"的文件。

（2）导入数据库的步骤是：①首先创建一个空数据库（图 5-2），然后单击图 5-3 上方的"Import"选项卡，就会出现导入 SQL 文件界面（图 A-2），选择一个".sql"的文件，然后指定该文件的字符集（若不知道文件的字符集，可以用记事本打开该文件，然后选择菜单命令"文件"→"另存为"，在"另存为"对话框下方的"编码"中，就可以看到它的字符集），单击"执行"按钮，如果提示导入成功，就将数据导入进了空数据库中。

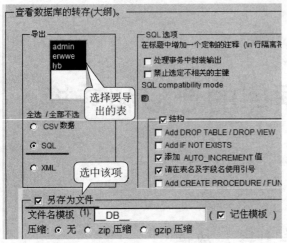

图 A-1　数据库的转存

图 A-2　导入 sql 文件

A.2　使用 Navicat for MySQL 管理数据库

Navicat for MySQL 是一个 C/S 结构的 MySQL 数据库管理系统,其功能比 phpMyAdmin 更加强大。Navicat 10.1 的界面如图 A-3 所示,下面来讲解它的使用方法。

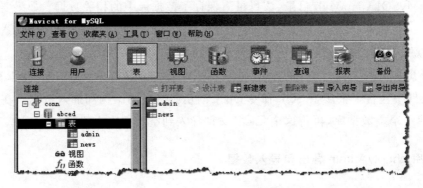

图 A-3　Navicat for MySQL 的界面

1. 连接 MySQL 服务器

Navicat 在使用前,必须先连接数据库服务器,单击图 A-3 工具栏中的"连接"按钮,将弹出"新建连接"对话框(图 A-4),"连接名"可任取一个名字,输入正确的用户名和密码即可。连接成功后,在图 A-3 左侧的导航窗口中双击连接图标 conn 就可看到本机上所有的 MySQL 数据库。

图 A-4　"新建连接"对话框

2．新建数据库

在图 A-3 连接图标上右击，选择新建数据库，然后输入数据库名即新建了一个数据库。

3．新建表

新建完数据库后，接下来当然是新建表了。在图 A-3 左侧导航栏中的"表"上按右键，选择"新建表"，将弹出新建表窗口（图 A-5），在这里可定义表中的每个字段，并设置主键等。其中"栏位"表示"字段"，单击"添加栏位"就可添加一个字段。定义完字段后，单击"保存"按钮，输入表名即新建了一个表。如果以后要修改表的结构，在图 A-3 中选中该表，单击工具栏中的"设计表"按钮就可以了。

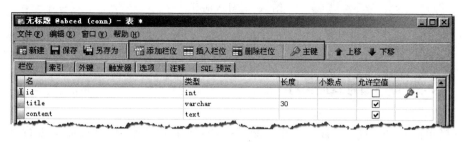

图 A-5　新建表窗口

4．在表中添加记录

在图 A-3 的右侧窗口双击某个表（如 news），将弹出表的数据视图（图 A-6），单击"＋"按钮，就可以插入一条记录。单击"－"，可删除一条记录。

图 A-6　表的数据视图

5．导出数据库

在图 A-3 中，在某个数据库（如 abced）上右击，选择"转储 SQL 文件"，单击"保存"按钮，即可将数据库导出成".sql"的文件。

6．导入数据库

首先新建一个空数据库，然后在图 A-3 左侧的数据库图标上右击，选择"运行 SQL 文件"，单击"…"，选择一个要导入的".sql"文件，单击"开始"按钮，则开始执行该 SQL 文件中的代码，如果执行成功，就会将所有表及数据导入到该数据库中来。

7．将 Access 数据库转换成 MySQL 数据库

首先新建一个数据库（如 lyb），然后在图 A-3 中双击展开数据库，在"表"上右击，选择"导入向导"，就会弹出如图 A-7 所示的导入向导对话框，选择"MS Access 数据库"。在"下一步"中，选择一个".mdb"的 Access 数据库文件，在下方将出现该数据库中所有的表，选中要转换的表，单击"下一步"按钮，可设置是否新建目标表及目标表的名称，均保持默认即可，继续单击"下一步"按钮,即可将 Access 数据库转换成 MySQL 数据库。

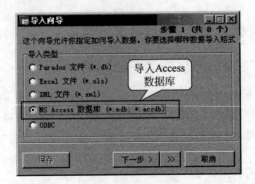

图 A-7　导入向导

提示:使用 Access2MySQL Pro 5 软件也可将 Access 数据库转换成 MySQL 数据库。

A.3　部署一个网站程序

在网络上有很多 PHP 源程序可供下载,这些程序下载到本机上后,需要进行部署才能运行。本节以"夏日 PHP 新闻系统"为例,介绍 PHP 网站的部署。在百度上搜索"夏日 PHP 新闻系统"并下载。其部署步骤如下:

1. 设置网站目录

下载完后将网站程序文件 xrarticle. rar 解压到一个目录中,如 F:\xrarticle。然后将 Apache 的网站主目录也设置为 F:\xrarticle。方法是打开 httpd. conf 文件,设置第 240 行为 DocumentRoot "F:/xrarticle",第 268 行为< Directory "F:/xrarticle">,保存并重启 Apache。

2. 生成数据库

该网站程序将数据库导出成了 . sql 的文件。为了还原数据库,可以使用 phpMyAdmin 或 Navicat for MySQL 将该 . sql 文件导入到一个空数据库中,即还原了数据库。

以 Navicat for MySQL 为例,首先新建一个名为 phphtml 的数据库。

然后在该数据库上右击,选择"运行 SQL 文件",选择 F:\xrarticle\phphtml. sql 文件,单击"开始"按钮,则开始执行该 SQL 文件中的代码,如果执行成功,会在数据库中创建 newscontent 等几个表,并在表中添加一些记录。这时,在 Navicat for MySQL 的界面中双击数据库 phphtml 下的"表"就能看到新建的表了。

提示:有些网站源程序提供了安装程序(程序名一般为 install. php),只要运行该文件,填入本机上的 MySQL 数据库用户名、密码和数据名,就能自动生成数据库。

3. 更改数据库连接代码中的数据库密码

由于 PHP 连接数据库都要在程序代码中写入数据库名,数据库用户名和密码,因此必须把下载的源程序中这些内容改成本机上 MySQL 服务器的密码。在 include 目录下的 config.php 文件中,存放了该新闻系统连接数据库的信息,将数据库密码由 root 改为 111 即可。若创建数据库时数据库名不是 phphtml,则在这里也可以更改数据库名。

4. 运行程序

由于这里是将该网站程序部署在 Apache 的主目录中,因此在浏览器地址输入 http://localhost 即可打开该网站的首页。该网站的后台管理程序登录地址为 http://localhost/systemadmin/AdminLogin.php,输入用户名和密码(均为 admin)就可进入后台对网站进行管理。

提示:该程序如果部署在虚拟目录中,虽然网站能正常运行,但很多链接会不正确。

附 录 B

实验

本课程必须采用理论课与上机实验课相结合的方式讲授,可在讲授完相关理论课内容后,安排 10 次左右实验课环节,如果实验课时不够,也可将部分实验内容作为课后作业。

B.1 实验 1:搭建 PHP 运行和开发环境

实验目的

了解 Web 应用程序的工作原理;掌握 AppServ 集成开发环境的安装;掌握 Apache 服务器的有关配置;学会使用 Dreamweaver 建立 PHP 动态站点;学会运行简单 PHP 程序的方法。

实验准备

在 Windows 下安装或提供以下软件:

① Dreamweaver 8;②AppServ2.5.9 的安装包(不必安装)。

实验内容和步骤

(1) 安装 AppServ,并查看 AppServ 安装后的目录,以及进入 phpMyAdmin 的主界面(步骤见 1.3.1 节的内容)。

(2) 用记事本新建一个 PHP 文件,并运行(步骤见 1.3.2 节的内容)。

(3) 设置 Apache 服务器的主目录为 E:\web,网站首页文件名为 default.php,端口为 88,并新建一个虚拟目录 E:\eshop(步骤见 1.3.3 节的内容)。

(4) 在 DW 中新建一个 PHP 动态站点,新建完成后在 DW 代码视图中新建一个 PHP 文件,并能单击"预览"按钮运行(步骤见 1.3.5 节的内容)。

B.2 实验 2:PHP 语言基础

实验目的

了解 PHP 语言的基本语法和嵌入方法;了解 PHP 注释的使用方法;了解 PHP 的数据类型;掌握 PHP 常量、变量的定义及使用;理解变量的作用域和有效期;掌握 PHP 处理字符串的方法;掌握使用 PHP 的常用语句;掌握 PHP 数组的创建和使用方法。

实验准备

安装有 Dreamweaver 8 和 AppServ 2.5.9 的计算机,并且已在 Dreamweaver 8 中配置

好 PHP 动态站点。

实验内容和步骤

(1) 编写 4 个最简单的 PHP 程序(程序见 3.1.1 节 3-1. php 至 3-4. php)。

(2) 测试变量的作用域和有效期,编写 3.1.3 节中的 4 个程序,观察运行结果是否与书上所说的一致,并得出自己的结论。

(3) 编写程序使用三种方法定义字符串(程序代码参考 3.1.6 节)。

(4) 编写条件语句结构的程序(参照 3.2.1 节 3-5. php)。

(5) 编写循环语句结构的程序(参照 3.2.2 节 3-6. php 至 3-9. php)。

(6) 编写创建数组和引用数组元素的程序(参照 3.3.1 节和 3.3.2 节的内容)。

(7) 对于学有余力的同学,本次实验可编写第 3 章后的编程题 1～4 题。

B.3 实验 3：函数的定义和调用

实验目的

了解函数的概念,学会创建和调用函数的方法;领会自定义函数中参数和返回值的使用方法;能运用函数解决实际问题;熟记 PHP 常用的内置函数。

实验准备

安装有 Dreamweaver 8 和 AppServ 2.5.9 的计算机,并且已在 Dreamweaver 8 中配置好 PHP 动态站点。

首先要了解函数(function)由若干条语句组成,用于实现特定的功能。函数包括函数名、若干参数和返回值。一旦定义了函数,就可以在程序中调用该函数。

实验内容和步骤

(1) 练习使用 PHP 字符串处理内置函数(程序见 3.4.1 节例 3.3 至例 3.5)。

(2) 练习使用自定义函数(程序见 3.5.1 节例 3.6 至例 3.10)。

(3) 自定义函数解决实际问题(编写第 3 章后的编程题 5～13 题)。

(4) 在自定义函数时练习使用传值赋值和传地址赋值(程序代码参考 3.5.3 节)。

B.4 实验 4：面向对象程序设计

实验目的

了解面向对象程序设计的思想;学习定义和使用类的方法;理解构造函数和析构函数的功能;学习创建对象的方法;学会引用对象中的属性和方法。

实验准备

安装有 Dreamweaver 8 和 AppServ 2.5.9 的计算机,并且已在 Dreamweaver 8 中配置好 PHP 动态站点。

首先要了解面向对象编程是 PHP 采用的基本编程思想,它可以将属性和方法集成在一起,定义为类,通过对象可以调用类中的属性和方法,类还可以实现继承和多态。

实验内容和步骤

(1) 练习定义类(参照 3.6.1 节 3-10. php)。

(2) 在类中添加构造函数和析构函数(参照 3.6.1 节 3-11. php)。

(3) 练习定义对象。

(4) 练习使用对象引用类中的属性和方法(参照 3.6.1 节 3-12. php)。

(5) 编写类的继承的程序(参照 3.6.2 节 3-13. php)。

(6) 编写类的多态的程序(参照 3.6.2 节 3-14. php)。

B.5　实验 5：获取表单及 URL 参数中的数据

实验目的

理解 GET 和 POST 两种 HTTP 请求发送的基本方式；学会使用 $_POST 或 $_GET 获取表单中的数据；学会获取表单中一组复选框的数据；学会设置和获取 URL 字符串数据；学会使用 $_SERVER[]获取环境变量信息。

实验准备

安装有 Dreamweaver 8 和 AppServ 2.5.9 的计算机，并且已在 Dreamweaver 8 中配置好 PHP 动态站点。

首先要了解浏览器发送 HTTP 请求有 POST 和 GET 两种基本方式，获取不同的 HTTP 请求信息需要使用不同的超全局数组。

实验内容和步骤

(1) 编写表单页面及获取表单数据的程序(程序见 4.1.1 节 4-1. php 和 4-2. php)。

(2) 改写 4-1. php 和 4-2. php，将表单页面和获取表单数据的程序写在一个文件中(程序见 4.1.1 节 4-3. php)。

(3) 编写复杂的表单页面和获取有复选框的表单数据程序(程序见 4.1.1 节 4-4. php 和 4-5. php)。

(4) 编写一个简单计算器程序，具体要求见第 4 章后的编程题 1。

(5) 改写 4-1. php 和 4-2. php，采用 GET 方式发送，并采用 $_GET 接收数据。

(6) 编写使用 $_GET[]获取 URL 字符串信息的程序(程序见 4.1.3 节 4-8. php 至 4-10. php)。

B.6　实验 6：Session 和 Cookie 的使用

实验目的

了解会话处理技术产生的背景；了解 Session 的工作原理；了解 Cookie 的工作原理；学习设置、获取和删除 Session 变量的方法；学习设置、读取和删除 Cookie 变量的方法。

实验准备

安装有 Dreamweaver 8 和 AppServ 2.5.9 的计算机，并且已在 Dreamweaver 8 中配置好 PHP 动态站点。

首先要了解由于 HTTP 是一个无状态协议而造成的问题,及常用的解决方案,包括 Session 和 Cookie 两种。了解 Session 可以实现客户端和服务器的会话,Session 数据以"键—值"对的形式存在于服务器内存中。了解 Cookie 是 Web 服务器存放在用户硬盘中的一段文本,其中存储着一些"键—值"对信息,每个网站都可以向用户机器上存放 Cookie,每个网站都可以读取自己写入的 Cookie。

实验内容和步骤

(1) 练习设置和获取 Session 变量信息(程序见 4.3.1 节 4-12. php 和 4-13. php)。

(2) 编写利用 Session 限制未登录用户访问的程序(程序见 4.3.3 节 4-14. php 和 4-15. php)。

(3) 编写通过删除 Session 实现用户注销功能的程序(程序见 4.3.4 节 4-16. php)。

(4) 练习创建和修改 Cookie 变量(程序见 4.4.1 节 4-17. php 和 4.4.2 节 4-18. php)。

(5) 编写使用 Cookie 实现用户自动登录的程序(程序见 4.4.5 节 4-19. php 和 4-20. php)。

(6) 编写利用 Cookie 记录用户浏览路径的程序(程序见 4.3.3 节 4-21. php 和 4-22. php)。

B.7 实验 7: MySQL 数据库的管理

实验目的

了解数据库的基本概念,学会使用 MySQL 数据库管理工具 phpMyAdmin 和 Navicat for MySQL,学会创建和维护数据库及表,学会迁移数据库;了解 MySQL 数据库中常见的几种数据类型;学会使用基本的 SQL 语句进行查询。

实验准备

安装有 Dreamweaver 8、AppServ 2.5.9 和 Navicat for MySQL 10 的计算机,并且已在 Dreamweaver 8 中配置好 PHP 动态站点,以及"夏日 PHP 新闻系统"源程序包和".mdb"的 Access 数据库文件

首先要了解数据库由若干个表组成,每个表中含有若干个字段,定义表时必须定义每个字段的字段名、数据类型、长度等(通常还必须定义主键和自动递增字段)。

实验内容和步骤

(1) 使用 phpMyAdmin 创建数据库 test(步骤见 5.1.2 节的内容)。

(2) 使用 phpMyAdmin 创建两个表 lyb 和 admin(id, user, pw),并向表中添加数据(步骤见 5.1.2 节的内容)。

(3) 使用 phpMyAdmin 导出和导入数据(步骤见附录 A.1 第 2 部分)。

(4) 使用 Navicat for MySQL 管理数据库,包括新建数据库和新建表,导出和导入数据,将 Access 数据库转换成 MySQL 数据库等(步骤见附录 A.2)。

(5) 部署一个 PHP 网站"夏日 PHP 新闻系统"(步骤见附录 A.1 第 3 部分)。

B.8 实验 8: 在 PHP 中访问 MySQL 数据库

实验目的

熟记使用 PHP 访问 MySQL 数据库的步骤;学习使用 mysql_connect 函数连接 MySQL 数据库服务器;学习使用 mysql_select_db 函数选择数据库;学习使用 mysql_ query 函数设置字符集；学习使用 mysql_query 函数创建结果集；学习使用 mysql_fetch_assoc 读取结果集中记录到数组，学习输出结果集中的记录到页面上；学习使用 mysql_query 函数添加、删除、修改记录。

实验准备

安装有 Dreamweaver 8 和 AppServ 2.5.9 的计算机，已经在 Dreamweaver 8 中配置好 PHP 动态站点。并且 MySQL 数据库中已经存在 guestbook 的数据库。

首先要了解各种 mysql_* 函数的功能，其输入参数个数和类型，以及返回值的类型。然后要掌握通过超链接传递记录 id 的方法。

实验内容和步骤

(1) 使用 PHP 连接数据库服务器、设置字符集与选择数据库(程序见 5.2.1 节清单 5-1conn.php)。

(2) 编写创建结果集并以表格形式输出数据的程序(程序见 5.2.2 节清单 5-2.php)。

(3) 在清单 5-2.php 的基础上添加显示总共有多少条记录的功能。

(4) 编写使用 mysql_query 方法执行 insert、delete、update 语句的程序(程序见 5.2.3 节清单 5-3.php 至 5-5.php)。

(5) 编写添加、删除和修改记录综合实例的程序(程序见 5.3 节清单 5-6.php 至 5-12.php)。

(6) 编写查询记录的程序(程序见 5.3.6 节清单 5-8.php)。

B.9 实验9：分页程序的设计

实验目的

了解分页程序实现的步骤，学会分页显示结果集的方法，即在数据库端实现分页和在 Web 服务器端实现分页；学会将分页功能写成函数；学会对条件查询的结果集进行分页显示。

"实验准备

安装有 Dreamweaver 8 和 AppServ 2.5.9 的计算机，已经在 Dreamweaver 8 中配置好 PHP 动态站点。并且 MySQL 数据库中已经存在 guestbook 的数据库。

实验内容和步骤

(1) 编写程序在表格中只显示第三页的记录(每页显示 4 条记录)，参考 5.4.1 节第 4 部分的程序。

(2) 编写分页显示程序的完整代码(程序见 5.4.1 节 5-13.php)。

(3) 编写通过移动结果集指针进行分页的程序(程序见 5.4.1 节 5-14.php)。

(4) 将分页程序写成函数并进行调用完成 5-14.php 的功能(程序见 5.4.3 节 5-15.php)。

(5) 编写对查询结果进行分页的程序(程序参考 5.4.2 节)。

(6) 编写可设置每页显示记录数的分页程序(程序见 5.4.4 节 5-16.php)。

B.10 实验 10：使用 mysqli 函数访问数据库

实验目的

了解 PHP5 提供的一组 mysqli 函数；学会以面向对象的方式调用 mysqli 函数；学习使用 mysqli 函数连接 MySQL 数据库，创建结果集，显示数据到页面，添加、删除、修改记录等功能。

实验准备

安装有 Dreamweaver 8 和 AppServ 2.5.9 的计算机，已经在 Dreamweaver 8 中配置好 PHP 动态站点。并且 MySQL 数据库中已经存在 guestbook 的数据库。

实验内容和步骤

（1）在 php.ini 文件中启用 mysqli 函数（步骤见 5.5 节）。

（2）编写程序使用 mysqli 函数连接数据库并设置字符集（程序参考 5.5.1 节）。

（3）编写程序创建结果集并显示数据到页面上（程序见 5.5.3 节 5-17.php）。

（4）编写程序使用 mysqli 函数同时执行多条 SQL 语句（程序见 5.5.4 节 5-18.php）。

（5）利用 mysqli 函数改写 5.3 节中清单 5-6 至 5-12 的所有程序，实现添加、删除和修改记录。

（6）利用 mysqli 函数制作新闻网站（程序参考 5.6 节）。

B.11 实验 11：编写简单的 Ajax 程序

实验目的

了解 Ajax 程序运行的原理；了解 XMLHttpRequest 对象的功能，熟记 XMLHttpRequest 对象的常用方法及属性，能运用 XMLHttpRequest 对象异步向服务器发送和接收数据，以实现 Ajax 技术。

实验准备

安装有 Dreamweaver 8 和 AppServ 2.5.9 的计算机，并且已在 Dreamweaver 8 中配置好 PHP 动态站点。

实验内容和步骤

（1）编写用 XMLHttpRequest 对象载入文档的程序（程序见 9.1.4 节清单 9-1.html 和 9-2.html）。

（2）在 Dreamweaver 中将两个文件的编码设置为"utf8"（方法见图 9-7）。

（3）修改 9-2.html 的代码，在 IE 中运行，观察 9-1.html 载入的内容是否会发生变化。如果没有变化，按照 9.1.5 节中的方法解决 IE 浏览器的缓存问题。

（4）用 XMLHttpRequest 对象载入 PHP 程序（程序见 9.1.6 节清单 9-3.php）。

（5）编写用 XMLHttpRequest 对象发送数据给服务器的程序，要求分别用 GET 方式发送和 POST 方式发送（程序见 9.1.7 节清单 9-4.php 和 9-5.php）。

（6）用 jQuery 的 load()方法载入 PHP 程序 9-3.php（程序见 9.2.1 节 9-4.html）。

附录 C

PHP与ASP的区别

PHP 与 ASP 都是动态网站开发语言,因此很多功能是相似的,只是采用编程语言及内置函数不同。其主要区别见表 C-1。

表 C-1 PHP 与 ASP(采用 VBScript 作为脚本语言)的主要区别

项　　目	PHP	ASP	项目	PHP	ASP
语言	类 C 语言	VBScript,类 VB 语言	定界符	<?和 ?>	<%和 %>
平台	各种操作系统	Windows	区分大小写	是	否
性能	快	一般	安全性	较好	一般

1. 内置函数的区别

PHP 与 ASP 都提供了很多的内置函数,用于完成某些常用功能。很多 PHP 函数完成的功能与 ASP 是相似的,只是函数名(或函数参数)不同而已。表 C-2 对 PHP、ASP 和 JavaScript 的内置函数进行了比较。

表 C-2 内置函数的区别

函 数 功 能	PHP	ASP	JavaScript
切割字符串成数组元素	explode	Split	split
将数组元素连成字符串	implode	Join	join
查找子串(返回子串位置)	strpos	Instr	indexOf
获取字符串长度	strlen	Len	length 属性
查找子串(从后往前检索)	strchr	InStrRev	lastindexOf
截取字符串的子串	substr	mid、left、right	substr
替换字符串	str_replace substr_replace	Replace	replace
去掉字符串两边的空格	trim	trim	无
去掉左边或右边空格	ltrim、rtrim	Ltrim、Rtrim	无
比较字符串(从整体上)	strcmp	StrComp	
将字符串转换为大写	strtoupper	Ucase	toUpperCase
将字符串转换为小写	strtolower	Lcase	toLowerCase
获取变量类型	var_dump	VarType	typeof
获取当前日期和时间	date、getdate	Now	Date

续表

函 数 功 能	PHP	ASP	JavaScript
返回数组长度	count	Ubound	length 属性
判断变量是否存在	isset	IsNull	
判断变量是否为空	empty	isEmpty	
将字符串转换为 HTML 实体	htmlentities htmlspecialchars	Server. HTMLEncode	
返回一个随机数	rand	Rnd	random
终止当前脚本的执行	exit 或 die	Response. end	
输出函数	echo	Response. write	document. write
页面重定向函数	header	Response. Redirect	location. href

注意：这些内置函数除了名称上的区别外，在调用方式及函数参数上一般也不相同。例如要用"|"切割字符串（变量 str 或 \$ str 表示），PHP 是 \$ arr＝explode（"|"，\$ str）；，ASP 是 arr＝Split（str，"|"），JavaScript 是 arr＝str. split（"|"）。

2. 运算符及语法上的区别

PHP 与 ASP 在运算符上的区别如表 C-3 所示。语法上的区别如表 C-4 所示。

表 C-3　运算符的区别

	PHP	ASP
连接运算符	.	& 或＋
成员运算符	->	.
条件运算符	? =	无
是否相等运算符	==	=
逻辑与运算符	&& 或 and	And
取余运算符	%	Mod

表 C-4　PHP 与 ASP 在语法上的区别

	PHP	ASP
全局变量的作用域	作用域是整个 PHP 文件,减去用户自定义的函数内部	作用域是整个 ASP 文件
输出函数的简写符	<? ＝ … ? >可以在多行内	<%＝… %>必须在一行内
语句的结束标志	以";"号结束一条语句	以换行符结束一条语句
include 命令	PHP 的 include 函数位于定界符内,还可使用 require 函数	ASP 的 include 命令位于定界符外
数组长度的区别	数组长度无需先定义; 数组长度可任意改变	需要事先定义数组长度; 改变数组长度需用 ReDim 方法
页面中有多条重定向语句	将重定向到最后一条 header 语句中的 URL	将重定向到第一条 Response. Redirect 中的 URL
多分支条件语句	Switch/case, case 语句后需要 break 跳出 Switch 语句	Select/case,case 语句后不需要 break,会自动跳出

3. 获取 HTTP 请求数据的区别

PHP 采用超全局数组获取 HTTP 请求数据，ASP 采用对象的集合获取 HTTP 请求数据，具体区别如表 C-5 所示。

表 C-5　获取 HTTP 请求数据的区别

	PHP	ASP
获取 GET 请求数据	$ _GET[]	Request. QueryString 集合
获取 POST 请求数据	$ _POST[]	Request. Form 集合
获取环境变量数据	$ _SERVER[]	Request. ServerVariables 集合
获取 Cookie 变量	$ _COOKIE[]	Request. Cookies 集合
获取 Session 变量	$ _SESSION[]	Session 对象
使用 Session 前	必须先用 session_start()开启 Session 功能	无此要求
清除 Session 变量	session_unset(); session_destroy();	Session. Abandon
开启缓冲区	ob_start()	Response. Buffer＝true

4. PHP 结果集与 ASP 记录集的区别

在访问数据库方面，PHP 结果集与 ASP 记录集的共同点和区别如表 C-6 所示。

表 C-6　PHP 结果集与 ASP 记录集的共同点和区别

	PHP	ASP
结果集和记录集的共同点	结果集或记录集都是通过执行查询在内存中建立的一个虚表，都有一个结果集指针，指针初始时都指向第一行。	
类型	结果集是资源类型	记录集是对象类型
指针	每次读取一条记录后结果集指针会自动下移一行	需要手动使用 rs. movenext 将记录集指针移动到下一条
是否会自动关闭	可自动关闭	记录集需要用 rs. close 手动关闭，如果不关闭，再打开记录集就会出错
指针的值	指向结果集开头和末尾时 mysql_fetch_assoc 函数均返回 false	指向记录集开头是 rs. Bof 属性为 true，指向记录集末尾时 rs. Eof 属性为 true

图 书 资 源 支 持

感谢您一直以来对清华版图书的支持和爱护。为了配合本书的使用,本书提供配套的资源,有需求的读者请扫描下方的"书圈"微信公众号二维码,在图书专区下载,也可以拨打电话或发送电子邮件咨询。

如果您在使用本书的过程中遇到了什么问题,或者有相关图书出版计划,也请您发邮件告诉我们,以便我们更好地为您服务。

我们的联系方式:

地　　　址:北京市海淀区双清路学研大厦 A 座 701

邮　　　编:100084

电　　　话:010－62770175－4608

资源下载:http://www.tup.com.cn

客服邮箱:tupjsj@vip.163.com

QQ:2301891038(请写明您的单位和姓名)

资源下载、样书申请

书 圈

扫一扫,获取最新目录

用微信扫一扫右边的二维码,即可关注清华大学出版社公众号"书圈"。